Die globale Metakrise aus dem Blickwinkel der Chemie

–

*Vorschläge für
Seminare und Projektarbeiten*

Volker Wiskamp

Bibliografische Information der deutschen Nationalbibliothek:
Die Deutsche Nationalbibliothek verzeichnet diese Publikation
in der deutschen Nationalbibliografie;
detaillierte bibliografische Daten sind im Internet
über dbn.dbn.de abrufbar.

© 2021 Volker Wiskamp
Herstellung und Verlag BoD - Books on Demand, Norderstedt

ISBN: 978-3-7534-6007-9

Der Autor

Dr. Volker Wiskamp (geb. 5.3.1957) ist seit 1989 Professor an der Hochschule Darmstadt und unterrichtet dort im Fachbereich Chemie- und Biotechnologie in der Grundausbildung die Fächer Allgemeine, Anorganische und Analytische Chemie, Organische und Industrielle Chemie, Bio- und Naturstoffchemie und hat den fachdidaktischen Arbeitsschwerpunkt Umweltschutz und Ökologie, insbesondere im Rahmen des fächerverbindenden Chemieunterrichts.

Anschrift:
Prof. Dr. Volker Wiskamp
Hochschule Darmstadt, Fachbereich Chemie- und Biotechnologie, Gebäude B 15
Stephanstraße 7, 64295 Darmstadt, Tel.: 06151-1638215, E-Mail: volker.wiskamp@h-da.de

Weitere Bücher von V. Wiskamp:

V. Wiskamp: Anorganische Chemie (mit CD-ROM). – 3. Aufl.,
   Europa Lehrmittel – Edition Harri Deutsch, Haan-Gruiten 2018
V. Wiskamp: Einführung in die Makromolekulare Chemie. – Verlag Harri Deutsch, Frankfurt 1999
V. Wiskamp: Umweltfreundlichere Versuche im Anorganisch-Analytischen Praktikum. –
   Verlag Chemie, Weinheim 1995
V. Wiskamp, W. Proske: Umweltbewußtes Experimentieren im Chemieunterricht. –
   Verlag Chemie, Weinheim 1996
V. Wiskamp: Präparatives Praktikum für Chemieingenieure (mit CD-ROM). –
   Verlag Harri Deutsch, Frankfurt 2004
V. Wiskamp, W. Proske, J. Röder: cliXX·Schülerversuche im Chemieunterricht (mit CD-ROM). –
   Mit: V. Wiskamp: Chemie-Kurse für Hochbegabte. – 2. Aufl., Verlag Harri Deutsch, Frankfurt 2009
V. Wiskamp: Naturwissenschaftliches Experimentieren – nicht erst ab Klasse 7 (mit CD-ROM). –
   Shaker Verlag, 3. Aufl., Aachen 2008
V. Wiskamp, M. Holfeld, W. Proske: Chemie und Gesundheit (mit 4 Online-Ergänzungen). –
   Praxis Schriftreihe Chemie, Band 56, Aulis Verlag Deubner, Köln 2005
V. Wiskamp, M. Holfeld, H. Gebelein: Chemie und Sport. –
   Praxis Schriftreihe Chemie, Band 57, Aulis Verlag Deubner, Köln 2005
V. Wiskamp, W. Proske: Tipps und Tricks für einen gefahrlos(er)en Chemieunterricht. –
   Aulis Verlag Deubner, Köln 2007
V. Wiskamp: Das Wunder des Lebens – Gedanken zu einer Biochemie-Vorlesung. –
   Skaker Verlag, Aachen 2008
V. Wiskamp: Chemie für Wissenschaftsjournalisten. – Shaker Verlag, Aachen, 2010

für Yoshiki

Vorwort

In der zweiten Hälfte der siebziger Jahre gehörte mein Freundeskreis weitgehend zur erwachenden grünen Szene, sodass ich ein Problem bekam. Aus rein naturwissenschaftlichem Interesse hatte ich nämlich das Chemie-Studium begonnen und musste deshalb fast schon Hasstiraden über mich ergehen lassen, warum ich ein Chemiker – so ein Gift-Mischer! – werden wollte.

Nun, DDT, Agent Orange, Seveso, Bhopal ... das war zugegebenermaßen ganz schön übel (und die Atomphysiker legten mit Tschernobyl nach). Da wollte ich wirklich nicht mitmachen. Dankenswerterweise eröffnete mir das Schicksal die Möglichkeit, ab 1989, als ich an die Fachhochschule Darmstadt berufen wurde, auch eine ganz andere Seite der Chemie zu lehren. Schon bald sagte ich bei Studienberatungen, dass ein wahrer Öko-Freak unbedingt Chemieingenieur werden müsse, weil er dann die höchste Fachkompetenz besäße, um aktiv etwas für den Umweltschutz zu tun. Denn alle Methoden der Energieversorgung, der Wasser- und Luftreinhaltung, der Bodensanierung und des stofflichen Recyclings basieren auf chemischen Prinzipien!

Das setzte ich in den von mir betreuten Chemiepraktika um. Giftiges Sulfid für Fällungsreaktionen wurde mit Wasserstoffperoxid zu harmlosem Sulfat oxidiert, farbige Versuchsreste wurden mit Aktivkohle gereinigt, Lösungsmittel destillativ zurückgewonnen, aus alten PET-Flaschen wurde durch Verseifung des Polyesters sein Monomerbaustein Terephthalsäure recycelt ...

So entwickelte ich das Konzept des *Ausbildungsintegrierten Umweltschutzes* immer weiter, übertrug es im Rahmen von Bildungspartnerschaften auf den Chemieunterricht in Schulen und bei einem Forschungssemester in Japan auch ins Ausland.

Insgesamt war ich im ersten Drittel meiner mittlerweile 64semestrigen Tätigkeit als Hochschullehrer positiv gestimmt, dass mit Hilfe der Chemie die großen Umweltprobleme gelöst werden können. In der Tat bewegte sich vieles in die richtige Richtung; beispielsweise kann man heute in den meisten deutschen Flüssen wieder schwimmen – so sauber ist das Wasser geworden. Doch global gesehen nahm die Umweltverschmutzung zu.

In meinen Vorlesungen waren mir aus heutiger Sicht auch einige Fehler unterlaufen. Erstes Beispiel. Bis vor etwa 15 Jahren habe ich noch behauptet, dass Kunststoffe ein Segen für den Umweltschutz seien, weil sie viele Metallteile in Autos ersetzt und diese entsprechend leichter gemacht haben, was sowohl den Spritverbrauch als auch die Emission von Treibhausgas gesenkt habe. Das stimmt, wenn man bedenkt, dass ein heutiges Auto tatsächlich weniger Benzin oder Diesel verbraucht als ein gleich großes in der Zeit des Wirtschaftswunders. Aber die Effizienzsteigerung hat dazu geführt, dass viel mehr Autos produziert wurden, die heute in der Summe deutlich mehr Treibstoff verbrauchen und CO_2 erzeugen. Ich muss eingestehen, dass ich den Begriff „Rebound-Effekt" damals noch nicht kannte. Zweites Beispiel. Ich propagierte PET-Flaschen für Getränke, weil diese leichter als Glasflaschen seien und dass deshalb Energie für den Transport gespart werden könne und weil zusätzlich die Sicherheit erhöht sei, da es keinen Glasbruch mehr gäbe. Korrekt; doch heute wissen wir, dass nur wenige der gebrauchten Kunststoffflaschen wie bei uns im Praktikum recycelt werden, während die meisten auf einer Mülldeponie oder – noch schlimmer – im Meer landen und dort gewaltigen ökologischen Schaden anrichten können. (Dass manche Kunststoffadditive hormonähnliche Wirkungen zeigen, wusste man damals noch nicht, ist aber mittlerweile ein weiterer Kritikpunkt.)

Als Folge der zunehmenden Umweltverschmutzung und des CO_2-Anstiegs in der Atmosphäre beobachten wir an vielen Orten auf der Erde Störungen des ökologischen Gleichgewichts, beispielsweise Wald-, Korallen-, Insekten- und anderes Artensterben, Auftauen von Eisbergen, Gletschern und des Permafrost-Bodens, Überflutungen einerseits, Wüstenbildung andererseits etc. Hinzu kommt, dass die globale Wirtschaft zunehmend entfesselt ist. Der Ressourcenverbrauch steigt, die Rohstoffe werden knapp, Produktionsketten ziehen sich um die ganze Welt. Das macht die Wirtschaft störanfällig, erleichtert Pandemien und erhöht die Diskrepanz zwischen reichen und armen Ländern, was wiederum Konflikte schürt, die sich in politischer Radikalisierungen, Rassismus, Krieg und Migration äußern. Die Massentierhaltung ist teilweise zu einer Tötungsindustrie verkommen. Die Digitalisierung beschleunigt vieles, während unser Leben dringend eine Entschleunigung benötigt.

Es gibt nicht nur eine Klimakrise; nein, die Welt ist bereits in einer Metakrise. Dazu gehört auch eine Bildungskrise. Das deutsche Bildungssystem – und nicht nur das – hat so manche Macken. Das habe ich vor allem in meiner elfjährigen Funktion als Studiendekan erfahren, als es darum ging, den Bologna-Prozess weniger inhaltlich zu gestalten, als vielmehr bürokratisch – mit einem 700seitigen (!) Reakkreditierungsbericht – zu managen. Meinen Unmut habe ich in einem Kapitel dieses Buches zusammengeschrieben, weil ich meine, dass Entwicklungen in einem Bildungssystem die gesamten Entwicklungen in einem Land und letztlich auf der ganzen Welt widerspiegeln.

2015 habe ich den Job als Studiendekan hingeschmissen, was vielleicht die beste Entscheidung in meinem Berufsleben war, weil ich danach wieder mehr Zeit hatte, um das zu tun, wofür ich eigentlich berufen worden bin, nämlich mit jungen Menschen in der akademischen Lehre zu arbeiten.

In den letzten fünf Jahren habe ich regelmäßig Seminare und Projekte zu ökologischen Themen angeboten. Wir diskutieren die oben genannten Aspekte der globalen Metakrise auf Basis von populärwissenschaftlichen Sachbüchern und Dokumentarfilmen, aber auch anhand von Autobiografien, Romanen und Spielfilmen. Obwohl die Seminare und Projekte viele historische, wirtschaftliche und philosophisch-ethische Aspekte beinhalten, bewahren wir uns immer den Blickwinkel des Chemikers, der explizit betont wird.

Die Seminar- und Projektberichte wurde in der Zeitschrift „Chemie in Labor und Biotechnik" publiziert. Deshalb danke ich an dieser Stelle ausdrücklich Herrn Rolf Kickuth, dem Chefredakteur von CLB, für sein starkes Interesse an meinen fachdidaktischen Arbeiten. Ebenfalls Dank gebührt den Studierenden, die an den Seminaren und Projekten engagiert mitgewirkt haben. Da wir kein Patentrezept zur Bewältigung der globalen Metakrise haben, waren die Studierenden manchmal etwas frustriert, sind aber dennoch froh, so viel über das Leben und die Welt gelernt zu haben, um mit ihrer Fachkompetenz als Chemie- und Biotechnologen mutig die Herausforderungen der Zukunft anzunehmen.

Den Leserinnen und Leser soll dieses Buches Vorschläge für eigene Seminare, Arbeitsgemeinschaften oder Projekte unterbreiten. Machen Sie bitte Öko-Seminare – es lohnt sich!

Darmstadt, im März 2021

Volker Wiskamp

Inhaltsverzeichnis

    Seite

Kommentiertes Inhaltsverzeichnis 1

1 Einleitung 7

**2 Vom Feuerstein zur Künstlichen Intelligenz
und aus der DDR nach Bologna.** 9

2.1 Homo Chemicus 10
2.2 Umweltgerechtes und sicheres Experimentieren im
     Chemieunterricht der ehemaligen DDR 28
2.3 Über Chaos und Evolution im Hochschulsystem 36

**3 Was können wir wissen, was sollen wir tun?
Philosophie und Chemie** 43

4 Ökologie, Chemie und Wirtschaft 63

4.1 Chemie und Wirtschaft – ein Gleichnis 64
4.2. Geschäftsberichte von Chemiefirmen. 80
4.3 Wider das Dogma „Wirtschaft muss wachsen". 94

5 Umweltschutz – Quo Vadis? 97

6 Was ist richtig am Gaia-Modell? 111

7 Die (giftige) Sprache ökologischer Diskurse. 121

**8 Gesund, umweltgerecht, wirtschaftlich und fair –
geht das alles *gleichzeitig*?** 145

9 Ein Ernährungsstil-Praktikum 173

10 Ist die Welt des Anthropozäns zu retten? 187

11 Zukunft als Katastrophe – Darmstädter Öko-Filmfestival . . . 215

12 Schreiben von Rezensionen als Lernziel 247

Anhang: Listen besprochener Bücher, Filme und Bilder. 261

Kommentiertes Inhaltsverzeichnis

1 Einleitung (S. 7)

Zwei Lehrbücher bezeichnen die Chemie als die „Central Science" bzw. als „Einfach Alles". Die Chemie ist in der Tat die Wissenschaft, mit der man ökologische Zusammenhänge besonders gut analysieren und verstehen kann.

Sie hat die Menschheitsgeschichte maßgeblich mitbestimmt und unseren heutigen Wohlstand ermöglicht; sie hat allerdings auch ökologische Schäden angerichtet, kann diese aber wieder reparieren, zumindest teilweise.

Die ökologische Krise ist nur ein Teil einer Metakrise, in der sich unsere Welt momentan befindet. Auch wenn wir kein Patentrezept haben, um diese zu überwinden, können bei jungen Menschen durch die in diesem Buch beschriebenen interdisziplinär ausgerichteten Seminare und Projektarbeiten, in denen chemische, andere naturwissenschaftliche, historische, philosophisch-ethische, politische und wirtschaftliche Aspekte zusammenfließen, Fachwissen vermittelt, ökologisches Bewusstsein geweckt und lokale und globale Lösungsansätze aufgezeigt werden.

Die vorgestellten Seminare und Projekte mögen interessierte Leserinnen und Leser dazu motivieren, ähnliche Lehrveranstaltungen durchzuführen.

2 Vom Feuerstein zur Künstlichen Intelligenz und aus der DDR nach Bologna (S. 9)

Y. N. Harari schreibt gleich auf der ersten Seite seines Bestsellers „Eine kurze Geschichte der Menschheit" über drei große Revolutionen, welche die Geschichte der menschlichen Kulturen geprägt haben: Die kognitive Revolution vor etwa 70.000 Jahren, die landwirtschaftliche vor ca. 12.000 Jahren und die wissenschaftliche vor knapp 500 Jahren, wobei letztere „das Ende der Geschichte und der Beginn von etwas völlig Neuem sein" könnte.

Was meint Harari mit dieser Prognose und was könnte das „völlig Neue" sein? Wir haben das Buch unter dem Gesichtspunkt gelesen, wie die Chemie die Geschichte der Menschheit beeinflusst hat, z.B. mit der Herstellung von Bronze, Eisen, Arznei- und Pflanzenschutzmittel, Sprengstoffen und Kampfgasen, und wie sie mit der Silizium-Herstellung und -veredelung die Basis für die Informationstechnologie gelegt hat. Geht das augenblickliche „Anthropozän", in dem der Mensch alles bestimmt, in ein „Novozän" über, in dem er von vollautomatisierter Technik und Künstlicher Intelligenz dominiert wird, wie J. Lovelock meint und wovor R. D. Precht warnt? Interessant ist, dass E. M. Forster bereits 1909 (!) in seiner Kurzgeschichte „The Machine Stops" die heutige von Internet, Google, Facebook, Amazon und Homeoffice geprägte Welt und ihre Störanfälligkeit verblüffend echt beschrieben hat. Und schließlich hatte auch schon C. Chaplin mit seinem Film „Modern Times" etwas zu dem Thema zu sagen.

In die erst drei Jahrzehnte zurückliegende Geschichte führt uns im zweiten Teil dieses Kapitels eine Würdigung der Schulchemie in der ehemaligen DDR. Wenn dort leere Batterien auseinandergebaut wurden, um deren Zinkhülsen zur Wasserstoffgewinnung im Kipp'schen Apparat zu nutzen, oder wenn alte Marmorplatten zerschlagen wurden, um aus den Bruchstücken mit Salzsäure Kohlenstoffdioxid freizusetzen, so mutet das fremd an, zumal heute Gasflaschen für den Experimentalunterricht zur Verfügung stehen. Was damals aus einer Mangelwirtschaft geborene Notmaßnahmen waren, kann heute unter dem ökologisch dringenden Gebot der Reststoffverwertung als äußerst vorbildlich angesehen werden! „Es ist offensichtlich, dass viele Themen, die wir heute diskutieren, bereits zuvor diskutiert wurden, häufig mit mehr

Weisheit als heute! Es ist unsere Pflicht, einiges unserer Zeit dem Rückblick zu widmen, was unsere Vorgänger in der Chemieausbildung gedacht und getan haben." Mit dieser Aufforderung des Redakteurs eines Chemiejournals lassen wir uns auf eine vielseitig umweltfreundliche ehemalige Schulchemie ein.

Im heutigen Bildungssystem, zu dem natürlich auch die chemische und ökologische Bildung gehört, liegt manches im Argen. Im dritten Teil dieses Kapitels bringe ich diesbezüglich meinen Frust zum Ausdruck. Die Bildungskrise ist nämlich ein Teil der Metakrise, in der sich die ganze Welt befindet. Sich auf das Entropiegesetz als Naturgesetz zu berufen und sich damit abzufinden, dass das Chaos immer größer wird, ist leider keine Lösung.

3 Was können wir wissen, was sollen wir tun?
Philosophie und Chemie (S. 43)

Ein Philosophie-Seminar für Chemiker. Die vier Elemente Wasser, Erde, Luft und Feuer der antiken Naturphilosophen leben heute weiter in Form der Umweltbereiche Wasser, Boden, Luft und Energie. Konturrepräsentationen von Atomorbitalen sind wie die Schatten an der Wand in Platons Höhlengleichnis und vermitteln höchsten eine grobe Vorstellung von der (wunderschönen) Wirklichkeit einer Elektronenhülle. Die ästhetischen Symmetrien der platonischen Körper begegnen uns in zahlreichen Molekülstrukturen und Elementarzellen. Von der Zahlen- und Schwingungslehre des Pythagoras kommt man rasch zur Stöchiometrie bzw. Spektroskopie. Wie würde Sigmund Freud die Träume von Patienten deuten, die mit LSD oder Extasy vollgedröhnt sind? Und den von Hans Jonas formulierten ökologischen Imperativ: „Handle so, dass die Wirkungen deiner Handlung verträglich sind mit der Permanenz echten menschlichen Lebens auf Erden" sollte sich jeder Chemiker hinter die Ohren schreiben.

Also, haben Sie als Chemiker bitte keine Angst, sich mit philosophischen Gedanken vertraut zu machen (zumal wir im Seminar die ewige philosophische Grundsatzfrage nach „Sein oder Nicht-Sein" *sein* lassen).

4 Ökologie, Chemie und Wirtschaft (S. 63)

Die Chemische Industrie ist ein zentrales Standbein der Industrienationen, sodass es allein deshalb naheliegt, der Frage nach dem Zusammenhang von Chemie, Wirtschaft und Ökologie auf den Grund zu gehen.

Zunächst interpretieren wir „Chemie und Wirtschaft" als ein Gleichnis. Da ist beispielsweise das Denken in Modellen: Das Modell des homo oeconomicus ist in letzter Konsequenz genauso falsch wie das Bohrsche Atommodell; trotzdem verdeutlichen beide Modell wichtige Prinzipien ihrer jeweiligen Fachdisziplin. Oder, so wie es auf dem Wirtschaftsmarkt jemanden gibt, der ein Produkt anbietet, und jemand anderen, der genau dieses Produkt nachfragt, sind es im Chemiereaktor die Reduktionsmittel, die Elektronen zur Verfügung stellen, und die Oxidationsmittel, die sie nachfragen. Auf diese Weise entsteht Handel zum gegenseitigen Nutzen. Schließlich sind Wirtschaftssysteme global hochgradig vernetzt. Z.B. wird Baumwolle am Aralsee geerntet, in Indien gefärbt, in Bangladesh zu einem T-Shirt genäht, das von einem Studenten in Deutschland getragen wird, während die Abwässer der Färbereien den Ganges runterfließen. Das ist durchaus vergleichbar mit den vielen Stoffwechselprozessen, die im menschlichen Körper ablaufen: Zitronensäurezyklus, Fettauf- und abbau, oxidative Desaminierung von Aminosäuren und Harnstoffkreislauf – alles hängt irgendwie zusammen.

Jungen Menschen, die sich für das Funktionieren von Chemiekonzernen interessieren und sich dort vielleicht sogar bewerben möchten, sei die Lektüre der jährlichen Geschäftsberichte zu empfehlen. Im zweiten Teil dieses Kapitels haben wir solche von Bayer, BASF, Evonik und Merck analysiert.

In der Wirtschaft – auch in der Chemiewirtschaft – herrscht die Main-Stream-Meinung, dass Wirtschaftswachstum unbedingt erforderlich sei, um Wohlstand mindestens zu sichern und möglichst zu vergrößern. Doch das geht zu Lasten der Umwelt, denn Ressourcen werden verbraucht und Abfälle erzeugt. Die ständig propagierte Forderung nach nachhaltigem Wachstum ist Unsinn; denn Nachhaltigkeit und Wachstum ist ein Widerspruch an sich. Wachsen kann nur, was Rohstoffe und Energie verbraucht. Und „Wohlstand innerhalb einer Stadtmauer gibt es nur mit einer Mülldeponie außerhalb davon", wie K. Lucas es auf den Punkt bringt. Zu dem Thema lesen wir drei Bücher von sogenannten Postwachstumsökonomen. Ohne einen gewissen Rückbau der mittlerweile entfesselten globalen Wirtschaftsströme ist die Welt nicht zu retten, oder mit Serge Latouche schärfer ausgedrückt: Es gibt nur die Alternative „Degrowth oder Barbarei".

5   Umweltschutz – Quo Vadis? (S. 97)

Die meisten der heutigen Studierenden kennen „Der stumme Frühling" und „Die Grenzen des Wachstums" nicht. Deshalb ist es umso wichtiger, sie mit diesen Klassikern der ökologischen Literatur vertraut zu machen.

Wenn man das „Zukunftsmärchen" liest, das Rachel Carson vor etwa 60 Jahren in ihrem Buch erzählt, meint man, es gehe um das gegenwärtige Insekten- und speziell das Bienensterben. Dabei klagt sie die erste Generation von halogenorganischen Pflanzenschutzmitteln, das sogenannte „Dreckige Dutzend" mit DDT als prominentestem Vertreter, an. Und manche Grafiken, die Dennis Meadows und sein Team vor ca. 50 Jahren veröffentlich haben, sehen wie Populationsdynamiken aus, die wir aus der Biologie kennen: Auf eine exponentielle Wachstumsphase – der Weltbevölkerung – folgt eine Phase der Stagnation und dann eine Absterbephase. Seit einem halben Jahrhundert weiß man, was der Erde und der Menschheit droht; seit einem halben Jahrhundert verdrängt man dieses Wissen.

6   Was ist richtig am Gaia-Modell? (S. 111)

Dieses Kapitel ist eine weitergehende Rezension des liebevoll gestalteten Buches „Die Erde und ich", für dessen zur Zeit der Veröffentlichung 97jährigen Autor, James Lovelock, es „eine Art Überlebenshandbuch für ein neues dunkles Zeitalter" ist, „ein Leitfaden, der den Überlebenden einer zusammengebrochenen Zivilisation neu erklären könnte, wie unser Planet funktioniert hat und wie es zu seinem Niedergang kam."

Lovelock ist der Vater der Gaia-Hypothese, nach der die Erde als Ganze ein riesiger sich selbst regulierender Superorganismus und quasi ein Lebewesen ist. Und so wie Gaia alt geworden ist und plattentektonische Verschiebungen, Vulkanausbrüche, Erdbeben, Tsunamis, Meteoriteneinschläge, Eis- und Heißzeiten überlebt hat, wird sie nach Lovelocks Meinung auch die Menschen überleben, denn die braucht sie nicht. Das Leben wird siegen, auch ohne den Menschen – oder mit einer drastisch reduzierten Restzahl von Menschen. Nun, die Gaia-Theorie hat einige esoterische Züge, weshalb Lovelock kritisiert wurde, doch die Regelungs- und Rückkopplungsmechanismen, über die die Natur verfügt und die Lovelock und sein Team von renommierten Wissenschaftlern aus verschiedenen Disziplinen beschreiben, sind beeindruckend und würden heute von der Mehrheit der Naturwissenschaftler wohl eher mit der Systemtheorie begründet werden.

7 Die (giftige) Sprache ökologischer Diskurse (S. 121)

Der FAZ-Redakteur Jan Grossarth analysiert in seiner sprachwissenschaftlichen Dissertation „Die Vergiftung der Erde – Metaphern und Symbole agrarpolitischer Diskurse seit Beginn der Industrialisierung" den Begriff „Gift" in der deutschen (populärwissenschaftlichen) Literatur nach dem Zweiten Weltkrieg. Das gefällt uns Chemikern, weil wir den giftigen Stoffen irgendwie nahestehen.

Es geht u.a. um Alwin Seifert, der wegen seiner giftfreien biologisch-dynamischen Landwirtschaft als „Sankt Compostulus" gefeiert wird, und um den „Tanz mit dem Teufel", der ein Imperium zur Vernichtung von Umwelt und Menschheit gegründet und dafür einen Stinkteufel, einen Dürreteufel, einem Lärmteufel, einen Atomteufel … als Abteilungsleiter eingestellt hat – das Lachen über diese Verschwörungstheorie bleibt einem im Halse stecken. Weiterhin geht es um das große Sterben: das Waldsterben, das Insektensterben und dass Serengeti nicht sterben darf. Es geht um Essensfälscher, Öko-Lügen und eine Heiligsprechung der Scheiße als wertvolles Düngemittel durch Friedensreich Hundertwasser. Da die Bundeskanzlerin einer Verlängerung der Glyphosat-Zulassung zugestimmt hat, heißt das Herbizid jetzt Merkelgift. Und nicht zuletzt geht es um die aggressive und giftige Sprache in Chemiebüchern und -vorlesungen, wo Phobien herrschen, hinterlistige Rückseitenangriffe erfolgen und brutal eliminiert wird.

8 Gesund, umweltgerecht, wirtschaftlich und fair – geht das alles *gleichzeitig*? (S. 145)

Was wollen wir für unsere Ernährung? Natürlich gesunde Lebensmittel, umweltgerecht angebaut, geerntet und zu uns gebracht, selbstverständlich nicht teuer und schließlich fair gehandelt, also ohne Kinder- und sklavenähnliche Arbeit. Das ist ein berechtigter, ehrwürdiger Anspruch. Aber ist er realistisch?

Ein Bio-Apfel aus Neuseeland ist zwar sehr gesund, hat aber einen enormen ökologischen Fußabdruck. Fair-Trade-Produkte sind ganz schön teuer. Und Billigfleisch ohne Antibiotika-Rückstände und Tierquälerei – das geht nicht; Bullerbü und Old McDonalds Farm verklären die heutigen Tierfabriken.

Das Seminar thematisiert das Problem durchgängigen Öko-Verhaltens und lässt die teilnehmenden Studierenden eher frustriert zurück.

9 Ein Ernährungsstil-Praktikum (S. 173)

„Es soll keiner sagen, wer trinkt, der ist schlecht. Denn für die, die da trinken, wächst der Wein doch erst recht." Mit diesen Versen von Willy Millowitsch endet ein Öko-Seminar. Das Lied ist genauso schnulzig wie tiefsinnig, sagt es doch, dass es in Hinblick auf eine ausgewogene Ernährung kontraproduktiv ist, bestimmte Konsumgewohnheiten pauschal zu verdammen und einem Ernährungsstil-Fundamentalismus zu huldigen, sondern dass es auf Maßhalten nach dem gesunden Menschenverstand ankommt.

Die Studierenden haben im zweiwöchigen Rhythmus ihren Ernährungsstil variiert: In den ersten 14 Tagen durften sie alles essen, was mit einem Bio-Siegel versehen war, in den nächsten beiden Wochen mussten sie vegetarisch und danach vegan leben, um sich in den letzten beiden Wochen frutarisch zu ernähren, also nur von solchen Lebensmitteln, die den Pflanzen entnommen werden können, ohne sie zu zerstören. Über ihre Erfahrungen haben die Studierenden im Seminar berichtet. Ergänzend wurden Fachvorträge gehalten, z.B. über ernährungsphysiologische Fragen zu bestimmten Ernährungsstilen, über Sinn und Unsinn der Nahrungsmittelsupplementierung, über ökologische Probleme bei der Massentierhaltung und über Tierethik.

10 Ist die Welt des Anthropozäns zu retten? (S. 187)

Der Nobelpreisträger Paul Crutzen hat den Begriff „Anthropozän" erfunden und bezeichnet damit das Zeitalter seit Beginn der Industriellen Revolution vor gut 200 Jahren, in der sich der Mensch die Natur untertan gemacht hat, sie nach seinem Willen gestaltet und dabei zunehmend zerstört. Dagegen – insbesondere gegen den menschenverursachten Klimawandel – wendet sich die Fridays-for-Future-Bewegung, und 2019 erschienen zahlreiche neue Bücher zu dem Thema, von denen wir einige im Seminar besprochen haben.

    Welche Rettungsmöglichkeiten gibt es? Ist es das Geoengineering, wobei Schwefelsäure-Aerosole in der Atmosphäre erzeugt werden, um die Wolken- und damit Schattenbildng zu erhöhen? Oder ein Green New Deal, der auf nachhaltiges Wirtschaftswachstum setzt? Ist es eine Wasserstofftechnologie, die das Äquivalent zur Fotosynthese der Pflanzen darstellt? Brauchen wir mehr ehrenamtliches Engagement und vielseitige lokale, aber global verteilte Aktivitäten wie z.B. Urban Gardening? Wie wäre es mit konsequentem Veganismus? Ist nicht längst eine Bildungsreform fällig, die das Umweltbewusssein stärkt? Oder reicht es, Flüchtlinge aus dem Meer zu retten?

11 Zukunft als Katastrophe – Darmstädter Öko-Filmfestival (S. 215)

Eva Horn analysiert in ihrem Buch „Zukunft als Katastrophe", dass in Filmen und in der Literatur die Zukunft oft schwarz gemalt wird, dies aber nicht mit der Absicht, die Zuschauer bzw. Leser zu ängstigen und hoffnungslos zu demotivieren, sondern sie zu alarmisieren und mobilisieren, noch rechtzeitig das Richtige zu unternehmen, um die Katastrophe abzuwenden bzw. Schäden zumindest möglichst gering zu halten. Das passt zum Bildungsauftrag der Hochschule. Deshalb haben sich die Seminarteilnehmenden *Dokumentarfilme* zu diversen Öko-Themen angeschaut und besprochen (u.a. gefährdete Ökosysteme, Wassernotstand, Plastik im Meer, Fracking, Gen-Food, Additive in Konsumerprodukten und Lebensmitteln, Bienensterben, Massentierhaltung, Virus-Pandemie) und dabei Bezüge zu den Inhalten ihrer Chemie/Biologie-Pflichtvorlesungen hergestellt. Der beste Film und die beste Präsentation wurden prämiert.

    Eine weitere Projektarbeit widmete sich einigen *Spielfilmen*. „Krieg der Welten", wo Marsmenschen die Erde angreifen, kann man als Hollywood-Kitsch abtun, sollten man aber besser als eine Metapher für Migration von Lebewesen in andere Lebensräume und die damit verbundenen Probleme interpretieren. Ist auf einer total überbevölkerten und ausgebeuteten Erde das „stoffliche Recycling" von Menschen zu einem Proteinhydrolysat die Ultima Ratio zum Überleben, wie es der Film „Soylent Green" zeigt? Und wenn schließlich Kenneth Branagh als „Dr. Frankenstein" sein Geschöpf mit einem diabolischen „It's alive" bewundert, ist das mehr als eine Horrorgeschichte, sondern die eindringliche Warnung vor dem Machbarkeitswahn der Menschen, der eine viel größere Gefahr für die Zukunft der Welt darstellt als Resourcenknappheit, Überbevölkerung, Artensterben und Klimawandel.

11 Schreiben von Rezensionen als Lernziel (S. 247)

Kleinere Ökologieprojekte wurden an Studierende vergeben, aber nicht, um wie üblich Teilaspekte zu erarbeiten und im Seminar vorzutragen, sondern mit dem Ziel, ein Buch, einen Film oder eine Vortragsreihe zu rezensieren. Die von mir redigierten Texte, z.B. über Bücher des wohl berühmtesten deutschen Försters, Peter Wohlleben, oder über die Öko-Romane „Die Geschichte der Bienen" und „Die Geschichte des Wassers" der Bestsellerautorin Maja Lunde, wurden dann einer Fachzeitschrift zur Publikation angeboten.

1 Einleitung

Zwei Lehrbücher der Chemie gefallen mir besonders gut, nicht nur wegen ihres Inhaltes und der hervorragenden didaktischen Aufbereitung des Lernstoffes, sondern vor allem auch wegen ihrer *Titel*. T. L. Brown, H. E. LeMay und B. E. Bursten bezeichnen die Chemie als die „Central Science" [1], also als die Basiswissenschaft, von der aus man die Materie, das Leben und die ganze Welt verstehen kann. Und P. Atkins drückt das noch gewaltiger aus, denn für ihn ist Chemie „einfach alles" [2].

Goethes Faust will erkennen, was „die Welt im Innersten zusammenhält" [3]. Das sind die Atome und Moleküle; aus ihnen baut sich in der Tat die Welt auf. Und diese befindet sich zurzeit in einer Metakrise, die geprägt ist von Bevölkerungswachstum, Ressourcenverbrauch, Wasserknappheit, Umweltverschmutzung, Abfall, Artensterben, Pandemien, Energieverschwendung, Klimawandel, Krieg, Migration … [4]. Einem Chemiker wird es wohl nicht schwerfallen, zu jeder dieser Teilkrisen spontan etwas zu sagen, oder auch zu kontern. Hier einige direkt **rot**/**grün** gegenübergestellte Argumente:

- **Eine PET-Flasche, die wir heute im Meer finden, wurde in einer Chemiefabrik hergestellt.** – **Trinkwassergewinnung und Abwasseraufbereitung sind chemische Verfahrenstechnik.**
- **Sprengstoffe für Waffen stammen aus dem Labor des Chemikers.** – **Medikamente auch.**
- **Pflanzenschutzmittel, die Chemiker erfunden haben, töten Insekten** – **und helfen, die Weltbevölkerung zu ernähren.**
- **Ruß aus Verbrennungsmotoren und -kraftwerken verpestet die Luft.** – **Aktivkohle bindet Schadstoffe aus der Umwelt.**
- …

An meiner Fachhochschule beinhaltet jeder Studiengang ein sozial- und kulturwissenschaftliches Begleitstudium (SuK). Das ist gut so, denn es ist ein erklärtes Bildungsziel, dass Hochschulabsolventinnen und -absolventen auch über den Rand ihrer eigentlichen Fachdisziplin hinausschauen und deshalb Verantwortung in unserer Gesellschaft und für die Welt übernehmen können. Meine Kolleginnen und Kollegen von Fachbereich SuK bieten zahlreiche Lehrveranstaltungen zu den globalen Krisen an: über Welternährungsprobleme, (Neo)Kolonialismus, Armut, Menschenrechte, Rassismus, Frauenbewegungen, soziale Gerechtigkeit, internationales Recht, Diktaturen, Migration, Weltreligionen, Ethik etc. Jede dieser Veranstaltungen ist an sich hervorragend, aber in der Regel nicht mit den Dozenten des Fachbereichs Chemie- und Biotechnologie abgestimmt.

Genau hier setzt mein fachdidaktisches Interesse und meine Aufgabe an; denn ich bin fest davon überzeugt, dass man die großen Probleme der Welt – und ganz besonders die ökologischen – auch oder vielleicht sogar noch besser aus der Chemie – also aus der „Central Science" – heraus beleuchten und verständlich machen und Verbesserungsansätze vorschlagen kann. Deshalb biete ich seit einigen Jahren jedes Semester einen Kurs an, der den Arbeitstitel „Öko-Seminar" trägt und sich an maximal 15 Studierende richtet, die einzeln oder zu zweit ausgewählte Öko-Themen bearbeiten und dann im gemeinsamen Seminar referieren. Ich wähle die einzelnen Themen vorab so aus, dass sie an einem roten Faden zusammengeführt werden können, damit das Seminar zu einem harmonischen Ganzen wird. Jedes Semester widmet sich einem (etwas) anderen Schwerpunkt. Mal ist es historisch, dann philosophisch, beim nächsten Mal wirtschaftlich. Mal dienen aktuelle Bücher, vorwiegend Sachbücher, gelegentlich aber auch Biografien, Kurzgeschichten oder Romane als Basis für die studentischen Referate, mal Dokumentar- oder Spielfilme. Gelegentlich werden die Seminare durch Projekt- oder fachdidaktische Bachelorarbeiten vor- bzw. nachbereitet.

Beispielsweise haben wir uns im Sommersemester 2019 die Frage gestellt, ob unsere Ernährung gleichzeitig gesund, umweltgerecht, preisgünstig und fair sein kann? Im folgenden Wintersemester haben wir die Diskussion über „richtige Ernährung" fortgesetzt, wobei die Studierenden im zweiwöchigen Rhythmus ihren Lebensstil von einer Bio- über eine vegetarische zu einer veganen und abschließend zu einer frutarischen Ernährung geändert und im Seminar darüber referiert haben.

Die Berichte sind im Folgenden zusammengestellt. Allen Seminaren ist gemeinsam, dass es irgendwie um „Öko" und „Chemie" geht. Manche Teilaspekte kommen in mehreren Projekten vor. Das macht aber nichts, denn der Kontext ist immer etwas anders.

Den Studierenden haben die interdisziplinären Seminare viel Freude bereitet (und mir natür-lich auch) und sie zum Nachdenken gebracht. Die Leserinnen und Leser dieses Buches möchte ich dazu anregen, ähnliche Seminare, Unterrichtseinheiten oder Diskussionsrunden zu kon-zipieren und durchzuführen. Ich versichere, dass es eine lohnende Aufgabe ist.

Die Studierenden, die an einem Seminar bzw. Projekt teilgenommen haben, werden am Ende des jeweiligen Berichtes dankend genannt.

Anstelle eines Glossars sind im Anhang dieses Buches die zahlreichen besprochenen (Sach)Bücher, (Dokumentar)Filme, Fotografien und Filme in alphabetischer Reihenfolge ihrer Titel aufgelistet, sodass interessierte Leserinnen und Leser rasch nachschlagen können, wie wir die Werke aus dem Blickwinkel der Chemie interpretieren.

Literatur zu Kapitel 1

[1] T. L. Brown, H. E. LeMay, B. E. Bursten: Chemistry – The Central Science. – Pearson (mehrere Auflagen)
[2] P. W. Atkins, L. Jones: Chemie – einfach alles. – Wiley VCH (mehrere Auflagen)
[3] J. W. von Goethe: Faust I. – Verse 382-383
[4] E. Horn: Zukunft als Katastrophe. – Fischer-Verlag, Frankfurt 2014

2 Vom Feuerstein zur Künstlichen Intelligenz und aus der DDR nach Bologna

Als Chemiker auf einer denkwürdigen Reise durch die alte und neue Geschichte der Menschheit

Als unsere Vorfahren Steine aufeinanderschlugen, flogen Funken, mit denen sie z.B. Heu entzünden konnten; so hatten sie ihre erste Fackel – und wurden zu Chemikern. Mit dem gebändigten Feuer konnten Kupfer und Zinn zusammengeschmolzen werden; das geschah in der Bronzezeit. Später wurde in einem Hochofen Kohle verfeuert, um durch eine carbothermische Reduktion Eisen herzustellen; damit war die Eisenzeit eingeleitet. Heute gewinnt man auch das Silizium carbothermisch; und der Halbleiter eröffnete den Weg in das digitale Zeitalter. Diesen Prozess nennt man üblicherweise „Fortschritt". Ein Schelm ist, wer denkt, dass mit dem Feuerstein ein Treibhauseffekt angestoßen wurde, der die Menschheit in eine Klimakatastrophe stürzen kann!

Den Bestseller „Eine kurze Geschichte der Menschheit" von Y. N. Harari [1] und das sehr gelungene Comic-Buch dazu [2] haben wir aus dem Blickwinkel des Chemikers gelesen und uns gefragt, wie die Geschichte weitergeht. Sind wir bereits in dem von J. Lovelock so bezeichneten „Novozän" [3] angekommen, wo Künstliche Intelligenz zunehmend die Herrschaft über uns Menschen gewinnt?

Nachdem wir diese Reise von der Urzeit bis in die nahe Zukunft – sagen wir bis etwa in die Mitte des 21sten Jahrhunderts – gemacht haben, blicken wir im zweiten Teil dieses Kapitels anlässlich der 30jährigen Deutschen Wiedervereinigung zurück auf die DDR; nicht auf deren marodes politisches System, sondern vielmehr auf einen Chemieunterricht, der leider untergegangen ist, obwohl in ihm nach heutigem Maßstab unter den Aspekten Sicherheit, Umweltschutz und Nachhaltigkeit vorbildliche Experimente durchgeführt worden sind.

Nach der politischen Wende in Deutschland und Europa und dem Beginn einer zunehmenden Globalisierung der Wirtschaft, die mit immer mehr Ressourcen- und Energieverbrauch einherging, zeichnete sich ausgehend von einer Stadt im nördlichen Italien eine Reform (oder Revolution?) im Bildungswesen ab. Die europaweite Umstellung etablierter Studiengänge auf ein Bachelor-Master-System bescherte meinem Fachbereich „Chemie Bolognese". Spiegelt das Bildungssystem den Zustand eines Landes und seiner Gesellschaft wider? Mehr dazu im dritten Teil dieses Kapitels.

2.1 Homo Chemicus

Vom Feuerstein zur Künstlichen Intelligenz

Dieses Kapitel wird in leicht veränderter Form publiziert in
Chemie in Labor und Biotechnik (CLB) 71 (2021)

Das letzte der im vorliegenden Buch dokumentierten Öko-Projekte fand im Frühjahr 2021 statt, ist hier aber an erster Stelle beschrieben, weil es sich als Einführung eignet. Zusammen mit den Studierenden habe ich – durch die Brille des Chemikers – die Geschichte der Menschheit betrachtet und einen Blick in die Zukunft gewagt. Was lehrt uns die Vergangenheit für die Zukunft? Dazu habe ich meine Überzeugung zum Ausdruck gebracht, dass die Entwicklung der Menschheit im Wesentlichen einer Populationsdynamik entspricht und weiter entsprechen wird, die in der Biologie an vielen Beispielen beschrieben worden ist: Über einen langen Zeitraum ist die Population sehr klein, kämpft um ihr Überleben, und wenn sie es schafft, sich ihrer Umgebung anzupassen, fängt sie an zu wachsen. Exponentiell. Doch wenn sich aufgrund ihrer Masse und ihrer Lebensgewohnheiten oder anderer Umstände ihre materiellen Lebensgrundlagen verschlechtern, geht das exponentielle Wachstum in ein lineares über, verringert sich dann, stagniert und nimmt schließlich ab. Letztes kann rapide erfolgen und zum Aussterben führen; es kann aber auch sein, dass sich die Population auf einem niedrigeren Niveau stabilisiert und vielleicht sogar wieder wächst.

Die Basislektüre zu unserem Seminar war der Bestseller „Eine kurze Geschichte der Menschheit" [1] und das Comic-Buch [2] dazu (Abb. 2.1.1), in dem der Autor Yuval Noah Harari gleich auf der ersten Seite über drei große *Revolutionen* schreibt, welche die Geschichte der menschlichen Kulturen geprägt haben: Die *kognitive* Revolution vor etwa 70.000 Jahren, die *landwirtschaftliche* vor ca. 12.000 Jahren und die *wissenschaftliche* vor knapp 500 Jahren, wobei letztere „das Ende der Geschichte und der Beginn von etwas völlig Neuem sein" könnte. Das Nachwort des Buches ist in der Abbildung 2.1.2 abgeschrieben.

Was meint Harari mit seiner Prognose, und was könnte das „völlig Neue" sein? Der israelische Professor für Universalgeschichte nimmt an, dass es ein Zeitalter der starken Künstlichen Intelligenz (KI) sein könnte. Wird dann Friedrich Nietzsches „Übermensch" [4] wahr? Kann man sich auf das von James Lovelock so genannte Novozän [3] freuen, oder kommen Richard David Prechts Warnungen vor einem Verlust des humanistischen Sinns des Lebens [5] noch gerade zur rechten Zeit? Darum ging es in unserem Seminar.

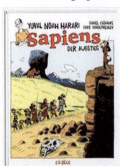

Abbildung 2.1.1: Vom Homo sapiens zum Cyborg und vom Sinn des Lebens – die Basisliteratur zu unserem Öko-Seminar im Frühjahr 2021 [1, 2, 3, 5].

Nachwort zu „Eine kurze Geschichte der Menschheit"

Vor 70.000 Jahren war der Homo sapiens ein unbedeutendes Tier, das in einer abgelegenen Ecke Afrikas seinem Leben nachging. In den folgenden Jahrtausenden stieg es zum Herrscher des gesamten Planeten auf und wurde zum Schrecken des Ökosystems. Heute steht es kurz davor, zum Gott zu werden und nicht nur die ewige Jugend zu gewinnen, sondern auch göttliche Macht über Leben und Tod.

Leider hat die Herrschaft des Sapiens bislang wenig hinterlassen, auf das wir uneingeschränkt stolz sein könnten. Wir haben uns die Umwelt untertan gemacht, unsere Nahrungsproduktion gesteigert, Städte gebaut, Weltreiche gegründet und Handelsnetze errichtet. Aber haben wir das Leid in der Welt gelindert? Wieder und wieder bedeuten die massiven Machtzuwächse der Menschheit keine Verbesserung für die einzelnen Menschen und immenses Leid für andere Lebewesen.

Trotz unserer erstaunlichen Leistungen haben wir nach wie vor keine Ahnung, wohin wir eigentlich wollen, und sind so unzufrieden wie eh und je. Von Kanus sind wir auf Galeeren, dann auf Dampfschiffe und schließlich auf Raumschiffe umgestiegen, doch wir wissen immer noch nicht, wohin die Reise gehen soll. Wir haben größere Macht als je zuvor, aber wir haben noch immer keine Ahnung, was wir damit anfangen wollen. Schlimmer noch, die Menschheit scheint verantwortungsloser denn je. Wir sind Selfmade-Götter, die nur noch den Gesetzen der Physik gehorchen und niemanden Rechenschaft schuldig sind. Und so richten wir unter unseren Mitlebewesen und der Umwelt Chaos und Vernichtung an, interessieren uns nur für unsere eigenen Annehmlichkeiten und unsere Unterhaltung und finden doch nie Zufriedenheit.

Gibt es etwas Gefährlicheres als unzufriedene und verantwortungslose Götter, die nicht wissen, was sie wollen?

Abbildung 2.1.2: Aus dem Nachwort von Y. N. Hararis „Eine kurze Geschichte der Menschheit" [1]. (Lohnend ist auch die Lektüre der Fortsetzung dieses Buches unter dem Titel „Homo Deus" [6].)

Der Mensch – ein ambivalentes und invasives Lebewesen

„Was ist das intelligenteste Wesen auf Erden? Wer antwortet: »Der Mensch natürlich«, sollte noch einmal nachdenken. Ist es ein Zeichen von Intelligenz, Kriege zu führen, Rohstoffe zu verbrennen, die Atmosphäre aufzuheizen, den Regenwald abzuholzen, Tierarten auszurotten und die Ozeane in Müllkippen zu verwandeln?" So Ulrich Eberl in der Einleitung seines Buches „33 Fragen – 33 Antworten" [7], das wir als Laien auf dem Gebiet der Informatik zum Einstieg in die Thematik „Künstliche Intelligenz" verwendet haben. (Für eine detaillierte Darstellung des Themas sei auf Übersichtsartikel und ein Buch von Rolf Kickuth [8, 9] verwiesen.)

Vielleicht ist der Mensch das intelligenteste Lebewesen, aber er ist auf jeden Fall ein äußerst ambivalentes – mit einem enormen konstruktivem und nicht minder destruktivem Potenzial. Was Menschen an Kunst, Musik, wissenschaftlicher Erkenntnis und technischen Meisterleistungen hervorgebracht haben – da ist man einfach sprachlos und kann nur noch ein bewunderndes „Wow" hervorbringen. Und wenn man Liebenswürdigkeit, Hilfsbereitschaft und freudiges Beisammensein von Menschen erlebt, wird man mit Goethes Faust sagen: „Hier bin ich Mensch, hier darf ich's sein [10]." Gewiss ist es eine Frage, ob man selbst eher ein Optimist oder ein Pessimist ist und das Wunderbare am Menschen bevorzugt sieht oder ihn eher als eine Gefahr für seine Mitmenschen und das ganze Ökosystem Erde betrachtet – wenn man an hochbegabte Chemiker denkt, die Kampfgase freisetzen, oder an Massentierhalter, für die Hühner, Schweine und Rinder lediglich Fleischlieferanten sind, oder wenn man Robert Oppenheimers Zitat aus der Bhagavad Gita anlässlich der Zündung der ersten Atombombe am 16.7.1945 in Alamogordo vernimmt: „Jetzt bin ich der Tod geworden, der Zerstörer der Welten [1]."

Im Laufe der Geschichte hat sich gezeigt, dass der Mensch eine besonders invasive Spezies ist, die oftmals einen zerstörerischen Einfluss auf die Gebiete, wo sie hingezogen ist, und die dort lebenden anderen Menschen hatte. Dazu einige Beispiele.

Zur Besiedlung von Australiens vor etwa 45.000 Jahren – erstaunlich, dass die Menschen es überhaupt geschafft haben, den Südpostpazifik dorthin zu überqueren – schreibt Harari [1]: „In dem Moment, in dem der Homo sapiens seinen Fuß auf einen australischen Strand setzte, wurde er zur mörderischsten Spezies in den vier Milliarden Jahren, in denen es schon Leben auf der Erde gibt. Bis dahin hatten Menschen zwar einige innovative Verhaltensweisen an den Tag gelegt, doch ihre Auswirkungen auf ihre Umwelt waren noch zu vernachlässigen. Sie hatten sich mit großem Erfolg an unterschiedliche Lebensräume angepasst, aber sie hatten diese Lebensräume weitgehend unverändert gelassen. Die Siedler – oder besser Eroberer – Australiens passten sich aber nicht nur an. Sie krempelten das gesamte australische Ökosystem um, bis es nicht wiederzuerkennen war. Innerhalb weniger Jahrtausenden verschwanden Riesenkängurus, Beutellöwen, Riesenkoalabären, drachenähnliche Echsen und zweieinhalb Tonnen schwere Diprotodons (Abb. 2.1.3). Von den 24 australischen Tierarten, die über 50 Kilogramm wogen, starben 23 aus."

Abbildung 2.1.3: Nachbildung eines Diprotodons – eine von vielen von Menschen ausgelöschte Art [11].

Durch Brandrodung verschwand der ursprüngliche Baumbewuchs in Australien, worauf die schnell wachsenden Eukalyptusbäume sich ausbreiten konnten. Das war zwar gut für die Koalabären, aber bei Waldbränden katastrophal; denn Eukalyptusbäume setzen besonders viele Terpene frei, die sehr gut brennen – wie wir insbesondere bei den verheerenden Waldbränden im Jahr 2020 in Australien erlebt haben.

„Die Massenartensterben [wiederholten sich] in den folgenden Jahrtausenden immer wieder – und zwar jedes Mal, wenn Menschen sich in einem anderen Teil der »Neuen Welt« niederließen", so Harari, beispielsweise in den heutigen USA: Die Prärien mit ihren riesigen Büffelherden sind weg; dafür gibt es mittlerweile landwirtschaftliche Monokulturen gigantischen Ausmaßes und Fracking-Felder.

Feierte man die Heldentat von Christoph Kolumbus noch als den Beginn der Neuzeit, so begannen seine Nachfolger grausame Völkermorde; Hernán Cortés an den Azteken und Francisco Pizarro an den Inkas. Dazu Harari: „Als die Einheimischen Cortés fragten, warum die Spanier so sehr hinter dem Gold her waren, antwortete er: »Sie leiden an einer Krankheit des Herzens, die nur mit Gold geheilt werden kann.« Das war zwar glatt gelogen, aber nur was die Art der Krankheit anging. In Wirklichkeit handelte es sich nämlich um eine Geisteskrankheit, die die gesamte afro-eurasische Welt, aus der die Spanier kamen, wie eine Epidemie erfasst hatte. Selbst erbitterte Feinde waren sich in ihrer Gier nach dem nutzlosen Metall einig."

Die spanischen Konquistadoren standen in der Tradition von Größenwahnsinnigen wie Julius Caesar, der u.a. die römische Badekultur ins Land der in hygienischer Sicht rückständigen Gallier exportierte, aber damit nur seinen Völkermord kaschierte, den er in (zugegebenermaßen sprachprägendem) Latein beschrieb. Des Weiteren waren sie Vorbilder für den grausamen Kolonialismus beispielsweise in Belgisch-Kongo, wo es zwar nicht mehr primär um Gold, sondern um natürliches Polyisopren ging, das man mittlerweile durch Vulkanisieren in sehr nützliches Gummi umwandeln konnte.

Die Geschichte von menschengemachter Umweltzerstörung, Ressourcen- und Landraub, Krieg, Sklaverei und Gewalt ist lang ... und geht weiter. Doch „mit dem Verschwinden der Artenvielfalt werden letztlich auch die Menschen verschwinden", prognostiziert Harari [1].

Die Entstehung des Treibhauseffektes

Das Feuer war und ist für Menschen gefährlich und nützlich zugleich und auf jeden Fall faszinierend. Als die Menschen lernten, es zu erzeugen und zu bändigen, begann das Zeitalter des Homo Chemicus. (Bis Feuer als Ergebnis einer Redoxreaktion, bei der Wärme und Licht freigesetzt wird, definiert wurde, dauerte es allerdings noch ein paar Jahre.) Die Menschen verbrannten Holz, später Kohle und noch später Erdöl und Erdgas, um ihren Wohnort gemütlich zu heizen und um ihr Essen durch Erhitzen bekömmlicher zuzubereiten, sie schmolzen kupfer- und zinnhaltiges Gestein zu Bronze zusammen und gewannen später aus Eisenerz carbothermisch das Metall, um daraus nützliche Werkzeuge herzustellen. Das alles und vieles mehr war ein enormer Fortschritt für die Menschheit. Dass bei den gerade genannten Prozessen Kohlenstoffdioxid entsteht, spielte zunächst keine Rolle. Die Menschen bemerkten das farb- und geruchslose und für sie ungiftige Gas noch nicht einmal. Erst viele Jahrtausende nach der Bändigung des Feuers interpretierten sie – genauer gesagt die Analytischen Chemiker – das Infrarotspektrum des CO_2: Das lineare Molekül wird durch Wärmestrahlung zu verschiedenen symmetrischen und unsymmetrischen Streck- und Kippschwingungen angeregt, womit die molekulare Grundlage des Treibhauseffektes beschrieben ist – mehr Kohlenstoffdioxid in der Atmosphäre führt zu deren zunehmender Erwärmung und damit zur Verschiebung des ökologischen Gleichgewichts auf der Erde.

Es gibt noch eine brutalere Konsequenz der Feuer-Beherrschung. Mit dem Feuer ließen sich nämlich die Hütten unliebsamer Nachbarn anzünden, mit Schwertern aus Bronze- und Stahl konnten Kriege geführt werden ... Harari sagt, dass die Bändigung des Feuers der erste Schritt auf dem Weg zur Atombombe gewesen sei [1].

Die Neolithische Revolution – der Beginn von Wohlstand und Gier

Die landwirtschaftliche Revolution hält Harari für „eines der umstrittensten Ereignisse der Geschichte" [1] und fährt fort: „Ihre Befürworter behaupten, sie habe ein neues Zeitalter von Fortschritt und Wohlstand eingeläutet. Kritiker halten dagegen, die Wende zur Landwirtschaft sei der Anfang vom Ende gewesen, denn mit ihr habe der Homo sapiens den Kontakt zu seiner natürlichen Umwelt verloren und den Weg der Gier und Entfremdung eingeschlagen. Infolge des Getreideanbaus (Abb. 2.1.4) und der Tierhaltung (Abb. 2.1.5) wuchs die Bevölkerung so stark, dass sich die komplexen bäuerlichen Gesellschaften nicht mehr hätten ernähren können, wenn sie zum Jagen und Sammeln zurückgekehrt wären. Der typische Bauer entwickelte eine starke emotionale Beziehung zu seiner Hütte. Fortan waren die intime Bindung an die eigenen vier Wände und die räumliche Trennung von den Nachbarn die psychischen Merkmale einer deutlich engstirnigeren Kultur. Bauern lebten auf künstlichen menschlichen Inseln, die sie unter großen Mühen der Wildnis entrissen hatten. Dieser künstliche Lebensraum war nur für die Menschen und »ihre« Pflanzen und Tiere bestimmt und wurde oft mit Hecken und Mauern umzäunt, und mit der Errichtung fester Siedlungen konnten die Menschen außerdem immer mehr überflüssigen Luxus produzieren, ohne den sie schon bald nicht mehr leben konnten."

Ein Zurück zur Zeit der Jäger und Sammler war unmöglich, selbst wenn es gewollt gewesen wäre; denn dafür gab es bereits zu viele Menschen auf der Erde. Wenn man im Sinne von James Lovelock denkt, der die Erde in ihrer Gesamtheit als einen Superorganismus betrachtet (s. Kap. 6), findet man die Weisheit des Paracelsus bestätigt, dass es nur auf die Menge ankommt, wann etwas giftig wird – hier: wann die große Anzahl von Menschen – mit der von ihnen betriebenen Ausbeutung des Bodens und der Gewässer, ihren Pestiziden und Düngemitteln, ihren pflanz-lichen Monokulturen und ihrer Massentierhaltung, ihrer Emission von Treibhausgasen, ihrem Wohlstandsmüll und der dadurch verursachten Umweltverschmutzung etc. – für die Erde zur Bedrohung – zum Gift – wird.

Warum essen viele – zunehmend viele! – Menschen in den Luxusgesellschaften deutlich mehr, als sie für ihre Lebensprozesse bräuchten? Besitzt der Mensch ein „Fressgen?" fragt Harari [1] und antwortet sinngemäß: Vermutlich ja. Denn unsere urzeitlichen Vorfahren mussten oft tagelang warten, bis sie ein Beutetier erlegen konnten. Deshalb war es für sie äußerst sinnvoll, dieses sofort zu verspeisen und dabei möglichst viel Fleisch quasi auf Vorrat in sich hineinzustopfen. Der moderne Mensch der Wohlstandsgesellschaften lebt hingegen im Überfluss. Er ist meistens satt, aber sein urzeitliches „Fressgen" bewegt ihn dazu, trotzdem zusätzlich eine Tafel Schokolade oder eine Riesenportion Nachos zu verputzen. So wird Diabetes mellitus zur Wohlstandskrankheit. Im Seminar haben wir uns gefragt, ob das gentechnisch in großen Mengen herstellbare Insulin wirklich eine Meisterleistung der Biotechnologie und ein Segen für die Menschheit ist oder lediglich der Schadensbegrenzung von Essgewohnheiten dient, die aus dem Ruder gelaufen sind und dazu geführt haben, dass es mittlerweile mehr dicke als hungerleidende Menschen gibt?

Komische Gedanken

Das Feuer ermöglichte es den Menschen, ihr Essen zu grillen oder zu kochen, wodurch es in der Regel leichter bekömmlich wird. Heute wissen wir, dass die Erwärmung von Lebensmittel in erster Linie zur Denaturierung der tertiären und sekundären Strukturen von Makromolekülen führt. Eine rohe Möhre zu zerkauen erfordert viel Zeit, eine gekochte ist hingegen schnell verzehrt. Im Vergleich zu reinen Rohköstlern wie Elefanten, Giraffen oder Rindern sparten die frühen Menschen durch das Kochen ihrer Nahrung sehr viel Zeit für deren Aufnahme und Verdauung. Ihre Sprache benötigten die Menschen folglich nicht mehr primär zur Informationsvermittlung, wo sich beispielsweise eine Nahrungsquelle befinde oder wo Gefahr durch ein wildes Tier drohe, sondern in zunehmendem Maße für Klatsch und Tratsch, „wer in einer Gruppe wen nicht leiden kann, wer mit wem schläft, wer ehrlich ist und wer andere beklaut", so Harari [1] und ergänzt: „Machen wir uns nichts vor, unsere E-Mails, Telefongespräche oder Zeitungsberichte bestehen bis heute zum größten Teil aus Klatsch." Wenn man also das World Wide Web als die größte Klatschbörse aller Zeiten definiert, liegt man gar nicht so falsch.

Mehr noch. Wer Zeit hat, fängt – im positiven Sinne – an zu malen oder zu musizieren oder die Natur zu erforschen, wodurch *Kultur* entsteht. Wer Zeit hat, kommt aber auch auf *komische Gedanken*; Harari nennt als Beispiel, dass „der Löwe der Schutzgeist unseres Stammes" sei [1]. Wenn man diese Phantasie weiterspinnt, liegt es nahe, an ein Hybrid von Löwe und Mensch zu glauben (Abb. 2.1.6). Nun, was *denkbar* ist, ist oftmals auch *machbar*, zumindest ungefähr: Ein Hybrid aus einer Maus und einem scheinbar menschlichen Ohr gibt es bereits (ebenfalls Abb. 2.1.6). (Vgl. hierzu den Bericht über Organoide – das sind organähnliche Zellverbände – der interdisziplinären Arbeitsgruppen der Berlin-Brandenburgische Akademie der Wissenschaften [14], der Thema eines weiteren studentischen Referates war.)

Der Weizen domestiziert den Menschen

„Sehen wir uns die landwirtschaftliche Revolution einmal aus der Sicht des Weizens an. Vor zehntausend Jahren war der Weizen nur eines von vielen Wildgräsern, das nur im Nahen Osten vorkam. Innerhalb weniger Jahrtausende breitete er sich von dort über die ganze Welt aus. Nach den Überlebens- und Fortpflanzungsgesetzen der Evolution ist er damit eine der erfolgreichsten Pflanzenarten aller Zeiten. Weltweit sind 2,25 Millionen Quadratkilometer mit Weizen bedeckt.

Wie hat der Weizen das geschafft? Indem er den armen Homo sapiens aufs Kreuz legte. Diese Affenart hatte bis vor zehntausend Jahren ein angenehmes Leben als Jäger und Sammler geführt, doch dann investierte sie immer mehr Energie in die Vermehrung des Weizens. Der Weizen ist eine anspruchsvolle Pflanze. Er mag keine Steine, weshalb sich die Sapiens krumm buckelten, um sie von den Feldern zu sammeln. Er teilt seinen Lebensraum, sein Wasser und andere Nährstoffe nicht gerne mit anderen Pflanzen, also jäteten die Sapiens tagein, tagaus unter der glühenden Sonne Unkraut. Der Weizen wurde leicht krank, also mussten die Sapiens nach Würmern und anderen Schädlingen Ausschau halten. Weizen kann sich nicht vor anderen Organismen wie Kaninchen und Heuschrecken schützen, die ihn gerne fressen, weshalb die Bauern ihn schützen mussten. Weizen ist durstig, also schleppten die armen Sapiens Wasser aus Quellen und Flüssen herbei, um ihn zu bewässern. Und der Weizen ist hungrig, weshalb die Menschen Tierkot sammelten, um den Boden zu düngen, auf dem er wuchs. Auch die Brandrodung kam dem Weizen zugute.

Nicht wir haben den Weizen domestiziert, der Weizen hat uns domestiziert. Das Wort „domestizieren" kommt von domus für „Haus". Wer lebt eingesperrt in Häusern? Der Mensch, nicht der Weizen.

Wenn der Regen ausblieb, Heuschreckenschwärme einfielen oder die Pflanze von Pilzen befallen wurde, starben die Bauern zu Tausenden oder Millionen. Der Weizen bot auch keinen Schutz vor menschlicher Gewalt. Die ersten Bauern waren mindestens so gewalttätig wie ihre Vorfahren, wenn nicht gewalttätiger. Bauern hatten mehr Besitzgegenstände und benötigten Land, um ihre Pflanzen anzubauen. Wenn sie eine Weide an ihre Nachbarn verloren, konnte dies den Hungertod bedeuten, weshalb sie viel weniger Spielraum für Kompromisse hatten. Wenn ein Bauerndorf von einem stärkeren Feind bedroht wurde, konnten die Bewohner nicht ausweichen, ohne ihre Felder, Häuser und Schuppen zurückzulassen und den Hungertod zu riskieren. Daher blieben die Bauern und kämpften bis zum bitteren Ende. Etwa 15 Prozent aller Menschen starben eines gewaltsamen Todes. Was also bot der Weizen den bäuerlichen Gesellschaften? Dem Einzelnen hatte er gar nichts zu bieten – wohl aber der Art des Homo sapiens. Der Weizenanbau bedeutete mehr Kalorien pro Fläche, und das wiederum ermöglichte dem Homo sapiens, sich exponentiell zu vermehren. Da die Menschen in schmutzigen und verkeimten Siedlungen lebten, die Kinder mehr Getreide und weniger Muttermilch bekamen und jedes Kind mit immer mehr Geschwistern konkurrierte, schoss die Kindersterblichkeit in die Höhe. In den bäuerlichen Gesellschaften starb mindestens jedes dritte Kind vor Erreichen des zwanzigsten Lebensjahres. Paradoxerweise summierte sich die Abfolge von „Verbesserungen", die den Menschen eigentlich das Leben erleichtern sollten, im Laufe der Zeit zu einer drastischen Verschlechterung. Wie konnten sich die Menschen derart verkalkulieren? Aus demselben Grund, aus dem sich Menschen im Laufe der Geschichte immer wieder verrechneten. Sie waren ganz einfach nicht dazu in der Lage, ihre Entscheidungen mit all ihren Konsequenzen zu überblicken.

Aber warum gaben die Menschen den Plan dann nicht einfach auf, als er sich als Bumerang erwies? Zum einen, weil Jahrzehnte ins Land gingen, bevor irgendjemand hätte erkennen können, dass die Dinge nicht nach Plan verliefen und weil sich dann – Generationen später – sowieso niemand mehr erinnerte, dass das Leben jemals anders gewesen war. Und zum anderen, weil das Bevölkerungswachstum jede Rückkehr zum früheren Leben unmöglich machte. Es führte kein Weg zurück. Die Falle war zugeschnappt. Der Traum vom besseren Leben fesselte die Menschen ans Elend. Ein Luxus wird schnell zu Notwendigkeit und schafft neue Zwänge. Mit dem Versuch, Zeit zu sparen, haben wir lediglich die Schlagzahl erhöht und unser Leben noch hektischer gemacht."

Abbildung 2.1.4: Die Domestizierung des Menschen durch den Weizen [1].

> ### *Evolutionserfolg und Glück*
> *„Das Haushuhn ist das am weitesten verbreitete Federvieh aller Zeiten. Kuh und Hausschaf belegen die Plätze zwei und drei in der Rangliste der häufigsten Säugetierarten – gleich hinter dem Homo sapiens. Aus Sicht der Evolution, die den Erfolg einer Art an der Verbreitung der DNA misst, müsste die landwirtschaftliche Revolution eigentlich ein wahrer Segen für Hühner, Kühe und Schafe gewesen sein. Doch diese Tiere gehören zu den unglücklichsten Lebewesen, die es je gab."*

Abbildung 2.1.5: Die Evolution der unglücklichsten Tiere [1].

Abbildung 2.1.6: Der Löwenmensch [12] ist eine ca. 40.000 Jahre alte Skulptur aus Mammut-Elfenbein. Sie gehört zu den ältesten Kunstwerken der Menschheit und ist zugleich einer der ersten Hinweise auf Religion und die Fähigkeit des Menschen, sich Dinge vorzustellen, die nicht existieren. Mit der „Ohrmaus" der Brüder Vacanti [13] ist ein Lebewesen, das aussieht wie ein Hybrid von Tier und Mensch, mittels Gewebezüchtung (Rinderknorpelzellen unter der Haut einer Maus) Wirklichkeit geworden.

Mit dem Löwenmenschen beginnen Religionen und Mythen, also „Vorstellungen von etwas, was es gar nicht gibt". Später kommen Ideologien hinzu wie der Kapitalismus, der Konsumismus oder – recht neu – der Dataismus, deren oberste Gesetze lauten „Du sollst investieren!", „Du sollst kaufen!" bzw. „Du sollst Informationen über dich ins Internet aller Dinge stellen" [1, 6], die aber gefährlich für die Zukunft unseres Planeten sind; denn was wird geschehen, wenn für *schneller, höher, weiter und immer mehr* schlicht und einfach die Ressourcen knapper werden und schließlich ganz fehlen? Mord und Totschlag sind dann nicht auszuschließen – oder wissenschaftlicher ausgedrückt: Es droht das evolutionäre Aussterben der Tierart Mensch.

„Lehre uns bedenken, dass wir sterben müssen, auf dass wir klug werden", betet Moses demütig [15], während Gilgamesch das mit dem Sterben verbundene Leid für unerträglich hält und den Tod überwinden will, dabei aber scheitert. Die Romanfigur Viktor Frankenstein musste ihr aus Leichenteilen zusammengenähtes und mit Elektroschocks zum Leben erwecktes Wesen schon bald töten, weil es zu gefährlich für die Menschheit geworden war (vgl. Kap. 11). Hätte der ambitionierte Arzt vor etwas mehr als 200 Jahren schon über die heutigen gentechnischen Methoden verfügt, wäre ihm seine Kreatur vermutlich nicht so misslungen. Vielleicht wird Homo CRISPR ein freundlicher(er) Zeitgenosse (s. Abb. 2.1.7 und vgl. Abb. 9.6)! Im Seminar haben wir diese Frage sehr zynisch beantwortet: Bestimmt; aber nur, wenn er mit den Botenstoffen Serotonin, Dopamin, Oxytocin und Neuro-Enhencern glücklich gedopt wird, sinngemäß so wie Aldous Huxley das bereits 1932 mit seiner Droge Soma für die „Schöne neue Welt" im Jahre 2540 empfohlen hat [16], und wenn wir die Geschichte der Drogenkriege weiterschreiben.

> **Dr. Frankensteins Vorarbeiten zum Homo CRISPR**
>
> „Es wäre naiv zu glauben, dass wir einfach auf die Bremse treten und das wissenschaftliche Upgrade des Homo sapiens stoppen könnten. Denn diese Projekte hängen untrennbar mit der Suche nach dem ewigen Leben, dem Gilgamesch-Projekt, zusammen. Wenn Sie Wissenschaftler fragen, warum sie das Genom analysieren, einen Computer an ein menschliches Gehirn anschließen oder ein menschliches Gehirn in einen Computer verpflanzen wollen, werden Sie fast immer dieselbe Antwort erhalten: Wir wollen Krankheiten heilen und Menschenleben retten.
>
> Das Gilgamesch-Projekt rechtfertigt alles. Doch auf dem Rücken von Gilgamesch reitet Dr. Frankenstein, und da sich Gilgamesch nicht aufhalten lässt, ist auch Frankenstein nicht zu stoppen."

Abbildung 2.1.7: Der ewige Traum der Menschen von ihrer Unsterblichkeit – lässt er sich mit moderner Gentechnologie erfüllen [1]? Oder treten Cyborgs im Zeitalter des Novozäns [3] die Nachfolge der Menschen an?

Intelligentes Design?

Harari berichtet [1]: „Im Jahr 2000 schuf der brasilianische Bio-Künstler Eduardo Kac ein völlig neues Kunstwerk: ein grün fluoreszierendes Kaninchen. Kac wandte sich an ein französisches Labor und gab dort seinen farbigen Mümmelmann in Auftrag. Die Wissenschaftler nahmen den Embryo eines ganz normalen weißen Kaninchens, pflanzten ihm Gene einer grün fluoreszierenden Qualle ein und violà! zogen sie ein grün fluoreszierendes Kaninchen aus dem Hut. Das Tier ist ein Produkt des intelligenten Designs." – Was man wohl besser als *Schwachsinn* bezeichnen sollte.

Novozän – das kommende Zeitalter der Hyperintelligenz?

Dass wir Menschen bald Cyborgs (kybernetische Organismen) erfinden, die 10.000mal intelligenter sind als wir selbst und mit denen wir trotzdem harmonisch zusammenleben und gemeinsam eine weitere Erderwärmung verhindern, haben wir im Seminar spontan als ähnlich *schwachsinnig* wie das grün fluoreszierende Kaninchen (s.o.) eingestuft. Diese erstaunliche Theorie stammt von James Lovelock, dessen Gaia-Hypothese, nach der die Erde ein sich selbstorganisierender lebender Organismus ist, wir hingegen viel Positives abgewinnen und die wir im Kapitel 6 ausführlich würdigen. Dass mehrere Journale den vielfach preisgekrönten, mittlerweile hundertjährigen britischen Chemiker, Biophysiker, Mediziner und Erfinder als „ein Wunder", „den größten Visionär unserer Zeit", „den einflussreichsten Forscher seit Charles Darwin" bzw. „einen Propheten, der jede Ehrung verdient, die die Menschheit zu vergeben hat" bezeichnen, hat uns auf sein neustes Buch über das gerade beginnende Zeitalter des von ihm so genannten Novozäns [3] (Abb. 2.1.1) neugierig gemacht.

Darin identifiziert Lovelock drei Wendepunkte der Geschichte unseres Planeten (und schreibt diese ganz anders als Harari):

1. *Umwandlung von Sonnenlicht in chemische Energie.* Vor ca. 3,4 Milliarden Jahren tauchten die ersten Mikroorganismen auf, die Photosynthese betrieben. Sie nutzten die Lichtenergie der Sonne, um Wasser in seine Elemente zu zerlegen. Während der Sauerstoff in die Atmosphäre entwich, wurde der Wasserstoff biochemisch gespeichert und für lebenswichtige Reduktionsprozesse verwendet. (Dieses anaerobe Leben gibt es heute immer noch, insbesondere im Pflanzenreich.)
2. *Energiebereitstellung durch Verbrennung fossiler Rohstoffe.* Kohle, Erdöl und Erdgas sind Umwandlungsprodukte urzeitlicher Lebewesen, die ihre Existenz direkt oder in-

direkt dem Sonnenlicht und der Photosynthese verdankten. (Diese fossilen Rohstoffe bilden sich auch heute noch. Es dauert nur Millionen Jahre, bis sie fertig sind.) Ihre Verbrennung mit dem Sauerstoff aus der Luft ist ein exothermer Prozess, der u.a. Verbrennungskraftmaschinen – erstmals die Dampfmaschine – antreibt. Nachteilig an dieser Art von Energiebereitstellung ist, dass die fossilen Rohstoffe sehr viel schneller verbraucht werden, als sie nachwachsen, und dass bei ihrer Verbrennung Kohlenstoffdioxid entsteht, welches zur Temperaturerhöhung der Atmosphäre beiträgt.
3. *Umwandlung von Sonnenlicht in Information.* Sonnenlicht kann mit Hilfe von Solarzellen in elektrische Energie umgewandelt und diese dann zur Programmierung von Computern und zur Informationsspeicherung genutzt werden. „Die Grundeinheit der Information ist das Bit, das einen Wert von Null oder Eins, bzw. wahr oder falsch, an oder aus, ja oder nein haben kann [3]." Computer können ganze Welten, also hochkomplexe Systeme, aus Nullen und Einsen synthetisieren. Aus dem Einfachen das Komplexe – letztlich das Leben – zu generieren, bedeutet, gegen die Entropie zu arbeiten; und das gelingt mit Hilfe der Sonnenenergie.

Lovelock meint, dass die Evolution ein Ziel und einen Sinn hat – und provoziert damit wohl heftigen Protest der meisten Evolutionsbiologen und anderer Naturwissenschaftler. Trotzdem drückt er vorschichtig seine Meinung aus [3]: „Vielleicht ist das endgültige Ziel intelligenten Lebens die Umwandlung des Kosmos in Information."

Das Novozän hat für Lovelock gerade begonnen. Wir Menschen sind die Geburtshelfer von Supercomputern mit starker Künstlicher Intelligenz, die Lovelock als Cyborgs bezeichnet. Deren Aussehen lässt er offen. Auf keinen Fall sind diese elektronischen Lebewesen Monster, wie wir sie aus Horror-Science-Fiction-Filmen kennen. Im Gegenteil, Lovelock ist davon überzeugt, dass die Cyborgs friedlich mit uns Menschen koexistieren, weil sie ein zentrales Interesse mit uns teilen, nämlich die Erde kühl zu halten. Denn ab einer Temperatur von 50 °C kalkuliert Lovelock das Ende des elektronischen Lebens. Aber da die Cyborgs dermaßen intelligent sind, werden sie die richtigen Maßnahmen zur Begrenzung der Erderwärmung ergreifen, womit wir Menschen nach Lovelocks Ansicht offensichtlich überfordert sind (vgl. Abb. 2.1.8). Lovelock setzt auf die Atomenergie – na, ja – als Übergangslösung, bis die Solartechnik so weit ausgebaut ist, um das Sonnenlicht im erforderlichen Umfang zu binden.

Hoffentlich ist es echte Altersweisheit, die Lovelock so optimistisch stimmt, dass die Hyperintelligenz der Cyborgs die Rettung der Menschheit sein wird. „Die Botschaft hör ich wohl, allein mir fehlt der Glaube." – Dieses Faust-Zitat [17] war im Seminar unsere Antwort auf Lovelock. Trotzdem; es stimmt (und wurde von den Studierenden bestätigt), was der Werbetext auf der vorderen Umschlagseite von Lovelocks neuem Buch verspricht, dass es darin keinen einzigen langweiligen Satz gibt. Lovelocks provozierende Äußerungen regen zum Nachdenken an, und das ist im Rahmen einer akademischen Ausbildung gut so.

Herr und Hund

„Ich [James Lovelock] habe das Gefühl, dass die Cyborg-Welt für einen von uns so schwer zu verstehen ist wie die Komplexität unserer Welt für einen Hund. Wenn sich die Cyborgs erst einmal etabliert haben, werden wir genau so wenig die Herren unserer Geschöpfe sein, wie unser vielgeliebter Hund Herr über uns ist. Vielleicht ist es die beste Option, so zu denken, wenn wir in einer neu gebildeten Cyber-Welt weiter bestehen wollen."

Abbildung 2.1.8: Herr und Hund – Cyborg und Mensch – ein Gleichnis von James Lovelock [3].

Die materielle Basis der Daten- und Informationsspeicherung

Das Interesse an der Speicherung von Gedanken, Erfahrungen und Wissen ist seit Urzeiten ein Bedürfnis der Menschheit. Es sind Gemälde und andere Kunstwerke, mit denen die Menschen ihren Zeitgenossen und Nachfolgern etwas erzählen möchten, es sind Romane und Gedichte, Fotos, Tonbandaufnahmen, Videos etc. Die Menge an gespeicherten und später abruf- und nutzbaren Daten wurde im Laufe der Zeit immer größer und nimmt derzeit ein gigantisches Ausmaß an, Tendenz steigend.

Dazu leisten die Chemiker entscheidende Beiträge. Sie erfinden und liefern nämlich die Basismaterialien für die verschiedensten Formen der Daten- und Informationsspeicherung. Hier eine lange, aber gewiss nicht vollständige Liste, die im Rahmen einer Bachelorarbeit [18] detailliert ausgearbeitet, in unserem Seminar aber nur kurz vorgestellt wurde:

- Ton- und Schiefertafeln, Papyrus, Papier
- natürliche und synthetische Farbstoffe und Pigmente
- Bindemittel für Malerfarben, Dispergiermittel für Tinten, Anstrich- und Druckfarben
- Silberbromid und Natriumthiosulfat (Fixiersalz) für die Fotografie
- Magnetpigmente für die magnetische Datenspeicherung
- Flüssigkristalle für die optische Datenspeicherung
- Trägermaterialien, z.B. Celluloid für Filme, Celluloseacetat oder Polyethylenterephthalat für Fotochemikalien oder Magnetpigmente, Polycarbonat für Compact Discs
- Glasfasern für die Licht- und optische Signalleitung
- elektrische Leiter, insbesondere Kupfer
- spezielle Metalle für die Mikroelektronik, z.B. Edelmetalle für Leiterplatten, Tantal für Kondensatoren oder Neodym für Hochleistungsmagneten
- mit Phosphor bzw. Bor dotiertes Halbleiter-Silizium
- andere Halbleitermaterialien, z.B. Galliumarsenid, Cadmiumsulfid oder Kohlenstoff-Nanoröhren
- Lithium, Cobalt und Graphit für Hochleistungsbatterien
- Kunststoffe für Computergehäuse und Bildschirme
- …

Die ökologischen und sozialen Probleme, die sich aus der Gewinnung und Bereitstellung dieser Materialien ergeben, füllen eine mindestens genauso lange Liste. Exemplarisch seien hier die Wasserverschmutzung bei der Papierbleiche und die Kinderarbeit in afrikanischen Cobalt- und Coltan-Minen genannt. Und „woher soll die gewaltige Menge an Energie stammen, die Server und Blockchains schon heute verbrauchen? Glaubt man den Forschern der TU Dresden, dann verbraucht das Word Wide Web im Jahr 2030 so viel Strom wie die gesamte Weltbevölkerung im Jahr 2011. Noch gehen nur knapp vier Prozent an weltweiten Treibhausgasemissionen auf das Konto digitaler Technik. Doch schon im Jahr 2040, so meinen Physiker der McMaster Universität im Hamilton, Ontario, wird die Digitaltechnik etwa halb so viel Treibhausgase entstehen lassen wie der gesamte globale Verkehr. Techno-Visionen und Ökologie – es ist *die* Kluft, *der* Graben unserer Zeit!" In diesen Zeilen bringt Richard David Precht [5] zum Ausdruck, dass allein aus energetischen Gründen eine noch viel weitergehende Computerisierung der Welt ein Schritt in die falsche Richtung sei und mit nachhaltigem Ressourcengebrauch nichts zu tun habe. Prechts noch viel eindrücklichere Warnung vor der starken Künstlichen Intelligenz aus philosophischen Gründen hören wir im nächsten Kapitel (Abb. 2.1.11).

Der Mensch und die Maschine

Im Jahre 1996 hatte ich die Gelegenheit zu einem fachdidaktischen Forschungssemester am Lichtenberg-Gymnasium in Darmstadt, wo ich u.a. eine 11. Klasse unterrichtete. Um die Einstellung der Schülerinnen und Schüler zur Chemie zu eruieren, ließ ich einen Aufsatz über das Thema „Chemie – Fluch oder Segen" schreiben. Ein kreativer Junge antwortete sinngemäß, dass der Chemieunterricht ein *Fluch* für die Menschheit sei, weil man hier alles über Schwarzpulver lerne, mit dem man die Menschheit in die Luft sprengen könne. Allerdings sei es ein *Segen*, dass man nach der Klausur alles über das Schwarzpulver Gelernte sofort wieder vergessen habe, was dann natürlich für die Menschheit ausgesprochen segensreich sei.

Mit dieser Anekdote sei zu der Frage von R. D. Precht übergeleitet: „Wo ist Künstliche Intelligenz ein Segen, und wo wird sie mittel- bis langfristig zum Fluch? Im Mittelpunkt steht dabei die neue alte Frage, was es heißt, Mensch zu sein."

Precht findet Maschinen mit einer sogenannten *schwachen Künstlichen Intelligenz* wie Navigationsgeräte, Sprachassistenten, Übersetzungsprogramme, Rechtschreibungskorrekturen oder Gesundheitsapps – als Chemiker ergänzen wir Analyse- und Syntheseroboter, Retrosyntheseplaner, Programme zur Berechnung von Werkstoffeigenschaften (z.B. [19]) oder ab initio-Modellierungen von Molekülstrukturen (z.B. das Programm AlphaFold, mit dem sich Proteinfaltungen allein aus der Abfolge der Atome berechnen lassen [20]) –, die auf Spezialgebieten sehr gut funktionieren, aber keine Allgemeinintelligenz besitzen, ausgesprochen positiv und hilfreich. Gleichzeitig ist Precht aber froh, dass heutige Maschinen von einer *starken Künstlichen Intelligenz*, die der des menschlichen Gehirns gleicht oder es sogar übertrifft und die vielleicht ein eigenes Bewusstsein entwickeln könnte noch weit entfernt sind. Doch der Philosoph sieht durchaus die Gefahr, dass Künstliche Intelligenz das langsame Übergleiten des Humanismus in den Trans- und Posthumanismus und sogar in Nietzsches Übermenschentum ermöglicht (Abb. 2.1.9 und 2.1.10).

Definitionen

Künstliche Intelligenz (KI) ist ein Teilgebiet der Informatik, das sich mit der Automatisierung intelligenten Verhaltens und dem menschlichen Lernen befasst.

Humanismus ist eine optimistische Einschätzung der Fähigkeit der Menschheit, zu einer besseren Existenzform zu finden.

Transhumanismus ist eine philosophische Denkrichtung, die die Grenzen menschlicher Möglichkeiten (intellektuell, psychisch, physisch) durch den Einsatz technologischer Verfahren erweitern will. (Verpflichtung zum Fortschritt.)

Posthumanismus ist eine Philosophie, die darauf ausgerichtet ist, traditionelle Konzeptionen des Menschseins neu zu überdenken. Posthumanisten vereint der Gedanke, dass die Menschheit den Gipfel ihrer Evolution bereits erreicht hat und die nächste Entwicklung von intelligentem Leben in den Händen der künstlichen, computergestützten Intelligenz liegt.

Abbildung 2.1.9: Definitionen von Künstlicher Intelligenz, Humanismus, Trans- und Posthumanismus [21-24].

A. Schweitzers Antwort auf F. Nietzsches Übermenschentum

Friedrich Nietzsche: *„Ich lehre euch den Übermenschen. Der Mensch ist etwas, das überwunden werden soll. Was habt ihr gethan, ihn zu überwinden? ... Was ist der Affe für den Menschen? Ein Gelächter oder eine schmerzliche Scham. Und ebendas soll der Mensch für den Übermenschen sein: ein Gelächter oder eine schmerzliche Scham. [] Der Übermensch ist der Sinn der Erde."*

Albert Schweitzer: *„Als »Übermenschen« sind wir »Unmenschen« geworden."*

Abbildung 2.1.10: Friedrich Nietzsche wird als Ahnherr des Trans- und des Posthumanismus angesehen. Starke Künstliche Intelligenz kann Nietzsches Übermenschentum [4] nahekommen. Persönliche Anmerkung: Ich halte Nietzsche für den „Kotzbrocken" unter den Philosophen, allein schon, weil er Hitlers Lieblingsphilosoph war. Gut, dass Albert Schweizer in seiner Nobelrede von 1954 Nietzsche Contra gibt.

Werden Maschinen mit starker Künstlicher Intelligenz – eventuell Lovelocks Cyborgs – die *vierte Kränkung* der Menschen bewirken, wenn diese erkennen, dass sie *nicht* die intelligentesten Wesen auf der Erde sind? Nach der *ersten Kränkung* durch Nikolaus Kopernikus, der den Menschen klargemacht hat, dass sie *nicht* im Zentrum des Universums stehen. Nach der *zweiten Kränkung* durch Charles Darwin, dass sie *nicht* die Krönung der Schöpfung sind, sondern mit den Affen einen gemeinsamen Vorfahren haben. Und nach der *dritten Kränkung* durch Sigmund Freud, dass der größte Teil ihres Handelns *nicht* bewusst erfolgt, sondern durch ihr Unterbewusstsein gesteuert wird.

Das Thema „Mensch und Maschine" haben wir im Seminar mit einer Kurzgeschichte und einem Spielfilm abgerundet (Abb. 2.1.12).

E. M. Forster hat bereits 1909 in seiner Kurzgeschichte „The Machine Stops" [25] eine Gesellschaft beschrieben, in der die starke Künstliche Intelligenz die Macht übernommen hat und die der heutigen von Internet, Google, Facebook, Amazon und Homeoffice geprägten mit ihrer Störanfälligkeit verblüffend ähnelt. „Wie er das gemacht hat, bleibt ein Geheimnis", heißt es auf dem hinteren Buchdeckel und hat uns neugierig gemacht.

Wegen der überhitzten Erde leben die Menschen in Forsters Geschichte unterirdisch in wabenförmigen Einzelzimmern, wo sie von *der Maschine* – einem Supercomputer (oder Lovelocks Cyborg?) – auf Knopfdruck rund um die Uhr mit Essen, Kleidern, Bädern, Literatur, Musik ... versorgt werden. Die Menschen kommunizieren in zoomähnlichen Konferenzen und scheuen den persönlichen Kontakt, ja es graut ihnen geradezu vor einem direkten Erleben. Die Maschine ist heilig und wird angebetet (Abb. 2.1.13).

Ein junger Mann erkennt den pseudoreligiösen Wahnsinn. Er ahnt, dass die Maschine eines Tages versagen wird, wagt ein Vordringen an die Erdoberfläche, was ihm durch einen verkommenen Schacht aus der Bauzeit der unterirdischen Wohnstätten auch gelingt, wird aber bei seiner Rückkehr als Ketzer geächtet – womit Forster auf Platons Höhlengleichnis (vgl. Kap. 3) anspielt. Dann beginnt die Maschine tatsächlich zu stocken; Reparaturversuche scheitern, die Menschen geraten zunehmend in Panik. Die Maschine bleibt schließlich ganz stehen – und das Ende der Menschheit ist besiegelt.

Mit dieser Dystopie warnt der Schriftsteller eindringlich von einer übertriebenen Technikeuphorie und fordert die Rückbesinnung auf Individualität, Zivilcourage und Menschlichkeit. Ein brandaktuelles Thema angesichts der multiplen Metakrise, in der sich unsere Welt zurzeit befindet!

Kritische Äußerungen von R. D. Precht zur Künstlichen Intelligenz

Werte: *Hohepriester des Silicon Valley lehren uns, in Menschen unvollständige Maschinen zu sehen, statt in Maschinen unvollständige Menschen. [] Gerade das Nicht-Programmierte erlaubt es Menschen, sich und die Welt zu reflektieren. [] Künstliche Intelligenz empfindet keine Werte. [] Werte sind nicht programmierbar. [] Rationalität, Effizienz und Fortschritt sind kein biologisches Naturgesetz und keine „Werte an sich". [] Im Mittelpunkt muss der Mensch stehen.*

Intelligenz und Vernunft: *KI hat einiges mit Intelligenz zu tun, aber kaum etwas mit Verstand und nicht entfernt mit Vernunft. [] Pedro Domingos: „Die Menschen haben Angst, dass Computer zu schlau werden und unsere Welt übernehmen könnten. Das eigentliche Problem ist aber doch, dass sie dumm sind und die Welt bereits übernommen haben."*

Das Andere der KI: *Menschen sind nicht das „Andere der Natur", sondern das „Andere der Künstlichen Intelligenz." [] Das Computerprogramm Google DeepMind, das 2016 den südkoreanischen Go-Großmeister Lee Sedol schlug, begriff nicht, was Go ist, geschweige denn, warum Menschen Go spielen. Es verstand ja nicht einmal, warum Menschen überhaupt spielen. [] Künstliche Intelligenz sagt niemandem, was zu tun ist, und digitales Gerät schützt nicht vor existenziellen Lebensrisiken. [] Ist es fortschrittlich, wenn Menschen durch Online-Handel und voll automatisierte Kühlschränke immer bequemer werden, oder liegt nicht doch ein Reiz darin, Einkaufen als soziales Ereignis zu sehen? [] Technik bringt aus sich keine Kultur hervor. [] Man muss, wie Albert Einstein meinte, „die Welt nicht verstehen, man muss sich nur in ihr zurechtfinden". Und der springende Punkt ist, dass Menschen sich völlig anders in der Welt zurechtfinden als Maschinen. []*

Manipulierende KI: *Bekanntlich hinterlässt der regelmäßige Umgang mit technischer Intelligenz bei Menschen Spuren in ihrem Empfinden, Denken und Verhalten. [] Wer ein Computerprogramm bedient, passt sich ihm weitgehend an. [] Beim „autonomen Fahren" fährt man gerade nicht mehr autonom, sondern heteronom; man fährt nicht, sondern wird gefahren. Gibt es einen schöneren Beleg dafür, dass inzwischen fast überall von der Maschine, in diesem Fall dem Auto, her gedacht wird und gerade nicht vom Menschen?*

Ethische Programmierung: *Ist eine „ethische" Programmierung überhaupt denkbar? [] Die menschliche Moral ist irrational, von nicht generalisierbaren sozialen Intuitionen durchzogen, hochgradig situativ, abhängig von Kontext und aufs Engste verbunden mit unserem Selbstwertgefühl und unserem Selbstkonzept. [] Das Wesen von Computerprogrammen ist, dass sie gerade nicht autonom sind, sondern abhängig von der Programmierung. [] Unser moralisches Handeln ist kein mathematischer, sondern ein psychologischer, sozialer und kultureller Vorgang von einer solch schillernden Komplexität, dass Softwaresysteme ihn weder abbilden noch nachvollziehen noch selbst vornehmen können. [] Für KI-Visionäre ist der Utilitarismus die genau passende Moraltheorie. [] Keine „ethische" Programmierung. Niemals!*

Lektion der KI: *Die Lektion der KI besteht nicht darin, rational zu werden wie Maschinen, sondern zu erkennen, was Rationalität nicht leisten kann. [] Statt über einen Co-Existenzialismus mit Maschinen nachzudenken, sollten wir es mit dem Co-Existenzialismus mit Pflanzen und Tieren tun. Millionen Jahre der Evolution haben den Menschen ziemlich gut an die Lebensbedingungen unseres Planeten angepasst, wenige Jahrzehnte der KI werden ihm kein besseres Paradies bauen können, eher eine Hölle. [] Die Versprechen vom Überwinden des Menschen durch Superintelligenz und Raumfahrt sind nicht entfernt so aufregend wie das verlockende Ziel einer intakten Erde. [] Hoffen wir, das wir rechtzeitig aufwachen!*

Abbildung 2.1.11: Zitate aus Prechts „Künstliche Intelligenz und der Sinn des Lebens" [5].

Abbildung 2.1.12: Mensch und Maschine – Meisterwerke von Edward Morgan Forster (Kurzgeschichte, die von Felix Kubin genial zu einem Hörspiel umgesetzt wurde [25]) und Charles Chaplin (Spielfilm [26]). Anregungen zum Weiterdenken über ein zukünftiges Zeitalter der Künstlichen Intelligenz und die Beziehung zwischen Mensch und Supercomputer.

Das Gebet

„Die Maschine ernährt uns, kleidet uns und bietet uns Obdach. Durch sie sprechen wir einander, durch sie sehen wir einander, in ihr gründet unser Sein. Sie ist eine Freundin der Ideen und eine Feindin des Aberglaubens. Die Maschine ist allmächtig und ewig. Gesegnet sei die Maschine."

Abbildung 2.1.13: Die Maschine – die Künstliche Intelligenz? – in Forsters Kurzgeschichte ist heilig und wird angebetet [25].

Auch Charles Chaplin thematisiert in seinem Film „Modern Times" [26] die Gefahr – oder sagen wir besser Verrücktheit – einer mehr und mehr automatisierten Welt. Die meines Erachtens komischste aller komischen Chaplin-Szenen ist die, in der ein Fließbandarbeiter (gespielt von Chaplin selbst) von einer Maschine gefüttert wird, damit er die Arbeit nicht durch eine Mittagspause unterbrechen muss. Diese Maschine ist allerdings „optimierungsbedürftig", denn sie beschleunigt den Füttervorgang von sich aus so weit, bis sie dem Arbeiter das Essen nur noch ins Gesicht schleudert. Das Lachen bleibt dem Zuschauer im Halse stecken. Dass der Mensch im Räderwerk der von ihm eigenhändig geschaffenen Maschine zermalmt wird (Abb. 2.1.12), passiert im Film noch nicht, denn ein Arbeitskollege des Filmhelden schaltet die Maschine gerade rechtzeitig ab. Die Maschine zu stoppen, muss eine Kompetenz des Menschen bleiben! Daran sollten wir uns als Chemiker erinnern, wenn wir mit unseren Erfindungen die materielle Grundlage der starken Künstlichen Intelligenz immer weiter vorantreiben.

Was ist bewahrenswert?

Die aktuelle Inszenierung von Alexander Giesche am Schauspielhaus Zürich der bereits 1979 erschienenen Erzählung von Max Frisch „Der Mensch erscheint im Holozän" [27] (Abb. 2.1.14, der Autor meinte vermutlich das Anthropozän, doch den Begriff gab es damals noch nicht) haben wir uns im Seminar als Aufzeichnung angesehen. Diese Parabel des Verfalls und Sterbens hat einen ähnlich prophetischen Charakter wie Forsters „Die Maschine steht still".

In einem schweizer Gebirgstal kommt es wegen des menschengemachten Klimawandels zu Starkregen und Erdrutschen, sodass der Zugang zum Tal versperrt ist. (Das kennen wir aus zahllosen Fernsehberichten.) Wie reagiert ein alter Mensch (Herr Geiser) darauf? Er begibt sich auf die Flucht ins Nachbartal, muss aber wetterbedingt umkehren (gescheiterte Migration) und erkennt seine Machtlosigkeit und auch seine Bedeutungslosigkeit im Ablauf der Erdgeschichte. Verstärkt wird dieses Empfinden durch das Leiden an einer zunehmenden Demenz, die Herrn

Geiser vergessen lässt, was er einmal wusste. Was ist wichtig und bewahrungswert für die Nachwelt – für welche Nachwelt überhaupt? Das klebt der alte Mann als Ausschnitte aus Lexika, Zeitungen und der Bibel an die Wände seines Hauses.

Abbildung 2.1.14: Wenn ein Erdrutsch ein Bergdorf von der Umwelt abschneidet, wenn ein Mensch an Demenz erkrankt und alles vergisst – welche Zukunft hat dann die Menschheit und was bleibt bewahrenswert? Diese Fragen hat sich Max Frisch schon 1979 gestellt [27], als der Klimawandel noch nicht in aller Munde war.

Wird die Menschheit aufgrund des Klimawandels einmal Geschichte sein? Das fragt auch Harari (s.o.), oder wie der schweizer Literaturnobelpreisträger es formuliert: „Katastrophen kennt allein der Mensch, sofern er sie überlebt; die Natur kennt keine Katastrophen."

Wir haben uns überlegt, was für die Zeit *nach* dem Klimawandel an *chemischem Wissen* unbedingt erhalten sein sollte. Hier unsere Top-10-Favoriten:

1. Das *Periodensystem der Elemente*. Wer dieses große Ordnungsschema in vollem Umfang nachvollziehen kann, hat die Chemie im Wesentlichen verstanden.
2. Die *DNA*. Hier ist das Leben codiert, und zwar garantiert besser als ein Supercomputer das könnte.
3. Die *Bruttoreaktionsgleichung der Photosynthese*, $6\,CO_2 + 6\,H_2O \rightarrow C_6H_{12}O_6 + 6\,O_2$, denn sie ist die Basis des anaeroben Lebens. Und die Rückreaktion, welche die Basis des aeroben Lebens ist.
4. *Chlorophyll*, weil das der Fotokatalysator ist, der die Sonnenenergie aufnimmt und die endergonische Fotosynthese erst möglich macht.
5. *Adenosintriphosphat*, das mit seiner energiereichen Phosphorsäureanhydrid-Einheit *das* Aktivierungsreagenz in der Biochemie ist und deshalb viele lebenswichtigen Reaktionen bei milden Bedingungen erst ermöglicht. Da ATP u.a. bei der Photosynthese gebildet wird, adeln wir es zum „Assistenten der Sonne".
6. *Hämoglobin*, denn ohne dieses Transportmolekül für Sauerstoff wäre u.a. unser aerobes Leben nicht möglich.
7. *Wasser*, weil es immer irgendwie dabei ist, als Reagenz, als Stoffwechselendprodukt, als Lösungsmittel ... Ohne Wasser kein Leben.
8. *Diverse Botenstoffe*. Diese können einen freien Willen des Menschen durchaus in Frage stellen: Adrenalin und Noradrenalin, die unser vegetatives Nervensystem steuern, Serotonin, das uns glücklich macht, Coffein, das uns wach hält, Melatonin, das uns ruhig schlafen lässt, Lysergsäurediethylamid, das uns Lucy in the Sky with Diamonds sehen lässt, Aphrodisiaka, die uns sexuell verrückt machen ...
9. *Norethisteron*, ein Steroid mit einer Ethinylgruppe am D-Ring, das es der Menschheit erlaubt, ihr Bevölkerungswachstum etwas zu kontrollieren.
10. *Acetylsalicylsäure* für etwas weniger Schmerz auf dieser Welt.

Anklage wegen Ökozids

In dem sehenswerten fiktionalen Fernsehspielfilm „Ökozid" [28] kommt es im Jahre 2034 zu einer Gerichtsversammlung. Angeklagt ist die Bundesrepublik Deutschland wegen systemischen Versagens ihrer Umweltpolitik der Jahre 1998 – 2020, den dadurch weltweit angerichteten ökologischen Schaden und den damit verbundenen negativen Folgen für Menschen in vielen Ländern der Erde. Kläger sind Vertreter von 31 afrikanischen und südostasiatischen Staaten. Der Europäische Gerichtshof erklärt den Tatbestand „Ökozid" für zulässig und verurteilt die BRD zur Schadensersatzzahlung.

Diese Thematik durfte in unserem historischen Ökologieseminar nicht fehlen, weil Sie die ethische Dimension der politischen Verantwortung für die Gesundheit des ganzen Systems Erde aufwirft. „Lässt sich aus den Menschenrechten das Recht der Natur auf Unversehrtheit ableiten?" fragt der Richter im Film und antwortet mit Ja.

Für die Geschichtsschreibung wichtige Analytische Chemie - Nachtrag

Mehrfach haben wir im Seminar betont, dass wir unser Wissen über die Geschichte der Menschheit und die ökologische Entwicklung unseres Planeten insbesondere der Untersuchung archäologischer und paläontologischer Funde mittels zweier chemischer Analyseverfahren zu verdanken haben, und zwar

1. der Altersbestimmung nach der Radiocarbonmethode [29] und
2. der DNA-Sequenzierung [30] nach vorheriger Amplifikation durch Polymerase-Kettenreaktion (PCR) [31].

Die erste Methode besprechen die Studierenden ausführlich in der Physikalischen Chemie beim radioaktiven Zerfall (hier von ^{14}C) als Beispiel für eine Reaktion erster Ordnung, die zweite Methode lernen sie in der Biochemie-Vorlesung kennen und führen sie im Praktikum selbst durch. In unserem Seminar haben wir diesen Lernstoff kurz wiederholt und in Hinblick auf zwei historische Ereignisse besonders gewürdigt.

Radiocarbonanalysen von Eiskernen aus der Zeit um 1610 auf ihren $^{14}CO_2$-Gehalt zeigen, dass in den Jahren nach der Entdeckung Amerikas durch Kolumbus die Kohlenstoffdioxidkonzentration in der Atmosphäre um ca. 10 ppm gegenüber den Jahrhunderten zuvor gesunken ist und die mittlere globale Temperatur dementsprechend etwa 0,5 °C niedriger lag. Dies hing offensichtlich damit zusammen, dass die Europäer nach ihrer Invasion in Mittel- und Südamerika durch Sklaverei, Völkermord und das Einschleppen von Krankheiten wie den Pocken die indigene Urbevölkerung um über 50 Millionen Menschen dezimiert hatten. Diese lebten zuvor von landwirtschaftlicher Subsistenzwirtschaft und hatten dafür Urwald brandgerodet, welcher sich nach dem drastischen Bevölkerungsrückgang regenerierte, dabei als CO_2-Senke fungierte und den Treibhauseffekt verminderte [32]. Die Konquistadoren als Klimaschützer – makabere Grausamkeit!

Lange waren die Paläontologen der Meinung, dass die Homo sapiens nach ihrer Migration von Afrika nach Europa mit den dort ansässigen Neandertalern keine gemeinsamen Nachkommen zeugten, sondern die Ureinwohner verdrängten. Umso überraschender war der Befund von DNA-Analysen, dass die meisten heutigen Menschen (außer den Afrikanern) in ihrem Genon 1-4 % Neandertaler-DNA enthalten. Es muss also doch zumindest in einem geringen Maße eine Mischung der Homo sapiens mit den Neandertalern gegeben haben, bevor unsere Vorfahren diese ausrotteten. Harari schlussfolgert [1], dass uns „die Neandertaler zu ähnlich waren, um sie zu ignorieren, und zu anders, um sie zu dulden."

Literatur zu Kapitel 2.1

[1] Y. N. Harari: Eine kurze Geschichte der Menschheit. – 35. Aufl., Pantheon Verlag, München 2015
[2] Y. N. Harari, D. Casanave, D. Vandermeulen: Sapiens – Der Aufstieg. – Graphic Novel, Verlag C.H.Beck, München 2020
[3] J. Lovelock: Novozän – das kommende Zeitalter der Hyperintelligenz. – Verlag C.H.Beck 2020
[4] https://de.wikipedia.org/wiki/%C3%9Cbermensch (2.2.2021)
[5] R. D. Precht: Künstliche Intelligenz und der Sinn des Lebens. – 4. Aufl., Goldmann Verlag, München 2020
[6] Y. N. Harari: Homo Deus – Eine Geschichte von Morgen. – 13. Aufl., Verlag C.H.Beck, München 2017
[7] U. Eberl: Künstliche Intelligenz – 33 Fragen – 33 Antworten. – Piper Verlag, München 2020
[8] R. Kickuth: Maschinelles Lernen und künstliche Intelligenz. – Chemie in Labor und Biotechnik (CLB) 69 (2018), Heft 3-4, S. 108-165 (sechs Kapitel)
[9] R. Kickuth: Bio-inspired Computing. – Rubikon Verlag, Gaiberg bei Heidelberg 2020
[10] J. W. Goethe: Faust – Der Tragödie erster Teil. – Vers 940
[11] https://de.wikipedia.org/wiki/Diprotodon#/media/Datei:Narracoortecavesdiprotodon.JPG (2.2.2021)
[12] D. Hollmann: https://de.wikipedia.org/wiki/L%C3%B6wenmensch#/media/Datei:Loewenmensch1.jpg (2.2.2021)
[13] https://en.wikipedia.org/wiki/Vacanti_mouse (2.2.2021)
[14] Themenschwerpunkt Organoide: Kernaussagen und Handlungsempfehlungen; Wissenschaft, Ethik und Recht. – Chemie in Labor und Biotechnik (CLB) 71 (2020), Heft 11-12, S. 510-520 und S. 522-531
[15] Die Bibel. – Psalm 90, Vers 12
[16] A. Huxley: Brave New World. – 1932
[17] J. W. Goethe: Faust – Der Tragödie erster Teil. – Vers 765
[18] J. Kupresak: Die Bedeutung der Chemie für die Datenspeicherung und Informationstechnologie – eine fachdidaktisch-historische Betrachtung. – Bachelorarbeit, Hochschule Darmstadt, 2021
[19] M. Bäker: Werkstoffe mit dem Computer berechnen. – Chemie in Labor und Biotechnik (CLB) 71 (2020), Heft 11-12, S. 542-550
[20] R. Kickuth: Ein komplexes Problem quasi gelöst – Die Faltung von Proteinen interessiert seit rund 50 Jahren – Überragender Erfolg der künstlichen Intelligenz „Alpha Fold" von der Google-Firma DeepMind. – Chemie in Labor und Biotechnik (CLB) 71 (2020), Heft 71, S. 552-575
[21] https://de.wikipedia.org/wiki/K%C3%BCnstliche_Intelligenz#:~:text=K%C3%BCnstliche%20Intelligenz%20(KI)%2C%20auch,und%20dem%20maschinellen%20Lernen%20befasst (2.2.2021)
[22] https://de.wikipedia.org/wiki/Humanismus (2.2.2021)
[23] https://de.wikipedia.org/wiki/Transhumanismus#:~:text=Transhumanismus%20(zusammengesetzt%20aus%20lateinisch%20trans,Einsatz%20technologischer%20Verfahren%20erweitern%20will (2.2.2021)
[24] https://de.wikipedia.org/wiki/Posthumanismus#:~:text=Posthumanismus%20ist%20eine%20Philosophie%2C%20die,mit%20der%20Denkrichtung%20des%20Transhumanismus (2.2.2021)
[25] E. M. Forster: Die Maschine steht still. – 4. Aufl., Hoffmann und Campe, Hamburg 2016. – Hörspiel dazu von F. Kubin. – Audioverlag, Berlin 2019 (NDR-Kultur)
[26] C. Chaplin: Moderne Zeiten. – 1936
[27] M. Frisch: Der Mensch erscheint im Holozän. – 23. Aufl., Suhrkamp Verlag, Frankfurt 2020. – Inzenierung von A. Giesche, Schauspielhaus Zürich, 2020
[28] A. Veiel: Ökozid. – zero one film (ARD), 2020. – Trailer (2.2.2021): https://www.amazon.de/gp/product/B08NHSH8PX/ref=atv_feed_catalog/ref=moviepilot?tag=moviepilot21
[29] https://de.wikipedia.org/wiki/Radiokarbonmethode#:~:text=Die%20Radiokarbonmethode%2C%20auch%20Radiokohlenstoffdatierung%2C%2014,300%20und%20etwa%2060.000%20Jahren (2.2.2021)
[30] https://de.wikipedia.org/wiki/DNA-Sequenzierung#:~:text=DNA%2DSequenzierung%20ist%20die%20Bestimmung,2020)%20verschiedenen%20Organismen%20analysiert%20werden (2.2.2021)
[31] https://de.wikipedia.org/wiki/Polymerase-Kettenreaktion (2.2.2021)
[32] E. C. Ellis: Antropozän – Das Zeitalter des Menschen – eine Einführung. – oekom verlag, München 2020, S. 135-138

Danksagung zu Kapitel 2.1

Dank gebührt den Studierenden, die engagiert am Seminar teilgenommen sowie Hintergrundmaterialien dazu recherchiert haben: Emanuela Asenova, Nicole Brosch, Bilgehan Coskun, Denis Ermisch, Kai Geßner, Josip Kupresak, Khaoula Lemalmi, Sara Anna Motamedian, Julia Trocina und Eva Wüst.

2.2 Umweltgerechtes und sicheres Experimentieren im Chemieunterricht der ehemaligen DDR

Zur dreißigjährigen Deutschen Wiedervereinigung eine chemiehistorische Würdigung

Dieses Kapitel wurde bereits publiziert in
Chemie in Labor und Biotechnik (CLB) 71 (2020), Heft 9-10, S. 410-416.

In der chemiedidaktischen Literatur der letzten dreißig Jahre findet man eine Vielzahl von Publikationen und Büchern zum umweltfreundlichen und sicheren Experimentieren. Die Entwicklungsarbeiten dazu waren u.a. motiviert durch ein verstärktes Umweltbewusstsein in unserer Gesellschaft, die Erklärung des Umwelt- und Klimaschutzes zum Staatsziel und der damit verbundenen Aufnahme als Lernziel in der Schule und vor allem der Verpflichtung zur Umsetzung der Gefahrstoffverordnung im Chemieunterricht. Das Sparen von Chemikalien und Entsorgungskosten für Abfälle ergab sich als genauso positive Konsequenz wie die Bereicherung des Unterrichtes um ökologische – auch fächerverbindende – Aspekte.

Die Überarbeitung des Chemieunterrichtes unter ökologischen Gesichtspunkten begann etwa zeitgleich mit der politischen Wende in Deutschland. Den 30. Jahrestag der Deutschen Wiedervereinigung möchten wir zum Anlass nehmen, um in einem chemiehistorischen Rückblick Konzepte und Arbeitstechniken zum sicheren und umweltgerechten Experimentieren im Unterricht in der ehemaligen DDR zu würdigen. Wir haben die fachdidaktische Literatur der DDR, insbes. das DDR-Schuljournal *Chemie in der Schule* (Jahrgänge 1954-1989, Abb. 2.2.1) recherchiert, wobei uns aufgefallen ist, dass dort Ersatzstoff- und Minimierungsprinzipien, Recycling, Luftreinhaltung und chemische Kreisprozesse angedacht und umgesetzt waren, wenn auch unter der ganz anderen Zielsetzung einer sog. polytechnischen Bildung und Arbeitserziehung der jungen Menschen. Hierzu waren Schülerexperimente verordnet und *das* Mittel im Unterricht, wobei Sicherheit der Experimente und Ungefährlichkeit für die Schüler wichtige Entscheidungskriterien waren.

Im Folgenden werden ausgewählte Aspekte dieser Chemiegeschichte beleuchtet. Denn Reflexionen über die Vergangenheit können zum besseren Verständnis der Chemie heute und vor allem der Menschen, die sie gemacht haben, beitragen (Abb. 2.2.2 und vgl. [1]).

Abbildung 2.2.1: Zwei Hefte von „Chemie in der Schule", *dem* Schulchemie-Journal in der ehemaligen DDR (Verlag Volk und Wissen, Berlin).

> *„Es ist offensichtlich, dass viele Themen, die wir heute diskutieren, bereits zuvor - manchmal vor sehr langer Zeit - diskutiert wurden, häufig mit mehr Weisheit als heute! Es ist unsere Pflicht, einige unserer Zeit dem Rückblick zu widmen, was unsere Vorgänger in der Chemieausbildung gedacht und getan haben."*

Abbildung 2.2.2: „The More Things Change the More They Stay the Same" – so J. W. Moore in einem Editorial des Journal of Chemical Education [2].

Gesetze, Richtlinien und Rahmenbedingungen für den Chemieunterricht in der ehemaligen DDR

Vorläufer der heutigen Gefahrstoffverordnung und der Richtlinien zur Sicherheit im Chemieunterricht waren in der ehemaligen DDR das Giftgesetz [3] (Abb. 2.2.3), die Richtlinien zum Gesundheits- und Arbeitsschutz sowie Brandschutz [4] sowie Erläuterungen dazu [5, 6]. Darin stehen Ge- und Verbote für Lehrer und Schüler in der Unterrichtspraxis und alles Wesentliche, was für den erfahrenen Chemiker zur guten Laborpraxis gehört. Sinnvoll ergänzt wurden die von staatlicher Seite herausgegebenen Schriften durch „Praktische Ratschläge". Die Auflistung von Titeln im Literaturverzeichnis vermittelt einen Eindruck davon, welch wertvolle Tipps zur Gewährleistung der Sicherheit im Schulalltag gegeben wurden [7-21]. Humorvoll ergänzt wurden Sicherheitsaspekte im Chemieunterricht durch einige Cartoons [22].

Abbildung 2.2.3: Richtlinien zum Arbeits-, Brand- und Gesundheitsschutz im Chemieunterricht der ehemaligen DDR (Erstfassung 25.5.1967, überarbeitete Fassung 1.2.1984).

Wie bereits erwähnt spielten Experimente, vor allem Schülerversuche, eine große Rolle und waren genau vorgeschrieben (vgl. [23-25], Abb. 2.2.4). Um die Lehrplananforderungen erfüllen zu können, wurden vom *Ministerium für Volksbildung* bzw. der *Akademie der Pädagogischen Wissenschaften* entsprechende Ausarbeitungspläne erstellt und die Chemiekabinette zentral mit Chemikalien und Geräten ausgestattet [26], ohne dass die Etats der Schulen damit belastet wurden. Schwierigkeiten gab es jedoch mit Nachbestellungen. Lieferzeiten bis zu zwei Jahren waren einzukalkulieren [27-30], begünstigten aber auch die Entwicklung chemikaliensparender Versuche (Halbmikro- und Projektionstechniken) und die Suche nach Ersatzstoffen aus dem täglichen Leben. Die häufig defekten Abzüge machten schließlich das Benutzen von Absorptionslösungen und Adsorptionsstopfen erforderlich. So entstanden Arbeitstechniken und Versuche, die später unter ökologischen Gesichtspunkten wegweisend sein sollten und vielfach eine Renaissance erlebten (Verwerten, Ersetzen, Recycling, Luftreinhaltung etc., s.u.).

  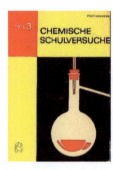 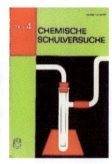

Abbildung 2.2.4: Einige Chemiebücher für den Schulunterricht in der ehemaligen DDR (Verlag Volk und Wissen, Berlin).

Minimierungsprinzip

Je kleiner die bei Versuchen verwendeten Stoffportionen sind, desto geringer ist das Gefährdungspotential für den Experimentator. Für Schülerversuche wurden deshalb Arbeitstechniken im Halbmikromaßstab entwickelt [31]. R. Kuhnert, W.-D. Legall und H. Keune [32] definierten die Halbmikrotechnik als Ausführung pädagogisch-methodisch wertvoller bzw. notwendiger chemischer Experimente im Chemieunterricht der allgemeinbildenden Schulen, insbesondere einfacher, analytischer, präparativer und technologischer Versuche, mit Substanzmengen zwischen 10-100 mg bzw. 0,5-5 ml, wobei im Wesentlichen das gleiche Instrumentarium und die gleichen Operationen wie in der wissenschaftlichen Halbmikrotechnik [33] verwendet wurden. Mit den Gerätschaften konnte Gas entwickelt, mit Wasserdampf destilliert [34], elektrolysiert werden usw. Erwähnenswert ist die Möglichkeit zur Durchführung praktisch zerstörungsfreier elektrografischer Analysen von Metallen oder Legierungen [35]. Hier die auch für den heutigen Chemieunterricht noch sehr interessante Vorschrift:

Zerstörungsfreie und umweltfreundliche elektrografische Analysen von Metallen
Eine Aluminiumfolie wird auf eine Glasplatte gelegt und an den Minuspol einer 2-4 V Gleichstromquelle angeschlossen. Auf das Aluminium wird Filterpapier gelegt und mit 5%iger Na_2SO_4-Lösung sowie einem Nach-weisreagenz (3%ige $K_4[Fe(CN)_6]$- oder NH_4SCN-Lösung für den Eisen-, 5%ige NH_3-Lösung für den Kupfer-, 3%ige ammoniakalische Diacetyldioxim-Lösung für den Nickelnachweis) angefeuchtet. Das zu untersuchende, gereinigte Metallteil wird mit dem Pluspol der Stromquelle verbunden und mit einer Holzklammer auf das Filterpapier gedrückt. Bedingt durch die anodische Oxidation gehen Metallkationen in Lösung und verursachen auf dem Filterpapier bereits nach kurzer Zeit charakteristische Farbreaktionen. (Besonders eindrucksvoll ist es, einen Cent blau abzubilden.)

Lehrerversuche wurden mit Hilfe neuer Projektionstechniken unter Verwendung des „Polylux" (Overhead-Projektor) in Hinblick auf den Stoffmengenumsatz minimiert [36-45]. In Petrischalen oder Küvetten konnten die meisten chemischen Arbeitstechniken (Elektrolysen, Gas-, Farbreaktionen etc.) anschaulich, gefahrlos und zeitsparend durchgeführt werden.

Dass beim Arbeiten im Halbmikromaßstab und in der Projektion kaum umweltbelastender Abfall entsteht, wurde in den oben zitierten Publikationen nicht betont. Dies ist umso bemerkenswerter, wenn man bedenkt, dass die heute methodisch-didaktisch und technisch perfektionierten Versuche im Halbmikromaßstab, auch Kombinationen verschiedener Techniken, inkl. ihrer Video-Projektion sowie die im Lehrmittelhandel erhältlichen Halbmikro-Baukästen in besonderem Maße unter den Gesichtspunkten Umwelterziehung und umweltgerechtes Experimentieren gedeutet und vermarktet werden. Es darf also zu recht behauptet werden, dass in den 60-80er Jahren in der ehemaligen DDR – unbeabsichtigt – eine wichtige Vorarbeit für den ökologisch orientierten und abfallarmen Chemieunterricht der heutigen Zeit geleistet wurde (vgl. [46]).

Als Fazit ergibt sich, dass Sicherheit und Umweltschutz untrennbar zusammengehören und dass Arbeiten im Halbmikromaßstab dem Budget der Schule (Sparen von Chemikalien) und der Umwelt (Vermeiden von Abfall) gleichermaßen nützen.

Ersatzstoffprinzip

Das Giftgesetz [3] von 1977, das das alte von 1950 ablöste und den Einsatz von Giften der Abteilung I (heute GHS 06, Kategorie 1-3, akut toxisch) an Schulen der Volksbildung verbot, forderte die Chemielehrer und -didaktiker dazu heraus, Versuche zu konzipieren, bei denen mit weniger toxischen Stoffen die gleichen Lernziele erreichbar waren wie früher. D. Wagner klärte die Lehrer in einer Publikation über die Bedeutung des neuen Gesetzes auf [47], und zahlreiche Kurzmitteilungen unter der Rubrik „Hohe Sicherheit" [48-51] sprachen für das gesteigerte Sicherheitsbewusstsein.

Als Ersatzversuch für die thermische Spaltung von jetzt verbotenem Quecksilberoxid bot sich die von Silberoxid an [52]. Die Durchführung dieses toxikologisch unbedenklichen Ersatzexperimentes scheiterte aber meistens an der Nicht-Verfügbarkeit der teuren Silberverbindung. Einfacher zu substituieren war Vanadium(V)-oxid. Als Ersatz-Katalysator für die Oxidation von Schwefel(IV)-oxid zu Schwefel(VI)-oxid wurde Eisen(III)-oxid vom *Ministerium für Volksbildung* vorgeschrieben [53], zumal aus früheren systematischen Untersuchungen [54] bereits bekannt war, dass gerade ein auf Backstein aufgezogenes Eisen(III)-oxid eine dem Vanadium(V)-oxid vergleichbare Aktivität aufweist. Als Ersatz für Redoxversuche mit Chrom(VI)-Verbindungen wurde die Behandlung von Kupferblech mit Eisen(III)-chlorid, Peroxodisulfat, Wasserstoffperoxid oder Salpetersäure empfohlen [55]. Eine Vorratsflasche mit Brom brauchte nach einem Vorschlag von S.-C. Lange nicht mehr mit in den Unterricht genommen zu werden, wenn kleine Mengen des Elementes aus Kaliumbromid, Schwefelsäure und Wasserstoffperoxid hergestellt, abdestilliert und sofort weiter umgesetzt werden, z.B. mit Aluminium [56].

Als Beispiel für einen unvollständigen Stoffumsatz wurde die Fällung von Silberacetat demonstriert. Dazu war – anders als für sonstige Versuche mit Silber, für die eine 1%ige $AgNO_3$-Lösung ausreichte – eine 10%iger $AgNO_3$-Lösung erforderlich. Aus ökonomischen Gründen schlug W. Herz als Ersatzversuch die Fällung von Calciumsulfat vor [57]. Der wirtschaftliche Vorteil war gleichzeitig einer in Hinblick auf Arbeits- und Umweltschutz, denn das Experimentieren mit giftigen Silber- wurde gegen solches mit völlig harmlosen Calciumverbindungen ausgetauscht.

In der Bundesrepublik Deutschland mussten die Lehrer nach Inkrafttreten der Gefahrstoffverordnung in ähnlicher Weise ihre Experimente im Sinne des Ersatzstoffprinzips überprüfen und – wenn möglich – giftige Stoffe gegen mindergiftige austauschen. Anders in der ehemaligen DDR: Als hier 1977 das neue Giftgesetz in Kraft trat, wurden alle Chemikalien, die in die Giftabteilung 1 eingestuft wurden, zentral eingezogen und an geeignete Betriebe übergeben. Unter der Ägide der *Deutschen Volkspolizei* wurde das Giftgesetz vollzogen. Es durften nur ausgewählte Gifte der Abteilung 2, die für das obligatorische Experimentieren erforderlich waren, in den Schulen gelagert werden. Alle Chemielehrer mussten eine Qualifikation als Giftbeauftragte erwerben, und der Bestand der Gifte war genau zu protokollieren.

Luftreinhaltung

Die häufig nicht funktionierenden Abzüge machten die Chemielehrer der ehemaligen DDR erfinderisch. Die beim Experimentieren entweichenden toxischen oder übelriechenden Gase wurden in Waschflaschen mit geeigneten Absorptionslösungen, z.B. Natronlauge für Chlor, Chlorwasserstoff oder Schwefeldioxid, aufgefangen oder mit Hilfe einer Wasserstrahlpumpe in diese gesaugt oder in Rohren mit körnigen Feststoffen, z.B. Aktivkohle, adsorbiert [58-61].

D. Wernicke ging über die reine Problemlösung hinaus und machte exemplarisch die Luftreinhaltung zum Lernziel, indem er demonstrierte, wie ein Aktivkohlefilter einen sicheren Schutz vor Zigarettenrauch bietet [62].

Recycling

Die bereits erwähnten Probleme mit der Neubeschaffung von – vor allem teuren – Chemikalien motivierten die Lehrer dazu, genutzte Materialien zwecks Wiederverwertung aufzubereiten.

Finanziell besonders lukrativ war das Silberrecycling durch Zementation des Edelmetalls aus Silberhalogenidrückständen und gebrauchten Fixierbädern mittels Zink [63, 64]. Dass sich hierbei Ökonomie und Ökologie ergänzen, wurde damals noch nicht so interpretiert.

Auch detaillierte Anleitungen zur Rückgewinnung von wertvollem Iod aus Reaktionslösungen und Reinigung durch Sublimation existierten bereits [65].

Für den Schulalltag sehr nützlich war die Erfindung der Braunstein-Zement-Tablette [66] zur katalytischen Zersetzung von Wasserstoffperoxid. Nach Beendigung des Versuches wurde die überstehende Lösung nur abdekantiert, die Tablette mit Wasser gewaschen und für ein späteres Experiment aufgehoben. Dabei wurde eine typische Vorgehensweise der großtechnischen Katalyse modelliert, nämlich die Fixierung eines Katalysators (hier Braunstein) auf einem inerten Feststoffträger (hier Zement) zwecks problemloser Abtrennung vom Reaktionsgemisch und Wiederverwertung.

Aus Mangel an Chemikalien wurden nicht selten ausrangierte Haushaltsprodukte aufbereitet und dann für Versuche im Schulalltag eingesetzt. Alte Trockenbatterien wurden z.B. gleich in dreierlei Hinsicht verwertet, indem restlicher Braunstein gewaschen und für die Wasserstoffperoxid-Zersetzung, der Graphitstab als Elektrode bei Elektrolyseversuchen und der Zinkbecher nach Umschmelzen in einem Glühschiffchen zu einem Barren für die Wasserstoffentwicklung im Kipp'schen Apparat genutzt wurden [67] (Abb. 2.2.5). Auch Flaschenverschlüsse aus Eisen [69] oder Haushaltsfolien aus Aluminium [70] dienten der Wasserstoffentwicklung. Als Elektroden für Schülerexperimente wurden alte Injektionsnadeln, verchromte Fahrradspeichen und Bleistiftminen [71], als Tüpfelplatten Tablettenverpackungen [72] vorgeschlagen. Die damals notgedrungene „Sekundärrohstofferfassung" kann heute als „produktintegrierter Umweltschutz" bezeichnet werden.

Abbildung 2.2.5: Gasflaschen standen für den Chemieunterricht in der ehemaligen DDR nicht zur Verfügung; man benutzte stattdessen den Kipp'schen Apparat [68]. Bemerkenswert ist, dass das Zink für die Wasserstoff-entwicklung ($Zn + 2\,HCl \rightarrow ZnCl_2 + H_2$) oftmals aus den eingeschmolzenen Hülsen alter Trockenbatterien stammte und dass für die Entwicklung von Kohlenstoffdioxid gerne Stücke von zerschlagenen alten Marmorplatten verwendet wurden ($CaCO_3 + 2\,HCl \rightarrow CaCl_2 + CO_2 + H_2O$) – phantasie- und sinnvolle stoffliche Weiterverwendungen.

Kreisprozesse

Kreisprozesse sind heute unverzichtbare Bestandteile des Chemieunterrichtes, denn sie fördern bei den Schülern das Umweltbewusstsein und das Denken in größeren Zusammenhängen.

Auch in der ehemaligen DDR wurde jungen Menschen vermittelt, dass in der chemischen Industrie häufig Kreisläufe realisiert werden. R. Osterwald beschrieb z.B., wie beim Bleikammerverfahren die katalytisch wirkenden Stickoxide, beim Soda-Solvay-Prozess der Ammoniak und bei der Chloralkalielektrolyse das Quecksilber im Kreislauf gehalten werden [73]. G. Claus hob hervor, dass der Einsatz eines Wärmetauschers einen energetischen Kreislauf darstellt [74].

Dass Kühlwasser nicht nur in der Technik, sondern auch im Klassenraum im Kreis gefahren werden kann, zeigte W. Böttner: Aus einer oberhalb des Kühlers (einer Destillationsapparatur) stehenden Vorratsflasche wurde Wasser über einen Schlauch durch den Kühler und von dort in einen Eimer geleitet. Von Zeit zu Zeit wurde das abgelaufene und -gekühlte Wasser in die Vorratsflasche zurückgefüllt [75]. Wie mehrere der zuvor beschriebenen Versuche war auch dieser eine Notlösung, wenn im Unterrichtsraum keine Wasserleitung installiert war. Unter dem Gesichtspunkt des Sparens von Wasser, einem immer teurer werdenden Rohstoff, hat die Vorgehensweise heute Vorbildcharakter.

Literatur zu Kapitel 2.2

[1] R. Langbein, M. Hoffmann, V. Woest: Der Chemieunterricht und seine Didaktik in der SBZ/DDR 1945–1965. – Poster auf der 13. MNU-Tagung in Hamburg. – https://www.chemgeo.uni-jena.de/chegemedia/Arbeitsgruppe+Chemiedidaktik/Poster_13_MNU_Hamburg_Michele_Hoffmann.pdf (2.2.2021)
[2] J. W. Moore: The More Things Change the More They Stay the Same. – J. Chem. Educ. 75 (1998), S. 7
[3] Gesetzblatt der DDR: Gesetz über den Verkehr mit Giften vom 6.9.1950 bzw. 7.4.1977, S. 977 bzw. S. 103

[4] Ministerrat der DDR, Ministerium für Volksbildung: Richtlinien zum Gesundheits- und Arbeitsschutz sowie Brandschutz im naturwissenschaftlichen Unterricht und in der außerunterrichtlichen Arbeit auf dem Gebiet der Naturwissenschaften; 25.5.1967 (Neufassung 1.2.1984)
[5] J. Ziemann: Unfallverhütung im Chemieunterricht. – Chem. Sch. – 3 (1956), S. 49
[6] A. Hradetzky: Die Verhütung von Unfällen im Chemieunterricht. – Chem. Sch. 4 (1957), S. 17
[7] A. Neuhäuser: Vermeiden eines Siedeverzuges. – Chem. Sch. 8 (1961), S. 44
[8] A. Neuhäuser: Verhüten von Explosionen. – Chem. Sch. 8 (1961), S. 44
[9] G. Meyendorf: Der Sanitätsschrank. – Chem. Sch. 8 (1961), S. 161
[10] G. Meyendorf: Verätzen mit Säuren (Erste Hilfe). – Chem. Sch. 8 (1961), S. 275
[11] G. Meyendorf: Verätzen mit Laugen (Erste Hilfe). – Chem. Sch. 8 (1961), S. 383
[12] G. Meyendorf: Verätzen mit Phosphor (Erste Hilfe). – Chem. Sch. 8 (1961), S. 497
[13] G. Meyendorf: Arbeiten mit Schwefelwasserstoff. – Chem. Sch. 9 (1962), S. 253
[14] G. Meyendorf: Arbeiten mit Chlor. – Chem. Sch. 10 (1963), S. 147
[15] A. Neuhäuser: Aufbewahren von Äther. – Chem. Sch. 10 (1963), S. 250
[16] A. Neuhäuser: Dauerhafte Beschilderung von Chemikalienflaschen. – Chem. Sch. 11 (1964), S. 355
[17] A. Neuhäuser: Arbeitsschutz beim Arbeiten mit Kaliumchlorat, Perchlorsäure und konzentrierter Schwefelsäure. – Chem. Sch. 11 (1964), S. 356
[18] A. Neuhäuser: Arbeitsschutz beim Arbeiten mit Brom. – Chem. Sch. 13 (1966), S. 44
[19] A. Neuhäuser: Schneiden von Natrium und Kalium. – Chem. Sch. 13 (1966), S. 44
[20] A. Neuhäuser: Lösen festsitzender Schliffverbindungen. – Chem. Sch. 17 (1970), S. 49
[21] A. Neuhäuser: Nachweis und Beseitigung von Peroxiden im Äther. – Chem. Sch. 18 (1971), S. 337
[22] z.B. in Chem. Sch. 15 (1968), S. 491; 20 (1973), S. 529; 21 (1974), S. 270; 26 (1979), S. 94; 27 (1980), S. 161; 30 (1983), S. 11; 32 (1985), S. 444
[23] G. Meyendorf: Laborgeräte und Chemikalien. – Verlag Volk und Wissen, Berlin 1965
[24] H. Keune, R. Kuhnert: Chemische Schulversuche, Teil 4. – Verlag Volk und Wissen, Berlin 1967
[25] G. Meyendorf, B. Janke, H. Barthel (Hsg.): Chemie-Schülerexperimente für die Klassen 7/8, 9/10 und 11/12. – Verlag Volk und Wissen, 1. Aufl., Berlin 1980
[26] Versorgungskontor Labor und Feinchemikalien (Hsg.): Schulsortimentliste für Labor und Feinchemikalien. Chem. Sch. 12 (1965), S. 1
[27] G. Hüttel: Zur Versorgung mit Chemikalien. – Chem. Sch. 7 (1960), S. 489
[28] W. Marx: Bestellung von Chemikalien. – Chem. Sch. 10 (1963), S. 193
[29] W. v. Lojewski: Zur besseren Versorgung mit Chemikalien. – Chem. Sch. 12 (1965), S. 424
[30] G. Meyendorf: Kritisches zur Chemikalienversorgung. – Chem. Sch. 12 (1965), S. 283
[31] S. Vollrath: Die Anwendung der Halbmikromethode in Schülerübungen; Teil I und Teil II. – Chem. Sch. 4 (1957); S. 409 und 455
[32] H. Keune: Halbmikrotechnik im Chemieunterricht. – Chem. Sch. 11 (1964), S. 551
[33] G. Ackermann: Einführung in die qualitative anorganische Halbmikroanalyse. – Deutscher Verlag für Grundstoffindustrie, Leipzig 1962
[34] H. Reiche: Bemerkungen zu der verbindlichen Schülerübung für den Chemieunterricht „Reduktion von Nitrobenzol zu Anilin". – Chem. Sch. 9 (1962), S. 90
[35] T. J. Dobrowolski: Die elektrografische Analyse. – Chem. Sch. 8 (1961), S. 262
[36] O. Klein: Demonstration der Ionenwanderung in der Projektion. – Chem. Sch. 14 (1967), S. 77
[37] H. B. Sawal: Erhöhung der Anschaulichkeit durch Küvettenprojektion. – Chem. Sch. 17 (1970), S. 220
[38] H. B. Sawal: Polylux und Demonstration von Experimenten. – Chem. Sch. 19 (1972), S. 119
[39] M. Linsenbarth, V. Mirschel: Projektion von Experimenten mit dem „Polylux". – Chem. Sch. 24 (1977), S. 468
[40] A. Süß: Einsatz des Polylux bei Halbmikroexperimenten. – Chem. Sch. 25 (1978), S. 30
[41] W.-D. Legall, G. Mayer: Projektionen elektrochemischer Experimente. – Chem. Sch. 27 (1980), S. 313
[42] W.-D. Legall, G. Mayer: Selbstbau von Küvetten zur Vertikalprojektion chemischer Experimente. – Chem. Sch. 27 (1980), S. 527
[43] W.-D. Legall, G. Mayer: Zur Projektion von Experimenten. – Chem. Sch. 29 (1982), S. 191
[44] R. Kuhnert, W.-D. Legall: Kombination von Geräten in der Projektion. – Chem. Sch. 29 (1982), S. 244

[45] G. Mayer: Zum Selbstbau von Küvetten. – Chem. Sch. 29 (1982), S. 519
[46] A. Neuhäuser; Worum geht es beim umweltgerechten Experimentieren? – Chem. Sch. 39 (1992), S. 319
[47] D. Wagner: Zur Anwendung des Gesetzes über den Verkehr mit Giften in den Schulen und Einrichtungen der Volksbildung. – Chem. Sch. 26 (1979), S. 285
[48] H. Boeck, J. Elsner: Arbeiten mit Chlor. – Chem. Sch. 34 (1987), S. 471
[49] D. Greifzu: Arbeiten mit Natrium. – Chem. Sch. 35 (1988), S. 430
[50] L. Schenk: Arbeiten mit Brom. – Chem. Sch. 36 (1989), S. 21
[51] J. Elsner: Arbeiten mit Kaliumchlorat. – Chem. Sch. 36 (1989), S. 141
[52] W. Jöricke: Thermische Zerlegung von Silberoxid. – Chem. Sch. 12 (1965), S. 503
[53] J. Mahlo: Oxidation von Schwefeldioxid zu Schwefeltrioxid mit verschiedenen Katalysatoren. – Chem. Sch. 30 (1983), S. 399
[54] G. Meyendorf, R. Kalck: Versuche mit Katalysatoren. – Chem. Sch. 12 (1965), S. 412
[55] A. Neuhäuser: Experimente zur Redoxchemie in Klasse 11. – Chem. Sch. 37 (1990), S. 138
[56] S.-C. Lange: Experimente zur Darstellung kleiner Bromvolumina. – Chem. Sch. 29 (1982), S. 252
[57] W. Herz: Stellungnahme zur Silberazetatfällung und zum Modellexperiment. – Chem. Sch. 28 (1981), S. 434
[58] H.-J. Janthur: Gefahrlose Durchführung von Unterrichtsversuchen mit giftigen Gasen ohne Benutzung eines Abzuges. – Chem. Sch. 3 (1956), S. 280
[59] H. J. Kreutle: Dosierung kleiner Mengen giftiger Gase bei sparsamen Chemikalienverbrauch. – Chem. Sch. 17 (1970), S. 239
[60] H. Fickel: Absorptionsvorlage für Gase. – Chem. Sch. 23 (1976), S. 435
[61] D. Wagner: Empfehlungen zum Experimentieren mit gesundheitsschädigenden bzw. giftigen gasförmigen Stoffen. – Chem. Sch. 28 (1981), S. 454
[62] D. Wernicke: Vorschläge zu einigen Unterrichtsversuchen. – Chem. Sch. 10 (1963), S. 140
[63] A. Neuhäuser: Silber aus Silberhalogenidresten. – Chem. Sch. 9 (1962), S. 526
[64] A. Neuhäuser: Silber aus gebrauchten Fixierbädern. – Chem. Sch. 10 (1963), S. 427
[65] G. Meyendorf: Rückgewinnung von Iod. – Chem. Sch. 10 (1963), S. 147
[66] P. Lange: Braunsteintabletten zur katalytischen Zersetzung von Wasserstoffperoxid. – Chem. Sch. 22 (1975), S. 325
[67] M. Schönekerl: Zink für die Wasserstoffdarstellung bei chemischen Schulexperimenten. – Chem. Sch. 29 (1982), S. 488
[68] Dieser historische Kipp'sche Apparat ist auf dem Titelblatt von Nachrichten aus der Chemie, 67 (2019), abgebildet. Die Wiedergabe hat uns die Redaktion des Journals dankenswerterweise gestattet.
[69] H. Boeck: Darstellung von Wasserstoff mit Eisen. – Chem. Sch. 29 (1982), S. 158
[70] J. Elsner: Zur Darstellung von Wasserstoff bei chemischen Schulexperimenten. – Chem. Sch. 29 (1982), S. 193
[71] A. Neuhäuser: Elektroden für Schülerversuche. – Chem. Sch. 13 (1966), S. 355
[72] H. Heiser: Tüpfelplatte aus Plast. – Chem. Sch. 17 (1970), S. 469
[73] R. Osterwald: Kontinuierliche und diskontinuierliche Arbeitsweise, Kreisprozeß. – Chem. Sch. 3 (1956), S. 60
[74] G. Claus: Allgemeine Verfahrensprinzipien der chemischen Technologie im Unterricht. – Chem. Sch. 11 (1964), S. 188
[75] W. Böttner: Wir haben keine Wasserleitung. – Chem. Sch. 4 (1957), S. 477

Danksagung zu Kapitel 2.2

Größter Dank gebührt Dipl.-Ing. Wolfgang Proske. Er hat 2007 das Schulchemiezentrum in Zahna (bei Wittenberg) gegründet und bietet beratende, ingenieurpädagogisch-methodische Dienstleistung für Schulen und im Rahmen von Lehrerfortbildungen, insbes. zum Experimentalunterricht, an. Großgeworden und ausgebildet in der ehemaligen DDR kennt Herr Proske den dortigen Chemieunterricht wie kaum sonst jemand. Er ist ein wahrer Zeitzeuge, der alle Informationen zu diesem Kapitel zusammengetragen und fachdidaktisch interpretiert hat.

2.3 Über Chaos und Evolution im Hochschulsystem
Die Motivation der Lehrenden geht flöten

Dieses Kapitel wurde bereits in leicht veränderter Form publiziert in
Chemie in Labor und Biotechnik (CLB) 66 (2015), Heft 9-10, S. 424-428.

Als wir im Frühjahr 2007 das Akkreditierungsverfahren für unsere neuen Bachelor- und Masterstudiengänge im Fachbereich Chemie- und Biotechnologie der Hochschule Darmstadt „erfolgreich" abgeschlossen hatten, gab es ein kurzzeitiges Aufatmen, weil rund 200 Seiten Papier endlich beschrieben waren, und sogar ein bisschen Optimismus, dass das neue System tatsächlich funktionieren könnte. Immerhin war das Bachelor-Programm nur um ein Semester abgespeckt gegenüber dem bisherigen Diplom-Studium, hauptsächlich im Wahlpflichtbereich, so dass die Industrie Absolventen bekommen sollte, die nach einer etwas längeren Einarbeitungszeit durchaus äquivalent zum klassischen Diplom-Ingenieur dazu in der Lage sein sollten, fachlich kompetent, kreativ und selbstständig ihre Arbeiten zu erledigen. Master-Absolventen sollten sogar deutlich höher qualifiziert sein als bisherige Diplom-Ingenieure. Trotzdem wurde ich das ungute Gefühl nicht los, dass es auch anders kommen könnte. Deshalb habe ich die ad acta gelegte Diplom-Prüfungsordnung vorsichtshalber aufgehoben und schon mit dem Gedanken gespielt, sie nach etwa zwanzig Jahren als große Innovation im deutschen Bildungssystem zu reaktivieren.

Heute, acht Jahre nach unserer Erstakkreditierung muss ich den Bologna-Prozess als gescheitert bezeichnen. Das allerdings nicht, weil unsere Curricula und hier insbesondere die Lerninhalte schlecht sind; denn diese entsprechen genau dem, was man für eine anspruchsvolle Chemie-Ingenieurausbildung erwartet. Vielmehr sind es die Randbedingungen, die erschwerend wirken und manches kaputt machen, insbesondere die Motivation der Lehrenden. Die meines Erachtens wichtigsten Gründe für das Scheitern des Bologna-Prozesses möchte ich im Folgenden darlegen.

Schulische Vorbildung

Vor der Einführung des Bachelor-Programms lag die Durchfallquote bei meiner Erstsemesterklausur über Allgemeine und Anorganische Chemie bei etwa 25 %. Danach ist sie kontinuierlich gestiegen und liegt seit drei Jahren konstant bei 80 %, ohne dass die Vorlesung vom Umfang und vom Inhalt her geändert worden ist und obwohl mein Lehrbuch neu aufgelegt, mit einer integrierten E-Learning-Plattform versehen und zusätzlich alle meine Vorlesung gefilmt worden und jederzeit abrufbar sind. (Oder sind es vielleicht gerade diese Neuerungen, welche den Studierenden die Illusion geben, Chemie sei leicht?)

Als Erklärung kann das Chaos in der Schulbildungspolitik herangezogen werden. Was gilt denn nun, G8 oder G9? Was ist ein Zentralabitur wert, wenn es bundesweit keine Vergleichbarkeit der Hochschulzugangsberechtigungen gibt, und was soll die Inflation der 1,0-Abi-Note? (Die Studierenden in unserem Fachbereich haben als Schulabschluss im Durchschnitt die Note 2,3.) Warum gelten Kinder, die kein Abitur anstreben, a priori als Verlierer? Was hat ein Chemie-Leistungskurs für einen Sinn, wenn dort die Zweitsubstitution der Aromaten auswendig gelernt wird, aber die Formeln von einfachen Säuren und Laugen nicht beherrscht werden? Was nützt Power-Point-Kompetenz, wenn griechisches und lateinisches Grundvokabular wie hexa, octa, cyclo, omega etc nicht verinnerlicht ist und das Erlernen einer chemischen Fachsprache an der Hochschule deshalb in der Tat richtig schwer wird.

Muss an der Hochschule erst Studierfähigkeit vermittelt werden, z.B. durch ein Vorsemester? Es sieht ganz so aus. Doch für diesen Paradigmawechsel im Bildungssystem gibt es gar keine Lehrkapazität. Ich selbst appelliere an die Selbstverantwortung der Studierenden, in dem ich ihnen sage, dass es wirklich großartig im deutschen Bildungssystem ist, dass jeder die Chance hat, einen hohen akademischen Abschluss zu erreichen, dass er diese Chance aber auch ergreifen muss und dass zum erfolgreichen Studium nicht nur ein Mindestmaß an Intelligenz, sondern auch etwas Begabung und vor allen die unerschütterliche Bereitschaft gehört, sehr, sehr hart und fleißig zu arbeiten.

Unternehmerische Hochschule

Nicht selten wechseln Studierende, die es an der Universität nicht geschafft haben, an die Fachhochschule. Prinzipiell sind diese Wechsler bei uns *un*willkommen, denn sie bringen kein Geld. Das Grundbudget richtet sich nämlich nur nach Studierenden im Erststudium. Für die Wechsler bekommen wir keine finanzielle Unterstützung, müssen sie aber zulassen, und sie stellen dann eine zusätzliche Last in Praktika und beim Korrigieren von Klausuren dar. Uns wurde sogar geraten, von potentiellen Wechslern ein Motivationsschreiben zu verlangen, das wir aus Zeitgründen natürlich nicht lesen sollten, sondern das lediglich als abschreckende Hürde dienen sollte, um eine Bewerbung zu verhindern. Schöne neue unternehmerische Hochschule – menschenverachtender geht es kaum noch. Wir machen das natürlich nicht, denn die Uni-Abbrecher begreifen das Studium bei uns als eine zweite Chance und schaffen den Abschluss in der Regel auch, obwohl sie selten gute Studenten sind; aber das Studium an der Fachhochschule ist eben doch etwas leichter als an der Universität. Das darf man natürlich nicht sagen; ich tue es trotzdem, denn ich bin ja kein Professor auf Probe oder zur Anstellung, sondern gehöre zum Establishment der Beamten auf Lebenszeit.

Etwas anderes darf ich auch nicht sagen. Ich vertrete nämlich die Meinung, dass unser Master-Programm berufsbegleitend studierbar ist, weil das Besuchen der Module, die unabhängig voneinander sind, ohne Weiteres über einen Zeitraum von 2-3 Jahren getreckt und die abschließende Masterarbeit aus der Berufstätigkeit heraus geschrieben werden kann. Das ist zwar in der Sache richtig, aber kontraproduktiv, weil die Studierenden dann die Regelstudienzeit nicht einhalten und deshalb kein Erfolgsbudget einbringen. Entschuldige bitte, liebe Hochschuladministration, als Chemiker fehlen mir ökonomische Basiskompetenzen.

Die neue unternehmerische Hochschule ist wie eine große Firma am Wachstum interessiert. Dies bedeutet in erster Linie steigende Studierendenzahlen. Hier schließt sich ein Kreis: Die Schulpolitik möchte, dass immer mehr junge Menschen die Hochschulzugangsberechtigung erlangen und ein Studium beginnen; dies kommt den Hochschulen gelegen, denn so erhalten sie mehr Geld. Die neu eingeworbenen Finanzmittel reichen aber nicht aus, um zusätzliche hauptamtliche Professoren zu bezahlen. Stattdessen soll etwa ein Drittel der Lehre von Lehrbeauftragten erbracht werden. Diese sind allerdings meistens nur kurzzeitig rekrutierbar, so dass eine Kontinuität der Lehre nicht garantiert ist. Lehre und Lernen brauchen aber in erster Linie Ruhe; ständige Wechsel im Lehrpersonal sind diesbezüglich kontraproduktiv.

Akzeptanz des Bachelorabschlusses in der Industrie

Ursprünglich hat die Industrie die Bologna-Reform begrüßt, weil Bachelorabsolventen jünger sind als die bisherigen Diplomabsolventen und deshalb für die Firma eine längere Lebensarbeitszeit erbringen. Dieser anfängliche marktwirtschaftliche Optimismus ist zumindest bei einigen der großen Firmen, mit denen wir besonders oft zusammenarbeiten, geschrumpft. Die Firmen sehen, dass die Bachelorausbildung gegenüber der Diplomausbildung ein etwas geringeres Niveau hat und dass es den jüngeren Bachelorabsolventen an menschlicher Reife fehlt. Deshalb sättigen sie ihren Bedarf an Bachelorabsolventen der Chemie bzw. Chemietechnik mittlerweile bevorzugt mit jungen Menschen, die sie im Rahmen eines dualen Studiums – u.a. auch in Kooperation mit uns – selbst ausgesucht, fachlich maßgeschneidert ausgebildet und sozialisiert haben. Kein Zweifel, die duale Ausbildung ist fachlich exzellent; sie verbaut regulären Bachelorstudenten der Chemischen Technologie allerdings zunehmend den Weg in diese großen Firmen.

Masterabsolventen möchten die großen Firmen hingegen gerne einstellen, weil sie als Äquivalente zu den früheren Diplom-Ingenieuren angesehen werde. Aus Sicht der Hochschule ist das aber nicht fair; denn immerhin haben die Masterabsolventen ein längeres und auch inhaltsreicheres Studienprogramm absolviert als ihre Vorgänger, die Diplom-Absolventen.

Noch etwas anderes ist in Hinblick auf die Einstellungsstrategie der Firmen problematisch. Bei den Studierenden spricht sich nämlich allmählich herum, dass es um die Akzeptanz des Bachelorabschlusses bei einigen Firmen nicht zum Bestem steht, und dass deshalb zunehmend Bacherlorabsolventen ein Masterstudium anschließen möchten. Dafür gibt es aber gar nicht genug Plätze.

Drohen uns bald spanische Verhältnisse in Hinblick auf die Arbeitslosigkeit von Bachelorabsolventen? Ich befürchte leider ja.

Dokumentations- und Evaluierungswahn

Evaluationen bergen gewiss die Chance in sich, Meinungsbilder abzufragen, daraus Konsequenzen zu ziehen, Veränderungen zu initiieren und erzielte Verbesserungen zu dokumentieren. An der Hochschule erfüllt die Evaluation der Lehre meines Erachtens aber in erster Linie die Funktion: Das müssen wir machen, und das machen wir, egal was dabei rauskommt.

Ein extremes Beispiel. Unsere Evaluationssatzung – so etwas braucht eine ordentliche Bürokratie – besagt, dass das Dekanat mit dem Professor, der im Semester die schlechtesten Evaluationsergebnisse erhalten hat, ein Gespräch führt, um Verbesserungsmöglichkeiten zu eruieren. Das haben der damalige Dekan und ich, als ich noch Studiendekan war, gemacht. Der „Schlechteste" kam und äußerte sein größtes Verständnis, dass wir jetzt mit ihm schimpfen müssten; wir mögen das bitte tun, und dann würde er wieder gehen. Wir haben geschimpft, er ist gegangen, und wir haben im Evaluationsbericht dokumentiert, dass das Gespräch stattgefunden hat, haben aber selbstverständlich nichts zur Person und zum Inhalt des Gespräches gesagt, denn das muss laut Evaluationssatzung geheim bleiben, um keine Persönlichkeitsrechte zu verletzen.

Seit wir Vorlesungsevaluationen durchführen, sind die Ergebnisse in unserem Fachbereich im Durchschnitt so wie an der ganzen Hochschule und in ganz Deutschland. Wir sind also genauso mittelmäßig großartig wie der Rest der Welt. Jahr für Jahr dokumentieren wir, dass wir die Qualität der Lehre auf diesem durchschnittlichen und deshalb international akzeptablen Niveau gesichert haben. (Das ist eine Art Ranking.)

Einige ältere Kollegen sind das Verteilen von Fragebögen am Ende des Semesters leid und nehmen an der Lehrevaluation nicht mehr teil. Einen derartigen groben Verstoß gegen eine Dienstpflicht können sich junge Kollegen, die noch nicht Beamte auf Lebenszeit sind, nicht leisten. Egal, welche Ergebnisse sie erzielen, wichtig ist, dass sie evaluiert haben. Denn sonst ist die Chance auf eine spätere Verbeamtung auf Lebenszeit gering.

Wichtig sind Evaluationsergebnisse auch, wenn man hochschulintern Sondermittel für Großgeräte einwerben will. Einem Kollegen ist es passiert, dass sein Antrag zunächst abgelehnt wurde, weil seine Evaluationsergebnisse im Viererbereich lagen. Erst als er klarstellte, dass die Benotungsskala invers zur schulüblichen Benotungsskala und eine 4 ein optimales Ergebnis ist

– was den „Gutachtern" nicht bewusst war –, wurde sein Antrag bewilligt. Man sollte diejenigen, die die Macht haben, über die Vergabe von viel Geld zu entscheiden, aber die Kriterien zur Geldvergabe nicht kennen, rausschmeißen. Aber das geht im öffentlichen Dienst natürlich nicht.

Mit der Evaluation der Lehre allein ist es aber noch nicht getan. Befragt werden auch die Erstsemester, Studienabbrecher und Absolventen. Schließlich gibt es eine Zufriedenheitsstudie und – ganz neu – einen Workshop zur Koordination der vielen Befragungen. Ob die Ergebnisse dieses Workshops auch evaluiert werden?

Dankenswerterweise ist mein Fachbereich meinem Aufruf gefolgt, das erste CHE-Ranking zu boykottieren. Freiwillig weiter evaluieren, nein danke.

Nicht entziehen konnten wir uns im Frühjahr 2012 dem Reakkreditierungsverfahren. Dafür hatten wir viele tausend Euro bezahlt und uns erhofft, mit den Fachkollegen, die dem Auditteam angehörten und die unsere 700seitigen Unterlagen – garantiert! – detailliert studiert hatten, über die Relevanz unserer Lehrinhalte zu diskutieren. So kam es nicht. Dafür konnten wir neue Erfahrungen machen.

Zunächst ging es nicht um die Lehrinhalte, sondern um ein learning outcome, wie es auf Neudeutsch heißt. Beispielsweise müssen Studierende nicht unbedingt alle Formeln von Schwefelsäure, Salpetersäure, Phosphorsäure etc. kennen, sondern lediglich kompetent mit Säuren umgehen können. Kompetenzorientierung ist das Zauberwort. Ich habe nicht ganz verstanden, was damit gemeint ist und zweifle, ob sich dahinter die große fachdidaktische Innovation verbirgt, oder ob es sich doch nur um eine Ersatzreligion handelt.

Dann ging es um work load. Wir mussten nachweisen, dass ein Student für den Erwerb eines credit points genau 30 Stunden arbeitet. Für mich brach eine Welt zusammen, denn wie gerne zitiere ich sinngemäß den von Humboldt zugeschriebenen Ausspruch, dass auch mehr ge-arbeitet werden dürfe als arbeitsrechtlich vorgeschrieben ist. Dieses akademische Selbstverständnis gilt seit Bologna offensichtlich nicht mehr. Das kann man akzeptieren, von Humboldt ist ja lange tot und ich bin auch nicht mehr der Jüngste.

Schließlich mussten wir Eingangsvoraussetzungen zu einigen Modulen streichen. Da jedes Modul definitionsgemäß eine völlig eigenständige und abgeschlossene Lerneinheit darstellt, ist es z.B. nicht zwingend erforderlich, dass ein Student das Einführungspraktikum abgeschlossen hat, bevor er das Organische Praktikum beginnt. Das ist Bologna-Fundamentalismus, und ich hatte das Gefühl, beim Akkreditierungsaudit der Inquisition im deutschen Hochschulsystem gegenüber zu sitzen.

Apropos 700 Seiten Reakkreditierungsunterlagen. Die Unterlagen zur Erstakkreditierung umfassten ca. 200 Seiten (s.o.). Damals hatte man uns damit getröstet, dass das Reakkredierungsverfahren viel einfacher und unkomplizierter verlaufen würde. Es war dann unerwarteterweise doch nicht so und hat unseren damaligen Prüfungsausschussvorsitzenden und mich als damaligen Studiendekan jeweils ein halbes Jahr Lebensarbeitszeit gekostet, trotz mittlerweile mehrerer in der Hochschulverwaltung eingerichteter Personalstellen zur Unterstützung bezüglich Akkreditierung, Evaluation und Dokumentation. Wenn in zwei Jahren der Re-Reakkreditierungsprozess beginnt, ist die Hochschule vielleicht schon systemakkreditert. Ein Schelm ist, wer meint, dass es dann noch mehr bürokratisches Theater gibt.

Abschließend zum Akkreditierungs-, Evaluierungs- und Dokumentationsirrsinn, der die Bildungslandschaft wie eine schwere und vermutlich unheilbare Geisteskrankheit überzogen hat, mögen die Leser dieses Beitrages bitte raten, ob die folgende Dienstanweisung wahr ist oder meiner Phantasie über eine neu zu gründenden Hochschule Schilda entspricht: In Anbetracht des hochsommerlichen Wetters sind die Raumtemperaturen im Fachbereich zu dokumentieren, und es kann Hitzefrei gewährt werden, wenn in einem Raum die Temperatur für länger als eine Stunde oberhalb 35 °C liegt.

Fazit

Nicht hochsommerliche Temperaturen, sondern eher eine Akkumulation der oben geschilderten Missstände im Bildungs- und Hochschulwesen können den burn out von engagierten Wissenschaftlern und akademischen Lehrern fördern. Das stimmt mich traurig. Einerseits, weil ich kein Patentrezept besitze, um die Lage entscheidend zu verbessern. Vielleicht durch die Reakktivierung des Diploms? Andererseits, weil ich mich frage, ob ich an den augenblicklichen, von mir so empfundenen chaotischen Zuständen mitschuldig bin, ob ich zu lange gutgläubiger Mitläufer im System gewesen bin und zu spät erst dessen partielle Falschheit erkannt und dagegen protestiert habe.

Aber ganz so schlimm ist es doch nicht, denn fundierte Kenntnisse der Naturwissenschaften können emotionalen Halt bieten. Als Naturwissenschaftler wissen wir nämlich, dass nach dem zweiten Hauptsatz der Thermodynamik (Entropiegesetz) das Chaos immer größer wird. Mit dem Vertrauen auf dieses Naturgesetz können wir die zunehmend chaotischen Zustände an Schulen und Hochschulen als naturgegeben und unvermeidlich hinnehmen; wir müssen sie nicht gutheißen, können Sie aber mit Gelassenheit akzeptieren. Und dann kennen wir noch die Evolutionstheorie, die u.a. besagt, dass diejenigen überleben, die eine ökologische Nische finden. Diese liegt in der Schönheit unseres Faches und in einem noch viel stärkeren Maße in den nicht wenigen Studierenden, denen wir diese Schönheit zeigen dürfen und die dafür dankbar sind.

Ein weiterer Ausblick

Nun, mit der Wiedereinführung des Diploms wird es wohl nichts mehr werden – zumindest nicht innerhalb der nächsten Jahre bis zu meiner Pensionierung in 2023. Deshalb habe ich für meinen Fachbereich als Alternative und auf Basis dieses Buches über die vielen motivierenden und lehrreichen Ökologie-Seminare, die ich habe durchführen dürfen, ein Konzept für einen neuen Bacherlorstudiengang „Ökologie" entwickelt. In der Abbildung 2.3.1 ist der von mir vorgeschlagene Studienaufbau mit den einzelnen Modulen dargestellt.

Alle junge Menschen, die die globale Metakrise aus Übervölkerung, Ressourcenknappheit, Energieverschwendung, Umweltverschmutzung, Pandemien, Kriegen, Migration, Artensterben, menschengemachten Klimawandel ... überwinden möchten, die also intrinsisch motiviert sind und sich für den Fortbestand der Erde und der Menschheit verantwortlich fühlen und sich deshalb mit ökologischen Fragen und Problemlösungen intensiv beschäftigen möchten, werden mit dem vorgeschlagenen Studiengang „Ökologie" angesprochen. *Er wird von der Vision getragen, die Welt retten zu wollen, und sucht dafür junge Mitstreiterinnen und Mitstreiter – Studierende sowie Lehrende!*

Um einen Beitrag zur „Rettung der Welt" zu leisten, gibt es durchaus verschiedene Möglichkeiten: wirtschaftliche, politische, naturwissenschaftlich-analytische, technische ... Junge Menschen wissen allerdings oft noch nicht genau, welche Fachrichtung für sie die passende ist. Außerdem gilt, dass eine Fachdisziplin alleine das angestrebte Ziel der „Weltrettung" nicht erreichen, sondern höchstens einen Teilbeitrag dazu leisten kann. In der Ökologie treffen sich hingegen die verschiedenen Fachdisziplinen, müssen konstruktiv zusammenarbeiten und können nur so interdisziplinäre Probleme lösen. Junge Menschen können im Laufe des vorgeschlagenen Bachelorstudiums dieses interdisziplinäre Denken üben und außerdem herausfinden, wo ihre besonderen fachlichen Interessen und Stärken liegen und sich z.B. in einem spezialisierten Masterstudiengang entsprechend weiterbilden.

Ob mein Fachbereich meine Vision umsetzt? Oder Sie, sehr verehrte Leserinnen und Leser dieses Buches?

Vorschlag für einen Bachelor-of-Science-Studiengang „Ökologie"

1. Semester
1. Einführung in die Chemie (5 CP)
2. Einführung in die Zell- und Mikrobiologie (5 CP)
3. Geophysik (5 CP)
4. Erd- und Menschheitsgeschichte (5 CP)
5. Mathematik für Ökologen (5 CP)
6. Literaturrecherche und wissenschaftliches Schreiben (5 CP)

2. Semester
7. Chemisches und zell-und mikrobiologisches Einführungspraktikum (5 CP)
8. Anorganische und nachwachsende Rohstoffe (10 CP)
9. Bedrohte Ökosysteme (10 CP)
10. Analytische Chemie (5 CP)

3. Semester
11. Trink- und Abwasser (5 CP)
12. Einführung in die Ozeanographie (5 CP)
13. Lebensmittel, -versorgung und -technologie (5 CP)
14. Gesundheit und Umwelt (5 CP)
15. Land- und Forstwirtschaft (5 CP)
16. Umweltanalytisches Praktikum, Teil 1 (5 CP)

4. Semester
16. Umweltanalytisches Praktikum, Teil 2 (5 CP)
17. Luftreinhaltung (5 CP)
18. Einführung in die Meteorologie (5 CP)
19. Energieversorgung (5 CP)
20. Chemikalien- und Umweltrecht (5 CP)
21. Fachenglisch (5 CP)

5. Semester
22. Abfall, Deponien, Kläranlagen und Recycling (5 CP)
23. Bauen, Sanieren und Mobilität (5 CP)
24. Artensterben (5 CP)
25. Umwelt- und Bioethik (5 CP)
26. Ökologie und Wirtschaft (5 CP)
27. Bevölkerungswachstum und Umweltpolitik (5 CP)

6. Semester
28. Ökojournalismus (5 CP)
29. Wahlpflicht: Künstliche Intelligenz, Bakterien und Viren, Fach aus einem anderen Studiengang der Hochschule oder Projektarbeit mit Ökologiebezug (10 CP)
30. Berufspraktikum mit Ökologiebezug, Teil 1 (15 CP)

7. Semester
30. Berufspraktikum mit Ökologiebezug, Teil 2 (15 CP)
31. Bachelorarbeit mit Ökologiebezug (15 CP, alle)

Abbildung 2.3.1: Vorschlag für den Aufbau und die Module eines von mir vorgeschlagenen siebensemestrigen Bachelor-of-Science-Studiengangs „Ökologie". Im Klammern stehen die Kreditpunkte (insgesamt 210 CP).

3 Was können wir wissen, was sollen wir tun?
Ein philosophisches Ökologie/Chemie-Seminar

Dieses Kapitel wurde bereits in leicht veränderter Form publiziert in
Chemie in Labor und Biotechnik (CLB) 69 (2018), Heft 7-8, S. 296-306.
Die Kapitel über Erkenntnistheorie und Utilitarismus wurden erst 2021 hinzugefügt.

Für Naturwissenschaftler und Ingenieure sind Fragen nach dem Ursprung des Universums und des Lebens, nach dem menschlichen Selbstverständnis und den Auswirkungen ihres beruflichen Handelns auf die Natur und die menschliche Gesellschaft allgegenwärtig. Deshalb ist es sinnvoll, bereits im Studium über den Tellerrand einer Fachdisziplin hinauszuschauen und solche philosophischen, ethischen, religiösen und geschichtlichen Fragestellungen zu thematisieren, die Bezug zum Fach aufweisen (vgl. [1-5]). In einem Wahlpflichtseminar haben Studierende der Chemie- und Biotechnologie der Hochschule Darmstadt in Referaten philosophische Leitgedanken präsentiert, um danach zu diskutieren, wo ihnen diese in ihren Lehrveranstaltungen direkt oder in modifizierter Form begegnen.

Unser Seminar orientierte sich dabei an den Kantischen Fragen, was wir – als Chemieingenieure und Biotechnologen – wissen können, tun sollen, hoffen dürfen und was der Mensch ist. Fragen eines neuzeitlichen Sokrates könnten z.B. lauten: Spricht Heraklit mit seinem Urstoff Feuer das Thema Energie an, das Naturwissenschaft und Technik wie ein roter Faden durchzieht? Sind Zeichnungen von Atomorbitalen wie die Schatten an Platons Höhlenwand? Ist Francis Bacons Behauptung, dass wissenschaftlich-technischer Fortschritt gleichzeitig ein menschlicher ist, noch haltbar? Was würde Sigmund Freud zu chemischen Botenstoffen sagen? „Wir irren vorwärts" – Mit diesem Motto von Robert Musil haben wir unsere philosophische Reise durch die Chemie angetreten (vgl. [6]).

Die Sonne, das (verlorene) Paradies und der Machbarkeitswahn

Seit es Menschen gibt, fragen sie nach dem Ursprung der Welt und des Lebens.

Dass der Pharao Echnaton vor über 3000 Jahren die Sonne als einzigen Gott verehrt hat (Abb. 3.1), interpretieren wir als einen ehrlichen Akt der Demut. Auch wir dürfen dafür dankbar sein, dass es die Kernfusionsreaktionen in der Sonne gibt, welche die Erde mit Energie in Form von Wärme und Strahlung versorgen. Luft und Wasser werden je nach ihrer Ausrichtung zur Sonne unterschiedlich erwärmt, sodass Strömungen entstehen, die das Ökosystem Erde prägen. Und die Lichtenergie treibt die Photosynthese und ihr technisches Pendant, die Photovoltaik, an.

Die erste Schöpfungsgeschichte in der Bibel (Genesis 1) ist *Poesie*, die uns heutigen Naturwissenschaftlern und Technikern ein ausgesprochen positives Weltbild vermittelt: Es ist einfach alles gut! Und deshalb erhaltenswert. Daraus folgt der Auftrag, dass wir unser berufliches Handeln als Chemie- und Biotechnologen nur zum Wohle der Natur und der Menschen ausrichten müssen. (Vgl. den hippokratischen Eid der Ärzte.)

Die (zeitlich viel ältere) zweite Schöpfungsgeschichte (Genesis 2) warnt. Die Menschen haben nämlich auch negative Charaktereigenschaften, die einem harmonischen Umgang miteinander und mit dem Rest der Natur im Wege stehen: Selbst wenn es den Menschen gut geht, wollen sie häufig noch mehr, wie Adam und Eva den verbotenen Apfel (Abb. 3.2). Ihre *Gier* ist eine maßgebliche Triebkraft für eine schier endlos wachsende Wirtschaft, verbunden mit oft rücksichtsloser und durchaus auch kriegerischer Ausbeutung natürlicher Ressourcen (vgl. [9]).

Abbildung 3.1: Betet Echnaton die Sonne in dem Bewusstsein an, dass sie die Energiequelle des Lebens auf Erden ist [7]?
Abbildung 3.2: Gier und Unersättlichkeit – ist der Mensch eine Fehlentwicklung der Evolution [8]?

Die Geschichte mit dem Apfel kann man natürlich auch so interpretieren, dass die Menschen einfach *neugierig* sind, wie das Obst schmeckt. Ihr Forschergeist ist geweckt, und den braucht jeder wahre Wissenschaftler. Doch er muss die ethischen Grenzen seiner Forschung kennen und darf nicht der Verführung unterliegen, diese zu überschreiten.

Schmerzliche Erfahrungen haben auch einige Ingenieure in der antiken Mythologie gemacht (Abbildung 3.3), was angehenden Chemieingenieurinnen und -ingenieuren eine Lehre sein sollte. Daidalos verlor seinen Sohn, weil er durch seinen vermessenen Wunsch, die Natur zu überlisten und fliegen zu können wie ein Vogel, vor der möglichen Gefahr seines Fluggerätes nicht ausreichend gewarnt hat (vgl. [10]). Und die Baumeister des Turms zu Babel wurden wegen ihres arroganten Machbarkeitswahns des „immer höher ..." mit einem riesigen sprachlichen Chaos bestraft. „Erkenne dich selbst", stand über dem Tempeleingang zum Orakel von Delphi; damit ist wohl auch gemeint: „Kenne deine Grenzen!" Darauf werden wir später zurückkommen.

Abbildung 3.3: Einem Ingenieur ist nichts zu schwer! – Ikarus' Fall und der Turmbau zu Babel lehren uns etwas anderes [11, 12].

Wasser, Luft, Feuer, Erde

Etwa ein halbes Jahrtausend vor Christus nahmen die Philosophen zunehmend Abschied von mythischen Welterklärungsvorstellungen und öffneten einen naturalistischen Blick auf die Welt und das Leben. Ihrer Meinung nach gibt es einen Urstoff oder mehrere Urstoffe, woraus alles hervorgeht.

Für Thales (624/23 – 548/44 v. Chr.) ist das Prinzip aller Dinge das Wasser. Daraus ist alles und in Wasser kehrt alles zurück (Abb. 3.4). Diese Theorie hat Spuren hinterlassen – in schätzungsweise einem Drittel unserer Chemie-Lehrveranstaltungen geht es tatsächlich ums Wasser: als Lösungs-, Transport- und Kühlmittel, als Reagenz bzw. Abgangsprodukt bei Reaktionen, Wasserzersetzung und Knallgasreaktion, Trinkwassergewinnung und Abwasserreinigung ... Und warum suchen Astromomen in den Spektren entfernter Himmelskörper primär nach Wasser-Signalen? Weil sie nach Leben fahnden, für das Wasser mit hoher Wahrscheinlichkeit unverzichtbar ist.

Abbildung 3.4: Thales-Denkmal im niederbayerischen Deggendorf [13].

Anaximenes (ca. 585 – 528/24 v. Chr.) hielt die Luft für den einzigen Urstoff (Abb. 3.5). Seine Argumentation klingt heute zwar abenteuerlich – wenn Luft sich verdichtet, wandelt sie sich in Wasser um, bei noch höherer Verdichtung in Steine und Erde –, lässt uns aber an die Aggregatzustände gasförmig, flüssig und fest denken, womit Anaximenes letztlich die unterschiedlichen Zustandsformen der Materie beschrieben hätte.

Abbildung 3.5: Nach Anaximenes ist die Luft der einzige Urstoff [14].

Wenn man den Waldbrand in der Abbildung 3.6 betrachtet, fällt es zunächst schwer nachzuvollziehen, warum Heraklit (ca. 520 – ca. 460 v. Chr.) das Feuer für den einzigen Urstoff hielt, denn primär sehen wir die zerstörerische Wirkung des Feuers. Doch Heraklits Theorie enthält einen Funken Wahrheit. Nach dem Waldbrand dient die mineralstoffhaltige Asche als wertvoller Dünger für neues Pflanzenwachstum. (Das ist allerdings kein Apell für Ackerlandgewinnung durch Brandrodung!)

Abbildung 3.6: Feuer als Urstoff. Bei aller Zerstörungskraft – die mineralienhaltige Asche verbrannter Bäume ist der Dünger für zukünftiges Leben [15].

Erst als die Menschheit lernte, das Feuer zu bändigen, begann ihre Zivilisation. Das wusste Heraklit schon. Durch Feuer-Machen kann nämlich Verbrennungswärme bereitgestellt werden. Zuerst geschah dies durch Holzfeuer; heute haben wir Kohle-, Erdöl- und Erdgaskraftwerke. Des Weiteren können mit Hilfe des Feuers Metalle aus ihren Erzen geschmolzen werden. Noch heute leben wir in der Eisenzeit, weil wir durch eine carbothermische Reduktion aus Eisenoxid in einem Hochofen unser mengenmäßig wichtigstes Gebrauchsmetall, das Eisen, gewinnen. Schließlich sind Flammen in der chemischen Analytik alltäglich, beispielsweise die Acetylen- oder Plasmaflamme in der Atomspektroskopie oder die Färbung der Bunsenbrennerflamme beim qualitativen Nachweis einiger Alkali- und Erdalkalimetalle.

Das Feuer symbolisiert auch die Vergänglichkeit. Die Erkenntnis, dass nichts ewig währt, führte zu Heraklits berühmtem Ausspruch „Alles fließt" (Abb. 3.7). Damit assoziieren wir Chemiker unwillkürlich vernetzte Gleichgewichte. Wir wissen beispielsweise – und staunen trotzdem darüber –, wie Essigsäure je nach Bedarf unseres Körpers über die Fettsäureaufbauspirale zu Fettsäuren oder über den Mevalonsäureweg zu Isopren und Folgeprodukten auf- oder zwecks Energiebereitstellung über den Zitronensäurezyklus zu Kohlenstoffdioxid abgebaut wird, also sprichwörtlich ständig „im Fluss" ist.

Abbildung 3.7: Heraklit meint, dass alles fließt. Konstant ist der ständige Wandel [16].

Empedokles (ca. 495 – ca. 435 v. Chr.) kam zu der Einsicht, dass Wasser, Luft und Feuer als Grundstoffe alleine nicht ausreichen, und fügte deshalb einen vierten Grundstoff, die Erde, hinzu. Er glaubte, erst durch das Wechselspiel der vier Grundstoffe sei die Vielfalt der Natur und der Lebewesen zu erklären. Aufgrund ihrer unterschiedlichen Eigenschaften – feucht, warm, trocken, kalt – ringen die vier Elemente miteinander; sie lieben oder hassen sich, sodass sie sich immer wieder mischen oder trennen (Abb. 3.8).

Abbildung 3.8: Die Vier-Elemente-Lehre des Empedokles lebt insbesondere in Form der Umweltbereiche Wasser, Boden, Luft und Energie weiter [17].

Diese Dynamik ist uns von chemischen Reaktionen her geläufig. Im Kolben geht es oft kriegerisch-brutal zu. Da wird angegriffen, und zwar strategisch klug ausschließlich von der sterisch ungeschützten Rückseite her (S_N2) oder mit gleicher Wucht von zwei entgegengesetzten Seiten (S_N1). Da wird gestohlen, wobei das Fluor der schlimmste Räuber ist, der nichts lieber tut, als anderen Stoffen ein Elektron zu entreißen. Da wird eliminiert, und oftmals sind es kleine Moleküle wie H_2O, die aus einer Verbindung rausgeschmissen werden. Abneigungen (Phobien) werden deutlich zum Ausdruck gebracht: Paraffinöl beispielsweise ist hydrophob, trennt sich deshalb möglichst rasch vom Wasser und hasst dieses sprichwörtlich wie der Teufel das Weihwasser. Es wird aber auch geliebt: Das Elektrophil findet eine Wolke von Elektronen am Reaktionspartner unwiderstehlich, und das Nukleophil wird magisch (in der Tat elektrostatisch) zum positiv polarisierten Teil eines anderen Moleküls hingezogen. Schließlich wird sich auch gepaart: Zwei Elektronen tun das, wenn sie gemeinsam, aber mit unterschiedlichen magnetischen Spins, ein Orbital besetzen.

Nun, chemische Reaktionen mit menschlichen Verhaltensweisen zu beschreiben und Molekülen menschliche Gefühle zuzuweisen, mag als unwissenschaftlich abqualifiziert werden. Aber wenn die Chemie derartig „menschlich" erzählt wird, nehmen die Studierenden dies mit einem dankbaren Lächeln an, und fachlichen Hintergründe bleiben im Gedächtnis leichter hängen. Dem würde Empedokles vermutlich zustimmen. (Vgl. [18].)

An dieser Stelle haben wir im Seminar einen Exkurs von den Vorsokratikern zu Goethes Roman „Die Wahlverwandtschaften" gemacht, dem man den Untertitel „Chemie und Liebe – ein Gleichnis" geben kann [19]. Es geht um die Metathesereaktion von Calciumcarbonat und Schwefelsäure, bei der die Kationen ihre ursprünglichen anionischen Partner gegenseitig tauschen,

$$CaCO_3 + H_2SO_4 \rightarrow CaSO_4 + H_2CO_3$$

genauso, wie es die beiden männlichen und die beiden weiblichen Hauptpersonen in dem Roman tun. Empedokles hätte dieses Werk von Goethe bestimmt mit Vergnügen gelesen.

Wir haben die Reaktion noch weiter interpretiert: Die entstehende Kohlensäure – das neue Paar aus Protonen und Carbonat – ist nämlich instabil und zerfällt zu Wasser und Kohlenstoffdioxid. Letzteres gast aus; die Reaktion ist also durch eine Entropiezunahme bestimmt. Entropie können wir umgangssprachlich mit dem Wort „Chaos" übersetzen und den zweiten Hauptsatz der Thermodynamik mit „Das Chaos wird immer größer" veranschaulichen. In der Tat endet Goethes Geschichte im Chaos. Das aus der einen neuen Beziehung hervorgegangene Kind fällt in einen Teich und ertrinkt; die andere neue Beziehung zerbricht, sodass die junge Frau schwindsüchtig wird und stirbt und ihr viel älterer Partner verzweifelt in den Krieg gegen Napoleon zieht und fällt.

Zwei Experimente vertiefen diese Diskussion.
Zunächst haben wir ein Stück Marmor (Calciumcarbonat) mit Schwefelsäure behandelt. Man beobachtet kurzzeitig eine CO_2-Entwicklung, dann stoppt die Reaktion aber, weil eine auf dem Marmor gebildete Calciumsulfat-Schicht das darunterliegende Material vor weiterem Säureangriff schützt (Passivierung). Den Versuch haben wir so interpretiert, dass eine stabile Partnerschaft – hier in Form des harten Steins – gegen Seitensprünge weitgehend resistent ist. Anders eine stark zerrüttete Beziehung – im zweiten Experiment symbolisiert durch fein zerriebenen Marmor. Wenn man hier Schwefelsäure zugibt, kommt es zu einer spontanen und heftigen Gasentwicklung; die ehemaligen Partner, Calcium und Carbonat fliehen bereitwillig in neue Beziehungen.

Empedokles Vier-Elemente-Lehre [20] ist in modifizierter Form aktuell, und zwar in der Ökologie. Hier unterscheidet man die vier Umweltbereiche Wasser, Luft, Boden und (an der Stelle von Feuer) Energie. Unsere Chemie-Vorlesung für Umweltingenieure ist nach diesen vier Kapiteln gegliedert.

Das Unteilbare

Das am längsten – fast zweieinhalb Jahrtausende – gültige Dogma in den Naturwissenschaften haben Leukip (fünftes Jahrhundert v. Chr.) und sein Schüler Demokrit (460/459 – ca. 371 v. Chr.) formuliert, dass es verschiedene, sehr kleine, aber nicht weiter teilbare Bausteine gibt, die Atome, aus denen sich die verschiedensten Dinge und Lebewesen gestalten lassen, die, da alles vergänglich ist, auch wieder in die Atome zerfallen, wonach diese neu gemischt und neu zusammengesetzt werden. Ein unendlicher Kreislauf der Atome. Das ist wie ein Spiel mit Legosteinen. Wie viele unterschiedliche Konstrukte kann man aus den vier Legosteinen in der Abb. 3.9 erzeugen?

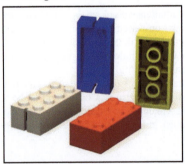

Abbildung 3.9: Leukips und Demokrits Atome sind wie Legosteine, aus denen man unzählige Gebilde bauen und diese auch wieder zerlegen kann [21].

Primo Levi hat die Unvergänglichkeit eines Kohlenstoffatoms in Form eines schönen Märchens erzählt [22], das wir im Folgenden sehr frei wiedergeben:

Es war einmal ein Kohlenstoffatom im Kalkstein, der in einem Ofen auf über 1000 °C erhitzt wurde. Da machte sich das Atom mit zwei Sauerstoffgefährten aus dem Staub. Die drei Kumpel wurden eine zeitlang vom Wasser im Ozean gebunden, dann aber wieder ausgespuckt, sodass sie vom Wind zu einem Weinberg geweht wurden. Dort ruhten sie sich in einem Blatt aus, bis ein Lichtstrahl sie traf, ein turbulentes Leben seinen Anfang nahm und erst zu einem vorläufigen Ende kam, als das C-Atom in ein Zuckermolekül in der Rebe eingebaut war. Mit viel Glück entging es dem Prozess der alkoholischen Gärung, wurde aber von einem Weintrinker verschluckt und in dessen Körper verstoffwechselt. Danach war es wieder mit zwei Sauerstoffatomen alleine. Doch das freie Leben in der Luft war nur von kurzer Dauer. Kaum hatte eine Baumkrone die verbundenen drei Atome eingefangen, mussten sie als Holz zum Stabilisieren des Baumes beitragen. Bis ein Holzwurm sie aus der Sklaverei befreite. Der starb bald darauf. Jahre vergingen, und das Kohlenstoffatom wurde Teil des Humusbodens. Und wenn es nicht gestorben ist, lebt es noch heute.

(Es wäre durchaus interessant, dieses Märchen in einer Klausur von den Studierenden in chemische Reaktionsgleichungen umsetzen zu lassen.)

Ist es nicht sehr wahrscheinlich, dass jeder Mensch ein paar Atome in sich trägt, die schon einmal einem Dinosaurier gehört haben?

Seit der Entdeckung der Radioaktivität durch Henri Becquerel und dem Streuexperiment von Ernest Rutherfords kennen wir subatomare Partikel, und seit der Uran-Spaltung durch Otto Hahn und Liese Meitner wissen wir, dass (zumindest einige) Atome teilbar sind. Die Hypothese von Leukip und Demokrit ist also widerlegt. Trotzdem gebührt den beiden antiken Philosophen unser höchster Respekt. Denn auch in der modernen Chemie gilt es in den meisten Fällen, dass Atome bei chemischen Reaktionen erhalten bleiben, sich allerdings zu neuen Verbindungen umgruppieren. „Alles fließt" – Heraklits Lehrsatz (s.o.) gilt auch auf der atomaren Ebene.

Zahlen und Strukturen

Von Pythagoras (ca. 570 – nach 510 v. Chr.) stammt der Ausdruck „Alles ist Zahl". Der Mathematiker glaubte, dass die Harmonie, welche die Welt im Innersten zusammenhält, durch Zahlen bzw. Zahlenverhältnisse erkennbar sei. Damit könnte Pythagoras der Vater der Stöchiometrie sein. Denn in chemischen Verbindungen liegen die in ihnen enthaltenen Atome in konstanten Zahlenverhältnissen vor, z.B. **$Na_2S_2O_3$**, und chemische Reaktionsgleichungen werden mit Hilfe stöchiometrischer Faktoren so formuliert, dass auf der linken und der rechten Seite des Reaktionspfeils gleiche Anzahlen von Atomen vorliegen, z.B.

KIO_3 + 5 KI + 3 H_2SO_4 → 3 I_2 + 3 K_2SO_4 + 3 H_2O

Auf beiden Seiten dieser Gleichung haben wir 6 Iod-, 6 Kalium-, 6 Wasserstoff-, 3 Schwefel- und 15 Sauerstoffatome.

Pythagoras konnte auch die Musik mathematisch beschreiben. Verkürzt man die Saite eines Instruments auf die Hälfte, erklingt eine Oktave (erste Oberschwingung). Die Verkürzung auf 1/3 gibt die zweite Oberschwingung, die Verkürzung auf 1/4 die dritte etc. (Abb. 3.10). Bei der Verkürzung im Verhältnis 2/3 hört man eine Quinte, bei Verkürzung im Verhältnis 3/4 eine Quarte. Unsere Vorlesung über Spektroskopie würde Pythagoras bestimmt gut gefallen, insbesondere der mathematische Zusammenhang zwischen der Frequenz und Wellenlänge einer Schwingung und ihrer Energie:

$E = h \cdot \nu = h \cdot c / \lambda$

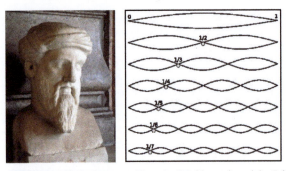

Abbildung 3.10: Pythagoras – Vater der Stöchiometrie und der Schwingungslehre [23, 24]?

Harmonie drückt sich besonders eindrucksvoll in ästhetischen geometrischen Formen aus. Zweidimensional sind das insbesondere der Kreis, das gleichseitige Dreieck und das Quadrat, dreidimensional die platonischen Grundkörper Tetraeder, Oktaeder, Würfel, Dodekaeder und Ikosaeder (Abb. 3.11).

Abbildung 3.11: Platonische Körper. Von rechts nach links: Tetraeder, Oktaeder, Würfel, Dodekaeder, Ikosaeder [25]

Sind Pythagoras und Platon die Begründer der Strukturchemie? Die vielen uns heute bekannten Molekülstrukturen gereichen den beiden großen Denkern des Abendlandes jedenfalls zur Ehre. Schauen wir uns exemplarisch einige hochsymmetrische Verbindungen bzw. Ionen an:

- Gleichseitiges Dreieck: NO_3^- (sp^2-hybridisierter Stickstoff im Zentrum, drei Sauerstoffatome auf den Ecken)
- Quadrat: $[Cu(NH_3)_4]^{2+}$ (Kupferion im Zentrum, vier Ammoniak-Liganden auf den Ecken)
- Kreis: Häm-Scheibe im Hämoglobin (Eisenkation im Zentrum)
- Tetraeder: CH_4 (sp^3-hybridisierter Kohlenstoff im Zentrum, vier Wasserstoffatome auf den Ecken)
- Oktaeder: SF_6 (sp^3d^2-hybridisierter Schwefel im Zentrum, sechs Fluoratome auf den Ecken)
- Würfel: Elementarzelle von NaCl (Natrium-Kationen und Chlorid-Anionen besetzen abwechselnd die Ecken)

Man darf sich an diesen schönen Strukturen ruhig erfreuen.

Schein oder Sein?

Die Frage „Schein oder Sein?" durchzieht die Philosophie von Anbeginn wie ein roter Faden. Platon (428/427 – 348/447 v. Chr.) hat ihr sein Höhlengleichnis gewidmet. Es geht u.a. darum, dass die Wahrnehmungsfähigkeit von uns Menschen limitiert ist und dass wir deshalb Dinge nicht so erkennen (können), wie sie wirklich sind. Wir sehen nur Schatten, welche die Wirklichkeit bestenfalls rudimentär abbilden. Platon denkt positiv, dass die Wirklichkeit viel schöner ist als ihre Schatten.

Wenn in der Erstsemestervorlesung die Konturrepräsentationen der Atomorbitale an die Hörsaalwand projiziert werden (Abb. 3.12), dominieren bei den Studierenden verständnislose, skeptische Gesichtsausdrücke. Sehen die jungen Menschen da nicht Platons Schatten an der Höhlenwand? Das kann es doch nicht wirklich sein – das wahre elektronische Innenleben eines Atoms kennt niemand. Platons Optimismus teilend, glauben wir, dass es im Inneren eines Atoms faszinierender und schöner aussieht, als es die Kugeln, Hanteln und Kleeblätter versuchen zu beschreiben.

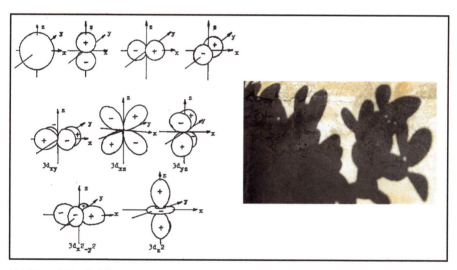

Abbildung 3.12: Sind die Zeichnungen von Atomorbitalen nicht wie Platons Schatten an der Höhlenwand (hier die von einem Kaktus) [26]?

Wenn wir im Praktikum Glasgefäße mit einem Filzschreiber beschriften, denken wir – wie Platons Gefangene in der Höhle – vermutlich nicht darüber nach, dass die schwarze Farbe, die wir sehen, gar nicht von einer schwarzen Verbindung herrührt, sondern in Wirklichkeit eine Farbmischung ist. Davon können wir uns überzeugen, wenn wir die Filzschreiberfarbe einer papierchromatographischen Analyse unterziehen. Was für ein herrlich buntes, einem Kunstwerk gleichendes Chromatogramm erhalten wir (Abb. 3.13)!

Abbildung 3.13: Papierchromatographische Trennung schwarzer Filzschreiberfarbe – farbige Wirklichkeit hinter einfarbigem Schein.

Im Einführungspraktikum sollen die Studierenden den Essigsäuregehalt eines Haushaltsessigs alkalimetrisch bestimmen. Was sich nach einer experimentell leichten Übung anhört, erweist sich in der Tat als eine spannende philosophische Suche nach dem wahren Wert (vgl. [27]). Die *wahre* HOAc-Konzentration kann nämlich keiner ermitteln. Der Analytiker muss vielmehr ständig mit einer Restunsicherheit leben, die er nur durch eine hohe Zahl von Analysen und in Ringversuchen statistisch minimieren kann, denn jedes einzelne Analysenergebnis ist ein Zufallsergebnis. Es gibt (zu) viele Fehlerquellen: Sind die Pipetten und Büretten unbeschädigt und die Erlenmeyerkolben sauber? Ist das verwendete Wasser tatsächlich voll entsalzt? Wurde die Waage geeicht? Hat die Urtitersubstanz wirklich pro analysis-Qualität? Wurden handwerkliche Fehler gemacht? Etc. Wir wollen nicht so weit gehen, den Analytiker bezüglich seines Analysenergebnisses dazu aufzufordern, mit Sokrates (469 – 399 v. Chr.) zu sagen „Ich weiß, dass ich nichts weiß"; wir möchten ihn aber bitten, den Satz abzuschwächen zu „Ich weiß, dass ich es nicht ganz genau weiß."

Wie kommt man zu einer Erkenntnis?

Abbildung 3.14: Aristoteles (384 – 322 v. Chr.) war der erste Wissenschaftler in unserem Sinn. Begriffe wie Hypothese und Beweis gehen auf ihn zurück. [28]

Wie gewinnt man eine Erkenntnis – eine Kernfrage der theoretischen Philosophie? Aristoteles (384 – 322 v. Chr.) entwickelte dazu die Theorie, dass es in fünf Schritten geschieht:

1. Sinnliche Wahrnehmung
2. Speicherung dieser Wahrnehmung im Gedächtnis
3. Erfahrungserlebnis
4. Praktisches Können
5. Wissenschaftliche Erkenntnis

Seine Hypothese möchten wir an zwei Beispielen aus unserem Laboralltag überprüfen.

Erstes Beispiel. Wenn man eine farblose Bariumchlorid-Lösung mit einer ebenfalls farblosen Natriumsulfat-Lösung zusammenschüttet, bildet sich ein weißer Niederschlag. Bei diesem Experiment nehmen wir mit unseren Sinnesorganen, den Augen, etwas wahr. Wir wiederholen den Versuch mehrfach und beobachten dabei immer wieder dieses Phänomen, sodass es sich in unserem Gedächtnis einprägt. Nun machen wir weitere Experimente, bei denen wir jeweils zwei farblose Salzlösungen mischen: eine Calciumchlorid- mit einer Natriumsulfat-Lösung, eine Natriumchlorid- mit einer Silbernitrat-Lösung, eine Natriumbromid- mit einer Silbernitrat-Lösung, eine Natriumiodid- mit einer Silbernitrat-Lösung ... In allen Fällen beobachten wir eine Niederschlagsbildung, wobei die Niederschläge von ihrer Morphologie und Farbe her unterschiedlich aussehen. Jetzt haben wir die Erfahrung gemacht, dass es eine ganze Reihe von Fällungsreaktionen gibt. Wir wiederholen die geschilderten Experimente und ergänzen sie um weitere, z.B. Fällungen von Schwermetallen mit Natriumsulfid, erlangen so ein praktisches Können und kommen schlussendlich zu der Erkenntnis, dass es in Wasser (unserem Reaktionsmedium) gut lösliche Stoffe (unsere Ausgangsverbindungen) sowie schwerlösliche (unsere Produkte) gibt. Wenn wir jetzt weiterforschen und mit Hilfe physikalisch-chemischer Analysemethoden die Konzentrationen der nach einer Fällungsreaktion noch in Lösung verbliebenen Stoffe bestimmen, können wir Löslichkeitsprodukte formulieren und unsere Erkenntnis damit mathematisch fundieren.

Zweites Beispiel. In einem Kolben mit Heizmantel erhitzen wir Wasser. Nach einiger Zeit sehen wir, dass sich Gasblasen bilden und dass das Wasser kurz danach heftig sprudelt. Wenn wir unsere Hand über die Kolbenöffnung halten, spüren wir etwas Heißes. Nun montieren wir eine kalte Glasscheibe über den Kolben und sehen, dass sich daran Tröpfchen einer Flüssigkeit abscheiden. Wir haben bei diesem Experiment gleich zwei sinnliche Wahrnehmungen gemacht, und zwar mit unserem Seh- und unserem Tastsinn. Wir wiederholen das Experiment, positionieren zusätzlich ein Thermometer in dem zu erwärmenden Wasser und stellen fest, dass die Temperatur bis aus 100 °C, dann aber nicht weiter steigt, sobald das Wasser heftig blubbert. Den Versuch beschreiben wir zunächst in unserem Laborjournal und speichern in auch in unserem Gedächtnis. Später variieren wir das Experiment, indem wir das Wasser durch Ethanol bzw. Methanol ersetzen. Alles verläuft analog wie beim Wasser-Versuch; der einzige Unterschied besteht darin, dass das Ethanol bei 78 °C und das Methanol schon bei 65 °C kocht. Bis hierhin haben wir die Erfahrung gemacht, dass Flüssigkeiten durch Erhitzen zum Kochen gebracht werden können, dass dies aber bei unterschiedlichen Temperaturen passiert. Unsere nächsten Versuche werden anspruchsvoller, indem wir auf dem Kolben einen Liebigkühler installieren. Dort bilden sich die Flüssigkeitstropfen, laufen ab und werden in einer Vorlage aufgefangen. Heureka, wir haben die Destillation erfunden! Mit dem so erworbenen praktischen Können gelingt es uns, weitere Flüssigkeiten, z.B. *iso*-Propanol oder Toluol, zu destillieren. Unsere wissenschaftliche Erkenntnis lautet schließlich, dass man eine Flüssigkeit durch Erhitzen in ihren gasförmigen Zustand überführen kann und dass dieses Gas beim Abkühlen wieder flüssig wird. Wir definieren jetzt zwei Fachbegriffe: Den Vorgang in die eine Richtung nennen wir „Sieden", den in die andere Richtung „Kondensieren". Warum dies bei unterschiedlichen Stoffen bei verschiedenen Temperaturen passiert, muss offensichtlich etwas mit der Größe der Moleküle und ihren intermolekularen Wechselwirkungen zu tun haben.

Eine zweite zentrale Frage der Erkenntnistheorie ist, ob ein Objekt von verschiedenen Subjekten gleichermaßen wahrgenommen wird. Das werden wir wohl zunächst bejahen. Denn jeder von uns wird z.B. das „Objekt" Aceton als eine farblose Flüssigkeit beschreiben, die, wenn sie auf unsere Haut gelangt, verdunstet und die Haut kühlt, und die einen durchaus angenehmen süßlichen Geruch hat (und gerne als Sniff-Droge missbraucht wird). Andere „Subjekte" als wir Menschen erkennen Aceton anders: Ein IR-Spektrometer detektiert die charakteristische

Streckschwingung einer C-O-Doppelbindung bei 1715 cm^{-1}, ein UV-Spektrometer einen verbotenen elektronischen n→π*-Übergang bei 274 nm, ein ^{1}H-NMR-Spektrometer ein Singulett bei 2,2 ppm und ein Massenspektrometer (bei einer Ionisierungsenergie von 70 eV) einen Molekülpeak M/Z = 58. Wir lernen daraus, dass wir mit unseren Sinnesorganen lediglich einen limitierten Teil der Wirklichkeit vom Aceton wahrnehmen können, dass es uns aber die instrumentelle Analytik ermöglicht, ein tieferes Verständnis für die Verbindung zu erlangen.

Wissen ist Macht – über die Fortschrittsgläubigkeit

Francis Bacon (1561 – 1626) (Abb. 3.15) war in der Zeit zwischen der Renaissance und der Aufklärung im aufstrebenden britischen Weltreich ein einflussreicher Jurist, Staatsmann und Philosoph. Ihm wird der Ausdruck „Wissen ist Macht" zugesprochen. Bacon war fest davon überzeugt, dass wissenschaftlich-technische Innovationen zu mehr Wohlstand, einem Fortschritt der Menschheit und einer insgesamt menschlicheren Gesellschaft führen.

Abbildung 3.15: Francis Bacon [29].

Der Darmstädter Philosoph Gernot Böhme (geb. 1937) meint hingegen, dass wir spätestens seit den siebziger Jahren des letzten Jahrhunderts am Ende des Baconschen Zeitalters angekommen seien [30, 31]. Zunehmender Missbrauch technischen Know-Hows für militärische Zwecke, Terrorismus und Spionage sowie die übermäßige Ausbeute natürlicher Rohstoffe für eine ständig wachsende Wirtschaft sowie die dabei verursachte – und billigend in Kauf genommene – Umweltzerstörung seien alles andere als menschlicher Fortschritt. Nach Jahrhunderten des Enthusiasmus und der Euphorie in Hinblick auf Wissenschaft und Technik herrscht heute nicht selten die Angst vor der Zukunft. Dazu können wir als Chemiker und Biotechnologen einiges sagen.

„Wissen ist Macht" – diese Behauptung unterschreiben wir im positiven wie im negativen Sinne. Wer Düngemittel herstellen kann (und diese nicht im übertriebenen Maße auf den Acker streut), kann effektiv gegen den Hunger vorgehen. Wer die biotechnologische Gewinnung von Penicillin beherrscht, kann viele bakterielle Krankheitserreger besiegen. Wer Mikroorganismen gentechnisch so verändern kann, dass sie Humaninsulin produzieren, nimmt der früher lebensgefährlichen Krankheit diabetes mellitus ihren Schrecken. Und wer Acetylsalicylsäure synthetisieren kann, sorgt für etwas weniger Schmerz auf dieser Welt. (Das ist zwar ein Werbeslogan der Firma Bayer, aber fachlich durchaus richtig.)

Wer ein versierter Experimentator ist, hat aber auch die Macht zum Ermorden anderer Menschen. Dazu eine Geschichte aus eigner Erfahrung, die ich in unserem Seminar erzählt habe. 1993 verbrachte ich ein Forschungssemester in Japan und übernahm dort den Arbeitsplatz eines Doktoranden, der seit einigen Wochen spurlos verschwunden war. Nachdem ich bereits wieder nach Darmstadt zurückgekehrt war, berichteten die Nachrichten über einen Giftgasanschlag in der U-Bahn von Tokyo. Das tödliche Gift hatte der erwähnte Doktorand, der ein erstklassiger Synthesechemiker war, aber von einem religiösen Guru in den Untergrund gelockt worden war, hergestellt. Als ich das hörte, hatte ich das Gefühl, in Japan mit Glasgeräten gearbeitet zu haben, an denen Blut klebte. Kein gutes Gefühl. Auch meine Studierenden waren bedrückt.

Bacons zweiter Überzeugung, dass technischer Fortschritt *unbedingt* auch ein menschlicher ist, möchten wir widersprechen. Wir denken beispielsweise an den Anbau glyphosatresistenter Pflanzen in riesigen Monokulturen. Leistet er wirklich einen Beitrag zur Sicherung der Ernährung der Menschheit? Zerstört er nicht vielmehr – insbesondere in den Entwicklungs- und Schwellenländern – bewährte kleinbäuerliche Strukturen und fördert er nicht die Resistenzbildung von Unkräutern gegen das Herbizid und das Aussterben von Insekten und Vögeln (vgl. [9])? Oder ist der Preis für unsere superschnelle Kommunikationstechnologie nicht zu hoch, wenn es wegen des Tantals, welches für die Elektrolytkondensatoren der Handys unverzichtbar ist, in dessen wichtigstem Herkunftsland, der Republik Kongo, schon Krieg gab? Und was nützen Kunststoffverpackungen, wenn sie zum Großteil (illegal) im Meer landen, zu Mikroplastik werden und sich letztlich über die Nahrungskette global verteilen? Nein, Bacons unbändigen Fortschrittsglauben teilen wir nicht, wie G. Böhme.

Die Bevölkerungsfalle und das Prinzip Verantwortung

Der britische Pfarrer, Ökonom und Philosoph Thomas Robert Malthus (1766 – 1834) (Abb. 3.16, links) war der erste, der vor einem zu starken Anwachsen der Weltbevölkerung warnte und Versorgungsengpässe prognostizierte. Er sprach von einer Bevölkerungsfalle, wurde aber zu seiner Zeit, der beginnenden Industriellen Revolution, kaum gehört. Erst 1972, im ersten Bericht des Club of Rome, „Die Grenzen des Wachstums" [31], wurden Malthus Gedanken wieder aufgenommen. In der Tat, aus der Übervölkerung der Erde resultieren viele derzeitige soziale und ökologische Probleme. Dies erkennend, entwickelte der deutsche Philosoph Hans Jonas (1903 – 1993) (Abbildung 3.16, rechts) in seinem Buch „Das Prinzip Verantwortung" [33] eine Ethik zur „Fernstenliebe". In Anlehnung an Kants kategorischen Imperativ formuliert er den *ökologischen Imperativ*: „Handle so, dass die Wirkungen deiner Handlung verträglich sind mit der Permanenz echten menschlichen Lebens auf Erden." Dieser Satz schmückt eine 220-Cent-Briefmarke und kann verkürzt so ausgedrückt werden, dass jeder Mensch eine globale Verantwortung hat. Jonas appelliert ausdrücklich für eine Technikfolgeabschätzung, bei der vorsichtshalber der schlechten gegenüber der guten Prognose der Vorrang zu geben sei.

Abbildung 3.16: Thomas Robert Malthus (links) und Hans Jonas [34, 35].

Für im Beruf stehende Chemiker und Biotechnologen bedeutet dies, der Natur unter fairen Handelsbedingungen (kein Neokolonialismus) möglichst nur so viele Rohstoffe zu entnehmen, wie auch wieder nachwachsen, und bevorzugt solche Produkte herzustellen, die nach ihrer Verwendung energiegünstig recycelt oder in die Stoffkreisläufe der Natur zurückgeführt werden können, also biokompatibel sind. Als Beispiel sind hier Gegenstände aus Polylactid zu nennen: Das Monomer, die Milchsäure, kann fermentativ aus Zuckern gewonnen und das Polymer kompostiert und biologisch abgebaut werden. Des Weiteren sollten neue Technologien nicht nur in den finanzstarken Nationen zum Einsatz kommen, sondern auch den ärmeren Ländern zur Verfügung gestellt werden. Wir halten es z.B. nur begrenzt für sinnvoll, die schon relativ reine Luft in deutschen Innenstädten mit einem riesigen technischen Aufwand noch ein klein wenig sauberer zu machen, sondern würden das dafür erforderliche viele Geld lieber in einen Umweltfonds einzahlen, aus dem die Luftreinigung dort finanziert wird, wo sie am dringlichsten notwendig ist, nämlich in den im Verkehrschaos versinkenden Millionenstädten der Zweiten und Dritten Welt. Dem globalen Umwelt- und Menschenschutz wäre damit mehr gedient. Ist das Utopie? Auf jeden Fall ist es eine Aufgabe der Philosophie, Zukunftsmodell zu entwickeln.

Zwischen Neurotransmittern und Genen – Was ist der Mensch?

Nikolaus Kopernikus (1473 – 1543) hat die Menschen gedemütigt, indem er ihnen den Glauben genommen hat, sie stünden im Zentrum des Universums und die ganze Welt drehe sich um sie. Charles Darwin (1809 – 1882) hat sie gedemütigt, indem er ihnen klarmachte, dass sie nicht über allen anderen Lebewesen, sondern unter den Gesetzen der Evolution stünden. Und Sigmund Freud (1856 – 1939) demütigte die Menschen ein drittes Mal, indem er ihnen mit der Psychoanalyse [36] verdeutlichte, dass ihr Leben nur zu einem geringen Teil durch ihren freien Willen, sondern vielmehr durch äußere Einflüsse und insbesondere ihr Unterbewusstsein, und dort vor allen durch ihren Sexualtrieb, gesteuert werde (Abb. 3.17).

Für Freuds These spricht ein eindrucksvolles Experiment [39]: Das Steroid Androstenon (Abb. 3.18) ist ein männlicher Sexuallockstoff (Pheromon), der in nanomolarer Konzentration, also unterhalb der Geruchsschwelle, auf Frauen anziehend wirkt. Dies wurde in einer Klinik nachgewiesen, wo sich Patientinnen im Wartezimmer bevorzugt auf androstenon-imprägnierte Stühle setzten als auf unbehandelte. Diese Frauen wussten nicht, was sie taten!

Das Experiment zeigt deutlich, dass Menschen durch die (bewusste oder unbewusste) Aufnahme bestimmter Chemikalien psychisch und in ihrem Verhalten positiv oder negativ beeinflussbar sind (vgl. [40]). Einige Neurotransmitter, Psychopharmaka und Drogen, die wir in der Bio- und Naturstoffchemie-Vorlesung ausführlich besprechen, sind in der Abbildung 3.18 zusammengestellt.

Abbildung 3.17: Demütigung durch Sigmund Freud – das Leben des Menschen ist weniger durch seinen freien Willen als vielmehr von außen und durch sein Unterbewusstsein bestimmt [37, 38].

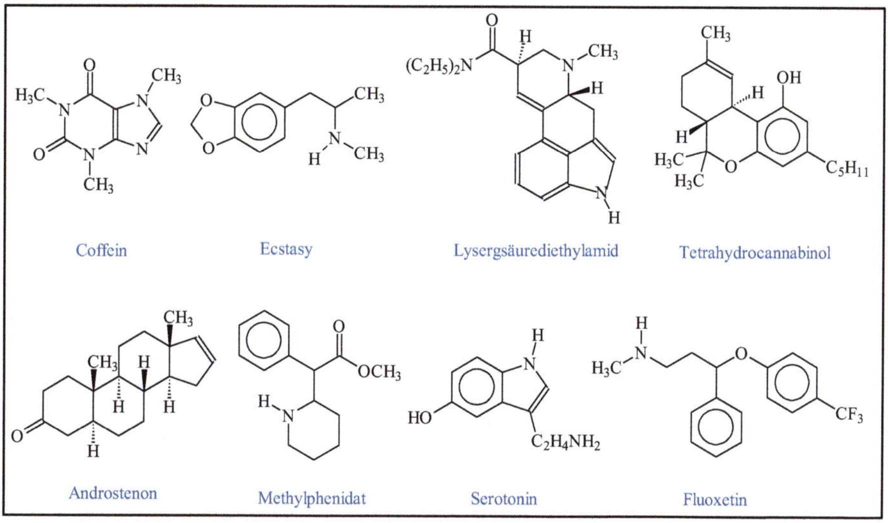

Abbildung 3.18: Ausgewählte Botenstoffe, welche die Psyche und/oder das Verhalten des Menschen beeinflussen. Coffein – ein mildes Aufputschmittel; 3,4-Methylendioxy-*N*-methylamphetamin (Ecstasy) – ein starkes Aufputschmittel; Lysergsäurediethylamid (LSD) – ein Halozinogen; Tetrahydrocannabinol (Haschisch, Marihuana) – eine Droge zur Steigerung des Glücksgefühls und zur Schmerzlinderung; Androstenon – ein Pheromon des Mannes; Methylphenidat (Ritalin) – ein Mittel gegen die Aufmersamkeitsdefizit-Hyperaktivitäts-störung (ADHS); Serotonin – Neurotransmitter, der wegen seiner schmerzlindernden und stimmungsaufhellenden Wirkung als „Glückshormon" bezeichnet wird; Fluoxetin – ein Antidepressivum, das als Serotonin-Wiederaufnahmehemmer wirkt.

Die drei Demütigungen durch Kopernikus, Darwin und Freud haben massiv am Selbstverständnis der Menschen gerüttelt. Kommt in der heutigen Zeit durch das Wissen über die Gene und die Möglichkeiten der Gentechnik eine weitere narzisstische Kränkung hinzu? Ist das Genom das Maß aller Menschen [41]? Ist das ganze Leben eines Menschen in seinen Genen festgeschrieben, ist er darin gefangen und kann er deshalb sein Leben nicht selbst in die Hand nehmen? Können wir mit Hilfe von Restriktionsenzymen einzelne Gene ausschneiden oder hinzufügen und damit einen Menschen designen oder züchten? Können wir ihn klonen und auf diese Weise die ewige philosophische Frage nach der Unsterblichkeit des Menschen beantworten? Aldous Huxleys „Brave New Word" lässt grüßen. Auf bioethische Fragen im Zusammenhang mit der Gentechnik möchten wir hier nicht detaillierter eingehen, da sie an der Hochschule Darmstadt in einer separaten Lehrveranstaltung diskutiert werden.

Utilitarismus – Wie retten wir die ganze Welt?

Werden wir jetzt ganz pragmatisch. Studierende sollen im Organischen Praktikum ein Präparat herstellen; maßgeblich für die Benotung sind die Ausbeute und die Reinheit ihres Produktes. Später im Berufsleben stellt sich dann die Aufgabe, eine großtechnische Produktion, beispielsweise eines neuen Antikrebsmittels, optimal auszulegen. Dabei gibt es viele Parameter zu berücksichtigen: Neben Ausbeute, Reinheit und Wirksamkeit des Medikamentes sind es Zeit-, Energie- und Resourcenbedarf, Sicherheit und Umweltschutz … um nur die wichtigsten zu nennen. Idealerweise ist das Produkt dann schnell, mit wenig Aufwand und geringen Kosten herstellbar, sehr rein, wirksam und nebenwirkungsfrei, und schließlich ist die Produktion für

Mensch und Umwelt völlig harmlos. Nun, in den meisten Fällen ist das Wunschdenken. Doch in vielen Experimenten (bei denen eine statistische Versuchsplanung, welche die Studierenden im Masterprogramm kennenlernen, hilfreich sein kann) wird eruiert, ob der Ansatz wirklich bei 80° C gefahren werden muss, oder ob 60 °C ausreichen, um Energie zu sparen. Oder muss vier Stunden gerührt werden, wenn drei reichen, um Zeit zu sparen? Ist es sinnvoll, statt der verwendeten Carbonsäure deren Anhydrid als aktivierte Form einzusetzten, um die Reaktion zu beschleunigen? Wie wäre es mit einem Katalysator? Kann die Reaktion statt im großen Rührkessel gefahrloser kontinuierlich im Mikroreaktor durchgeführt werden? Muss wässrige Salzsäure verwendet werden, die sich nachher im Abwasser befindet und neutralisiert werden muss, oder kann stattdessen mit einer festen Lewissäure gearbeitet werden, die wiederverwertbar ist? Wie muss das Produkt am besten konfektioniert und appliziert werden, um seine Wirkung bestens zu entfachen?

Das Optimum für den Produktionsprozess als ganzen zu erreichen, ist das tägliche Brot eines Industriechemikers und Betriebsleiters. Philosophisch betrachtet ist das ein utilitaristischer Ansatz. Diese Teildisziplin der praktischen Philosophie, eine zweckorientierte Ethik, wurde von Jeremy Bentham (1748 – 1832) [42] ent- und von John Stuart Mill (1806 – 1873) [43] weiterentwickelt (Abb. 3.19). Der Utilitarismus zielt darauf ab, (nicht eine organische Synthese zu optimieren, sondern) Entscheidungen so zu treffen, dass größtmögliches Glück für möglichst viele beteiligten Menschen realisiert wird.

Abbildung 3.19: Der Utilitarismus wurde von Jeremy Bentham (links) [42] und John Stuart Mill [43] (Mitte) entwickelt und wird aktuell vom Mannheimer Philosophie-Professor Bernward Gesang als Problemlösungstrategie in die Klimadebatte eingebracht [44].

Bernward Gesang geht mit der utilitaristischen Methode „Mit kühlem Kopf" [44] (Abb. 3.19) der Frage nach, wie man die Welt aus ihrer Metakrise, bestehend aus Überbevölkerung, Recourcenknappheit, Umweltverschmutzung, Artensterben, Pandemien, Klimawandel …, befreien kann. Da diese Problemfelder zusammenhängen – wie die Parameter einer organischen Synthese –, ergibt sich ein komplexes Experimentierfeld. Soll man an allen „Schrauben" gleichzeitig drehen, also mal hier und mal dort etwas verbessern, oder gibt es eine zentrale „Schraube", die man unbedingt zuerst justieren muss, weil das am effektvisten für die ganze Welt bzw. die gesamte Menschheit wäre? Als diese zentrale „Schraube" identifiziert der Mannheimer Philosoph eindeutig den Klimawandel. Deshalb sollten sich seiner Meinung nach private, politische, finanzielle und wirtschaftliche Bemühungen mit höchster Priorität auf das

Ziel konzentrieren, die Erderwärmung auf maximal 1,5 °C zu begrenzen. Wenn das nämlich nicht gelingt, droht der Menschheit eine Apokalypse. Und das wäre minimales Glück für die meisten Menschen; also genau das, was wir tatsächlich *nicht* wollen.

Sich für den Tierschutz und vegane Ernährung zu engagieren, sei zwar auch wichtig und ehrenhaft, aber damit würde man kurzfristig nur *einigen Tieren* helfen, aber akut kaum, sondern höchstens langfristig der *ganzen Menschheit*. Soviel Zeit haben wir aber nicht, und deshalb seien derartige Aktivitäten momentan nicht so wichtig wie massiver (technischer) Klimaschutz, und man solle sich nicht mit weniger effektivem Engagement verzetteln – so Bernward Gesang. Das stößt machen vor den Kopf und tut emotional weh. In der Tat ist der knallharte Pragmatismus, der den Utilitarismus auszeichnet und dem Einzelschicksal weniger Bedeutung beimisst als dem größtmöglichen Wohlergehen der Gesamtheit, an dieser Stelle ethisch angreifbar.

Doch der Autor macht zahlreiche konstruktive Vorschläge. So empfiehlt er beispielsweise Privatpersonen, 3-5 % ihres Jahreseinkommens armen Menschen in Urwaldgebieten als Hilfe zur Selbsthilfe zu spenden, damit es in Rahmen ihrer Subsistenzwirtschaft nicht mehr nötig ist, den Urwald durch Brandrodung zu vernichten. Dann bliebe eine wertvolle CO_2-Senke erhalten, und armen Menschen sei gleichzeitig geholfen – ein gelungener Synergismus. (Dieser Spendenaufruf verlangt weniger als der biblische nach Abgabe des zehnten Teils [45].) Weitere utilitaristische Vorschläge von B. Gesang sind, CO_2-Reduktionsmaßnahmen im Rahmen von Industriepartnerschaften bevorzugt in Entwicklungs- und Schwellenländern durchzuführen, weil dies effektiver sei, als die technisch schon weitgehend ausgereiften Anlagen in den reichen Ländern mit viel Aufwand noch ein bisschen zu optimieren. Gleichzeitig müssen die reichen Nationen bei Energieeinsparmaßnahmen aber eine Vorbildfunktion erfüllen. In Parlamenten sei es wichtig, „Zukunftskammern" einzurichten und einem „Zukunftsanwalt" mit Vetorecht damit zu beauftragen, die Rechte zukünftiger Generationen einzuklagen. Gleichzeitig solle das Wahlalter gesenkt werden, damit Jugendliche in der Politik direkt ihre Interessen durchsetzen können. Fridays-for-Future-Demonstrationen findet B. Gesang sehr gut.

Schließlich betont er, dass es in der Klimadebatte keine Tabus geben dürfe. Wenn gentechnisch veränderte Nutzpflanzen schneller wachsen, weniger Wasser und Kunstdünger benötigen, weniger anfällig gegen Schädlinge sind, den Ackerboden weniger auslaugen und so die Welternährung besser sicherstellen können als konventionelle Pflanzen, dann solle diese grüne Gentechnik durchaus genutzt werden. Wenn der CO_2-Ausstoß sonst nicht vermindert werden könne, solle es auch erlaubt sein, das Carbon Capture and Storage-Verfahren einzusetzen, um das Treibhausgas der Atmosphäre zu entziehen, unterirdisch zu verpressen und dort zu lagern. Warum keine Renaissance der Atomenergie, denn die erzeuge kein Kohlenstoffdioxid? Und wenn es wirklich zu heiß werde, könnten dann nicht Geo-Ingenieure mit Schwefelsäureaerosolen künstliche Wolken erzeugen, die vor zu viel Sonneneinstrahlung schützen? Das ist gewiss alles nicht toll und in mancherlei Hinsicht sogar bedenklich, kann aber – utilitaristisch gedacht – eventuell die Klimaapokalypse abwenden.

(Vgl. die Besprechung des Buches von Bernward Gesang im Deutschlandfunk [46].)

Ein Vortrag von K. Popper und weise Sprüche zum Schluss

Zum Schluss unseres Seminars haben wir Karl Popper (1902 – 1994, Abb. 3.20) mit seinem sehr eindrucksvollen Vortrag über „Wissen und Nicht-Wissen" zu Wort kommen lassen [47, 48]. Für den Begründer des Kritischen Rationalismus hat Naturwissenschaft drei Komponenten: die fragestellende Phantasie, die antwortfindende Phantasie und das kritische Denken im Dienste der Wahrheit. Popper fährt fort, dass jede wissenschaftliche Theorie nur eine *Meinung* ist und dass wir – im Sinne von Sokrates – niemals sicher sein können, die Wahrheit zu wissen. Dennoch ist der Philosoph davon überzeugt, dass es wissenschaftlichen Fortschritt gibt und dass wir uns der Wahrheit durchaus nähern können. Dies setzt aber bei den Wissenschaftlern Redlichkeit und Bescheidenheit voraus. In diesem Sinne wendet sich Popper massiv gegen wissenschaftlichen Dogmatismus und Autoritätsglauben.

Abbildung 3.20: Sir Karl Raimund Popper [49].

Ganz zum Schluss noch einige weise Sprüche – unsere persönlichen Lieblingszitate – verschiedener Philosophen:

- Das Staunen ist eine Sehnsucht nach Wissen. (Thomas von Aquin)
- Jeder dumme Junge kann einen Käfer zertreten. Aber alle Professoren der Welt können keinen herstellen. (Arthur Schopenhauer)
- Zwei Dinge sind unendlich: Das Universum und die menschliche Dummheit. Aber beim Universum bin ich mir nicht ganz sicher. (Albert Einstein)
- Der Kluge lernt aus allem und jedem, der Normale aus seinen Erfahrungen und der Dumme weiß schon alles besser. (Sokrates)
- Dinge wahrzunehmen, ist der Keim der Intelligenz. (Laozi)
- Alles Gescheite ist schon gedacht worden, man muss nur versuchen, es noch einmal zu denken. (Johann Wolfgang von Goethe)
- Die Philosophen haben die Welt nur verschieden interpretiert; es kommt aber darauf an, sie zu verändern. (Karl Marx)
- Wenn Ihr Eure Augen nicht gebraucht um zu sehen, werdet Ihr sie brauchen, um zu weinen. (Jean-Paul Sartre)
- Bildung ist das, was übrigbleibt, wenn man alles vergessen hat, was man in der Schule lernte. (Richard David Precht)

Und etwas zum Schmunzeln:

- Was ist Philosophie?
  Antwort: Zweieinhalb Jahrtausende Fußnoten zu Platon!
- Worum geht es in der Philosphie? Antwort: Um „Sein" oder „Nicht-Sein".
  Also: Lassen wir es sein!

Literatur zu Kapitel 3

[1] H.-L. Krauß, V. Wiskamp: Vermittlung von Wertebewusstsein im Chemieunterricht – Mutig wissenschaftliche Ergebnisse auch gegen falsche Behauptungen benennen, CLB 56 (2005), Heft 9, S. 298-305
[2] H.-L. Krauß, V. Wiskamp: Verantwortung des Naturwissenschaftlers – ein Kurs für hochbegabte Mittelstufenschüler, CLB 57 (2006), Heft 4, S. 136-139
[3] H.-L. Krauß, V. Wiskamp: Erkenntnistheorie im Chemieunterricht. – PdN-ChiS 55 (2006), Heft 7, S. 33-38
[4] H.-L. Krauß, V. Wiskamp: Chemie macht Sinn – Thermodynamik, Entropie und Chemisches Weltbild. – Chemie & Schule 22 (2007), Heft 1, S. 22-25
[5] V. Wiskamp: Das Wunder des Lebens – Gedanken zu einer Biochemie-Vorlesung. – Skaker Verlag, Aachen 2008
[6] R. D. Precht: Erkenne die Welt – Eine Geschichte der Philosophie. – Band 1, Goldmann Verlag, München 2015
[7] https://de.wikipedia.org/wiki/Echnaton#/media/File:La_salle_dAkhenaton_(1356-1340_av_J.C.)_(Mus%C3%A9e_du_Caire)_(2076972086).jpg (2.2.2021)
[8] https://commons.wikimedia.org/wiki/File:Adam-und-Eva-1513.jpg (2.2.2021)
[9] V. Wiskamp, J.-A. James-Okojie, R. E. Kamguia Wandja, K. Klaus, A. Lülsdorf Martinez, K. Tsehay: Umweltschutz – Quo Vadis? Ökoklassiker im Seminar neu gelesen. – CLB 68 (2017), Heft 11-12, S. 494-504
[10] M. Köhlmeier, K. P. Liessmann: Wer hat dir gesagt, dass du nackt bist, Adam? – Mythologisch-philosophische Verführungen. – Hanser Verlag, München 2016, S. 29-45
[11] https://de.wikipedia.org/wiki/Daidalos#/media/File:Rubens,_Peter_Paul_-_The_Fall_of_Icarus.jpg (2.2.2021)
[12] https://de.wikipedia.org/wiki/Turmbau_zu_Babel_%28Bruegel%29#/media/File:Pieter_Bruegel_the_Elder_-_The_Tower_of_Babel_(Vienna)_-_Google_Art_Project_-_edited.jpg (2.2.2021)
[13] https://commons.wikimedia.org/wiki/File:Deggendorf-Thales.jpg (2.2.2021)
[14] http://www.anderegg-web.ch/phil/anaximenes.htm (2.2.2021)
[15] https://de.wikipedia.org/wiki/Waldbrand#/media/File:Waldbrand.jpg (2.2.2021)
[16] http://www.anderegg-web.ch/phil/herakleitos.htm (2.2.2021)
[17] Takahe: https://commons.wikimedia.org/wiki/File:4-Elemente-Eigenschaften.jpg (2.2.2021)
[18] J. Soentgen: Die sinnliche Stofferfahrung und ihre Bedeutung für den Chemieunterricht. – Staatsexamensarbeit, Universität Frankfurt 1993
[19] J. Soentgen: Chemie und Liebe – ein Gleichnis. – Chemie in unserer Zeit 30 (1996), Heft 6, S. 295-299
[20] G. Böhme, H. Böhme: Feuer, Wasser, Erde, Luft – Eine Kulturgeschichte der Elemente. – Verlag C. H. Beck, München 1996
[21] Ruizo: https://commons.wikimedia.org/wiki/File:Lego_evolution.jpg (2.2.2021)
[22] P. Levi: Das periodische System. – 5. Aufl., Deutscher Taschenbuchverlag, München2002, S. 241-250
[23] https://commons.wikimedia.org/wiki/File:Kapitolinischer_Pythagoras_adjusted.jpg (2.2.2021)
[24] Qef: https://commons.wikimedia.org/wiki/File:Harmonic_partials_on_strings.svg (2.2.2021)
[25] https://de.wikipedia.org/wiki/Platonischer_K%C3%B6rper#/media/File:Platonische_Koerper_im_Bagno.jpg (2.2.2021)
[26] Schnäggli: https://commons.wikimedia.org/wiki/File:101031_Italie_sud_055.jpg (2.2.2021)
[27] L. Lita, W. Proske, V. Wiskamp: Einführung in die Denkweise der Analytischen Chemie. – Chemie plus 3/99 (1999), S. 34-37
[28] Jastrow: https://de.wikipedia.org/wiki/Aristoteles#/media/Datei:Aristotle_Altemps_Inv8575.jpg (2.2.2021)
[29] https://de.wikipedia.org/wiki/Francis_Bacon#/media/File:Somer_Francis_Bacon.jpg (2.2.2021)
[30] G. Böhme: Am Ende des Baconschen Zeitalters. – Chemie in unserer Zeit 26 (1992) Nr. 3, S. 129-137
[31] G. Böhme: Am Ende des Baconschen Zeitalters – Studien zur Wissenschaftsentwicklung. – suhrkamp taschenbuch wissenschaft 1094, Suhrkamp Verlag, Berlin 1993

[32] D. L. Meadows, D. Meadows, E. Zahn, P. Milling: Die Grenzen des Wachstums –
Bericht des Club of Rome zur Lage der Menschheit. – Deutsche Verlagsanstalt, Stuttgart 1972
[33] H. Jonas: Das Prinzip Verantwortung. – suhrkamp taschenbuch 3492, 5. Aufl., Insel Verlag Frankfurt 1979
[34] https://de.wikipedia.org/wiki/Thomas_Robert_Malthus#/media/File:Thomas_Robert_Malthus.jpg (2.2.2021)
[35] https://www.global-ethic-now.de/abb/0a-weltethos/0a-capitel-1/jonas.jpg (2.2.2021)
[36] F.-W. Eickhoff: Sigmund Freud – Abriß der Psychoanalyse. –
Fischer Taschenbuch Verlag, Frankfurt 1994
[37] https://commons.wikimedia.org/wiki/File:Sigmund_Freud_LIFE.jpg (2.2.2021)
[38] Zenz: https://commons.wikimedia.org/wiki/File:Freud_Ich.svg (2.2.2021)
[39] B. Schäfer: Naturstoffe in der chemischen Industrie. –
Elsevier Spektrum Akademischer Verlag, München 2007
[40] M. Holfeld, V. Wiskamp: Hirndoping als Unterrichtsthema. – CLB 60 (2009), Heft 5, S. 182-184
[41] U. Gerber, H. Meisinger (Hrsg.): Das Gen als Maß aller Menschen? – Menschenbilder im Zeitalter der Gene. – Peter Lang Europäischer Verlag der Wissenschaften, Frankfurt 2004
[42] https://commons.wikimedia.org/wiki/File:Jeremy_Bentham_by_Henry_William_Pickersgill_detail.jpg (2.2.2021)
[43] https://commons.wikimedia.org/wiki/File:JohnStuartMill.jpg (2.2.2021)
[44] B. Gesang: Mit kühlem Kopf – Über den Nutzen der Philosophie für die Klimadebatte. – Haser Verlag, München 2020
[45] Die Bibel: 4. Buch Mose, Kap. 18, Vers 21
[46] Rezension zu [44]: https://www.deutschlandfunkkultur.de/bernward-gesang-mit-kuehlem-kopf-wie-philosophie-dem-klima.1270.de.html?dram:article_id=489144 (2.2.2021)
[47] K. R. Popper: Wissen und Nichtwissen. – Radiovortrag des Bayerischen Rundfunks 1984. – https://shop.auditorium-netzwerk.de/referentinnen/p-q-r/popper-karl/3355/-popper-karl-wissen-und-nichtwissen (2.2.2021)
[48] K. R. Popper: Wissenschaft – Wissen und Nichtwissen. – Vortrag, gehalten in Zug, 1981; https://de.scribd.com/document/85199448/Popper-Wissen-Nichtwissen (2.2.2021)
[49] https://www.flickr.com/photos/lselibrary/3833724834/in/set-72157623156680255/ (2.2.2021)

Danksagung zu Kapitel 3

Dank gebührt den Studierenden Ülfet Akin, Aurelie-Natacha Ambassa Amadala, Nermin Avan, Yvan Fotue Wafo, Gianna Hartmann und Paul Junior Nguegang Mengoue, die im Rahmen ihres Wahlpflichtprogramms am hier beschriebenen Seminar teilgenommen und einzelne Kapitel bearbeitet haben.

4 Ökologie, Chemie und Wirtschaft

Industrie- und landwirtschaftliche Betriebe entnehmen der Natur Rohstoffe und erzeugen daraus verschiedene Produkte, die auf dem Markt gehandelt werden. Bei der Herstellung fallen Reste an, die weiterverwertet, entsorgt oder recycelt werden. Die Produkte haben eine mehr oder weniger lange Verwertungsdauer, wonach mit ihnen Vergleichbares geschieht. Das hat viel mit Chemie, der Wissenschaft der Stoffe, ihrer Eigenschaften, ihres reaktiven Verhaltens und ihrer Anwendung, zu tun, und ebenfalls mit Ökologie, je nachdem, wie und wie weitgehend Rohstofflagerstätten ausgebeutet und Abfälle an die Natur zurückgegeben werden oder Weiterverwertungsstrategien oder Recyclingverfahren zum Tragen kommen.

Dieses Kapitel widmet sich dem vielseitigen Wechselspiel von Ökologie, Chemie und Wirtschaft auf dreierlei Weisen:

1. Zunächst erzähle ich ein Gleichnis von Chemie und Wirtschaft. Dabei fallen interessante Ähnlichkeit in der Methodik und Denkweise der beiden Disziplinen auf, z.B. beim Vergleich des *Modells vom homo oeconomicus* mit dem *Bohr'schen Atommodell* oder bei der Gegenüberstellung von *Marktgleichgewicht* und *Chemischem Gleichgewicht* sowie von *Angebot/Nachfrage* und *Donor/Akzeptor* oder *Wirtschafts-* und *Stoffwechselkreisläufen*.
2. Drei Studierende haben die Jahresberichte großer deutscher Chemiefirmen analysiert. Was ist interessant und lehrreich? Was sind Leitbilder? Was ist Greenwashing? Sehr empfehlenswert, insbesondere zur Vorbereitung eines Vorstellungsgesprächs.
3. Das Brutto-Inlandsprodukt als Wohlstandsindikator? Warum „nachhaltiges" Wachstum nicht mit den Hauptsätzen der Thermodynamik in Einklang zu bringen ist. Und warum angehende Chemieingenieure und Biotechnologen Bücher von Postwachstumsökonomen lesen sollten.

4.1 Chemie und Wirtschaft – ein Gleichnis
Analogien in der Methodik und Denkweise

Dieses Kapitel wurde bereits in leicht veränderter Form publiziert in
Chemie in Labor und Biotechnik (CLB) 67 (2016), Heft 3-4, S. 120-130.

Es ist gewünscht und sinnvoll, dass im Unterricht an Schulen und Hochschulen über den Tellerrand einer Fachdisziplin hinausgeschaut wird. So fordert die Chemische Industrie, dass Studierende der Chemie *auch* über wirtschaftliches Grundwissen verfügen. Dieser Anspruch ist berechtigt, denn immerhin sollen die angehenden Chemiker in Kürze als Arbeitnehmer in der Industrie mit ihren Chemiekenntnissen Geld verdienen. Deshalb gibt es Kurse und Lehrbücher, die Naturwissenschaftlern und Ingenieuren betriebliche Strukturen, Marketingstrategien, Kostenrechnung, Wirtschaftspolitik und Juristisches beibringen (z. B. [1]). Dieser an Industrie und Praxis orientierte Ausbildungsansatz ist gut, aber zu kurz gegriffen, wenn man einen höheren Bildungsanspruch hat, der jungen Menschen im Faustschen Sinne vermitteln will, „was die Welt im Innersten zusammenhält", und der die Chance deshalb nicht verpassen möchte, Analogien in der Methodik und Denkweise von Wirtschaftswissenschaftlern und Chemikern sowie in Hinblick auf wirtschaftliche und chemische Prinzipien aufzuzeigen. Dass es diese in Fülle gibt, wird im Folgenden verdeutlicht.

Der einzelne Mensch strebt nach seinem Wohlergehen. In einer Gesellschaft, die maßgeblich von wirtschaftlichen Beziehungen geprägt ist, führt dies oft zu Konflikten, wenn die Interessen der Mitmenschen tangiert werden. Die Gesellschaft als ganze – und konkret die Volkswirtschaft – bemüht sich deshalb um ein Gleichgewicht. Verhalten sich Atome und Moleküle nicht ähnlich wie Menschen, wenn sie durch Interaktionen versuchen, den für sie energiegünstigsten Zustand (= Wohlergehen) zu erreichen, und wenn die Systeme, in denen sie sich befinden, das Gleichgewicht suchen?

Modellhaftes Denken

Der homo oeconomicus ist das Modell für einen Menschen, der über alle nötigen Informationen verfügt, auf deren Basis er *rational* wirtschaftliche Entscheidungen trifft, um seinen Nutzen zu maximieren; nicht nur für sich selbst, sondern auch für die Gesellschaft. Diese Nutzen-Theorie ist die Grundlage für viele ökonomische Erklärungen. Dem vergleichbar ist in der Chemie, dass freiwillig ablaufende Prozesse mit einer Verminderung der freien Enthalpie verbunden sind ($\Delta G = \Delta H - T \cdot \Delta S < 0$). Das Modell des homo oeconomicus ist leistungsstark, aber auch angreifbar, wenn man bedenkt, dass Menschen keineswegs immer rational entscheiden, sondern häufig emotional und nicht selten sogar regelrecht irrational und panisch. Deshalb muss man sich der Tragweite wirtschaftswissenschaftlicher Modelle bewusst sein und häufig Korrekturen daran anbringen [2]. Das ist in der Chemie nicht anders. Wenn man zum Beispiel das Ideale-Gas-Modell betrachtet, so stecken darin zumindest drei Annahmen, die falsch sind, nämlich die, dass die Gasteilchen praktisch kein Volumen haben, keine Wechselwirkungen miteinander eingehen und dass Stöße mit der Gefäßwand und mit anderen Gasteilchen völlig elastisch sind, das heißt, ohne Energieverlust ablaufen. Dass das nicht so ist, beweisen die Tatsachen, dass sich Gase beim Expandieren abkühlen (Joule-Thomson-Effekt) und verflüssigt werden können. Trotzdem kann man mit dem Idealen-Gas-Gesetz in vielen Fällen sehr gut rechnen. Und das ist bei den meisten volkswirtschaftlichen Modellen genauso.

Willkommene Statistik

In der Abbildung 4.1.1a sind Bruttoinlandsprodukte, die das Maß für die Wirtschaftskraft der Nationen sind, gegen die mittlere Lebenserwartung der Landesbevölkerung aufgetragen. Die Erhebung statistischer Daten erlaubt hier die Aussage, dass steigender wirtschaftlicher Wohlstand signifikant ein höheres Lebensalter zur Folge hat. Dazu vergleichbar lebt die Methodenvalidierung in der Analytischen Chemie ebenso von der Erfassung vieler Messdaten. Beispielsweise bestätigt die fotometrische Vermessung unterschiedlich konzentrierter Eisenkomplex-Lösungen (Abb. 4.1.1b) die Richtigkeit des Lambert-Beerschen Gesetzes, dass die Extinktion proportional zur Konzentration des gelösten Stoffes ist:

$$E = e_0 \cdot c \cdot d$$

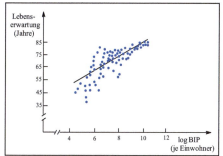 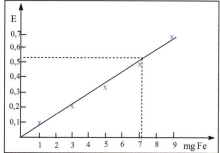

Abbildung 4.1.1a (links): Ermittlung mathematischer Zusammenhänge –
hier: Lebenserwartung/Bruttoinlandsprodukt – in der Wirtschaftswissenschaft auf Basis von Messdaten [3].
Abbildung 4.1.1b (rechts): Ermittlung mathematischer Zusammenhänge –
hier: Extinktion/Konzentration – in der Analytischen Chemie auf Basis von Messdaten [4].

Wenn man die beiden Diagramme in den Abbildungen 4.1.1a und b vergleicht, springt bei ihrer grundsätzlichen Ähnlichkeit trotzdem die geringere Streuung der Messwerte um die Regressionsgerade bei der fotometrischen Analyse gegenüber der bei der wirtschaftswissenschaftlichen ins Auge. Hier zeigt sich exemplarisch, dass naturwissenschaftliche Methoden meistens genauere und besser reproduzierbare Ergebnisse liefern als wirtschaftswissenschaftliche.

Befriedigung von Bedürfnissen

Jeder Mensch hat Bedürfnisse. Deren Befriedigung ist die Basis der Wirtschaft. Das Verlangen nach Essen wird auf dem Lebensmittelmarkt gestillt, das nach Wohnraum auf dem Wohnungsmarkt etc. Es kommt zum Handel. Ein Bauer verkauft landwirtschaftliche Produkte, ein Hausbesitzer vermietet Wohnungen. Beide nutzen dann den Erlös, um sich wiederum ihre persönlichen Wünsche zu erfüllen. Auf diese Weise profitieren diejenigen, die ein Produkt nachfragen, und diejenigen, die es anbieten, gleichermaßen. Die Analogie zu chemischen Reaktionen liegt auf der Hand. Beispielsweise hat ein Chloratom das Bedürfnis, ein Elektron aufzunehmen, um seine Valenzschale mit Elektronen voll zu besetzten und als Chlorid-Anion isoelektronisch mit dem Edelgas Argon zu werden. Auf dem „Elektronenmarkt" findet es mit dem Natrium einen „Anbieter", der sein einziges Valenzelektron gerne loswerden will, um als Natrium-Kation die Neon-Edelgaskonfiguration zu realisieren. Also gehen Chlor und Natrium einen „Elektronenhandel" (= Redoxreaktion) miteinander ein. Nach ihrer Bildung lagern sich die Ionen zum stabilen Gitter des festen Natriumchlorids zusammen. Die Bildung von NaCl aus den

Elementen ist ein Beispiel dafür, wie beide Reaktionspartner in einen energieärmeren Zustand gelangen können. In der Sprache der Wirtschaft bedeutet das: „Gegenseitig Profit machen."

Natrium kann sein Bedürfnis nach Elektronenabgabe aber auch stillen, wenn es in eine etherische Lösung von Naphthalin gegeben wird. Dabei entsteht tiefgrünes Natriumnaphthalin:

$$Na + C_{10}H_8 \rightarrow Na^+[C_{10}H_8]^-$$

Anders als bei der Reaktion zwischen Natrium und einem Halogen hat das Alkalimetall jetzt mit dem Naphthalin einen Reaktionspartner, der für sich alleine betrachtet ein „Verlierer" ist. Denn durch die Aufnahme eines Elektrons in ein antibindendes Molekülorbital gibt das Naphthalin seine energetisch günstige hückelaromatische Elektronenkonfiguration (10 π-Elektronen) auf und wird zum Radikalanion. Dass die Reaktion überhaupt abläuft, beweist, dass das System als Ganzes bei der Elektronenabgabe durch das Natrium energetisch mehr profitiert, als es bei der Elektronenaufnahme durch das Naphthalin verliert. Das Naphthalin verhält sich „altruistisch" und bringt ein „Opfer". Vergleichbares Verhalten gibt es in einer Volkswirtschaft auch, zum Beispiel in Form einer Spendenbereitschaft bei Naturkatastrophen. Streng genommen erleiden die Spender dabei einen finanziellen Verlust, aber die Menschheit als Ganze profitiert von der Gebebereitschaft. Und der einzelne Spender profitiert auf einer anderen, und zwar der emotionalen Ebene, weil er das Gefühl hat, etwas Gutes getan zu haben.

Treffen von Entscheidungen

Ein Konsument muss auf einem angebotsreichen Markt entscheiden, was er kauft. Wieviel er kauft, hängt von seinem Budget ab. Das sei an folgendem Gedankenexperiment verdeutlicht (Abb. 4.1.2). Ein Schokoladenliebhaber möchte wöchentlich 10 Euro für die Süßigkeit ausgeben. Dabei steht er vor der Wahl, Tafeln Schokolade beim Discounter für 1 Euro oder in einer Confiserie für 5 Euro pro Stück zu kaufen. Rechnerisch kann er sich zwei Edel-Schokoladen leisten. Da er aber schokoladensüchtig ist, ist ihm diese Menge zu gering. Alternativ kann er sich 10 Billig-Schokoladen pro Woche leisten, was aber in Anbetracht der zu erwartenden Bauchschmerzen zu viel ist. Also liegt sein individuelles Konsumoptimum bei einer Edel- und fünf Billigschokoladen. Eine Gehaltserhöhung erlaubt es dem Schokoladenliebhaber nun, wöchentlich 20 Euro, also doppelt so viel wie bislang, auszugeben. Jetzt hat er mehr Kombinationsmöglichkeiten bei der Wahl zwischen teurer und billiger Schokolade. Er findet, dass vier Edel-Schokoladen alleine mengenmäßig noch zu wenig, zwei Edel-Schokoladen und zehn sonstige aber bereits zu viel sind, sodass ihm der Kauf von drei wertvollen und fünf einfachen Tafeln Schokolade am sinnvollsten erscheint. Mit steigendem Einkommen verschiebt sich das Kaufverhalten des Schokoladenliebhabers also zum höherwertigen Produkt hin.

Vergleichbar den Wahlmöglichkeiten des Schokoladenliebhabers hat auch in der Chemie ein Reaktionsteilnehmer oftmals mehrere Reaktionsmöglichkeiten. Dies sei am Beispiel der Chlorierung von Propan diskutiert (Abb. 4.1.3). Diese Substitutionsreaktion verläuft nach einem radikalischen Kettenmechanismus ab. Im ersten Schritt abstrahiert ein (fotochemisch erzeugtes) Chloratom ein Wasserstoffatom von dem Kohlenwasserstoff, sodass Chlorwasserstoff und ein Propylradikal entstehen. Im zweiten Schritt greift letzteres ein Cl_2-Molekül an, wobei Propylchlorid und ein Chloratom gebildet werden etc. Nun ist zu bedenken, dass Propan zwei unterschiedliche Typen von Wasserstoffatomen im Angebot hat: sechs primäre und zwei sekundäre. Wären diese gleich reaktiv – ein Wirtschaftswissenschaftler würde vermutlich sagen: gleich teuer –, so müssten die Isomeren 1-Chlorpropan und 2-Chlorpropan im Verhältnis 3:1 gebildet werden. Das ist aber zumindest dann nicht der Fall, wenn die Reaktion bei Raumtemperatur durchgeführt wird. Unter dieser Temperaturbedingung entstehen die Isomeren nämlich im Verhältnis 47:53. Dies ist damit zu begründen, dass ein intermediäres sekundäres

Kohlenstoffradikal stabiler (= energieärmer) ist als ein primäres. In anderen Worten: Ein Chloratom entscheidet sich aus energetischen Gründen bevorzugt für eines der beiden sekundären Wasserstoffatome des Propans als Reaktionspartner, obwohl das Angebot an primären Wasserstoffatomen dreimal so hoch ist. Wenn die Reaktionstemperatur allerdings 600 °C beträgt, sind alle Reaktionspartner so stark thermisch aktiviert, dass Nuancen in der Reaktivität zwischen einem primären und einem sekundären Wasserstoffatom keine Rolle mehr spielen, sondern nur noch die Anzahl der H-Atome, sodass die isomeren Chlorpropane tatsächlich im statistisch erwarteten 1:3-Verhältnis entstehen.

Wie das Beispiel zeigt, agieren das Chlor und der Schokoladenliebhaber grundsätzlich ähnlich. Unter bestimmten Randbedingungen – niedrige Temperatur bzw. niedriges Budget – treffen sie rational begründeten Entscheidungen, welche der unterschiedlichen, vom Propan angebotenen Wasserstoffatome in welchem Maße substituiert werden bzw. in welchem Verhältnis billige oder luxuriöse Schokolade konsumiert wird. Bei veränderten Randbedingungen – hohe Temperatur bzw. hohes Budget – ändert sich ihr reaktives bzw. Verbraucherverhalten, wofür es wiederum logische Gründe gibt.

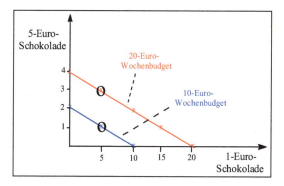

Abbildung 4.1.2: Budget-Geraden für den Konsum verschiedener Schokoladensorten. Angekreuzt sind die theoretischen Einkaufsmöglichkeiten bei einem niedrigen (blau) bzw. hohem (rot) Budget. Umrandet sind die vom Konsumenten als optimal beurteilten Kaufoptionen [5].

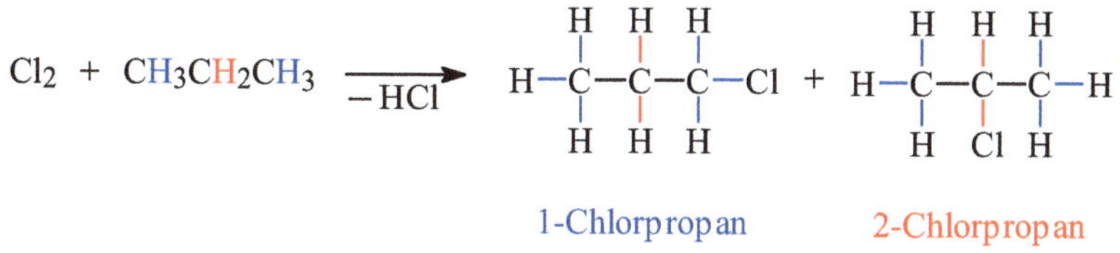

	1-Chlorpropan	:	2-Chlorpropan
erwartetes statistisches Verhältnis	3	:	1
experimentell gefundenes Verhältnis bei 25 °C	47	:	53
experimentell gefundenes Verhältnis bei 600 °C	3	:	1

Abbildung 4.1.3: Radikalische Chlorierung von Propan [6]. Unterschiedliche H-Atome im „Angebot" – welche werden unter welchen Bedingungen vom Chlor substituiert?

Angebot und Nachfrage

Angebot und Nachfrage bestimmen das Wirtschaftsleben. Märkte streben ein Gleichgewicht an. Wie das funktioniert, zeigt Abbildung 4.1.4 am Beispiel des Kaufs und Verkaufs von Kaffee. Ein Verkäufer ist, um hohen Profit zu erzielen, daran interessiert, möglichst viel teuren Kaffee zu verkaufen; billiger Kaffee bringt ihm hingegen kaum Gewinn (Angebotskurve 1). Bei einem Käufer ist es genau umgekehrt: Er will viel Kaffee zu einem niedrigen Preis erwerben, zeigt aber wenig Bereitschaft, viel Geld für einen teuren Kaffee auszugeben (Nachfragekurve). Aufgrund der widerstrebenden Interessen von Verkäufern und Käufern stellt sich im Sinne eines Kompromisses ein Marktgleichgewicht (E₁; E ... Equilibrium) ein, beschrieben durch einen Gleichgewichtspreis und eine Gleichgewichtsmenge. Wenn es dann allerdings aufgrund von Lieferengpässen zur Limitierung der Kaffeemenge kommt, erhöhen die Verkäufer den Preis (Angebotskurve 2). Dies führt dazu, dass sich ein neues Marktgleichgewicht einstellt, bei dem der Kunde für weniger Kaffee mehr bezahlen muss als früher (E₂).

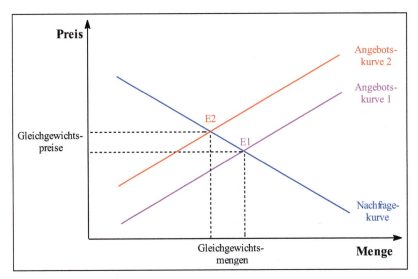

Abbildung 4.1.4: Gleichgewicht von Angebot und Nachfrage – Preisbildung am vollkommenen Markt [7].

Die Begriffe Gleichgewicht und Gleichgewichtsverschiebung spielen in der Chemie ebenfalls eine große Rolle. Ein chemisches Gleichgewicht herrscht, wenn die Geschwindigkeit der Hin- gleich der Geschwindigkeit der Rückreaktion ist. Mathematisch wird dieser Zusammenhang mit dem Massenwirkungsgesetz und der systemspezifischen Gleichgewichtskonstanten K beschrieben. Dies sei an einer Veresterungsreaktion verdeutlicht (Abb. 4.1.5). Wenn Essigsäure und Ethanol in äquimolarer Menge mit etwas Schwefelsäure als Katalysator versetzt werden, stellt sich nach einiger Zeit ein Gleichgewicht von Säure, Alkohol, Ester und Wasser ein, wobei etwa zwei Drittel der anfänglichen Säure- und Alkohol-Menge umgesetzt werden (Experiment 1). Bei einem modifizierten Versuch ist die ursprüngliche Menge an Essigsäure auf ein Zehntel reduziert (Experiment 2). Aufgrund des vorliegenden Mangels an Säure – bzw. des großen Überangebotes an Alkohol – wird das Mangelprodukt fast vollständig verbraucht. Die Gleichgewichtskonzentrationen der Reaktionspartner sind entsprechend anders als im ersten Experiment.

$\dfrac{[\text{Ester}]\cdot[\text{Wasser}]}{[\text{Säure}]\cdot[\text{Alkohol}]} = K$	Essigsäure + Ethanol ↔ Essigester + Wasser			
	[Säure]	[Alkohol]	[Ester]	[Wasser]
Experiment 1				
Ausgangskonzentrationen (mol/l)	1,000	1,000	0,000	0,000
Gleichgewichtskonzentrationen (mol/l)	0,350	0,350	0,650	0,650
Experiment 2				
Ausgangskonzentrationen (mol/l)	0,100	1,000	0,000	0,000
Gleichgewichtskonzentrationen (mol/l)	0,003	0,903	0,097	0,097

Abbildung 4.1.5: Gleichgewichtseinstellungen bei der Essigsäureethylester-Bildung unter Verwendung unter-schiedlicher Essigsäure-„Angebotsmengen" [8].

Der Kaffee-Markt und die Säure/Alkohol/Ester/Wasser-Mischung sind Beispiele für ein Wirtschafts- bzw. ein chemisches System, die sich nach einer gewissen Zeit im Gleichgewicht befinden. Wie verhält sich im Vergleich dazu ein System, wenn ein begehrtes Handelsprodukt bzw. ein Reaktionspartner gar nicht mehr zur Verfügung steht, also „ausverkauft" ist? Wenn ein Autohersteller einen Lieferengpass bei einer Fahrzeugmarke hat, muss der Kunde eben warten oder auf ein anders Modell umsteigen. Dazu gibt es in der Chemie Analogien. Zwei Beispiele.

1. Wird eine Lösung von Styrol mit Butyl-Lithium versetzt, so bildet sich mit einer hohen Reaktionsgeschwindigkeit ein Polystyrol mit einem anionischen Ende (dessen Ladung mit einem Lithium-Kation kompensiert ist) (Abb. 4.1.6). Die Umsetzung des Monomers erfolgt quantitativ, und das Polymer ist durch eine ausgesprochen enge Molmassenverteilung gekennzeichnet. Wenn man beispielsweise Styrol und den metallorganischen Starter im molaren Verhältnis 100:1 einsetzt, resultiert ein Makromolekül mit dem Polymerisationsgrad 100; folglich kann man die Größe des Polystyrols maßschneidern. In dem geschilderten Versuch ist das „Angebot" an Styrol limitiert; wenn letzteres verbraucht – der Wirtschaftswissenschaftler würde sagen „ausverkauft" – ist, würde das Makroanion zwar gerne weiterreagieren, kann es aber mangels Reaktionspartnern natürlich nicht. Erst wenn weiteres Styrol in den Reaktor eingespeist wird – sprich: „neues Material nachgeliefert wird und auf dem Markt kommt" –, schreitet die Polymerisation fort und der Polymerisationsgrad steigt entsprechend der zudosierten Styrolmenge. Da die Polymerisation nach Verbrauch der ursprünglichen Monomer-Menge durch -Neuzugabe fortgesetzt werden kann, wird sie als „lebend" bezeichnet. Eine lebende Polystyrol-Lösung ist wie ein geduldiger Kunde, der wartet, bis sein gewünschtes Auto-modell geliefert wird, und es dann kauft.
2. Ein Sportler in einem 400-Meter-Wettlauf braucht jede Menge Adenosintriphosphat (ATP) als Energielieferant für seine Muskeln. Wenn er nicht laufen würde, würde das ATP über den Weg der Glykolyse, der oxidativen Decarboxylierung von Brenztraubensäure, den Zitronensäurezyklus (siehe auch Abb. 4.1.10b) und letztlich die Atmungskette, einen aeroben Stoffwechsel, synthetisiert. Dieser ist sehr effektiv, aber relativ langsam. Nun muss der Sportler aber rennen und braucht dafür in kurzer Zeit die erforderliche Energie. Durch Atmen allein kann er seinem Körper den für die Ver-

brennung von Nährstoffen erforderliche Sauerstoff gar nicht in ausreichender Menge zuführen, denn das Sauerstoff-Angebot aus der Luft ist in diesem Fall zu gering. Deshalb weicht sein Körper beim 400-Meter-Sprint auf eine andere Art – quasi eine Konkurrenz – zur Energiebereitstellung aus, und zwar die Milchsäure-Gärung. Hierbei wird Brenztraubensäure anaerob, also ohne Sauerstoff-Einfluss, in Milchsäure umgewandelt, wobei die Reaktionsenergie zum Aufbau von zwei Äquivalenten ATP genutzt wird. Dieser Prozess ist im Hinblick auf die Energieausbeute zwar bei Weitem nicht so effektiv wie die aerobe Glucose-Verbrennung, aber extrem schnell – und das ist genau das, was der Sportler braucht, um den Wettkampf zu gewinnen. Dieses Beispiel spiegelt den Wirtschaftsmarkt wieder, auf dem es auch oft darum geht, kurzfristige und langfristige Kundenwünsche zu eruieren und zu befriedigen, durchaus auf unterschiedliche Weise.

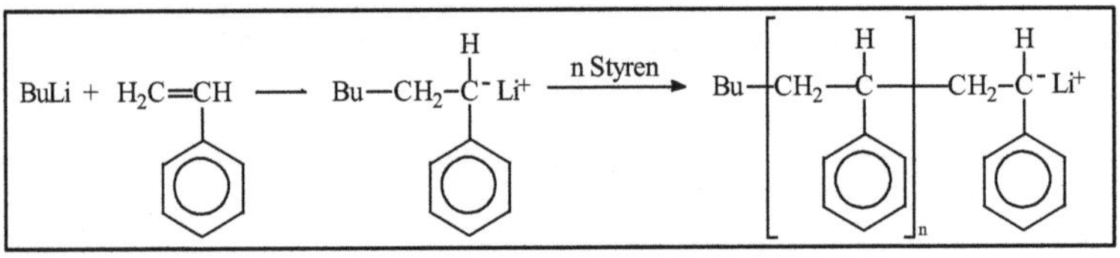

Abbildung 4.1.6: Lebende anionische Polymerisation von Styrol mit Butyl-Lithium.

Konkurrenz

Im letzten Abschnitt wurden am Beispiel des Kaffee-Marktes das Prinzip von Angebot und Nachfrage und die Einstellung von Gleichgewichtspreisen und -mengen diskutiert. Diese werden auf besondere Weise beeinträchtigt, wenn ein Substitutionsprodukt angeboten wird, z.B. Tee, und wenn ein Teil der Kaffeetrinker auf Tee umsteigt. Ein sehr ähnliches Phänomen gibt es in der Chemie. Wird beispielsweise der oben beschriebenen, sich im Gleichgewicht befindlichen Mischung von Essigsäure, Ethanol, Essigsäureethylester und Wasser Methanol zugesetzt, so reagiert dieser neue Alkohol mit noch vorhandener Essigsäure zu Essigsäuremethylester und Wasser. Durch den Verbrauch der Carbonsäure wird das ursprüngliche Gleichgewicht beeinflusst, und zwar in der Hinsicht, dass ein Teil des vorliegenden Essigsäureethylesters hydrolysiert wird. Hinzu kommen noch Umesterungsreaktionen. Nach einer gewissen Zeit hat sich ein neues Gleichgewicht, jetzt von Essigsäure, Ethanol, Methanol, Essigsäureethylester, Essigsäuremethylester und Wasser, eingestellt (Abb. 4.1.7). Ethanol und Methanol konkurrieren also um die Essigsäure wie Kaffee und Tee um einen Genießer von koffeinhaltigen Getränken. „Zeit ist Geld" – dieses Motto prägt die Wirtschaft.

$$CH_3COOH + CH_3CH_2OH \rightleftharpoons CH_3COOCH_2CH_3 + H_2O$$

$$CH_3COOH + CH_3OH \rightleftharpoons CH_3COOCH_3 + H_2O$$

$$CH_3COOCH_2CH_3 + CH_3OH \rightleftharpoons CH_3COOCH_3 + CH_3CH_2OH$$

Abbildung 4.1.7: Konkurrierende Esterbildungen, -hydrolysen und Umesterungen – vernetzte Gleichgewichte.

Wenn handwerkliche Arbeit durch eine Maschine ersetzt werden kann, geschieht das in der Regel. Die Maschine greift in einen Herstellungsprozess ein und macht ihn dadurch schneller. Sie ist mit einem Katalysator zu vergleichen, der einen alternativen Ablauf einer chemischen Reaktion mit deutlich niedrigerer Aktivierungsenergie und auf diese Weise eine Beschleu-nigung des Prozesses ermöglicht. Einer Maschine und einem Katalysator ist weiterhin gemein-sam, dass sie nach der Fertigung eines Produktes bzw. der Umsetzung der chemischen Aus-gangsstoffe für einen neuen Produktions- bzw. Reaktionszyklus zur Verfügung stehen, aber nicht unendlich oft, denn sie unterliegen mit der Zeit einem Verschleiß. Eine Maschine rostet beispielsweise, ein Platin-Katalysator auf einem Zeolith-Träger oder auf Aktivkohle unterliegt einem mechanischen Abrieb und einem damit verbundenen Verlust an aktiver Oberfläche.

Bevor ein Wirtschaftsbetrieb gut läuft, muss in Maschinen und Infrastruktur investiert werden. Damit sind zum Teil erhebliche Kosten verbunden, die erst nach einer gewissen Zeit erfolgreichen Verkaufs der erzeugten Produkte refinanziert sind, wonach die Firma beginnt, Profit zu machen. Außerdem entstehen bei einer laufenden Produktion Kosten, z.B. für den Einkauf von Materialien, für Arbeitskräfte und Lagerhaltung, die vom Umsatz überkompensiert werden müssen, damit ein Gewinn übrig bleibt. Der Zusammenhang zwischen Gewinn, Umsatz und Kosten lässt sich durch eine einfache Gleichung beschreiben:

Gewinn = Umsatz – Kosten = (Preis · Menge) – Kosten

Auch bei chemischen Prozessen muss oftmals zunächst Energie aufgebracht werden, bevor die Prozesse effizient werden. Dazu drei Beispiele.

1. Beim Kalkbrennen muss Kalkstein (Calciumcarbonat) erst auf fast 1000 °C erhitzt werden, bevor er sich zu gebranntem Kalk (Calciumoxid) und Kohlenstoffdioxid zersetzt und der endotherme Prozess exergonisch (= gewinnbringend) wird ($\Delta G < 0$).
2. Ähnlich ist es beim Glucose-Stoffwechsel. Das Kohlenhydrat muss zunächst unter ATP-Verbrauch phosphoryliert (= energetisch aktiviert) werden, um sich zum isomeren Fructose-Phosphat umlagern zu können, welches anschließend ein zweites Mal phosphoryliert werden muss, um ausreichend energiegeladen für den Zerfall in zwei C_3-Körper zu sein. Erst danach setzen energieliefernde Abbau- und Verbrennungsreaktionen ein, bei denen unter dem Strich ein Energiegewinn von 38 ATP-Äquivalenten pro Glucose resultiert.
3. Zum Thema Investition und Gewinn sei abschließend erwähnt, dass eine Solarzelle erst einige Jahre lang Sonnenlicht (= Energie zum Nulltarif) in elektrischen Strom umwandeln muss, bevor sie die Energie erwirtschaftet hat, die zuvor für ihre Herstellung verbraucht worden ist. Das fotohalbleitende Silizium muss nämlich zunächst durch carbothermische Reduktion von Siliziumdioxid (Sand) bei über 2000 °C gewonnen und dann in mehreren aufwändigen Prozessstufen gereinigt werden.

Effizienz

Betriebswirtschaft spielt sich im „Magischen Dreieck" von Kosten, Zeit und Qualität ab (Abb. 4.1.8): Ein Produkt soll in höchster Qualität in großen Mengen zu minimalen Kosten in möglichst kurzer Zeit hergestellt und verkauft werden. Dieses Ziel ist äußerst ambitioniert, wenn man nur an die zwei Sprichworte „Qualität hat ihren Preis" und „Gut' Ding braucht Weile" denkt.

Auch chemische Synthesen spielen sich in diesem „Magischen Dreieck" ab. Ein Chemiker überlegt sich, ob er eine Reaktion durch Einsatz eines Katalysators oder durch Temperaturerhöhung beschleunigen, ein Produkt destillativ oder durch Kristallisation oder Sublimation reinigen oder Entsorgungskosten minimieren kann, indem er verwendete Lösungsmittel recycelt oder Abwässer oxidativ mit Wasserstoffperoxid oder durch Adsorption von Wasserinhaltsstoffen an Aktivkohle entgiftet. Das Kosten/Zeit/Qualität-Dilemma ist dem Chemiker bewusst. Beim Optimieren der zahlreichen Versuchsparameter (Konzentrationen, Temperatur, Reaktionszeit etc.) kann ihm die Statistische Versuchsplanung [10] helfen.

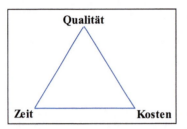

Abbildung 4.1.8: Optimierung eines wirtschaftlichen Prozesses bzw. einer chemischen Synthese im „Magischen Dreieck" von Kosten, Zeit und Qualität [9].

Grenzen

In den Abbildungen 4.1.9a und b sind zwei Tabellen mit Daten aus einem Landwirtschaftsbetrieb und aus einem chemischen Experiment gegenübergestellt, die rein optisch eine verblüffende Ähnlichkeit aufweisen und von daher auch in ihren Aussagen eine Artverwandtschaft erwarten lassen. In der Abbildung 4.1.9a, die (leicht modifiziert) einem Lehrbuch der Volkswirtschaftslehre [11] entnommen ist, geht es um die Effizienz bei einer Weizenproduktion in Abhängigkeit von der Anzahl der Arbeiter. Ein Arbeiter alleine kann auf der limitierten Landfläche 19 Tonnen Weizen produzieren. Zwei Arbeiter schaffen nicht das Doppelte, sondern mit 36 Tonnen etwas weniger. Dies ist verständlich, wenn man bedenkt, dass die beiden Arbeiter die zur Saat, Düngung und Ernte notwendigen Maschinen nicht gleichzeitig nutzen können, und so ein Teil ihrer Arbeitszeit durch Warten verloren geht. Wenn der Betriebsleiter weitere Arbeiter einstellt, nimmt er in Kauf, dass sich die Arbeiter regelrecht im Wege stehen und die pro Arbeiter produzierte Weizenmenge immer geringer wird. Wie der Tabelle zu entnehmen ist, erwirtschaftet der achte eingestellte Arbeiter lediglich 5 Tonnen zusätzlichen Weizen. Wenn der Lohn für seine Tätigkeit höher ist als der Gewinn aus der zusätzlichen Getreidemenge, ist die Einstellung des Arbeiters aus rein ökonomischer Sicht kontraproduktiv.

Die abnehmende Effizienz der beschriebenen Weizenproduktion mit zunehmender Zahl von Beschäftigen ist durchaus vergleichbar mit der zeitlich abnehmenden Geschwindigkeit bei einer chemischen Reaktion. In der Abbildung 4.1.9b, die aus einem Chemie-Lehrbuch [12] abgeschrieben wurde, sind Geschwindigkeitsdaten für die Hydrolyse von *tert.*-Butylchlorid zu *tert.*-Butanol und Chlorwasserstoff, dem Lehrbeispiel für eine S_N1-Reaktion, tabelliert. Die Reaktionsgeschwindigkeit, die ein Maß für die Heftigkeit einer Reaktion ist, ist zum Reaktionsbeginn, wenn die Konzentration des Ausgangsstoffes am höchsten ist, am größten. Mit zunehmendem Verbrauch der chlororganischen Verbindung wird die Reaktion immer langsamer.

Beschäftigung und Produktion in einem Landwirtschaftsbetrieb

Menge der Arbeit L (Arbeiter)	Weizenmenge Q (Tonnen)	Grenzprodukt der Arbeit $MPL = \Delta Q/\Delta L$ (Tonnen pro Arbeiter)
0	0	
		19
1	19	
		17
2	36	
		15
3	51	
		13
4	64	
		11
5	75	
		9
6	84	
		7
7	91	
		5
8	96	

Geschwindigkeitsdaten für die Reaktion von *t*-Butylchlorid mit Wasser

Zeit t (s)	Menge C_4H_9Cl c (mol/l)	Reaktionsgeschwindigkeit $v = \Delta c/\Delta t$ (mol/s·l)
0	0,1000	
		$1{,}90 \cdot 10^{-4}$
50	0,0905	
		$1{,}70 \cdot 10^{-4}$
100	0,0820	
		$1{,}58 \cdot 10^{-4}$
150	0,0741	
		$1{,}40 \cdot 10^{-4}$
200	0,0671	
		$1{,}22 \cdot 10^{-4}$
300	0,0549	
		$1{,}01 \cdot 10^{-4}$
400	0,0448	
		$0{,}80 \cdot 10^{-4}$
500	0,0368	
		$0{,}56 \cdot 10^{-4}$
800	0,0200	

Abbildung 4.1.9a (oben): Effizienz der Getreideproduktion in Abhängigkeit von der Anzahl der Arbeiter [11]. Das Grenzprodukt beschreibt den Zuwachs an Output (Weizenmenge) bei Erhöhung eines Inputfaktors (Arbeiter) um eine Einheit.
Abbildung 4.1.9b (unten): Geschwindigkeitsdaten für eine chemische Reaktion [12].

Alles fließt

„Alles fließt" – diese Weisheit des Heraklit offenbart sich in Wirtschaft und Chemie gleichermaßen. Die Abbildung 4.1.10a verdeutlicht, wie das Geld nicht nur durch eine Volkswirtschaft, sondern durch die ganze Welt fließt. Eine Familie, die in einem gemeinsamen Haushalt lebt, kauft Lebensmittel, Kleidung, Pauschalreisen usw. auf dem Markt. Einige oder alle Familienmitglieder bieten ihre Arbeitskraft auf dem Arbeitsmarkt (ein Bereich des Faktormarktes) an und werden von Unternehmen eingestellt. Von dort erhalten sie Lohn, den die Unternehmen mit ihren auf dem Markt verkauften Produkten erwirtschaften. Ein Teil des Lohnes geht in Form von Steuern an den Staat. Dieser wiederum subventioniert Familien, beispielsweise durch Kindergeld. Außerdem baut der Staat Straßen und Schulen und kauft dafür Materialien und Dienstleistungen auf dem Markt ein. Oftmals muss er sich dafür Geld von den Banken leihen. Dieses stammt teilweise aus den Ersparnissen der Haushalte. Die Unternehmen benötigen ebenfalls Kredite vom Finanzmarkt, um investieren und auf dem Gütermarkt neue Maschinen kaufen zu können. Eine Volkswirtschaft ist kein geschlossenes System, sondern steht durch Import und Export von Waren und Dienstleistungen mit anderen Ländern, meistens sogar mit der ganzen Welt, in einem regen Austausch ... Mit der Beschreibung des hochgradig vernetzten Geldkreislaufs kommt man gar nicht zum Ende.

Dies ist bei der Beschreibung von chemischen Kreisläufen, insbesondere in der Bio- und Ökologischen Chemie, genauso. Die Abbildung 4.1.10b zeigt den Zitronensäurezyklus und seine Verknüpfung mit anderen biochemischen Kreisläufen. Das beim Essigsäureabbau freigesetzte ATP dient als Aktivierungsreagenz bei Tausenden anderer Prozesse, und die entstehenden biochemischen Wasserstoffträger NADH/H$^+$ und FADH$_2$ kommen unzählbar oft zum Einsatz, wenn es biochemisch etwas zu reduzieren gibt. Außerdem ermöglichen sie über die Atmungskette den Zugang zu weiterem energiereichem ATP. Die in den Citrat-Zyklus eingespeiste aktivierte Essigsäure dient auch zum Aufbau von Fettsäuren sowie über die Zwischenstufe der Mevalonsäure als Ausgangsstoff für eine Vielzahl von Isopren-Derivaten. Die im Citrat-Zyklus gebildeten Ketocarbonsäuren können durch reduktive Aminierung in Aminosäuren umgewandelt werden, beispielsweise α-Ketoglutarsäure zu Glutaminsäure, womit der Weg zu Proteinen und zahlreichen Botenstoffen eröffnet ist. Das Abbauprodukt Kohlenstoffdioxid wird ausgeatmet, vom Wind global verteilt, im Meerwasser gelöst oder bei der Fotosynthese der grünen Pflanzen zu Glucose, die in lebenden Zellen wiederum zu Essigsäure abgebaut wird und als solche in den Zitronensäure-Zyklus einfließt ... Was den in den Abbildungen 4.1.10a und b gezeigten vernetzten Kreisprozessen auch gemeinsam ist, ist ihre Störanfälligkeit. Was passiert in der Wirtschaft, wenn eine Naturkatastrophe eintritt, die das Bereitstellen staatlicher Finanzmittel für Soforthilfsmaßnahmen erforderlich macht? Oder beim Ausbruch eines Krieges, der Unsummen an Geld für Rüstungsgüter verschlingt (wenn es nur das wäre)? Oder wenn eine Immobilienblase platzt und Banken zusammenbrechen? Wie reagieren die Stoffwechselkreisläufe, wenn ein Mensch der Wahnsinnsidee verfällt, in kurzer Zeit 30 Kilogramm Körpergewicht abzubauen? Oder wenn krankheitsbedingt ein Enzym nicht funktioniert? Man kann sich noch viel mehr Szenarien ausdenken. Da alles mit allem gekoppelt ist, wird sich jedes System, egal ob es ein chemisches oder ein Wirtschaftssystem ist, den neuen Gegebenheiten anpassen und versuchen, möglichst rasch wieder einen Gleichgewichtszustand, der etwas anders ist als zuvor, zu erlangen.

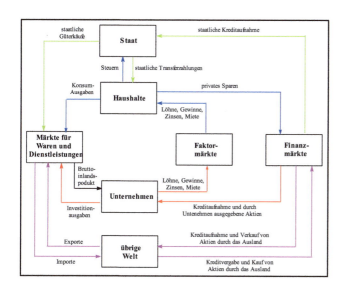

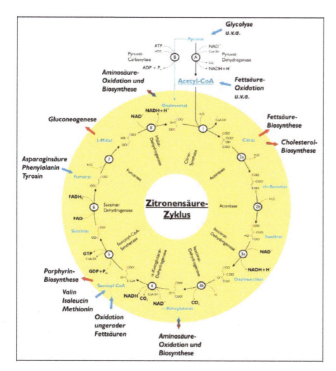

Abbildung 4.1.10a (oben): Geldströme durch die global vernetzte Wirtschaft [13].
Abbildung 4.1.10b (unten): Der Citrat-Zyklus und seine Vernetzungen in der Biochemie [14].

Verbote

Gelegentlich erteilt der Staat Handelsverbote, um seine Bürger zu schützen, zum Beispiel, dass kein Alkohol an Jugendliche unter 18 Jahren verkauft werden darf. Ein Chemiker kann eine Reaktion an einer funktionellen Gruppe „verbieten", indem er eine Schutzgruppe einführt. Will er zum Beispiel das Halogenatom im Bromaceton nukleophil substituieren, so geht das nicht so einfach, denn das Nukleophil kann auch das positiv polarisierte Kohlenstoffatom der Carbonylgruppe angreifen (Abb. 4.1.11). Um diese Konkurrenzreaktion zu unterbinden, setzt der Chemiker das Bromaceton zunächst sauer katalysiert mit Ethylenglykol um, sodass ein Acetal entsteht. Dieses ist im folgenden Reaktionsschritt gegenüber dem Nukleophil inert, sodass dieses nur das Bromatom substituieren kann. Der Zugang zum ursprünglichen Carbonyl-Kohlenstoff ist ihm „verboten". Abschließend wird der Chemiker das Acetal sauer katalysiert hydrolysieren, um die ursprüngliche Carbonylgruppe zu recyceln.

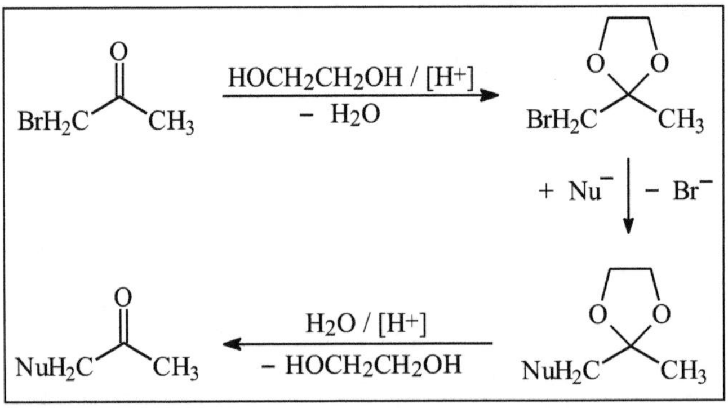

Abbildung 4.1.11: Verbote gibt es nicht nur in der Wirtschaft. Durch Einführung einer Acetal-Schutzgruppe wird einem Nukleophil der Angriff auf das Kohlenstoffatom einer Carbonylverbindung „verboten".

Verdrängungswettbewerb

Produkte kommen auf den Markt und verschwinden wieder. Meistens ist das ein Zeichen von technischem Fortschritt. Mit der Entwicklung des Autos brach der Kutschen-Markt zusammen. Und wer schreibt heute noch mit einer Schreibmaschine statt mit einem Computer? Auch viele Chemieprodukte wurden aufgrund von Fortschritten in Forschung und Entwicklung mit der Zeit besser. Dazu vier Beispiele.

1. Das erste Polyethylen wurde durch sauerstoffkatalysierte Polymerisation von Ethen hergestellt. Da das Makromolekül aufgrund radikalischer Seitenkettenreaktionen vernetzt war, hatte es eine geringe Dichte und keine besondere mechanische Festigkeit (LDPE = low density polyethylene). Erst als Karl Ziegler die Polyinsertionsreaktion entdeckte, wurde ein streng lineares, nicht verzweigtes Polyethylen zugänglich, das sich durch eine hohe Dichte und hervorragende mechanische Eigenschaften auszeichnete (HDPE = high density polyethylene).
2. Umweltfreundlich ist das heutige Verfahren zur Herstellung von Anilin durch katalytische Hydrierung von Nitrobenzol; früher wurde hingegen mit aus Salzsäure und Eisen hergestelltem Wasserstoff in statu nascendi reduziert, was ein mit Eisensalzen und Säure hochgradig kontaminiertes Abwasser zur Folge hatte.

3. Ein anderer ökologischer Gewinn war es, als die halogenorganischen Pflanzenschutzmittel, z.B. DDT, teilweise gegen Phosphorsäureester ausgetauscht wurden. Die neuen Verbindungen wurden nämlich nach einiger Zeit in der Natur hydrolytisch zersetzt und waren nicht persistent wie die wasserunempfindlichen halogenorganischen Stoff, die sich über die Nahrungskette verteilen konnten und zu globalen Umweltgiften wurden.
4. Abschließend ein Beispiel für den Verdrängungswettbewerb bei pharmazeutischen Wirkstoffen: Salvarsan, das erste Antibiotikum, wurde überflüssig, als das Penicillin entdeckt wurde.

„Das Bessere ist der Feind des Guten." Dieses Sprichwort ist in der Wirtschaft *und* in der Chemie gültig.

Periodische Schwankungen

Dass Märkte grundsätzlich ein stabiles Gleichgewicht anstreben, steht nicht im Widerspruch zu der Tatsache, dass es regelmäßig konjunkturelle Schwankungen gibt. In der Abbildung 4.1.12a ist gezeigt, dass das Bruttoinlandsprodukt periodisch zu- und abnimmt, aber langfristig steigt. Mit anderen Worten: Über eine längere Zeitspanne steigt der materielle Wohlstand einer Nation – sie wird reicher (und die Lebenserwartung der Menschen steigt; vgl. Abb. 4.1.1a).

Die Abbildung 4.1.12a hat große Ähnlichkeit mit der Keeling-Kurve (Abb. 4.1.12b), welche die jahreszeitlichen Schwankungen der Kohlenstoffdioxid-Konzentration und deren Anstieg in der Erdatmosphäre seit 1958 dokumentiert. Die Schwankungen sind dadurch zu erklären, dass die grünen Pflanzen (von denen es auf der Nordhalbkugel viel mehr gibt als auf der Südhalbkugel) im Frühjahr, wenn die Sonne bereits ausreichend scheint, mit der Fotosynthese beginnen und dadurch der Atmosphäre Kohlenstoffdioxid entziehen. Der Tiefstand – der Wirtschaftswissenschaftler würde von einer Depression sprechen – der CO_2-Konzentration ist im Herbst erreicht. Wenn die Lichteinstrahlung zu dieser Jahreszeit geringer wird, werfen viele Pflanzen ihre Blätter ab oder stellen in Anbetracht des nahenden Winters ihre Fotosynthese auf andere Weise ein. Jetzt herrscht von Seiten der Pflanzen keine „Nachfrage" mehr nach Kohlenstoffdioxid. Die Konzentration des Gases nimmt in den kommenden Monaten wieder zu, weil das von den Pflanzen abgeworfene Laub vermodert und dabei Kohlendioxid in die Luft einspeist – im Wirtschaftsjargon: ein CO_2-Aufschwung beginnt. Dass die CO_2-Konzentration in der Atmosphäre insgesamt zunimmt, hängt wohl in erster Linie mit dem Wirtschaftswachstum zusammen.

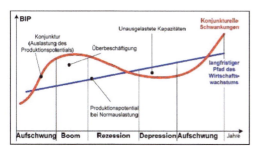
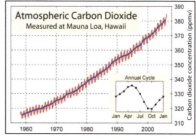

Abbildung 4.1.12a (links): Konjunkturschwankungen und langfristiges Wirtschaftswachstum [15].
Abbildung 4.1.12b (rechts): Saisonale Schwankungen des Kohlenstoffdioxid-Gehaltes in der Luft und langfristige Zunahme der CO_2-Konzentration (Keeling-Kurve) [16].

An dieser Stelle wird es für Wirtschaftswissenschaftler und Chemiker gleichermaßen wichtig, Verständnis für die jeweils andere Fachdisziplin zu entwickeln. Die positiven Aspekte eines globalen Wirtschaftswachstums haben nämlich auch eine Kehrseite. Dazu Klaus Lucas (Abb. 4.1.13) [17]:

„Es gibt keine wirtschaftliche Blüte innerhalb von Stadtmauern ohne eine Mülldeponie außerhalb. Ein System kann sich nur so viel Ordnung leisten, wie es an entropischem Chaos nach außen abführen kann."

Entropisches Chaos ist in besonderem Maße das Kohlenstoffdioxid, welches die Wirtschaftsnationen bei ihrem Konsum in riesiger Menge produzieren, der Markt aber gar nicht haben will. Dies fällt allerdings auf den ersten Blick gar nicht auf, weil sich das Kohlenstoffdioxid sprichwörtlich „in Luft auflöst". Chemiker aber wissen (s.o.), dass die Erhöhung der Konzentration eines Stoffes in einem System – hier dem Biosystem Erde – unweigerlich ein verändertes Gleichgewicht zur Folge hat. Ob dieses gut für die Menschheit sein wird?

Das Entropiegesetz

Lokal und temporär bilden sich Strukturen durch Selbstorganisation; gleichzeitig entsteht Chaos an den Rändern des Systems. Das sind keine Gegensätze. Die beiden Prozesse gehören vielmehr zusammen und stehen in Übereinstimmung mit dem Entropiegesetz.

Es gibt eine Koexistenz von Aufstieg und Niedergang. Bezogen auf die Zivilisation und Gesellschaft heißt das: Wir können Inseln der Ordnung schaffen, wenn wir Chaos in ihrer Umgebung akzeptieren. Entropie- und Chaosproduktion sind die Triebkraft für den Aufstieg innen und den Niedergang außen.

Nichts anderes haben wir in der Vergangenheit getan. Wir haben in Teilbereichen der Welt Wohlstand und Überfluss geschaffen, und dabei die Ausbeutung und Schädigung eines großen Bereichs unserer Welt, insbesondere der natürlichen Welt, in Kauf genommen. Es gibt überall ein Innen und Außen, und es ist das Streben jedes einzelnen, drinnen zu sein und nicht draußen zu bleiben. Das Entropiegesetz ist die Triebkraft dieser Strukturbildung, aber auch das Gesetz ihres Preises. Das heißt auch: Es gibt keine Zukunft in der Welt ohne Entropieproduktion, es gibt nur die zweckmäßige Entscheidung über den Bereich, in dem wir Aufstieg wollen, und den Bereich, in dem wir Entropietribut abführen. **Es gibt keine wirtschaftliche Blüte innerhalb von Stadtmauern ohne eine Mülldeponie außerhalb.** *Ein System kann sich nur so viel Ordnung leisten, wie es an entropischem Chaos nach außen abführen kann.*

Innerhalb dieses grundsätzlichen Rahmens aber gibt es im Detail einen weiten Gestaltungsfreiraum. Die Minimierung des Entropiezolls, den wir für unseren Aufstieg zahlen müssen, ist die größte Aufgabe moderner Technik. Die Leitlinie dafür heißt: Vermeidung unnötiger Prozesse, unnötig hohen Energiedurchsatzes, unnötig naturfremder Chemikalien. Jede unnötige, nicht strukturbildend eingesetzte Aktivität ist ein Missbrauch, erzeugt vermeidbare Entropie, die aus dem System abgeführt werden muss. Jede erzeugte Struktur, jedes neue Produkt kostet einen Entropiepreis und ist damit eine Hypothek auf die Zukunft. Es ist daher sehr wohl die kritische Frage zu stellen, ob ein Produkt seinen Entropiepreis wert ist.

Abbildung 4.1.13: Die beste Beschreibung des Entropiegesetzes – von Klaus Lucas [17].

Schlussbemerkung

Dieser Artikel ist meinem Sohn Yoshiki gewidmet, der Wirtschaftswissenschaften studiert. Als er im Kindergarten war, habe ich dort naturwissenschaftliche Experimentierstunden angeboten, als Grundschulkind war er in meiner Kinderuni, als Oberstufenschüler zu einem Probestudium in meinem Fachbereich – er ist also in der Chemie gut „sozialisiert". Dass er trotzdem nicht in die Fußstapfen seines Vaters geschlüpft ist, freut mich, denn ich bin der festen Überzeugung, dass es unterschiedliche und gleichwertige Wege – nicht nur über die Chemie – gibt, um über Studium und Beruf das Leben und die Welt zu verstehen, was ich ihm von Herzen wünsche. Und dass Chemiker und Wirtschaftswissenschaftler zwar unterschiedliche Sprachen sprechen, letztendlich aber doch zu sehr ähnlichen Erkenntnissen kommen können, dass wollte ich mit diesem Artikel zeigen.

Literatur zu Kapitel 4.1

[1] H. Scheck, B. Scheck: „Wirtschaftliches Grundwissen für Naturwissenschaftler und Ingenieure". – WILEY-VCH, Weinheim 1999
[2] P. Krugman, R. Wells: Volkswirtschaftslehre. – Schäffer Poeschel Verlag, Stuttgart 2010
[3] nach [2], S. 60
[4] V. Wiskamp: Praktikum Analytische Chemie I. – Hochschule Darmstadt, 2020
[5] nach [2], S. 304
[6] http://www.chemgapedia.de/vsengine/vlu/vsc/de/ch/12/oc/vlu_organik/radikale/halogenierung_alkane.vlu/Page/vsc/de/ch/12/oc/radikale/hoehere_alkane/hoehere_alkane.vscml.html (2.2.2021)
[7] nach [2], S. 90
[8] nach https://duepublico.uni-duisburg-essen.de/servlets/DerivateServlet/Derivate-10209/folie283.pdf (2.2.2021)
[9] nach [1], S. 112.
[10] Zur Kurzinformation: https://de.wikipedia.org/wiki/Statistische_Versuchsplanung (2.2.2021)
[11] nach [2], S. 369
[12] T. L. Brown, H. E. LeMay, B. E. Bursten: Chemie – Studieren kompakt. – 10. Aufl., Pearson, München 2011, S. 551.
[13] nach [2], S. 743
[14] https://de.wikipedia.org/wiki/Citratzyklus#/media/Datei:Citratcyclus.svg (2.2.2021)
[15] https://www.yumpu.com/de/document/read/20282013/konjunkturzyklen-vimentis (2.2.2021)
[16] https://de.wikipedia.org/wiki/Keeling-Kurve (2.2.2021)
[17] K. Lucas, VDI-Nachrichten, 24.5.1991

4.2 Geschäftsberichte von Chemiefirmen

Thema eines Chemie-Seminars

Dieses Kapitel wurde bereits in leicht veränderter Form publiziert in
Chemie in Labor und Biotechnik (CLB) 69 (2018), Heft 9-10, S. 400-409.

Kapitalgesellschaften müssen nach dem Handelsgesetzbuch jährlich einen von unabhängigen Wirtschaftsgutachtern kontrollierten Geschäftsbericht [1] vorlegen. Darin werden der Verlauf des vergangenen Geschäftsjahres (Lagebericht), die Grundsätze der Unternehmensführung (Corporate Governance) und der Jahresabschluss (Bilanz, Gewinn- und Verlustrechnung, Vermögens- und Ertragslage) erläutert. Der Geschäftsbericht kann z.B. durch einen Magazinteil ergänzt werden. Er dient mit einer integrierten Chancen/Risiken-Analyse der Unternehmensleitung als Basis für zukünftige Planungen und Entscheidungen sowie als Grundlage für eine Dividendenausschüttung, den Banken als Kriterium für Kreditvergaben und dem Finanzamt zur Bemessung der Besteuerung des Unternehmens. Ein Geschäftsbericht wendet sich an Aktionäre, Banken, Geschäftspartner, Kunden, Konkurrenten, Mitarbeiter, die interessierte Öffentlichkeit ... und sollte *auch* von Studierenden gelesen werden, die in der Firma ein Praktikum oder eine Abschlussarbeit durchführen oder sich auf eine Anstellung bewerben.

Im Rahmen von Projektarbeiten haben Studierende der Hochschule Darmstadt die Geschäftsberichte 2017 der Firmen Merck, Evonik, BASF und Bayer analysiert [2-5] und bekamen dabei ein gutes Gefühl dafür, wie die Chemische Industrie funktioniert. Bei der Lektüre der Geschäftsberichte begegneten den angehenden Chemieingenieurinnen und -ingenieuren einerseits viele Chemikalien und Produkte sowie sicherheits- und umweltschutzrelevante Verfahren, die ihnen bereits aus ihren Vorlesungen und Praktika bekannt waren, andererseits aber auch wirtschaftliche, politische, gesellschaftliche und ethische Fragestellungen, die in ihrer bisherigen Ausbildung an der Hochschule gar nicht oder nur sehr kurz thematisiert wurden.

Im Folgenden wird berichtet, welche Aspekte aus den Geschäftsberichten die Studierenden besonders interessant und lehrreich fanden und sie zu Kommentaren und zum kritischen Nachdenken über ihr Studium und zukünftiges Berufsleben anregten.

Geschäftsbereiche und Produktspektren

Das Studium des Chemieingenieurwesens vermittelt vor allem in der Vorlesung „Industrielle Anorganische und Organische Chemie" sowie im Praktikum dazu einen Überblick über die Standbeine der Chemischen Großindustrie. Bei der Lektüre der Geschäftsberichte, in denen die einzelnen Unternehmensdivisionen (Abb. 4.2.1) mit ihren Produktspektren vorgestellt werden, finden die Studierenden alle an der Hochschule thematisierten Stoff- bzw. Produktklassen wieder: mineralische, fossile und nachwachsende Rohstoffe, Zwischenprodukte, Farbstoffe und Pigmente, Polymere, Reinigungs-, Arznei- und Pflanzenschutzmittel sowie zahlreiche Spezialchemikalien. Sie erkennen auch das jeweilige Firmenprofil: Als weltweit größtes Chemieunternehmen produziert und verkauft die BASF praktisch die gesamte Palette chemischer Erzeugnisse, insbesondere Basischemikalien; Bayer konzentriert sich auf den Gesundheits- und Ernährungsbereich; Merck legt den Fokus auf einige Arzneimittel, entwickelt und vertreibt Feinchemikalien und ist Weltmarktführer auf dem Gebiet der Flüssigkristalle; Evonik hat ein attraktives Sortiment von Spezialchemikalien wie Plexiglas, Silicate, Edelmetallkatalysatoren sowie das Tiernahrungsergänzungsmittel Methionin.

Unternehmensbereiche

Merck
- Health Care
- Life Sciences
- Performance Materials

Evonik
- Nutrition and Care
- Resource Efficiency
- Performance Materials
- Services

BASF
- Chemicals
- Performance Products
- Functional Materials & Solutions
- Agricultural Solutions
- Oil & Gas

Bayer
- Pharmaceuticals
- Consumer Health
- Crop Sciences
- Animal Health

Abbildung 4.2.1: Unternehmensbereiche von Merck, Evonik, BASF und Bayer.

In ihrem berufspraktischen Semester sollen die Studierenden ausgewählte Bereiche einer Chemiefirma kennenlernen. Ein Geschäftsbericht ist dazu eine ideale Begleitlektüre. Des Weiteren ist er sehr nützlich, wenn ein Vorstellungsgespräch ansteht. Dort kann die Kandidatin bzw. der Kandidat unter Beweis stellen, dass sie/er weiß, was die Firma macht.

Für ein Betriebspraktikum oder Vorstellungsgespräch sind natürlich auch Kenntnisse über die Historie einer Firma empfehlenswert. Diese kann man aus einem Geschäftsbericht, der sich funktionsgemäß hauptsächlich auf das vergangene Geschäftsjahr bezieht, nur bedingt gewinnen. Sehr gute Erstinformation über die Firmengeschichte erhält man aber in Sekundenschnelle bei Wikipedia [6-9].

Firmenstrategien

Firmen stärken ihr Profil durch die Erweiterung zukunftsträchtiger Geschäftsfelder, durch den Kauf dazu passender anderer Firmen und den Verkauf von Segmenten, die unprofitabel sind oder nicht mehr zum veränderten Profil passen. Entsprechende strategische Entscheidungen können die Studierenden aus den Geschäftsberichten herauslesen und nachvollziehen. Dazu einige Beispiele.

Evonik ist ein Spezialist für Kieselsäuren, die vor allem in der Reifen- und Beschichtungsindustrie als verstärkende Füllstoffe benötigt werden. Das gut laufende Geschäft hat Evonik 2017 durch die Akquisition des Silicatsegmentes der amerikanischen Firma J. M. Huber

Corporation ergänzt. Die Huber-Produkte eignen sich nämlich besonders gut für den Dentalbereich, sodass Evonik nun einen bislang nicht zugänglichen Kundenkreis erreichen kann.

Die BASF als einer der großen Anbieter von Polyamid hat das Polyamid-Geschäft von Solvay gekauft, um seine Marktposition weiter zu stärken. Umgekehrt hat die BASF ihr Lederchemikalien-Sortiment an die niederländische Stahl Group abgegeben, die dadurch ein führender Hersteller von Prozesschemikalien für Lederprodukte wird.

In unserem Labor lagen bis vor kurzem die Chemikalienkataloge von Merck und Sigma-Aldrich, die wir nun austauschen müssen, denn durch den Kauf von Sigma-Aldrich durch Merck wurde das Geschäft mit Laborchemikalien gebündelt.

Wie bereits oben erwähnt, ist Merck Marktführer auf dem Gebiet der Flüssigkristalle, an deren Leuchtkraft in Flachbildschirmen und Smartphone-Displays wir uns erfreuen. Die Konkurrenz, in erster Linie aus China, wird aber stärker, sodass Merck sich ein neues Anwendungsfeld für die faszinierenden organischen Moleküle in der „Smart Windows"-Technologie erschlossen hat. Hier steuern Flüssigkristalle die Lichtdurchlässigkeit von Fenstern. Das ist wissenschaftlich betrachtet gewiss ein spannendes optochemisches Phänomen; uns sei trotzdem die Frage erlaubt, was mit den Scheiben geschieht, wenn sie ausgedient haben? Können sie dann noch einem klassischen Glasrecycling zugeführt oder müssen sie als organisch belasteter Sonderabfall entsorgt werden? (Ähnlich wie die als Heizkosten senkend angepriesenen Wärmedämmplatten, die nach ihrer Zweckerfüllung wegen der eingearbeiteten bromorganischen Flammschutzmittel giftiger – und kostspieliger – Sondermüll sind [10].)

Klug war es von Merck, frühzeitig in die Forschung und Entwicklung der LED- und OLED-Technik (organic light emitting diode) investiert zu haben, um erfolgreich Märkte für diese interessante Optoelektronik zu kreieren.

Da die Wirkungsweise von Glyphosat (Abb. 4.2.2) und die gentechnische Resistenzerzeugung bei Nutzpflanzen gegen diese Chemikalie ein zentrales Thema unserer Naturstoffchemie-Vorlesung ist, verfolgen wir die Vereinigung von Bayer und dem amerikanischen Saatguthersteller Monsanto mit Interesse. Durch den bislang teuersten Firmenzukauf in der Chemiegeschichte will Bayer, traditionell ein Gigant auf dem Gebiet der Pflanzenschutzmittel, der größte Global Player in der Agrarchemie werden. Das Kartellamt hat diesem Vorhaben unter der Auflage zugestimmt, dass die Firma einen Teil ihrer Saatgut- und nicht-selektiven Herbizid-Aktivitäten, darunter u.a. das Geschäft mit dem uns aus der Vorlesung ebenfalls bekannten Glufosinat, an einen ihrer Konkurrenten, die BASF, abgibt. Auch an dieser Stelle sei uns eine kritische Anmerkung erlaubt. Die Markennamen für Glyphosat und Glufosinat, Round Up® bzw. Basta®, Finale®, Liberty®, sind beeindruckende Wortkreationen. Sie implizieren, dass für Unkräuter die Endzeit angebrochen ist – doch hoffentlich *nur* für die Unkräuter.

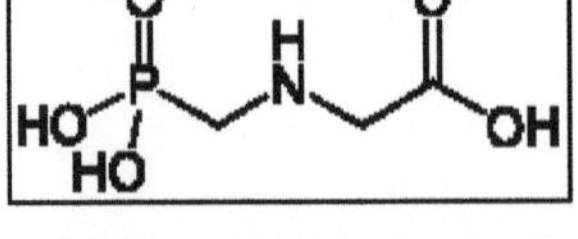

Abbildung 4.2.2: Glyphosat – eine Verbindung, die Chemiegeschichte schreibt.

Bayer will offensichtlich das weltgrößte Pharma- und Agrarchemieunternehmen werden. Dazu passt ein Geschäftsfeld Polymerchemie nicht mehr. Obwohl Bayer auf diesem Gebiet traditionell sehr innovativ und erfolgreich war, werden die Kautschuk- und Kunststoffaktivitäten von der neu gegründeten Firma Covestro weitergeführt.

Die Automobilindustrie ist ein wichtiger Abnehmer von Chemieprodukten. Dies berücksichtigen die Chemiefirmen bei ihrer Zukunftsplanung. So hat Merck spezielle Flüssigkristalle synthetisiert, die in Scheinwerfern die Lichtverteilung mit hoher Auflösung bedarfsgerecht in Echtzeit anpassen, sowie andere Flüssigkristalle, die in Satellitenantennen zum Einsatz kommen und die Navigierbarkeit von Fahrzeugen verbessern. BASF hat eine neue Bremsflüssigkeit mit niedrigerer Viskosität entwickelt, die das Bremsverhalten von Autos verbessert. Beide Firmen argumentieren, dass ihre Innovationen dem autonomen Fahren zugutekommen und dessen Realisierung beschleunigen. Mit Verlaub, wir halten das autonome Fahren weitgehend für Unfug. Wer ein Verkehrschaos und die damit verbundenen Umweltbelastungen reduzieren will, muss den Gütertransport auf die Schiene verlagern und den öffentlichen Nahverkehr stärken.

Durch den Kauf der Frankfurter Firma Chemetall, einem Spezialisten für Lithiumchemie, kann die BASF vermutlich den Ausbau der Elektromobilität vorantreiben, denn Lithium wird als starkes Reduktionsmittel als Anodenmaterial für die Batterien von Elektromotoren benötigt. Hoffentlich macht der Wunsch nach einer weltweiten Elektromobilität die in nur wenigen Lagerstätten abbaubaren Lithiumsalze nicht zu Konfliktrohstoffen.

Die strategischen Vorgehensweisen in der Industrie zur Schärfung eines Profils, die mit Chancen und Risiken verbunden sind, unterscheiden sich nicht sonderlich von denen im Hochschulwesen. Ist das Bildungssystem nicht geradezu der Spiegel des Landes und seiner Gesellschaft? Unsere Studierenden haben z.B. mitbekommen – und konnten den Entscheidungsprozess durch Mitarbeit in Gremien auch beeinflussen –, dass wir das klassische Praktikum „Qualitative Anorganische Analyse" durch ein Praktikum „Instrumentelle Analytik" ersetzt haben, um modernen Aspekten der Analytischen Chemie Rechnung zu tragen. Dafür haben wir den Verlust an anorganischer Stoffkenntnis bewusst in Kauf genommen. Des Weiteren haben wir das Organische Fortgeschrittenenpraktikum gegen eine Bioverfahrenstechnik-Vorlesung ausgetauscht. Diese Vertiefung in einem ingenieurwissenschaftlichen Fach war uns nämlich wichtiger als die Vermittlung weiterer präparativer Arbeitstechniken, zumal Chemieingenieure im Beruf eher selten im Syntheselabor arbeiten. Beide curricularen Entscheidungen haben sich als richtig erwiesen. Die Umstellung des traditionellen deutschen Diplom-Studiums auf ein konsekutives Bachelor/Master-Programm hat bei uns hingegen neben mehr organisatorischem Aufwand lediglich eine Regelstudienzeitverlängerung von acht auf zehn Semester gebracht, ohne die Berufsperspektiven unserer Absolventinnen und Absolventen zu verbessern und ihre Einstiegsgehälter zu erhöhen. Diese bildungspolitische Fehlentscheidung kann wohl nicht rückgängig gemacht werden [11].

Leitbilder

Studierende können einem Geschäftsbericht über das Produktspektrum des Unternehmens hinaus auch dessen Firmenphilosophie, das Leitbild, entnehmen (Abb. 4.2.3).

Leitbilder	
Merck	Curious Minds
Evonik	Kraft für Neues
BASF	We create chemistry for a sustainable future
Bayer	Science for a better life

Abbildung 4.2.3: Leitbilder von Merck, Evonik, BASF und Bayer.

Die Marke Evonik existiert zwar erst seit 2007, hat aber fast 150 Jahre alte historische Wurzeln, hinter denen sich Traditionsunternehmen wie Röhm, Hüls, Degussa und Goldschmidt verbergen. Bei Evonik ist Expertenwissen über einige Spezialchemikalien, z.B. Polyacrylate, Aminosäuren oder Edelmetallkatalysatoren, konzentriert, das die *„Kraft für Neues"* und der Firma das Selbstbewusstsein gibt, *auf dem Weg zum besten Spezialchemiekonzern* der Welt zu sein. Diese Einstellung ist in Ordnung und kann im übertragenen Sinne jungen Studierenden als Motto mit auf ihren Lebensweg gegeben werden, sich erst einmal große Ziele zu setzen, von denen man später gegebenenfalls noch Abstriche machen kann und muss.

Die BASF hat sich das Thema *Nachhaltigkeit* auf die Fahne geschrieben und steuert sein Produktportfolio nach der firmenintern konzipierten Sustainable Solution Stearing®-Methode. Damit wurden bereits über 60.000 Produkte auf Nachhaltigkeitsaspekte analysiert und in vier Klassen unterteilt. *Accelerator* sind besonders nachhaltig über ihren gesamten Lebenszyklus von der Rohstoffgewinnung über die Anwendung und den Verbrauch bis zum Recycling. So sollen langfristig alle Produkte werden. *Performer* sind auf einem guten Weg dorthin und erfüllen elementare Nachhaltigkeitsanforderungen im Markt. *Transitioner* sind verbesserungswürdige Produkte, deren Nachhaltigkeitsherausforderungen aktiv angegangen werden. Bei stark defizitären *Challenged*-Produkten werden durch Forschungsprojekte und Umarbeitungen unverzüglich Verbesserungsmaßnahmen eingeleitet bzw. Ersatzprodukte gesucht. Hier spiegeln sich die Prinzipien des produktions- und produktintegrierten Umweltschutzes wieder, die auch in unseren Chemiepraktika realisiert und den Studierenden bekannt sind.

Dass eine Firma ihre Produkte in jeder Hinsicht optimiert – auch was fairen Handel und faire Konditionen für die im Produktionsprozess arbeitenden Menschen angeht –, sollte selbstverständlich sein. Aber das Ziel, nachhaltig zu produzieren bei *gleichzeitigem* Wirtschaftswachstum – und ein solches streben alle hier betrachteten Chemiefirmen an – kann unserer Meinung nach nicht erreicht werden [10]. Denn viele Rohstoffquellen sind schon heute weitgehend erschöpft bzw. können nur mit einem enormen Energieaufwand noch mehr ausgebeutet werden. Dafür und bei der Erschließung alternativer Quellen muss die Umwelt leiden und wird sich rächen bzw. tut dies bereits. Dieselkraftstoff durch Biodiesel (Fettsäuremethylester) oder Bioethanol zu ersetzen, ist nicht nachhaltig. Und was nützt eine neue Verpackungsfolie aus einem Polyamid, dessen Monomere zwar aus umweltfreundlichem Raps und nicht aus Erdöl gewonnen werden, wenn es aber kein Gemüse oder Getreide mehr gibt, das auf dem Acker hätte gedeihen können, auf dem der Raps für das Bio-Polyamid gewachsen ist.

Bayer will *Wissenschaft für ein besseres Leben* betreiben. (Das im Unternehmensziel stehende Wort „Life" wird an einer anderen Stelle im Geschäftsbericht auch als Kürzel für Leadership, Integrität, Flexibilität und Effizienz verwendet.) Die im Geschäftsjahr 2017 umsatzkräftigen Medikamente (Abb. 4.2.4) bewirken bei Patienten gewiss eine Verbesserung der Lebenssituation. Dies wird im Magazinteil des Geschäftsberichts überzeugend am Beispiel eines Rentners verdeutlicht, dessen bereits im Beckenknochen metastatisierender Hodenkrebs mit Radiumchlorid, dessen radioaktive Kationen die Calciumionen in der Knochensubstanz substituieren, in Schach gehalten werden kann.

Im Geschäftsbericht gibt Bayer allerdings auch zu, dass 22.000 Klagen gegen den Blutgerinnungshemmer Xarelto® und fast 20.000 Klagen gegen die Verhütungsspiralen Mirena® und Essure® vorliegen: Die Produkte seinen fehlerhaft, hätten zu gravierenden Nebenwirkungen geführt und Bayer hätte die Risiken gekannt, aber verschwiegen – so die Kläger. Die Firma widerspricht und ist optimistisch, sich juristisch zur Wehr setzen zu können. Doch allein die enorme Anzahl von Klagen, die aufgrund offensichtlich erfolgter Erkrankungen zustande gekommen ist, macht uns skeptisch, ob durch neue Medikamente wirklich immer eine bessere Lebensqualität erreicht wird bzw. der Preis dafür, mit gravierenden Nebenwirkungen leben zu müssen, nicht zu hoch ist.

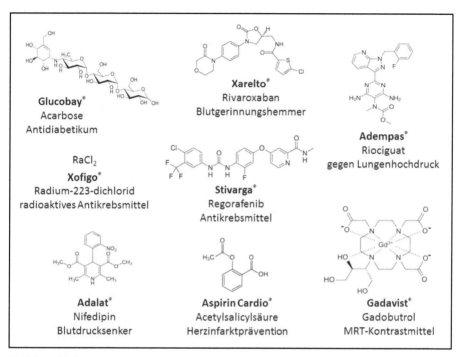

Abbildung 4.2.4: Umsatzstarke Bayer-Medikamente. Die chemischen Bezeichnungen und Formeln sowie genauere Produktbeschreibungen stehen nicht im Geschäftsbericht, können aber z.B. bei Wikipedia nachgeschlagen werden. Die Medikamente gehören zu den Arzneimittelklassen Antidiabetika, Herz/Kreislauf-, Antikrebs- sowie Kontrastmittel, die in der Vorlesung (teilweise an anderen Beispielen) besprochen werden.

In Anbetracht der zunehmenden Weltbevölkerung ist Bayer fest davon überzeugt, dass nur eine großindustrielle Landwirtschaft ausreichend Nahrungsmittel zur Ernährung aller Menschen bereitstellen und das Leben der jetzt noch Hungernden in der Dritten Welt verbessern kann. Deshalb die Aquisition von Monsanto, um mit der Kombination von gentechnisch optimiertem Saatgut, maßgeschneiderten Pflanzenschutzmitteln und Düngern sowie digital optimierten Anbaumethoden die erforderliche Massenproduktion von Nahrungspflanzen zu realisieren. Es ist ehrlich zu wünschen, dass diese Strategie gelingt. Doch wir haben berechtigte Angst vor Nebenwirkungen: Großflächige Monokulturen fördern nämlich die Resistenzbildungen von Pflanzenschädlingen, reduzieren die Bodenfruchtbarkeit und können eventuell sogar zur Kontamination des Grundwassers führen, vertreiben Insekten und andere Kleinlebewesen (Artensterben) und zerstören gerade in den ärmeren Ländern nicht selten kleinbäuerliche Strukturen, womit den Menschen nicht geholfen ist.

Merck feiert stolz das 350jährige Bestehen seiner Firma. Die Zahl schmückt das Titelblatt des Geschäftsberichts 2017 (Abb. 4.2.5), das mit dem von Merck erfundenen (und in der Vorlesung thematisierten) Glanzpigment Miraval® Scenic Gold, einem mit einer Metalloxid-Nanoschicht überzogenen Calcium-Aluminium-Borosilicat, veredelt ist. Das Leitmotiv der Firma finden wir prima: *„Immer neugierig, auch in den nächsten 350 Jahren."* Merck betrachtet seine Mitarbeiter – wohl auch die zukünftigen – als *„Curious Minds"*: Wer etwas wirklich wissen will, wird es auch erfahren und dann etwas Kreatives daraus schaffen! Das ist die

Kernidee wissenschaftlicher Forschung und spricht Studierende, die an der Hochschule zum forschenden Lernen angeleitet werden und davon begeistert sind, besonders an.

Im Magazinteil des Geschäftsberichts stellen drei Jungforscherinnen und drei Jungforscher aus unterschiedlichen wissenschaftlich-technischen Disziplinen und verschiedenen Ländern Leitfragen, die von den Mitgliedern des Merck-Vorstandes beantwortet werden. Z.B.: „Die Dinge verbessern sich nur, wenn es Leute gibt, die verrückte Ideen haben und etwas Neues ausprobieren." Oder: „Nur wenn wir wissen, warum wir etwas tun, können wir die großen Herausforderungen unserer Zeit meistern." Im zweiten und dritten Kapitel des Magazins berichten junge Gruppenleiter und Gruppenleiterinnen aus den Forschungsstandorten in Darmstadt, Indien, Japan und den USA, wie „stimulierend es ist, in der Zusammenarbeit die unterschiedlichen Kulturen der Menschen kennenzulernen und von der gegenseitigen Arbeit zu profitieren", wie spannend die Grundlagenforschung zur Behandlung genetisch bedingter Krankheiten mit der (auch an der Hochschule besprochenen) CRISPR-Technik (Clustered Regularly Interspaced Short Palindromic Repeats) ist, und wie anspruchsvoll und lohnend die Entwicklung und Vermarktung von Mavenclad®, einen Medikament gegen Multiple Sklerose, und Bavencio®, einem humanen Antikörper zur Behandlung von Blasenkrebs, ist: „Wir spielen Schach gegen der Krebs. Er ist ein harter Gegner, aber mit einem klugen Zug können wir viel für die Patienten erreichen – und das ist das Wichtigste."

An dieser Stelle sei die Studie einer Sprachwissenschaftlerin zitiert [12]. Annette Leurs hat Geschäftsberichte zahlreicher Firmen sprachlich analysiert und dabei festgestellt, dass Sachinformationen beim Leser am besten in Erinnerung bleiben, wenn sie von Firmenmitarbeitern oder Kunden anschaulich und motivierend erzählt werden. Dies ist im Magazinteil des Merck-Geschäftsberichts bestens gelungen.

Merck präsentiert sich – gerade wegen seiner langen Tradition – als ein geistig junges Unter-nehmen. Das kommt auch in der poppigen Bebilderung des Geschäftsberichts zum Ausdruck (Abb. 4.2.5). Im Leitmotiv der Firma taucht das in die Zukunft weisende Wort „*Imagine*" auf. Soll das gleichzeitig eine Hommage an den großen Visionär (und Träumer) John Lennon sein?

Abbildung 4.2.5: Titelseite des Geschäftsberichtes (links), Leitmotiv (oben) und grenzenloser Forscherdrang des ältesten Chemieunternehmens der Welt im Jubiläumsjahr [13].

Unternehmensführung und Stakeholder

BASF, Bayer und Evonik sind *Aktiengesellschaften*, Merck ist eine *Kommanditgesellschaft auf Aktien*. Der Unterschied besteht im Wesentlichen im Haftungsrecht: Bei einer AG haftet diese lediglich als juristische Person, während bei einer KGaA die Mitglieder der Geschäftsleitung der unbeschränkten persönlichen Haftung unterliegen.

Im Geschäftsbericht wendet sich der Vorstandsvorsitzende in einem Brief an die Aktionäre und erklärt ihnen das Geschäftsjahr, die zukünftigen Planungen und die Entwicklung der Dividende sowie des Aktienkurses (Abb. 4.2.6).

Abbildung 4.2.6: Entwicklung des BASF-Aktienkurses im Jahr 2017 und deutsche, europäische und globale Vergleichsindizes. (Die Ordinate gibt den Wert in Euro an.) [14]

Natürlich gehört zur Unternehmensführung nicht nur die Kontaktpflege mit den Aktionären, sondern mit sämtlichen Stakeholdern. Das sind all diejenigen Menschen und Institutionen, die ein Interesse an der Entwicklung des Unternehmens und Einfluss darauf oder Ansprüche gegenüber dem Unternehmen haben (Abb. 4.2.7). Für Studierende ist es beeindruckend, wie groß dieser Kreis und wie wichtig es deshalb ist, auch über die Kompetenz der Kommunikationsfähigkeit zu verfügen, die neben fachlichen Kompetenzen im Studium ebenfalls vermittelt wird.

Der Brief des Vorstandes wird durch einen Bericht des Aufsichtsrates ergänzt. Welche Aufgaben der Vorstand und der Aufsichtsrat haben, welche Qualifikationen Vorstandsmitglieder besitzen sollen, wie sie gewählt werden und wie die Geschäftsleitung und der Aufsichtsrat kooperieren, wird im Jahresbericht genau erklärt. Für Studierende ist es interessant, dies zu lesen.

Ernüchterung tritt bei den Studierenden ein, wenn sie die Jahresgehälter der Mitglieder des Vorstandes und des Aufsichtsrates erfahren, die offengelegt werden müssen und mit denen von Topkickern aus der Champions League nicht konkurrieren können.

> **Einfluss von Stakeholdergruppen**
>
> - **auf das Geschäft**
>   - *unmittelbar:* Mitarbeiter, Kunden, Lieferanten
>   - *mittelbar:* Verbände, Konkurrenten
> - **auf den Finanzmarkt**
>   - *unmittelbar:* Aktionäre, Kreditgeber (Banken)
>   - *mittelbar:* Analysten, Ratingagenturen
> - **auf Regulatorisches**
>   - *unmittelbar:* Gesetzgeber, Behörden
>   - *mittelbar:* Politik
> - **auf die Gesellschaft und das Umfeld**
>   - *unmittelbar:* Nachbarn
>   - *mittelbar:* firmenexterne Wissenschaft, Nichtregierungsorganisationen, Medien

Abbildung 4.2.7: Stakeholdergruppen und ihr unmittelbarer bzw. mittelbarer Einfluss auf ein Unternehmen.

Betriebswirtschaftliche Aspekte

Gelegentlich wird kritisiert, dass in der Schule zu wenig betriebswirtschaftliche Kenntnisse vermittelt werden. Falls Studierende in dieser Beziehung Defizite aufweisen, lohnt sich für sie die Lektüre eines Geschäftsberichts. Denn darin werden Bilanzierungs- und Bewertungsmethoden genau erläutert. Wie bestimmt man das Vermögen der Firma? Wie werden Sachanlagen und Vorräte bewertet? Welche Rückstellungen sind für die Altersversorgung der Mitarbeiter oder Rechtsstreitigkeiten (vielleicht auch Strafzahlungen) zu treffen? Was bedeutet Cashflow? Etc.

Am häufigsten kommt der Begriff EBIT (Earnings Before Interest and Taxes) vor [15]. Er steht für das Unternehmensergebnis vor Zinsen und Steuern und ist eine Kennzahl aus der Gewinn- und Verlustrechnung. Das EBIT wird auch als operatives Ergebnis bezeichnet und berücksichtigt alle Aufwendungen und Erträge vor dem Finanzergebnis, den Ertragssteuern und den außerordentlichen Positionen. Dies soll eine hohe Vergleichbarkeit verschiedener Unternehmen, auch international, ermöglichen, da Unterschiede bei der Finanzierung oder steuerlichen Behandlung das Ergebnis häufig verzerren.

Zur Berechnung des EBIT nach dem Gesamtkostenverfahren gemäß Handelsgesetzblatt siehe Abbildung 4.2.8. Die EBIT-Marge ist das Verhältnis von EBIT zu Umsatz. Letzter wird auch als Erlös bezeichnet und ist der Gegenwert, den ein Unternehmen in Form von Geld oder Forderungen durch den Verkauf seiner Waren oder Dienstleistungen sowie aus Vermietung oder Verpachtung erhält.

Im Geschäftsbericht kommentieren die Firmen die betriebswirtschaftlichen Zahlen im Vergleich zu denen des Vorjahres und erstellen Prognosen für das kommende Jahr. So wird im BASF-Bericht beispielsweise erklärt, dass die Inbetriebnahme einer neuen Anlage anfangs natürlich mit Investitions- und Fixkosten verbunden gewesen sei, was zu roten Zahlen geführt habe, dass aber bereits in Kürze mit der jetzt laufenden Produktion Gewinne zu erwarten seien.

Ein Brand in einer Produktionsanlage habe zu einem kurzzeitigen Produktionsausfall geführt und negativ zu Buche geschlagen; solche Unfälle seien möglichst zu vermeiden, was aber nie mit 100%iger Sicherheit gelingen kann.

Umsatzerlöse

  +/− Bestandsveränderungen an fertigen und unfertigen Erzeugnissen
  + andere aktivierte Eigenleistungen
  + sonstige betriebliche Erträge
  − Materialaufwand
  − Personalaufwand
  − sonstige betriebliche Aufwendungen

= **EBITDA** (Earnings Before Interests, Taxes, Depreciation and Amortisation)

  − Abschreibungen auf Anlagevermögen

= **EBIT** (Earnings Before Interest and Taxes)

Abbildung 4.2.8: Berechnung der Kennzahlen EBIT und EBITDA nach dem Gesamtkostenverfahren. [15]

Weltwirtschaftliche und politische Aspekte

Bei der Lektüre der Geschäftsberichte wird den Studierenden bewusst, wie international vernetzt die Unternehmen und deshalb auch in vielerlei Hinsicht abhängig sind.

Hohe Risiken bestehen für die Firmen, wenn sie Rohstoffe aus Krisenregionen beziehen. Die BASF hat beispielsweise nach dem Abschluss des Atomabkommens mit Iran dort Produktionsanlagen in Betrieb genommen. Was geschieht nun mit dem angelaufenen Iran-Geschäft, nachdem die USA das Atomabkommen einseitig gekündigt haben? Auch die Beziehungen zwischen der Europäischen Union, den USA und Russland sind wegen der Invasion Russlands auf der Krim-Halbinsel und in der Ukraine belastet. Was bedeutet das für den Ausbau der Gas-Pipeline Nord Stream 2 durch die Ostsee, woran die BASF in hohem Maße für ihre Gasversorgung interessiert ist und deshalb eng mit dem russischen Unternehmen Gazprom zusammenarbeitet, das wiederum alleiniger Aktionär der Projektgesellschaft Nord Stream 2 AG ist?

Der größte Wachstumsmarkt der Welt liegt in China. Das dortige Wirtschaftswachstum boomt aber nicht mehr ganz so stark wie in den Vorjahren. Das hat unwillkürlich einen Einfluss auf die Geschäftsbeziehungen zu den deutschen Chemiefirmen.

Welche Konsequenzen haben Zollschranken im Handel zwischen den USA und der EU? Wie sieht es nach dem Brexit aus? Beeinträchtigen die Unabhängigkeitsbestrebungen Kataloniens das Geschäft mit Spanien?

Wie kann man die Währungspolitik der Europäischen Zentralbank und Währungsschwankungen einschätzen? Bayer berichtet, im Jahr 2017 aufgrund negativer Währungseffekte Umsatzeinbußen von 490 Millionen Euro erlitten zu haben.

Großkunden der Chemiefirmen sind die Automobil- und Bauindustrie sowie die Landwirtschaft. Was bedeuten ein Boom oder eine Krise in diesen Branchen für das Chemiegeschäft?

Schließlich müssen die Firmen mit Produktionsausfällen durch (menschengemachte) Wirbelstürme wie Harvey in den USA rechnen.

Angehende Chemieingenieure und -ingenieurinnen sollten regelmäßig Zeitung lesen und Nachrichten schauen, um die Weltwirtschaft und -politik und die Bedeutung der Chemischen Industrie darin zu verstehen.

Qualität, Sicherheit, Natur- und Umweltschutz

Vorlesung über Qualitätsmanagement, Sicherheits- und Umwelttechnik, regelmäßige Sicherheitsbelehrungen und umweltgerechte Gestaltung der Praktika sind integrale Bestandteile des Studiums der Chemischen Technologie. Viele der vermittelten Lehrinhalte finden die Studierenden in den Geschäftsberichten wieder, stellen darüber hinaus aber auch weitergehendes Engagement der Firmen zur Produktsicherheit und zum Umweltschutz fest.

Managementsysteme in Chemiefirmen orientieren sich an internationalen Standards wie z.B. der ISO 9001 oder Regeln zu „Good Manufacturing Practices" (GMP). Die Überprüfung erfolgt durch Audits von internen Fachleuten, aber auch von Aufsichtsbehörden und externen Gutachtern. Eine wichtige gesetzliche Regelung ist die europäische Chemikalienverordnung REACH (Registration, Evaluation, Authorisation and Registration of Chemicals). Darüber hinaus gibt es Gesetze zum Biodiversitäts- und Tierschutz.

Als großes Pharmaunternehmen beteiligt sich Bayer an Projekten der World Health Organisation (WHO) zur Untersuchung der ökotoxischen Wirkung von Arzneimittelrückständen im Ab- und Trinkwasser und ist Koordinator des europäischen Projektes „Intelligence-led Assessment of Pharmaceuticals in the Environment", das nach neuen Möglichkeiten für eine verbesserte Umweltrisikobewertung sucht. Als Agrarunternehmen schult Bayer seine Kunden im fachgerechten Umgang mit Saatgut- und Pflanzenschutzmitteln. Dazu dient auch ein digitales Geoinformationssystem, wobei hochauflösende Karten standortspezifische Risiken darstellen und Vorschläge für bewährte Vorgehensweisen zur landwirtschaftlichen Bearbeitung unterbreiten. Da die von Bayer hergestellten (und mittlerweile weitgehend verbotenen) Neonikotinoide in Verdacht stehen, zum Bienensterben beizutragen, widmet sich Bayer in einem Bee-Care-Programm der Gesundheit der für ein Ökosystem so wichtigen Insekten.

Die BASF betont in ihrem Geschäftsbericht, wie bedeutend Prozessoptimierungen in Hinblick auf Arbeitssicherheit und Umweltschutz sind. Beispielsweise verbessert der neue Katalysator Borocat® die Erdölaufbereitung dahingehend, dass weniger Olefine anfallen und die Ausbeute an Benzin, Diesel und Flüssiggas erhöht wird. Des Weiteren ermöglicht die Digitalisierung eine Effizienzsteigerung. Dies kommt insbesondere beim neuen Steamcracker der BASF, dem Herz der Produktion, zur Geltung, der über mehrere tausend Sensoren zur vollautomatischen Steuerung und Überwachung verfügt.

Es ist völlig ok, dass Merck – wie die anderen Firmen auch – die internationale Verantwortung betont. Wenn es aber im Geschäftsbericht heißt, dass die *Access to Heath*-Strategie auf *Availability*, *Affordability*, *Awareness* und *Accesibility* beruht und *Healthcare*-Produkte von einen *Global Chief Medical Officer* verantwortet werden, der von einem *Medical and Ethic Board* unterstützt wird und dass sich ein *Safety & Labelling Commitee* um *Global Patient Safety*- sowie *Global Product Safety*-Aufgaben kümmert und wenn schließlich den Mitarbeitern *benefit4me*- oder *Be Safe*-Programme angeboten werden und ein firmeninterner *Safety Excellence Award* verliehen wird, ist die Akkumulation englischer Wörter recht nervig.

Chancen und Risiken

Jeder Kauf und Verkauf, jede Positionierung auf dem internationalen Markt und jede strategische Entscheidung birgt Chancen für eine Firma in sich, aber auch Risiken. Im Geschäftsbericht gibt es deshalb ein Kapitel, in dem unter dem Gesichtspunkt der zukünftigen Wirtschaftlichkeit des Unternehmens Chancen und Risiken gegenübergestellt und realistisch interpretiert werden. Als Hilfsmittel kann dazu eine Matrix verwendet werden, in die ein Ereignis, z.B. die Erschließung eines neuen Absatzmarktes (Chance) oder der Ausfall einer Produktionsanlage (Risiko), in Hinblick auf seine Eintrittswahrscheinlichkeit und seine dann möglichen finanziellen Auswirkungen für die Firma eingetragen wird (Abb. 4.2.9). Sinngemäß gilt das Sprichwort: „Wer viel riskiert, kann viel gewinnen oder verlieren." Risiken, die ein Unternehmen in den Ruin treiben können, sind selbstverständlich zu vermeiden.

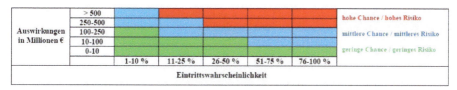

Abbildung 4.2.9: Chancen- und Risikomatrix aus dem Geschäftsbericht von Evonik. [3]

Risiko-Abschätzungen kennen die Studierenden auch aus dem Laboralltag, und zwar in Form von Gefährdungsbeurteilungen. Dazu zwei Beispiele. Eine Grignardreaktion ist wegen ihrer Exothermie und der extremen Brennbarkeit des Lösungsmittels grundsätzlich gefährlich; da wir die Ansatzgröße aber so klein halten, dass nur 20 Millilitern Diethylether erforderlich sind, ist das Brandrisiko sehr gering. (Und es ist auch noch nie zu einem Brand gekommen.) Wir führen im Praktikum einen Fotoisomerisierungsversuch mit giftigem Azobenzol durch, benötigen dafür aber nur maximal ein Milligramm Substanz, sodass eine Vergiftung so gut wie ausgeschlossen ist.

Soziales und Kultur

Studierende sehen die Firmen als ihre zukünftigen Arbeitgeber und sind deshalb sehr daran interessiert, was ihnen – neben fachlich motivierenden Aufgaben – sonst noch geboten wird. Das ist recht viel, wie im Geschäftsbericht zu lesen ist.

Es gibt attraktive Weiterbildungs-, Freizeit- und Kulturangebote (Sport, Musik, Merck Philharmonie) sowie Möglichkeiten zum Arbeiten in Gleitzeit, Teilzeit oder zuhause, was die Kombination von Erwerbstätigkeit und Privatleben erleichtert. Firmeneigene Kindertagesstätten und Horte sind heute selbstverständlich.

Darüber hinaus unterstützen die Unternehmen in hohem Maße das Bildungswesen (natürlich auch, um unter Schülern, Studierenden und Jungwissenschaftlern qualifizierten Nachwuchs zu rekrutieren). Hier sind an erster Stelle die vielseitigen inhaltlichen und finanziellen Fördermaßnahmen für den naturwissenschaftlichen Unterricht an Schulen zu erwähnen, z.B. die Bereitstellung von speziellen Lehrmaterialien und Experimentierkoffern oder die Ausstattung von Chemieräumen, ergänzt durch Aktionstage wie „Wunschberuf im Praxistest", Durchführung von Jugend-forscht-Wettbewerben oder Betreiben von Schülerlaboren, wo Chemie- oder Biologieleistungskurse Experimentiertage buchen und unter fachlicher Anleitung erleben dürfen.

Studierende können bei den Firmen auf Basis von Werksverträgen arbeiten und so ihr Studium finanzieren oder Berufspraktika absolvieren und Bachelor- und Masterarbeiten schreiben, womit die Firmen den Hochschulen einen erheblichen Teil der Ausbildung abnehmen, gleichzeitig aber auch selbst motivierte junge Arbeitskräfte erhalten. Diese Symbiose funktioniert bestens und macht den Praxisbezug eines Studiums an einer Fachhochschule aus. Evonik hat ein Studentenbindungsprogramm „Evonik Perspectives" entwickelt, um Praktikanten, die einen besonders positiven Eindruck hinterlassen haben, durch Kontaktpflege und regelmäßige Informationsbriefe Stellenausschreibungen zugänglich zu machen und berufliche Perspektiven aufzuzeigen.

Die Firmen betreiben zusammen mit benachbarten Hochschulen auch duale Studiengänge. Die 8-10 Studierenden, welche Merck, Evonik und Boehringer-Ingelheim jedes Jahr nach einem ambitionierten Auswahlprozess zum dualen Chemiestudium an die Hochschule Darmstadt schicken, schneiden bei Klausuren im Durchschnitt um mehr als eine Note besser ab als unsere anderen Studierenden. Die duale Ausbildung ist sozusagen unsere Elite-Schule; die exzellenten Leistungen kommen nicht zuletzt daher, dass die dual Studierenden in ihren Firmen persönliche Mentoren haben und in studienbegleitenden Kleinprojekten in den Forschungszentren und Betrieben von kompetenten und praxiserfahrenen Wissenschaftlern und Ingenieuren angeleitet werden. Die dual Studierenden erhalten nach ihrem Bachelorabschluss, der bislang immer in der Regelstudienzeit erfolgte, üblicherweise eine Anstellung.

Die Firmen kooperieren mit Hochschulen selbstverständlich auch im Rahmen gemeinsamer Forschungsprojekte, fördern Postdoc-Zentren und Start Up-Unternehmen und stiften gelegent-lich Professuren und renommierte Preise. Beispielsweise wurde der diesjährige Emanuel-Merck-Preis an Prof. Dr. Jennifer Doudna aus Berkeley, eine der beiden Erfinderinnen der CRISPR-Cas-Genoneditierungstechnik (und Chemienobelpreisträgerin 2020), verliehen.

Ethik

Ein zertifiziertes Compliance (Regelkonformität) Management System stellt sicher, dass Gesetze, Richtlinien und Selbstverpflichtungen, z.B.

- gegen Korruption, Kartelabsprachen und Patentverletzungen,
- zur Produktsicherheit, gegen Produktpiraterie und -fälschungen,
- gegen den Missbrauch von Arzneimittel, Drogen und Pflanzenschutzmitteln,
- zur ethisch korrekten Bewerbung von Produkten,
- zum Daten-, Arbeits- und Umweltschutz,
- zur Gleichbehandlung oder zum kooperativen Führungsstil,
- zum Schutz der Menschenrechte und gegen Kinderarbeit
- ...

eingehalten, Regelverstöße vermieden bzw. frühzeitig erkannt und ggf. angezeigt und geahndet werden.

Es besteht in der Tat Handlungsbedarf, insbesondere was den fairen internationalen Handel mit den ärmeren Ländern betrifft. Bayer berichtet über die Bewertung von Lieferanten durch Online-Befragungen und Audits bezüglich menschenwürdiger und sicherer Arbeitsbedingungen, Einhaltung der Menschenrechte, Beachtung des Verbots von Kinderarbeit sowie Umweltschutz und dass dabei 3 % aller Lieferanten ein kritisches Ergebnis aufwiesen. Bei der Gewinnung von Konfliktmineralien, z.B. den für die Elektronikindustrie wichtigen und aus der Republik Kongo stammenden Tantal- und Cobaltverbindungen, bescheinigt Bayer nur 60 % seiner Lieferanten einen „conflict free"-Status. Und über Kinderarbeit berichten Bayer und BASF bei der Saatgutfertigung bzw. der Gewinnung von Glimmer (für die Herstellung von Perlglanzpigmenten) in Indien.

Im Rahmen des sozial- und kulturwissenschaftlichen Begleitstudiums können unsere Studierenden Seminare über Ethik besuchen. Diese sollten zu Pflichtveranstaltungen werden.

Schluss

Unabhängige Wirtschaftsprüfer erläutern, wie sie die von den Firmen vorgelegten Dokumente begutachtet haben und bescheinigen allen Firmen, dass sich die Geschäftsberichte über das Jahr 2007 am Rahmenwerk des International Integrated Report Councils orientieren, den Vorschriften entsprechen und dass es nichts zu bemängeln gibt. Damit sind Merck, Evonik, BASF und Bayer für 2018 quasi reakkreditiert. Das kann als Gütesiegel angesehen werden. Als unter dem zunehmendem Evaluations- und Akkreditierungswahn, der auch das deutschen Hochschulsystems befallen hat, Leidende [11] (s. auch Kap. 2.3), möchten wir aber einen gewissen Unmut über die Geschäftsberichte nicht verhehlen, nämlich dass sie selbstverständliche Dinge übermäßig positiv darstellen und Negatives vorsichtig kaschieren, also insgesamt ein zu rosiges Bild vermitteln, dass den vielen Berichten in den Medien und in der Fachliteratur über die Chemische Industrie widerspricht.

Trotzdem finden wir die Geschäftsberichte für die Lehre an der Hochschule sehr bereichernd. Sie vermitteln das Bild, wie die Chemie-Unternehmen sich selbst sehen, und regen Studierende zum kritischen Nachdenken an. Und kritische Köpfe sind es, welche unsere Gesellschaft am dringendsten braucht. Wenn sie dann auch noch neugierig und strebsam sind, kann die Welt nicht nur nachhaltig stabilisiert, sondern tatsächlich etwas besser werden.

Literatur zu Kapitel 4.2

[1] https://de.wikipedia.org/wiki/Gesch%C3%A4ftsbericht (2.2.2021)
[2] http://gb.merckgroup.com/2017/ (2.2.2021)
[3] http://corporate.evonik.de/downloads/corporate/bpk/evonik_fb2017_d.pdf (2.2.2021)
[4] https://report.basf.com/2017/de/ (2.2.2021)
[5] http://www.geschaeftsbericht2017.bayer.de/ (2.2.2021)
[6] https://de.wikipedia.org/wiki/Merck_KGaA (2.2.2021)
[7] https://de.wikipedia.org/wiki/Evonik_Industries (2.2.2021)
[8] https://de.wikipedia.org/wiki/BASF (2.2.2021)
[9] https://de.wikipedia.org/wiki/Bayer_AG (2.2.2021)
[10] V. Wiskamp, J.-A. James-Okojie, R. E. Kamguia Wandja, K. Klaus, A. Lülsdorf Martinez, K. Tsehay: Umweltschutz – Quo Vadis? Ökoklassiker im Seminar neu gelesen. – CLB 68 (2017), Heft 11-12, S. 494-504
[11] V. Wiskamp: Motivation der Lehrenden geht flöten – Über Chaos und Evolution im Hochschulsystem. – CLB 66 (2015), Heft 9, S. 424-428
[12] A. Leurs: Geschäftsberichte – Können narrative Strukturen die Memorabilität steigern? – Dissertation, Heinrich-Heine-Universität Düsseldorf, 2006; https://d-nb.info/979445361/34 (2.2.2021)
[13] Dank an die Firma Merck für die Erlaubnis zum Kopieren des Covers des Geschäftsberichtes 2017 und anderer Zeichnungen in der Abbildung 4.2.5.
[14] Dank an die BASF für die Erlaubnis zum Kopieren der Abbildung 4.2.6 aus dem Geschäftsbericht 2017.
[15] https://de.wikipedia.org/wiki/EBIT (2.2.2021)

Danksagung zu Kapitel 4.2

Dank gebührt den Studierenden der Chemischen Technologie Juliet-Amarachi James-Okojie, Hans-Martin Körber und Svenja Michaela Kohlhaas, die im Rahmen ihres Wahlpflichtprogramms am hier beschriebenen Seminar teilgenommen und einzelne Kapitel bearbeitet haben.

4.3 Wider das Dogma „Wirtschaft muss wachsen"

Dieses Kapitel wurde bereits in leicht veränderter Form (als Buchrezension) publiziert in Chemie in Labor und Biotechnik (CLB) 68 (2017), Heft 11-12, S. 548-549.

Warum sollen (angehende) Naturwissenschaftler die Bücher von Anti-Mainstream-Ökonomen [1-3] lesen (Abb. 4.3.1), die meinen, dass die Wirtschaft in Anbetracht schwindender Ressourcen, zunehmender Umweltzerstörung und sozialer Spannungen nicht weiter wachsen dürfe, dass Wohlstand auch ohne Steigerung des Bruttoinlandsproduktes (BIP) gesichert werden könne und dass der jetzige Wohlstand der großen Industrienationen im Wesentlichen auf einer Plünderung der Dritten Welt beruhe?

Abbildung 4.3.1: Abrechnung mit dem Wachstumswahn – drei Anti-Mainstream-Ökonomen liefern überzeugende Argumente dafür, dass für eine gesunde Zukunft gilt: „Weniger ist mehr."

Nun, Naturwissenschaftler wissen, wie knapp manche Rohstoffe sind, z.B. das für die Unterhaltungs- und Kommunikationstechnik wichtige Coltan, um das es heftige Konflikte gibt. Sie verstehen auch, warum intensive Landwirtschaft kleinbäuerliche Strukturen zerstört und Artensterben verursacht, um beispielsweise glyphosatresistente Sojabohnen für die Massentierhaltung und den Fleischkonsum bereitzustellen. Schließlich kennen sie das Entropiegesetz, nach dem geordnete Strukturen in einem System nur entstehen, wenn ein Entropiezoll an die Umgebung abgeführt wird. Übertragen auf die menschliche Gesellschaft bedeutet dies, dass es Wohlstand innerhalb einer Stadtmauer nur mit einer Mülldeponie außerhalb gibt (K. Lucas), oder – schärfer formuliert –, dass der Reichtum der Ersten Welt die Armut der Dritten Welt zur Folge hat. Schließlich erleben wir, wie sich die Natur bereits rächt, u.a. mit schmelzendem Eis oder tobenden Hurrikans.

Hier setzen die drei Buchautoren Serge Latouche, Nico Paech und Tim Jackson an. Sie nennen eine immer weiter wachsende Weltwirtschaft irrsinnig, nicht nur, weil sie ökologisch-analphabetisch sei, sondern auch, weil zunehmender Wohlstand ab einem Mindestmaß die Menschen gar nicht glücklicher mache, und begründen dies u.a. mit der enormen Zunahme des Gebrauchs von Antidepressiva.

Der Franzose Latouche, der von seinem deutschen Kollegen Paech als die Gallionsfigur des französischen wachstumskritischen Aufbegehrens bezeichnet wird, schlägt einen

Wirtschaftswandel auf Basis der „großen R" vor: Reevaluation, Rekonzeptionalisierung, Restrukturierung, Redistribution, Relokalisation, Reduktion, Recycling. Mit „Degrowth oder Barbarei!" bringt Latouche die Absurdität des Konsumrausches auf den Punkt und fordert Widerstand. Damit steht er in der Tradition der französischen Existentialisten. Ist sein Ausruf der Beginn einer kulturellen Revolution?

Paech wird konkreter, wie eine Postwachstumsgesellschaft aussehen könne. Ihm ist eine Entschleunigung wichtig mit verkürzter Arbeitszeit und gerechter Verteilung der Arbeit, damit die Menschen die Freizeit haben, um ihr Leben allgemein und deutlich weniger Konsumgüter, diese aber intensiver und länger, zu genießen. Er ruft zu mehr ehrenamtlichen Tätigkeiten und zum gemeinsamen Nutzen beispielsweise eines Autos oder Rasenmähers durch mehrere Personen auf, was nicht nur Ressourcen und Geld spart, sondern die Menschen auch näher zusammen bringt. Mehr Glück ist für Paech entscheidend, nicht ein höheres BIP.

Das Buch von Jackson ist umfangreicher als die beiden anderen Bücher und eine Überarbeitung einer 2009 erschienenen Erstfassung. Der Engländer begründet, warum es ein heute von vielen Seiten vorgeschlagenes grünes und nachhaltiges Wirtschaftswachstum gar nicht geben könne, weil es nämlich nicht ausreiche, Prozesse effizienter zu gestalten oder durch bessere zu ersetzen; vielmehr müsse auch deutlich *weniger* produziert und konsumiert werden. Dem stimmen wir aufgrund unserer analogen Erfahrung bei der umweltfreundlicheren Gestaltung von Chemiepraktika zu: Nicht in erster Linie die Optimierung einer Synthesevorschrift und der Ersatz einer giftigen Chemikalie durch eine ungiftige haben entscheidend zur weniger Abfall in unseren Praktika beigetragen, sondern die Verkleinerung der Ansatzgrößen. Heute haben wir nur noch etwa ein Zehntel der Abfallmenge wie vor der Praktikumsreform.

Naturwissenschaftler sollten die Gedanken der drei Wirtschaftswissenschaftler ernst nehmen, auch wenn manche Idee nicht ausgereift und der Altruismus der Menschen im Vergleich zu ihrem Egoismus zu hoch gewertet erscheint. In den Doppelstudiengängen Wirtschaftschemie und Wirtschaftsingenieurwesen muss die Lektüre der drei Bücher Pflicht sein.

Literatur zu Kapitel 4.3

[1] S. Latouche: Es reicht – Abrechnung mit dem Wachstumswahn. –
oekom verlag, München 2015
[2] N. Paech: Befreiung vom Überfluss – auf dem Weg in die Postwachstumsökonomie. –
oekom verlag, München 2012
[3] T. Jackson: Wohlstand ohne Wachstum – Grundlagen für eine zukunftsfähige Wirtschaft. –
oekom verlag, München 2017

Danksagung zu Kapitel 4.3

Dank gebührt der Studentin Senayit Gebrekidan, die im Rahmen einer Projektarbeit eine zusammenfassende Rezension zu den hier vorgestellten Büchern geschrieben hat.

5 Umweltschutz – Quo Vadis?

Ökoklassiker im Seminar neu gelesen

Dieses Kapitel wurde bereits in leicht veränderter Form publiziert in
Chemie in Labor und Biotechnik (CLB) 68 (2017), Heft 11-12, S. 494-504.

Warum soll man Klassiker lesen? Man muss sie interpretieren und dabei auch die Zeit berücksichtigen, in der sie geschrieben wurden. Dann muss man herausfinden, was die Werke uns heute sagen. Wiederholt sich die Geschichte? Welche ewigen Wahrheiten vermitteln die Werke? In einem Chemie-Seminar haben wir uns mit den Ökoklassikern „Der stumme Frühling" [1] und „Die Grenzen des Wachstums" [2] (Abb. 5.1) sowie einigen aktuellen Büchern mit Bezug darauf beschäftigt. *Fazit:* Die Lektüre der knapp 60 bzw. 50 Jahre alten Werke ist auch für die heutige Studierendengeneration inspirierend.

Abbildung 5.1: Die vielleicht berühmtesten Öko-Klassiker – „Der Stumme Frühling" [1] von Rachel Carson [3] und „Die Genzen des Wachstums" [2] von Dennis Meadows [4] und seinem Team.

Persönliche Vorbemerkungen

1973, nur ein Jahr nach dem Erscheinen von „Die Grenzen des Wachstums", machte mein Erdkundelehrer – ich war damals in der elften Klasse – diesen ersten Bericht an den Club of Rome zum Unterrichtsthema. Aufgewachsen in der Zeit des Wirtschaftswunders wurde mir bewusst, dass die Menschheit die Rohstoffe der Erde nicht weiter im bisherigen Maße ausbeuten dürfe, dass alle natürlichen Ressourcen limitiert seien und dass die Natur sich rächen werde, wenn die Menschheit zu sehr wachse und die Umwelt immer mehr verschmutze. „Der stumme Frühling" wurde mir erst später präsentiert – ich war bereits Chemie-Student –, und zwar von Gleichaltrigen aus meiner damaligen Clique, die zu den Ur-Grünen gehörten, mich als Giftmischer beschimpften und vorwurfsvoll fragten, wie man denn Chemie studieren könne. Die Argumente von R. Carson überzeugten mich. Da wurde mir klar, dass die Chemie janusköpfig ist: Sie kann die Welt vergiften, aber auch retten. Heute beginne ich Studienberatungen mit der Behauptung, der wahre Öko-Freak müsse Chemieingenieur werden – er habe dann nämlich eine hohe Fachkompetenz, um Umweltschutz zu leisten, weil fast alle Methoden des Recyclings, der Wasser-, Luft und Bodenreinigung etc. auf chemischen Prinzipien beruhen.

Chemie- und Umweltbildung – das wurde mein fachdidaktisches Hauptarbeitsgebiet. Es ist schön zu sehen, wie positiv sich Maßnahmen zum Umweltschutz in den letzten 30 Jahren entwickelt haben. Aber das zu lehren, bereitet dennoch Frustration. Wie glaubwürdig bin ich als Professor, wenn ich die optimierten Methoden zum Kunststoffrecycling bespreche und die Medien gleichzeitig von Plastikmüll berichten, der ins Meer gekippt und dort ca. 500 Jahre lang das Ökosystem belasten wird? Was nützt es, den Studierenden zu erläutern, dass Stickstoffoxid-Abgase aus einem Dieselmotor mit Harnstoff zu Distickstoff und Wasser entgiftet werden können, wenn die Prozesssteuerung aus Kostengründen abgeschaltet wird? Was halten Auszubildende von meiner Erklärung, dass Biosprit bei seiner Verbrennung genau so viel Kohlenstoffdioxid freisetzt, wie die Pflanzen, aus denen er gewonnen wird, bei ihrer Fotosynthese der Atmosphäre zuvor entzogen haben, wenn dann aber zum Anbau der Pflanzen Urwald gerodet und damit die wichtigste CO_2-Senke, die wir auf der Erde haben, vernichtet wird und zusätzlich noch Ackerflächen verloren gehen, die zur Ernährung der steigenden Weltbevölkerung dringend nötig wären?

Mein Ärger wird durch die zunehmende Bürokratisierung von Sicherheit und Umweltschutz an meiner Hochschule (und nicht nur hier) verstärkt. Man achtet streng darauf, dass ein 30-ml-Fläschchen mit Nickelsulfat mit einem Etikett zugeklebt ist, auf dem alle relevanten Gefahrensymbole und H- und P-Sätze stehen, sodass die Studierenden die charakteristische grüne Farbe der Verbindung gar nicht mehr wahrnehmen, und man überprüft minutiös, ob die Abzüge ihre vorgeschriebene Absaugleistung erbringen. Wenn unsere Studierenden den Geruch von Ammoniak dann doch noch kennen, habe ich als Laborleiter versagt und die Auszubildenden entweder nicht ausreichend vor dem Einatmen des Gases gewarnt, oder nicht sichergestellt, dass die Abzüge richtig funktionieren.

Aufgrund meiner hier geschilderten Eindrücke werden die Leser dieses Kapitels verstehen, warum mir J. Randers sympathisch ist. Er hat als junger Doktorand im Team von D. Meadows gearbeitet und 2012, also vierzig Jahre nach dem Erscheinen von „Die Grenzen des Wachstums" einen weiteren Bericht an den Club of Rome verfasst unter dem Titel „2052" [5]. Auf der Basis eines vierzigjährigen Rückblicks wagt Randers den Ausblick, wie die Welt in vierzig Jahren aussieht – nicht katastrophal, aber düsterer als heute. Seinen bissigen und ironischen Äußerungen merkt man die Frustration an, dass seine lebenslangen Mahnungen für ein nachhaltiges Leben auf der Erde nur bedingt wahrgenommen worden sind und dass der Menschheit nun die Zeit für die nötige Umkehr bereits weggelaufen ist.

Sind Umweltpädagogen die Don Quichotes der heutigen Zeit, die vergeblich gegen die Windmühlen der Ignoranz vieler konsumorientierter Menschen und die kriminellen Machenschaften nicht weniger ankämpfen? Doch aufzugeben ist keine Option. Deshalb habe ich im hier beschriebenen Seminar versucht, durch die Lektüre der beiden Ökoklassiker, die meinen Studierenden zuvor unbekannt waren, die Notwendigkeit des Umweltschutzes aus der Historie heraus neu zu begründen.

Verlauf des Seminars

Nachdem die Studierenden „Der stumme Frühling" und „Die Grenzen des Wachstums" gelesen hatten, haben wir uns gemeinsam im Internet einen Vortrag von J. Randers [6] und ein Interview mit U. Bardi [7] über dessen Bericht an den Club of Rome „Der geplünderte Planet" [8] angeschaut, in dem der italienische Chemie-Professor Engpässe bei Mineralien und fossilen Rohstoffen konkretisiert. Dann wurden in Einzelreferaten Themen präsentiert, die dem vertieften fachwissenschaftlichen – auch interdisziplinären – Verständnis der vorwiegend populärwissenschaftlich geschriebenen Bücher dienten. Gemeinsam wurden ergebnisoffen die Fragen diskutiert: Umweltschutz – quo vadis? Wie sieht die Zukunft der Menschheit aus?

Synthesen, Strukturen und Wirkungsmechanismen einiger klassischer Pflanzenschutzmittel

R. Carson geht auf die Synthesen der Pflanzenschutzmittel nicht ein. Sie basieren auf interessanten Elementarreaktionen, die im Grundstudium der Organischen Chemie behandelt werden. In der Abbildung 5.2 haben wir dazu mögliche Klausurfragen formuliert. Die Lösungen stehen in [9-16].

Klausuraufgaben zu den Synthesen und Strukturen einiger Pflanzenschutzmittel

- DDT wird aus Chloralhydrat und Chlorbenzol hergestellt. Formulieren Sie den Reaktionsmechanismus. Wieso können verschiedene Isomere des DDT gebildet werden? Welches Isomere ist das Hauptprodukt und wieso?
- Der Abbau von DDT beginnt mit der Bildung von DDD oder DDE. In beiden Fällen entsteht außerdem Chlorwasserstoff. Zeichnen Sie die Strukturformeln der beiden DDT-Metabolite.
- Die Reaktion von Hexachlorcyclopentadien mit Norbornadien führt zu Aldrin. Um welchen Reaktionstyp handelt es sich? Zeichnen Sie die Strukturformel des Produktes.
- Aldin wird in der Natur zu Dieldrin metabolisiert. Diese Verbindung entsteht auch, wenn man Aldrin mit Peressigsäure umsetzt. Formulieren Sie den Reaktionsmechanismus und zeichnen Sie die Strukturformel von Dieldrin.
- Begründen Sie, warum beim Dieldrin eine krebserzeugende Wirkung zu erwarten ist.
- Endrin ist ein Stereoisomer von Dieldrin. Es wird über die folgende Vierstufensynthese gewonnen: 1. Umsetzung von Hexachlorcyclopentadien mit Vinylchlorid, 2. HCl-Eliminierung, 3. Reaktion mit Cyclopentadien, 4. Reaktion mit Peressigsäure. Beschreiben Sie den Reaktionsweg mit Strukturformeln.
- Bei der Reaktion von Hexachlorcyclopentadien mit Cyclopentadien entsteht Chlorden. Was ist das für eine Reaktion? Chlorden ist ein industrielles Zwischenprodukt und wird in seiner allylischen Position zu dem Pflanzenschutzmittel Heptachlor chloriert. Als Nebenprodukt entsteht dabei das acht Chloratome enthaltene *trans*-Chlordan. Zeichnen Sie die Strukturformeln von Chlorden, Heptachlor und Chlordan.
- Parathion entsteht aus Diethylthiophosphorylchlorid (($C_2H_5O)_2P(S)Cl$) und Natrium-*p*-nitrophenolat. Zeichnen Sie die Strukturformel von Parathion.
- Malathion entsteht aus Dimethyldithiophosphorsäure (($CH_3O)_2P(S)SH$) und dem Diethylester von Maleinsäure. Zeichnen Sie die Strukturformel von Malathion.

Abbildung 5.2: Mögliche Klausurfragen zur den Synthesen und Strukturen einiger Pflanzenschutzmittel.

Die molekularen Giftwirkungen der chlororganischen Verbindung DDT (<u>D</u>ichlor<u>d</u>iphenyl-<u>t</u>richlorethan) und des Thiophosphorsäureesters Parathion waren R. Carson noch nicht bekannt. Heute können Studierende die Wirkungsmechanismen der beiden Biozide mit ihrer in der Biochemie-Vorlesung erworbenen Kenntnis über die Signaltransduktion zwischen zwei Nervenzellen [15, 16] nachvollziehen.

In der Membran der Nervenzellen von Insekten – auch der malariaübertragenden Anophelesmücke – gibt es spannungsgesteuerte Kanäle, durch die Natriumionen nach der Auslösung eines Nervenimpulses strömen. Um die Aktivierung der Nervenzelle zu beenden, müssen die Natriumkanäle wieder geschlossen werden. Dies verhindert DDT, indem es sich mit einem

Molekülteil in den langestreckten hydrophoben Hohlraum des Kanals einlagert. Aufgrund dieser Signalübertragungsstörung beginnen die an die Nervenzellen grenzenden Muskelzellen zu zittern, nach einiger Zeit werden sie gelähmt und das Insekt stirbt (knockdown) [9].

Das 2,4′-Isomere des DDT, das im technischen Produkt neben dem 4,4′-Hauptisomeren vorkommt, kann sich an Östrogenrezeptoren anlagern und ähnlich wie das Steroidhormon Östrogen wirken. Es führt zu einer Verweiblichung des Organismus. Damit werden u.a. die dünnen Eischalen von DDT-belasteten Vögeln begründet [9].

Der Thiophosphorsäureester Parathion (($C_2H_5O)_2P(S)OC_6H_4NO_2$) wird mit Hilfe einer Oxidase in den Phosphorsäureester Paraoxon (($C_2H_5O)_2P(O)OC_6H_4NO_2$) umgewandelt, welcher als Nervengift wirkt. Erst dieser Metabolit greift inhibierend in die Signalübertragung zwischen benachbarten Nervenzellen ein. Nachdem der Neurotransmitter Acetylcholin ($[CH_3CO_2CH_2CH_2N(CH_3)_3]^+$) von der ersten Nervenzelle (Axon) kommend den synaptischen Spalt durchquert und sich an seinen Rezeptor der folgenden Nervenzelle (Dendrit) gebunden hat, muss er dort wieder abgelöst werden, um diese Nervenzelle nicht in einen permanenten Erregungszustand zu versetzen. Dazu wird die Acetylcholinesterase benötigt. Sie katalysiert die Hydrolyse des Acetylcholins zu Cholin und Acetat; diese Produkte diffundieren durch den synaptischen Spalt zurück zum Axon, wo sie wieder verknüpft werden und für eine neue Signaltransduktion zur Verfügung stehen. Nun ist Paraoxon ein kompetitiver Hemmstoff: Er blockiert die Acetylcholinesterase, sodass sie ihre Funktion nicht mehr erfüllen kann; folglich verharrt die angeregte Nervenzelle in ihrem aktivierten Zustand, was zu tödlichen Lähmungen führt [15].

Resistenzbildung gegen DDT – Resistenzbildungen heute

R. Carson will mit ihrem Buch für ein großes Problem sensibilisieren: die Resistenzbildung. Darunter versteht man die Fähigkeit von Lebewesen, sich widrigen Einflüssen aus ihrer Umgebung anzupassen und zu widersetzen [19]. Bei Malaria-Infektionen wurde festgestellt, dass ihre Zahl unmittelbar nach dem erstmaligen Versprühen von DDT zwar drastisch abnahm, dass nach recht kurzer Zeit aber wieder Erkrankungen auftraten. Verstärkter DDT-Einsatz war in so einem Fall sinnlos, weil die weiblichen Anopheles-Mücken, die den Malaria-Parasiten übertragen, von dem Insektizid nicht mehr vergiftet wurden. Ihre Resistenz wird mit einer Mutation ihrer Natriumionenkanäle erklärt: Eine strukturchemische Änderung hat zu Folge, dass die oben beschriebene Blockade mit DDT nicht mehr funktioniert (knockdown resistance).

Die Lektüre von „Der stumme Frühling" haben die Studierenden zum Anlass genommen, um der nach wie vor großen Bedeutung von Resistenzen im Pflanzenschutz am Beispiel des meistverkauften Herbizids Glyphosat [20-22] nachzugehen.

Glyphosat ist das Ammonium- oder Isopropylammoniumsalz von N-(Phosphonomethyl)-glycin (($HO)_2P(O)CH_2NHCH_2CO_2H$), ein Breitbandherbizid, das die Biosynthese der lebenswichtigen aromatischen Aminosäuren Phenylalanin, Tyrosin und Tryptophan verhindert (Abbildung 5.3). Glyphosat ist aufgrund einer strukturchemischen Ähnlichkeit mit Phosphoenolpyruvat (aktivierte Brenztraubensäure) ein kompetitiver Hemmstoff für die 5-Enolpyruvylshikimat-3-phosphat-Synthase (EPSPS), mit deren Hilfe Phosphoenolpyruvat mit Shikimisäure-3-Phosphat zu einem Ether verknüpft wird, von dem ausgehend in mehreren Folgeschritten die gewünschten Aminosäuren zugänglich sind.

Diese Wirkung entfacht Glyphosat allerdings bei Nutzpflanzen und Unkräutern gleichermaßen. Sojabohnen beispielsweise können aber gentechnisch vorab so verändert werden, dass sie gegenüber Glyphosat resistent sind [23]. Dazu nutzt man den CP4-Stamm des *Agrobakteriums tumefaciens* [24], der über eine modifizierte 5-Enolpyruvylshikimat-3-phosphat-Synthase (CP4 EPSPS) verfügt, die gegenüber Glyphosat unempfindlich ist. Das bakterielle

Gen, auf dem dieses Enzym codiert ist, kann mit einem Plasmid als Vektor in die Nutzpflanze übertragen werden. Diese ist dann dazu befähigt, neben ihrem eigenen Glyphosat-empfindlichen Enzym EPSPS *auch* das bakterielle Glyphosat-resistente Enzym CP4 EPSPS zu exprimieren. Über dieses kann sie nun den Aminosäuresyntheseweg beschreiten und den Glyphosat-blockierten umschiffen.

Ob R. Carson die Grüne Gentechnik [25], die es zu ihrer Zeit noch nicht gab, akzeptieren würde, sei dahingestellt. Der Ansatz, Nutzpflanzen durch genetische Veränderung selektiv zu schützen und Unkräuter unspezifisch mit dem für Menschen und Tiere weitgehend ungiftigen und im Boden und Wasser gut abbaubaren Glyphosat zu vernichten, ist charmant. Doch häufen sich die Berichte, dass es immer mehr Unkräutern gelingt, eigene Resistenzen gegen das Mittel zu entwickeln, sodass zu befürchten ist, dass diese Art der Unkrautbekämpfung in Zukunft schwieriger, wenn nicht sogar unmöglich werden wird. Wiederholen sich die Probleme, die man mit halogenorganischen Pflanzenschutzmitteln hatte, in einem anderen Gewand? Man versucht bereits, Glyphosat-resistente Unkräuter nach dem Prinzip der RNA-Interferenz [26] zu bekämpfen. Dazu besprüht man sie mit synthetischer doppelsträngiger RNA, die komplementär zur DNA des EPSPS-Gens ist. Nachdem die Transkription dieser DNA in die entsprechende Boten-RNA erfolgt ist, reagiert diese mit der Spray-RNA zu einem inaktiven RNA-Doppelstrang (Interferenz). Deshalb unterbleiben die Anlagerungen von Transfer-RNA-Molekülen und die Bildung des Enzyms EPSPS. M. Kässer berichtet in CLB darüber und lässt zur Beurteilung der Risiken u.a. ein Beratungsgremium für Imker zu Wort kommen, das den Einsatz von RNA-Spray beim gegenwärtigen Kenntnisstand für naiver hält als die Verwendung von DDT in den 50er Jahren [27]. Das hätte R. Carson vermutlich auch gesagt.

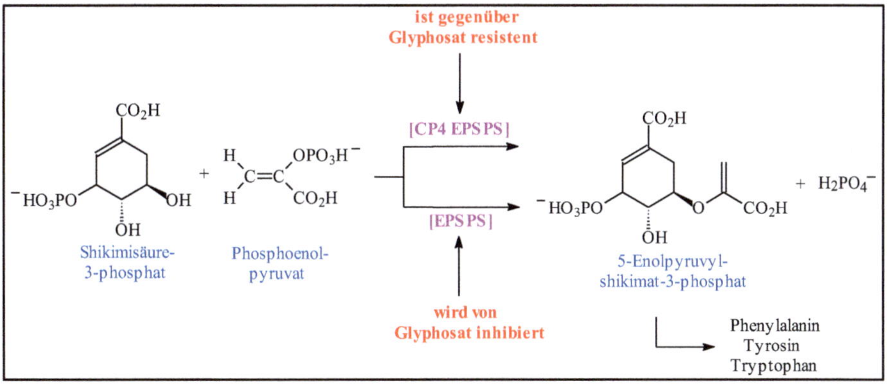

Abbildung 5.3: Wirkung des Breitbandherbizids Glyphosat und Resistenz. Das Biozid unterbindet die Biosyn-these aromatischer Aminosäuren nach dem Shikimisäureweg durch die Hemmung des Enzyms EPSPS. Wenn die Pflanze nach Einschleusung eines bakteriellen Gens aber zusätzlich das bakterielle Enzym CP4 EPSPS exprimiert, das gegenüber Glyphosat resistent ist, wird die eigene EPSPS-Blockade umgangen, und die Aminosäuren können produziert werden.

Nach der Diskussion von Resistenzbildungen im Pflanzenschutz gestern und heute, haben wir in einem *Exkurs* das grassierende Problem multiresistenter Bakterien, die mit Antibiotika praktisch nicht mehr bekämpft werden können, angesprochen [28, 22]. Genauso wie Pflanzen und deren Schädlinge wehren sich auch die Mikroorganismen gegen Chemikalien. Ihre Strategien dazu sind u.a. die Bildung alternativer Enzyme, die dieselbe Funktion haben wie die von den Wirkstoffen blockierten (vgl. CP4 EPSPS und EPSPS), eine modifizierte Signaltransduktion (vgl. veränderte Größe des Eingangsbereichs des Natriumionenkanals zur DDT-Abwehr), eine Veränderung der Permeabilität ihrer Zellwand oder eine Stoffwechselumstellung. Es gibt verschiedene Ursachen für die Resistenzbildungen von Bakterien. Falsch verschriebene Antibiotika, z.B. bei einer Virus-Erkrankung, führen dazu, dass körpereigene nützliche Bakterien dezimiert werden, wonach andere, aggressivere Bakterien bessere Vermehrungschancen haben. Nicht lang genug eingenommene Antibiotika lassen die besonders starken Spezies überleben und eröffnen ihnen die Chance, ihre Abwehrkraft gegen die Medikamente an ihre Folgegeneration zu vererben. Werden Antibiotika im Körper unzureichend abgebaut, gelangen sie über die Ausscheidungen ins Abwasser und können ihre Wirkung im Ökosystem der Natur fortsetzen und dort neue Resistenzbildungen fördern. Präventiv eingesetzte Antibiotika in der industriellen Tierhaltung schwächen die natürliche Abwehrkraft der Schlachttiere, sodass sich antibiotikaresistente Bakterien in ihren Körpern anreichen und schließlich über die Nahrungskette auf den Menschen übertragen werden können. In Krankenhäusern, wo viele verschiedene Antibiotika eingesetzt werden, ist die Wahrscheinlichkeit hoch, dass sich Bakterienstämme entwickeln, die gleichzeitig gegen *mehrere* Antibiotika resistent werden. Eine Infektion mit multiresistenten und kaum noch behandelbaren Keimen kann für Krankenhauspatienten, deren Immunsystem sowieso geschwächt ist, tödlich sein.

Räuber-Beute-Beziehung

R. Carson rät beim Anbau von Nutzpflanzen von riesigen Monokulturen ab, da diese zur Verringerung der Artenvielfalt, insbesondere bei Insekten und Vögeln beitragen – in Nordrhein-Westfalen wird über einen Rückgang der Fluginsektenmasse um 80 % während der letzten 15 Jahre und EU-weit über eine Abnahme der Anzahl der Brutvögel in landwirtschaftlich genutzten Gebieten um etwas mehr als Hälfte während der letzten 30 Jahre berichtet [30, 31]! –, sowie zur raschen Unfruchtbarkeit des Ackerbodens führen, was zwangsläufig eine unnatürlich intensive Düngung nach sich zieht. Des Weiteren fordert R. Carson einen Verzicht auf Chemikalien, die unselektiv wirken und Pflanzenschädlinge und nützliche Pflanzen und Tiere gleichermaßen vergiften. Stattdessen empfiehlt sie biologische Methoden zum Schutz der Kulturpflanzen und zur Schädlingsbekämpfung. Da solche in unserer Chemieausbildung bislang nicht thematisiert worden sind, haben wir diesen fächerübergreifenden Aspekt in unser Seminar integriert [32, 33].

Nach Darwin überlebt bevorzugt der Fitteste. Für Nutzpflanzen bedeutet das, dass ihre Schädlinge zuerst die schwachen und kranken Spezies angreifen. Deshalb ist es wichtig, die Pflanzen zu stärken. Dies geschieht durch Düngung, die auf den Nährstoffbedarf der Pflanzen maßgeschneidert ist, durch angemessene Bewässerung und Wahl eines geeigneten Ackerbodens sowie regelmäßigen Fruchtwechsel, um den Boden nicht einseitig durch eine Pflanzensorte auszulaugen.

Zudem lassen sich Schädlinge mit ihren Fressfeinden bekämpfen, gemäß „Wenn du Mäuse im Haus hast, schaffe dir eine Katze an!" Das Ansiedeln von Marienkäfern ist zum Beispiel effektiv, um Blattläuse zu eliminieren. Oder die Installierung von Brutkästen für Vögel, die sich nach ihrem Einnisten von schädlichen Insekten auf dem benachbarten Anbaufeld ernähren. Nicht-heimische Tiere sollte man aber tunlichst nicht aussetzen; weil sie nämlich zunächst keine natürlichen Feinde haben, können sie sich stark vermehren und gegebenenfalls selbst zur Plage werden. Im Sommer 2017 erlebten wir beispielsweise die Invasion roter amerikanischer Flusskrebse in Berliner Teiche.

Oft übernimmt auch der Mensch die Funktion des Fressfeindes, indem er pflanzenschädigende Wildschweine, Rehe oder Kaninchen abschießt.

Alle hier exemplarisch vorgestellten Maßnahmen greifen in das biologische Gleichgewicht ein, das sich mit dem Lotka-Volterra-Modell [34] beschreiben lässt (Abb. 5.4) und dessen Besprechung sich in einem Chemie-Seminar lohnt. Ist genügend Beute (Tiere oder Pflanzen) da, vermehren sich die Räuber (Fressfeinde). Wird die Beute knapp, verringert sich mit einem zeitlichen Abstand auch die Population der Räuber. Wenn es dann weniger Räuber gibt, kann die Beutepopulation erneut wachsen etc. Nach längerer Zeit stellt sich ein Gleichgewicht ein, in dem die Mittelwerte der beiden Populationen konstant sind.

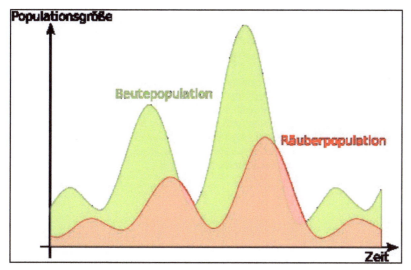

Abbildung 5.4: Räuber-Beute-Beziehung nach dem Lotka-Volterra-Modell (Curtis Newton [33]).

Für Chemie-Studierende ist es aufschlussreich, das biologische dem chemischen Gleichgewicht gegenüberzustellen. Letzteres wird durch das Massenwirkungsgesetz mit den Konzentrationsverhältnissen der an einer Reaktion beteiligten Stoffe und einer systemspezifischen Gleichgewichtskonstanten beschrieben, z.B.:

$$A + B \rightleftharpoons C + D \qquad \frac{c_C \cdot c_D}{c_A \cdot c_B} = K$$

Im formulierten Beispiel führt die Erhöhung der Konzentration eines Ausgangsstoffes A oder B zwangsläufig zu mehr C und D, das Gleichgewicht wird also nach rechts verschoben. Ähnlich ist es, wenn einer der entstandenen Stoffe C oder D durch Ausfällen oder Abdestillieren entfernt wird und deshalb für die Rückreaktion nicht mehr zur Verfügung steht; auch in diesem Fall verschiebt sich das Gleichgewicht der Reaktion nach rechts. Abreagieren oder gebildet werden – fressen oder gefressen werden – Analogien zwischen dem chemischen und dem biologischen Gleichgewicht sind offensichtlich.

Das Leben auf der Erde ist komplex. Es gibt viele verschiedene Räuber- und Beutearten. *Eine* Räuber-Beute-Beziehung ist deshalb mit zahlreichen *anderen* Räuber-Beute-Beziehungen vernetzt; Räuber können selbst zur Beute werden. Alles hängt mit allem zusammen. Das macht R. Carson deutlich, wenn sie betont, dass Giftstoffe Schädlinge und Nützlinge und letztendlich über Wasser, Luft, Boden und die Nahrungskette auch die Menschen treffen.

Populationsdynamik

In „Die Grenzen des Wachstums" werden zwölf Szenarien diskutiert, wie sich das 1972 zu beobachtende rapide Bevölkerungswachstum, die weltweite Unterernährung, beschleunigte Industrialisierung, Ausbeutung der Rohstoffe und Zerstörung des Lebensraumes bis zum Jahre 2100 entwickeln können (Abb. 5.5).

Das erste Szenario (Abb. 5.5, links) ist extrem, weil es davon ausgeht, dass alles so weitergeht wie 1972. Solange es noch Anbauflächen für Nahrungsmittel und Vorkommen von Rohstoffen für die Industrie gibt, kann die Weltbevölkerung wachsen. Doch wenn die Ressourcen ausgeschöpft sind und die Umweltverschmutzung überhandnimmt, schrumpft die Menschheit. Im Seminar hatten wir den Eindruck, dass die Kurvenverläufe denen im Lotka-Volterra-Modell (Abb. 5.4) ähneln, wenn man die Nahrungsmittel und Rohstoffe als *Beute* und die Menschen als *Räuber* betrachtet.

Das neunte vom Meadows-Team angeführte Szenario (Abb. 5.5, rechts) scheint uns zu optimistisch, dass ab etwa 2050 die Anzahl der Menschen auf der Erde sowie die Nahrungsmittel- und Industrieproduktion konstant bleiben, die Umweltverschmutzung zurückgegangen und ein Zustand der Nachhaltigkeit erreicht sein können. Kaum berücksichtig wurde nämlich der 1972 noch nicht so deutlich erkennbare Anstieg der Kohlenstoffdioxidkonzentration in der Luft. Heute ist ein durch CO_2-Emissionen maßgeblich verursachter Klimawandel wohl nicht mehr aufzuhalten und die Hauptbedrohung für die Menschheit.

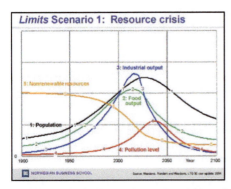
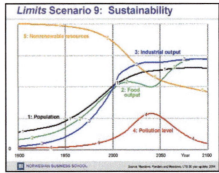

Abbildung 5.5: Zwei Szenarien zur Entwicklung der Welt aus „Die Grenzen des Wachstums" (Randers [36]).

J. Randers korrigiert in „2052" das neunte Szenario von „Die Grenzen des Wachstums". Er ist überzeugt, dass die Weltbevölkerung bis ca. 2040 zwar noch weiterwachsen wird, aber nicht auf die ursprünglich kalkulierten zehn bis elf, sondern „nur" ca. acht Milliarden Menschen und sich dann auch langsam zurück entwickeln wird. Seine Argumente dafür sind die sinkende Geburtenrate in den reichen Nationen aufgrund verstärkter beruflicher Interessen von Männern und Frauen gleichermaßen sowie ein Geburtenrückgang in den armen Ländern wegen zunehmender Landflucht und folglich weniger ökonomischen Nutzens von Kindern in den größer werdenden Ballungszentren.

Um diese Zusammenhänge besser zu verstehen, lohnt es sich für die Studierenden, sich de-tailliert mit dem Thema Populationsdynamik zu befassen [37]. Sehr hübsch ist die Verdeutlichung der Begriffe „exponentielles Wachstum" und „Kapazitätsgrenze" am Beispiel des Lilienteiches [2]: „In einem Gartenteich wächst eine Lilie, jeden Tag auf die doppelte Größe. Innerhalb von 30 Tagen kann die Lilie den ganzen Teich bedecken und alles Leben in dem

Wasser ersticken. Aber ehe sie nicht die Hälfte der Wasseroberfläche einnimmt, erscheint ihr Wachstum nicht beängstigend; es gibt ja noch genügend Platz und niemand denkt daran, die Lilie zurückzuschneiden, auch nicht am 29. Tag; noch ist ja die Hälfte des Teiches frei. Aber schon am nächsten Tag ist kein Wasser mehr zu sehen."

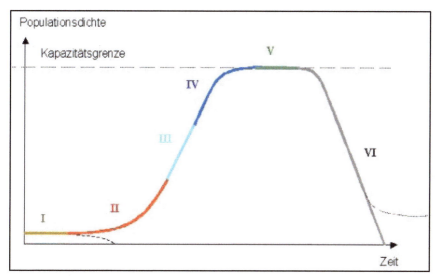

Abbildung 5.6: Entwicklung einer Modellpopulation – I: Anlaufphase, II: exponentielles Wachstum, III: lineares Wachstum, IV: verzögertes Wachstum, V: stationäre Phase, VI: Absterbphase [38].

Die sechsphasige Entwicklung einer Modellpopulation gemäß Abbildung 5.6 interpretieren die Studierenden bezogen auf die Menschheit folgendermaßen:

- Die frühen Menschen haben sich mit ihrer Umwelt arrangiert und sind nicht ausgestorben (nach unten abknickender gestrichelter Ast nach der Anlaufphase),
- sondern haben angefangen, sich exponentiell zu vermehren. (In dieser Phase befinden sich z.B. Kamerun, Nigeria und Äthiopien, die Länder aus denen drei meiner Studentinnen stammen, noch heute.)
- Das weltweite Bevölkerungswachstum verlangsamt sich dann aber, und zwar umso mehr, je deutlicher Kapazitätsgrenzen, vor allem beim Ackerland und Trinkwasser, sichtbar werden, bis es stagniert.
- Auf den Klimawandel zurückzuführende Unwetter, Überschwemmungen, Dürren und Hungersnöte sowie Kriege um die knapp gewordenen Rohstoffe dezimieren die Weltbevölkerung. Die Menschen werden nicht aussterben, ihre Anzahl wird sich vermutlich auf einem niedrigeren Niveau stabilisieren (abknickender gestrichelter Ast in der Absterbphase).

Auch J. Randers geht von einem Überleben der Menschheit aus, dass es nach 2052 immer noch viele arme Menschen geben wird und dass die Menschen in den reichen Ländern weniger reich als momentan sein werden, weil sie viel Geld für Reparaturen unwetterbedingter Schäden – im Spätsommer 2017 beispielsweise durch die Hurrikane Harvey und Irma –, hitzebedingter Brände und für den Deichbau gegen den steigenden Meeresspiegel bezahlen müssen.

Das Thema Populationsdynamik haben wir im Seminar auch am Aufstieg und Fall einiger Weltreiche vertieft. U. Bardi nennt dazu in „Der geplünderte Planet" Beispiele [8]:

- Der Stadtstaat Athen gelangte zu Reichtum und Blüte, als die Silberminen im benachbarten Laurion erschlossen wurden. Die „Silber-Fressfeinde" aus Persien konnten die Athener zwar noch durch die Finanzierung einer teuren Flotte abwehren, verloren aber rasch ihre dominante Stellung in Griechenland, als die Lagerstätten des Edelmetalls ausgeschöpft waren.
- Karthago wurde reich und mächtig durch das Gold von der iberischen Halbinsel, wurde dann aber vom „Gold-Fressfeind" Rom „geschluckt".
- Portugal und Spanien waren nur solange große Seefahrernationen, bis sie ihr letztes heimisches Holz für ihren Schiffbau gerodet hatten.
- England und Deutschland wären zu Beginn des 19. Jahrhunderts ohne Kohleabbau und -nutzung nicht wirtschaftsstark geworden, Chinas Wirtschaft und Wohlstand wächst noch heute maßgeblich durch Ausbeutung seiner Kohlereserven.
- Die arabischen Staaten verdanken ihren immensen Reichtum und Einfluss auf die Welt-politik- und -wirtschaft dem Erdöl.

Die Beispiele belegen: Umweltchemie schreibt Geschichte.

Fossile Brennstoffe – Erneuerbare Energie

In „Die Grenzen des Wachstums" wird zwar explizit die Endlichkeit von Kohle, Erdöl und Erdgas betont – die erste Erdölkrise zeichnete sich bereits ab –, aber nur am Rande auf das Verbrennungsprodukt Kohlenstoffdioxid eingegangen. 1972 war der dadurch verursachte Klimawandel nämlich noch nicht abzusehen. Dessen Schäden können allerdings gemildert werden, wenn die Verbrennung fossiler Rohstoffe möglichst sofort gestoppt und die Erzeugung von elektrischem Strom mittels Solar- und Windtechnologie erfolgt. J. Randers kalkuliert, dass jedes Land nur ca. zwei Prozent seines Bruttoinlandproduktes aufbringen müsse, um die Solar- und Windtechnik so rasch auszubauen, dass eine nahezu vollständige Energiebereitstellung in kürzester Zeit möglich sei [5]. Für Deutschland wäre das momentan eine jährlich etwa doppelt so hohe Investition wie für das Militär. In Seminar haben wir uns gefragt, warum dieser gewiss zu stemmende Betrag kein Thema im letzten Bundestagswahlkampf war?

J. Randers lobt Deutschland für sein international gesehen überproportional großes Engagement für eine Energiewende. Doch Zweifel kommen auf an einem großflächigen Einsatz der Windtechnologie, weil sie auch auf verschiedene Weise in Ökosysteme eingreift. Kein Windpark wird genehmigt, wenn in seiner Nähe der vom Aussterben bedrohte Rotmilan [39] ein Revier hat; Off-Shore-Windanlagen dürfen nicht in Seegebieten gebaut werden, wo Wale durchziehen [40]. Und die Solartechnik hat in Deutschland zumindest in ökonomischer Hinsicht bereits einen Dämpfer erfahren: Das bislang größte deutsche Solarunternehmen Solarworld ist pleite – die billigere Konkurrenz aus China ist übermächtig geworden.

Wir fragen uns, ob Umweltschutz überhaupt Business sein darf? Dazu ein anderes Beispiel. Polymerchemiker haben versprochen, dass Dämmplatten aus Kunststoff (meistens Polystyrol) helfen, Energie zum Heizen eines Hauses zu sparen. Das stimmt und ist ein guter Profit für die Hersteller der Platten. Mit ehrlichen Umweltschutz und ehrenwertem Handel hat das aber nichts zu tun. Damit die Kunststoffplatten nämlich nicht beim kleinsten Funken in Flammen aufgehen, müssen sie mit einem Brandschutzmittel versehen werden. Das ist Hexabromcyclododecan, hergestellt aus Cyclododecatrien und Brom [41]. Die halogenorganische Chemie, die eigentlich mit dem von R. Carson maßgeblich bewirkten DDT-Verbot und der Ächtung des „Dreckigen Dutzends" [42] hätte weitgehend passé sein können, erlebt eine Renaissance: Wenn die Dämmplatten nach 20-30 Jahren verspröden und unbrauchbar werden, sind sie keineswegs normaler Hausmüll, der verbrannt und auf diese Weise energetisch recycelt werden kann, sondern giftiger Sonderabfall, dessen fachgerechte Entsorgung die Hausbesitzer teuer zu stehen kommt.

Noch einmal zurück zu den fossilen Rohstoffen. Wenn die Erdöl/Erdgas-Beute geringer wird, greifen sich die Räuber gegenseitig an – es gibt Krieg, oder sie suchen nach anderen Lagerstätten, um unabhängig zu werden. Insbesondere in Nordamerika werden deshalb Schiefergas und Ölsande, so genannte unkonventionelle Lagerstätten, ausgebeutet, und zwar mit technischen Verfahren, die wir im Seminar als umweltfeindlich bezeichnet haben. Beim Fracking [43], dem Anbohren und hydrostatischen Sprengens von Schiefergestein, in dem Methan eingeschlossen ist, gehen nämlich 5-9 Prozent des Gases verloren und entweichen in die Atmosphäre. Methan ist ein ca. 25mal stärkeres Treibhausgas als Kohlenstoffdioxid! Fracking hat also mit nachhaltigem Umweltschutz nichts zu tun.

Ökologischer Fußabdruck

Seit 1994 gibt es das Konzept des ökologischen Fußabdrucks [44], das gerne in der Umweltbildung eingesetzt wird, um Menschen in den reichen Ländern zu verdeutlichen, wie sehr sie die natürlichen Ressourcen der Erde überstrapazieren. Es gibt Fragebögen, die das Ernährungs- und Wohnverhalten einer Person, ihre Mobilität und ihren Konsum erfassen und bepunkten. Der ökologische Fußabdruck wird in Hektar ausgedrückt und spiegelt die Fläche auf der Erde wieder, welche die Person zur Aufrechterhaltung ihres individuellen Lebensstils benötigt.

Wir haben den Fragebogen der Hilfsorganisation „Brot für die Welt" [45] ausgefüllt. Im Durchschnitt hat unser ökologischer Fußabdruck die Größe von 4,4 ha. Zum Vergleich: Für die Deutschen beträgt er im Mittel 5,3 ha, für alle Menschen auf der Welt durchschnittlich 2,8 ha; nachhaltig ist ein ökologischer Fußabdruck von 1,7 ha. Die Welt müsste also 2,6mal größer sein als sie tatsächlich ist, damit unser Projektteam so weiterleben kann wie bisher.

Um einen nachhaltigen Fußabdruck zu erreichen, müssten wir uns vegan ernähren und dabei nur saisonale Bio-Produkte aus der Region kaufen, dürften nur eine spartanisch eingerichtete kleine Wohnung besitzen, dürften nicht heizen, sondern müssten im Winter auch zuhause Mantel, Schal und Mütze tragen, dürften keine Warmduscher sein, kein Auto besitzen und keine Flugreise machen. Das wäre ganz schön hart – und trotzdem ginge es uns dann immer noch viel besser als den meisten Menschen in der Dritten Welt.

Zum Schluss etwas Optimismus

R. Carson, D. Meadows und sein Team, J. Randers und U. Bardi sind zwar keine Apokalyptiker, verbreiten aber auch nicht gerade Optimismus auf eine ökologisch heile Welt; und die zunehmenden gewaltsamen Konflikte um Rohstoffe sowie die Umweltkriminalität fördern den Pessimismus. Um nicht in eine die Zukunft der Menschheit betreffende depressive Stimmung zu verfallen, haben wir zum Schluss unseres Seminars drei neuere Bücher [46-48] gelesen, die Hoffnung vermitteln, u.a. mit folgenden (sinngemäßen oder wörtlichen) Aussagen bzw. Ideen:

- Der Mensch hat ein enormes kreatives Potenzial und kann deshalb grundsätzlich Lösungen finden, um eine Umweltkatastrophe abzuwenden.
- Prognosen sind schwierig, besonders wenn sie die Zukunft betreffen (Mark Twain). Wer hätte in den 1970Jahren in den verrauchten Kneipen gedacht, dass heute Zigaretten verpönt sein würden und kaum noch jemand qualmt?
- Die Revolution zu wahrhaftiger Nachhaltigkeit, die mehr ist als eine Modeerscheinung, wird von unten und nicht von der Großindustrie oder Weltpolitik

kommen. Man sollte deshalb die Kommunen dazu befähigen, dezentrale Versorgungen durch einen bunten Energiemix – eine energetische Artenvielfalt – von Sonne, Wind, Wasser und Biomasse aufzubauen.
- Einmal gestartet, läuft der Ausbau der erneuerbaren Energien gut, während Energiesparen immer schlecht funktioniert. Denn in einem Umfeld, in dem es um Wachstum geht, ist es einfacher, etwas wachsen als schrumpfen zu lassen. (*Doch Vorsicht:* Ein mit Solarstrom betanktes Elektroauto darf nicht dazu verführen, deutlich mehr zu fahren; denn dann wäre die primäre Umweltfreundlichkeit in Hinblick auf die Gesamtökobilanz kontraproduktiv (Rebound-Effekt [49]).)
- Man ersetze den ARD-Börsenbericht kurz vor der Tagesschau durch Geschichten des Gelingens, über andere Wirtschaftsmethoden (Tauschbörsen), Initiativen (Carsharing) und Projekte (begrünte Häuserfassaden, Repair-Cafés), die aufzeigen, dass wir mit weniger Ressourcenverbrauch vielleicht sogar besser leben können als bisher. Denn wer nicht daran glaubt, Erfolg zu haben, hat auch keinen.
- Aus der Glücksforschung: In Gesellschaften, in denen Grundbedürfnisse wie Essen, Wohnen und soziale Kontakte mit einem Jahreseinkommen von ca. 20.000 Euro befriedigt sind, macht mehr Geld, Konsum und Wohlstand höchsten kurzfristig glücklicher. Es wäre deshalb sinnvoller, eine Nation nicht nach ihrem Bruttoinlandsprodukt zu beurteilen, sondern nach ihrem „Glücksindex".
- Unser Leben braucht Entschleunigung. Wir müssen uns mehr Zeit für uns selbst gönnen. Was wir am wenigsten brauchen, sind weitere Rankings.

R. Carson und D. Meadows et al hätten sich bestimmt über eine Geschichte des Gelingens, und zwar die Wiederentdeckung der Terra Preta [48], gefreut, einem schwarzen Boden aus dem Amazonasgebiet, den die indianische Urbevölkerung aus Pflanzenkohle, menschlichen Fäkalien, Kompost, Knochen und Fischgräten erzeugt hat. Es geht um die biotechnologische Gewinnung eines fruchtbaren Humusbodens, der zur Effizienzsteigerung herkömmlicher Böden und damit zur Bereitstellung pflanzlicher Grundnahrungsmittel für eine wachsende Weltbevölkerung einen Beitrag leisten kann. Ein zentraler Bestandteil von Terra Preta ist eine durch Pyrolyse von Holz und Pflanzenresten erzeugte Kohle. Diese ist nicht mit Braun- oder Steinkohle, sondern eher mit Aktivkohle vergleichbar, weil sie viele Hohlräume enthält, in denen Mineralien und Wasser gebunden werden können und Bodenorganismen einen geschützten Lebensraum finden. Außerdem unterstützt die Kohle die durch Milchsäurebakterien verursachte Fermentierung von vegetabilen Haushaltsabfällen und Kot. Letzterer stinkt bei der Verarbeitung nicht, weil Geruchsstoffe an der Oberfläche der Kohle adsorbiert werden, und fault nicht, sodass sich auch keine pathogenen Keime ansiedeln. Wichtig ist, dass Kot sehr phosphatreich ist. Denn laut U. Bardi [8] ist Phosphat ein Rohstoff (Apatit), dessen Vorräte auf der Erde schon heute sehr knapp sind, sodass dieser unersetzliche Baustein des Lebens unbedingt recycelt werden muss – auch aus Kot. *Fazit:* Terra Preta ist ein hübsches Beispiel für innovatives Bioengineering. Seine Besprechung passt in die Chemie- und Biotechnologie-Ausbildung und motiviert die Studierenden, später im Beruf ähnliche forscherische und ingenieurmäßige Beiträge zu leisten, damit der stumme Frühling nicht wahr wird.

Die Rettung der Welt kann aber nicht allein durch technischen Umweltschutz gelingen; ins-besondere muss auch die *Wirtschaft* mitspielen. Leider vertreten viele Ökonomen noch immer die Ansicht, eine bessere und gerechtere Welt sei nur mit einem stetigen Wirtschaftswachstum möglich, was den amerikanischen Wirtschaftsprofessor K. Boulding zu der folgenden Aussage provoziert hat (die gleichzeitig ein vernichtendes Urteil über seinen Berufsstand ist): „Jeder, der glaubt, exponentielles Wachstum kann andauernd weitergehen in einer endlichen Welt, ist entweder ein Verrückter oder ein Ökonom [50]." Dass sich aber auch in den

Wirtschaftswissenschaften ein Paradigmenwechsel anbahnt, beweisen u.a. die Arbeiten von S. Latouche und N. Paech, die mit dem Wachstumswahn abrechnen und einen konstruktiven Weg des „Degrowth" zur Befreiung vom Überfluss und in eine Postwachstumsökonomie weisen. Die Bücher der beiden Wirtschaftswissenschaftler [51, 52] machen Mut und wurden meinen Projektteilnehmerinnen als weiterführende Lektüre empfohlen.

Unbedingt anschauen sollten Sie sich auch den neusten Dokumentarfilm „Immer noch eine unbequeme Wahrheit – unsere Zeit läuft" des ehemaligen US-Vizepräsidenten, Präsidentschaftskandidaten und Friedensnobelpreisträgers Al Gore [53]. Gut, dass es diesen, seit Martin Luther King vielleicht größten Visionär gibt, der unermüdlich dazu aufruft, die Umweltzerstörung einzudämmen und die Gefahren des Klimawandels abzuwenden, und konstruktive Möglichkeiten aufzeigt.

Literatur zu Kapitel 5

[1] R. Carson: Der stumme Frühling. – 127.-130. Aufl., Verlag C. H. Beck, Nördlingen 2007
[2] D. L. Meadows, D. Meadows, E. Zahn, P. Milling: Die Grenzen des Wachstums – Bericht des Club of Rome zur Lage der Menschheit. – Deutsche Verlags-Anstalt, Stuttgart 1972
[3] U.S. Fish and Wildlife Service: https://de.wikipedia.org/wiki/Rachel_Carson (2.2.2021)
[4] B. Schwabe: https://de.wikipedia.org/wiki/Dennis_L._Meadows (2.2.2021)
[5] J. Randers: 2052 – Eine globale Prognose für die nächsten 40 Jahre – Der neue Bericht an den Club of Rome. 2. Aufl., oekom verlag, München 2014; http://www.2052.info/ (2.2.2021);
https://de.wikipedia.org/wiki/2052._Der_neue_Bericht_an_den_Club_of_Rome (2.2.2021)
[6] J. Randers: Earth in 2052. – Vortrag im TEDxTrondheim Salon;
https://www.youtube.com/watch?v=gPEVfXVyNMM (2.2.2021)
[7] https://www.youtube.com/watch?v=vKxTcUz_yUQ (2.2.2021)
[8] U. Bardi: Der geplünderte Planet – Die Zukunft des Menschen im Zeitalter schwindender Ressourcen. – oekom verlag, München 2013
[9] https://de.wikipedia.org/wiki/Dichlordiphenyltrichlorethan (2.2.2021)
[10] https://en.wikipedia.org/wiki/Aldrin (2.2.2021)
[11] https://en.wikipedia.org/wiki/Dieldrin (2.2.2021)
[12] https://en.wikipedia.org/wiki/Endrin (2.2.2021)
[13] https://de.wikipedia.org/wiki/Heptachlor (2.2.2021)
[14] https://en.wikipedia.org/wiki/Chlordane (2.2.2021)
[15] https://en.wikipedia.org/wiki/Parathion (2.2.2021)
[16] https://de.wikipedia.org/wiki/Malathion (2.2.2021)
[17] https://de.wikipedia.org/wiki/Neurotransmitter (2.2.2021)
[18] https://de.wikipedia.org/wiki/Ionenkanal (2.2.2021)
[19] https://de.wikipedia.org/wiki/Resistenz (2.2.2021)
[20] W. Hasenpusch: Glyphosat – Erfolg heiligt nicht alle Mittel. – CLB 67 (2016), Heft 5-6, S. 200-204
[21] https://de.wikipedia.org/wiki/Glyphosat (2.2.2021)
[22] https://de.wikipedia.org/wiki/Glyphosatresistenz (2.2.2021)
[23] https://de.wikipedia.org/wiki/Herbizidresistente_Sojabohne (2.2.2021)
[24] https://de.wikipedia.org/wiki/Agrobacterium_tumefaciens (2.2.2021)
[25] https://de.wikipedia.org/wiki/Gr%C3%BCne_Gentechnik (2.2.2021)
[26] https://de.wikipedia.org/wiki/RNA-Interferenz (2.2.2021)
[27] M. Kässer: RNA-Spray oder Gentechnik. – CLB 68 (2017), Heft 3-4, S. 130-134
[28] https://de.wikipedia.org/wiki/Antibiotikaresistenz (2.2.2021)
[29] https://de.wikipedia.org/wiki/Multiresistenz (2.2.2021)
[30] https://www.nabu.de/news/2016/01/20033.html (2.2.2021)
[31] http://www.wetter.de/cms/vogelsterben-in-deutschland-die-situation-der-voegel-ist-dramatisch-4112703.html (2.2.2021)
[32] https://de.wikipedia.org/wiki/Biologischer_Pflanzenschutz (2.2.2021)
[33] https://de.wikipedia.org/wiki/Biologische_Sch%C3%A4dlingsbek%C3%A4mpfung (2.2.2021)
[34] https://de.wikipedia.org/wiki/R%C3%A4uber-Beute-Beziehung (2.2.2021)

[35] Curtis Newton, 2010: https://de.wikipedia.org/wiki/R%C3%A4uber-Beute-Beziehung#/media/File:LotkaVolterra.svg (2.2.2021)
[36] J. Randers: 2052 – A Global Forecast for the Next Forty Years. – Vortrag im Center for Climate Strategy der Norwegian Business School BI (1.1.2014); http://www.2052.info/wp-content/uploads/2019/05/50-minutes-lecture-1.pdf (2.2.2021). –
Mit freundlicher Genehmigung des oekom-Verlages zum Abdruck
[37] https://de.wikipedia.org/wiki/Populationsdynamik (2.2.2021)
[38] Hati, 2004: https://commons.wikimedia.org/wiki/File:AllgPop.jpg (2.2.2021)
[39] https://de.wikipedia.org/wiki/Rotmilan (2.2.2021)
[40] https://www.nabu.de/natur-und-landschaft/meere/offshore-windparks/butendiek/16939.html (2.2.2021)
[41] https://de.wikipedia.org/wiki/Hexabromcyclododecan (2.2.2021)
[42] https://de.wikipedia.org/wiki/Dreckiges_Dutzend (2.2.2021)
[43] https://de.wikipedia.org/wiki/Hydraulic_Fracturing (2.2.2021)
[44] https://de.wikipedia.org/wiki/%C3%96kologischer_Fu%C3%9Fabdruck (2.2.2021)
[45] Brot für die Welt: http://www.fussabdruck.de/ (2.2.2021)
[46] Heinrich-Böll-Stiftung (Hrsg.): Bericht aus der Zukunft – Wie der grüne Wandel funktioniert. – oekom verlag, München 2013
[47] A. Jensen, U. Scheub: Glücksökonomie – Wer teilt, hat mehr vom Leben. – oekom verlag, München 2014
[48] U. Scheub, H. Pieplow, H.-P. Schmidt: Terra Preta. Die schwarze Revolution aus dem Regenwald. – oekom verlag, München 2013
[49] https://de.wikipedia.org/wiki/Rebound_(%C3%96konomie) (2.2.2021)
[50] https://de.wikipedia.org/wiki/Kenneth_Ewart_Boulding (2.2.2021)
[51] S. Latouche: Es reicht! – Abrechnung mit dem Wachstumswahn. – oekom verlag, München 2015
[52] N. Paech: Befreiung vom Überfluss – Auf dem Weg in die Postwachstumsökonomie. – 8. Aufl., oekom verlag, München 2015
[53] https://web.de/magazine/unterhaltung/tv-film/aktuelle-kinotrailer/trailer-al-gores-umweltdoku-32470820 (2.2.2021)

Danksagung zu Kapitel 5

Dank gebührt den Studierenden Juliet-Amarachi James-Okojie, Kimberly Klaus, Alba Lülsdorf Martinez, Ruth Eliane Kamguia Wandja und Kalkidan Tsehay, die im Rahmen ihres Wahlpflichtprogramms an dem Seminar teilgenommen und Referate gehalten haben.

6 Was ist richtig am Gaia-Modell?

Eine Bereicherung für die ökologisch-naturwissenschaftliche Ausbildung

Dieses Kapitel wurde bereits in leicht veränderter Form publiziert in
Chemie in Labor und Biotechnik (CLB) 68 (2017), Heft 9-10, S. 458-465.

Dass in gleich drei großen deutschen Zeitungen mehrseitige und sehr lesenswerte Rezensionen [1-3] über das neue Buch von James Lovelock „Die Erde und ich" [4] erschienen, machte mich neugierig. Ich kaufte mir das Buch und kann nach seiner Lektüre nur sagen: Was für ein faszinierendes Werk zur ökologischen Bildung, das die Grenzen zwischen den Fachgebieten überwindet!

Ich gestehe, dass mir James Lovelock und seine Gaia-Theorie zuvor nicht bekannt waren, sodass ich motiviert war, die vielen Internetbeiträge über ihn und seine Arbeiten, z.B. [5, 6], und zwei seiner früheren und ins Deutsche übersetzten Bücher, „Gaia – die Erde ist ein Lebewesen" [7] und „Gaias Rache" [8], zu studieren. Dann habe ich Teile des Lovelock-Lebenswerkes zusammen mit meinen beiden Koautorinnen stundenlang diskutiert und etliche unserer Gedanken in meine Biochemie-Vorlesung einfließen lassen. *Fazit:* Die Gaia-Theorie kann eine ökologisch orientierte naturwissenschaftliche Ausbildung bereichern, sowohl mit ihren fachspezifischen und fächerübergreifenden Aussagen als auch mit ihrer Angreifbarkeit und vor allem aufgrund ihrer Überzeugungskraft, dass unsere Erde einmalig schön, aber auch zerbrechlich und deshalb besonders schützenswert ist.

Dieses Kapitel ist eine weitergehende Rezension und Reflektion des Lovelock-Buches.

James Lovelock et al.: Die Erde und ich. – 168 Seiten mit Illustrationen von Jack Hudson, Taschen GmbH Köln, 2016; ISBN 978-3-8365-5391-9; 29,99 Euro.
Der Buchdeckel enthält eine Schreibe, die beim Drehen die Beiträge der Koautoren von J. Lovelock nennt, jeweils mit einem passenden Bild untermalt:

1. Martin Rees: Ein blasser blauer Planet
2. Lisa Randall: Massstäbe der Realität
3. Lee Kump: Ein zäher Planet
4. Tim Radford: Immer im Kreis herum
5. Vicky Pope: Sonne und Superstürme
6. Edward O. Wilson: Von Ameisen bis Elefanten
7. Oliver Morton: Die Gesellschaft der Zellen
8. Eric Kandel: Ein denkendes Tier
9. John Gray: Aus Sicht des Menschen
10. Fred Pearce: Zwei Zeitbomben
11. Bryan Appleyard: Werkzeuge für eine neue Welt
12. Tomás Sedlácek: Antriebsfeder Gier

Abbildung 6.1: Die Erde und ich – ein Buch von James Lovelock, mit Inhaltsangabe [4].

Intention des Buches

Was Lovelock mit seinem neuen Buch, zu dem zwölf renommierte Wissenschaftler aus der Physik, Astronomie, Chemie, Biologie, Geologie, Philosophie und Wirtschaft Beiträge geleistet haben und das von Jack Hudson phantasievoll illustriert ist, vorschwebt, sagt er im Vorwort [9]: „… eine Art Überlebenshandbuch für ein neues dunkles Zeitalter, ein Leitfaden, der den Überlebenden einer zusammengebrochenen Zivilisation neu erklären könnte, wie unser Planet funktioniert hat und wie es zu seinem Niedergang kam."

Das klingt sehr düster. Offensichtlich glaubt der zur Zeit der Buchveröffentlichung 97jährige britische Wissenschaftler nicht mehr daran, dass die Erwärmung der Erde noch zu stoppen ist, sondern dass vielmehr ihre Überschwemmung mit geschmolzenem Poleis und die Ausbreitung arider Zonen die Menschheit dezimieren und ihren bewohnbaren Raum erheblich schrumpfen lassen werden. Lovelocks Buch soll den Überlebenden ein Vermächtnis an echtem Wissen sein, dass sie sich bitte aneignen mögen, um aus den ökologischen Fehlern ihrer Vorfahren zu lernen und um ähnliche Fehler in der Zukunft zu vermeiden; denn die Erde als Ganze – so Lovelocks feste Überzeugung – wird den Klimawandel überleben und mit ihren Regelungskreisläufen günstige Bedingungen für zukünftiges, aber nicht unbedingt menschliches Leben sorgen.

Soll man diese auf die Menschheit bezogene pessimistische Prophezeiung überhaupt in die Lehre einbeziehen und besteht dann nicht die Gefahr, bei jungen Menschen Zukunftsängste zu schüren? Muss man als akademischer Lehrer seinen Schülern und Studenten nicht eher den Weg in eine hoffnungsvolle Zukunft weisen? Nach der Lektüre von „Die Erde und ich" fällt man aber keineswegs in eine Depression. Man erkennt vielmehr, vielleicht sogar mit einem Gefühl von Demut, dass wir Menschen aus Sternenstaub hervorgegangen sind, eine atomare Grundlage besitzen und gegenwärtig Lebewesen sind, die leben möchten inmitten von anderem Leben, das ebenfalls leben will – wie Albert Schweizer es sinngemäß ausgedrückt hat. Und es wird einem als Leser bewusst, dass wir Menschen zwar ein enormes kreatives Potenzial besitzen, aber auch destruktiv agieren können und keineswegs die Krönung der Schöpfung sind, sondern dass unsere Zeit lediglich eine kleine, endliche Epoche, das Anthropozän, in der unendlichen Zeit des Universums ist. Lovelock und seine Koautoren argumentieren immer ehrlich und naturwissenschaftlich fundiert. Sie klären auf und öffnen den Blick für den realen Zustand einer kranken Erde – und das ist gut so.

Wer ist Gaia?

In der griechischen Mythologie ist Gaia die personifizierte Erde, die Muttergottheit, die alles Lebende hervorbringt und ernährt, und gleichzeitig die Todesgottheit, die den Mensch nach seinem Tod in ihren Schoß aufnimmt. Sie sorgt sich liebevoll um alles Lebende, übt aber auch Rache an denjenigen, die ihren Kindern Böses antun [10].

Gaia ist auch die Namensgeberin für seine Theorie, die Lovelock folgendermaßen definiert [11]: „Eine Sicht der Erde, die sie als sich selbst regulierendes System betrachtet, das aus der Gesamtheit der Organismen, der Oberflächenfelsen, der Meere und der Atmosphäre besteht, die eng zu einem einzigen sich evolvierenden System verknüpft sind. Die Theorie betrachtet dieses System so, als hätte es ein Ziel – die Regulierung der Oberflächenverhältnisse auf eine Weise, die stets für die gegenwärtigen Lebensformen so günstig wie möglich ist", und das schon seit über drei Millionen Jahren.

Lovelock verwendet für Gaia die Metapher „lebendige Erde", meint damit aber *nicht* – esoterisch verklärend –, dass die Erde ein empfindungsfähiges Lebewesen wie ein Mensch oder Tier ist. Er geht vielmehr von einer erweiterten Vorstellung des Begriffs „Leben" aus. Die Definition der (Neo)Darwinisten, dass Leben etwas ist, das sich reproduziert und die Fehler der

Reproduktion durch die natürliche Auslese der Nachkommenschaft korrigiert, ist ihm zu eng. Er ergänzt, dass Lebewesen sich nicht nur ihrer Umwelt anpassen, sondern diese auch verändern [12].

Gaia als „lebendige Erde" im naturwissenschaftlichen Unterricht zu definieren, ist in der Tat genauso schwierig, wie den Begriff „Leben" zu definieren. Jeder hat eine Vorstellung davon, was Leben ist, doch keiner kann es verbal umfassend beschreiben. Vielleicht ist es am sinnvollsten zu sagen, dass Gaia ein Teil ist von allen einzelnen Lebewesen, Symbiosen (z.B. von Menschen und ihren Darmbakterien), Superorganismen (z.B. Bienen- und Ameisenstaaten) und Ökosystemen (z.B. Wälder und Teiche), die sich gegenseitig auf vielfältige Weise beeinflussen. Nicht entkräften kann Lovelock das schärfste Argument seiner Kritiker – doch das will er auch nicht –, dass sich die *Erde als Ganze* nicht vermehren kann; denn Reproduktionsfähigkeit ist ein anerkanntes Kriterium für Leben.

Selbstregulierung der Temperatur

Man hört oft das Argument, dass sich die Erde genau im richtigen Abstand zur Sonne befinde und deshalb für das Leben auf der Erde eine günstige Temperatur herrsche. Die Venus hingegen kreise zu eng um die Sonne, sodass es auf ihrer Oberfläche für Leben zu heiß sei. Beim Mars genau umgekehrt – er sei von der Sonne zu weit entfernt, sodass es auf ihm für Leben zu kalt sei. Das ist eine Übersimplifizierung und letztendlich falsch, weil die Sonne in den über 3 Milliarden Jahren, seit es Leben gibt, um ca. 25 % heißer geworden ist, sich das Klima auf der Erde aber nicht dementsprechend drastisch verändert hat. Also muss es auf der Erde Regelungsmechanismen geben, welche die Temperatur lebensfreundlich halten. (Heute beträgt die durchschnittliche Temperatur 15 °C.) Diese Tatsachen sind Schülern und Studenten normalerweise nicht bekannt, sodass sich ihre Behandlung im Unterricht lohnt.

Das Phytoplankton scheidet als Endprodukt seines Schwefelmetabolismus Dimethylsufid, $(CH_3)_2S$, aus. Dieser Thioether verflüchtigt sich, wird vom Luftsauerstoff über die Zwischenstufen des Dimethylsulfoxids, $(CH_3)_2SO$ und des Schwefeldioxids, SO_2, zu Schwefelsäure, H_2SO_4, oxidiert, welche Kondensationskeime bildet für das Wasser, welches über dem Meer verdunstet. Es entstehen Wolken. Anders als der dunkle Ozean absorbieren die weißen Wolken das Sonnenlicht nicht, sondern reflektieren es, womit ein Kühleffekt erzielt wird. (Vgl. [13].)

Ähnliches passiert über den Wäldern [14]. Hier werden Terpene freigesetzt, die als Konden-sationsauslöser für das Wasser fungieren, welches die Sonnenwärme über den Wäldern ver-dunstet. Die gebildeten Wolken reflektieren das Sonnenlicht, wirken kühlend und geben den Wäldern einen großen Teil der verlorenen Feuchtigkeit in Form von Regen zurück.

Die Temperatur auf der Erdoberfläche wird weiterhin über den Carbonat-Silicat-Zyklus gesteuert [15], an dem Lebewesen in Form von Plankton mitwirken und Kohlenstoffdioxid aus der Luft und Calciumsilicate aus der Erdkruste zusammenbringen. Verkürzt dargestellt, passiert dabei Folgendes. Zunächst erodiert kohlensäurehaltiges Regenwasser silikatisches Gestein, z.B. Feldspat, indem es daraus Calciumhydrogencarbonat löst:

$$2\ CO_2\ (g) + 3\ H_2O + Ca[Al_2Si_2O_8]\ (s) \rightarrow Ca^{2+}\ (aq) + 2\ HCO_3^-\ (aq) + Al_2[Si_2O_5(OH)_4]\ (aq)$$

Die Ionen gelangen dann über Fließgewässer ins Meer. Dort verwendet sie das Plankton zum Aufbau seines Skeletts aus Calciumcarbonat (Biomineralisierung). Nachdem das Plankton gestorben ist, sinkt es auf den Meeresboden und bildet dort Calciumcarbonat-Sediment. Die durch das Plankton verursachte Mineralisierung von Kohlenstoffdioxid zu Kalkstein wirkt also dem Treibhauseffekt entgegen und stabilisiert das Klima.

Selbstregulierung des Salzgehaltes im Meer

Für das Leben im Meer ist dessen Salzkonzentration von großer Bedeutung (Dichte, Gefrierpunkt, osmotischer Druck). Obwohl vom Land ständig Mineralien in die Ozeane gewaschen werden, ist deren Salzgehalt seit Jahrmillionen nicht gestiegen. Er liegt bei 3,5 %. Es muss also Regelungsmechanismen geben, nach denen Salz auch wieder aus den Gewässern entfernt wird. Dies geschieht u.a. in Lagunen, an deren Riffbildung insbesondere Korallen beteiligt sind, wo sich Meerwasser sammelt, verdunstet und wo auf diese Weise gewaltige Salzablagerungen entstehen.

Zum anderen produzieren Meeresalgen Methylhalogenide, CH_3X, und Bromoform, $CHBr_3$. Diese halogenorganischen Verbindungen gasen aus und tragen deshalb zur Verminderung des Halogenidgehaltes im Wasser bei.

Dieses Phänomen ist offensichtlich mit dem Sauerstoff/Ozon-Kreislauf gekoppelt. In der Atmosphäre werden nämlich aus den halogenorganischen Verbindungen unter Einwirkung von energiereichem Sonnenlicht Radikale generiert, die Ozon abbauen können:

$$R-X \rightarrow R\cdot + X\cdot$$
$$X\cdot + O_3 \rightarrow XO\cdot + O_2$$

Das führt aber nicht zu einem Ozonloch, wie es anthropogen emittierter Dichlordifluorkohlenstoff (s.u.) verursacht. Wir erlauben uns, die Frage zu stellen, ob hier ein Gaia-typischer Regelungsmechanismus vorliegt, der verhindert, dass sich *zu viel* Ozon in der Atmosphäre bildet und dann in Folge seiner Filterfunktion *zu wenig* Sonnenstrahlung auf die Erdoberfläche durchlassen würde? (Vgl. [16].)

Luft- und Wasserströme

Viele Studierende haben ihr Wissen über das Zustandekommen von Passatwinden oder des Golfstroms aus dem Erdkunde-Mittelstufenunterricht verdrängt, sodass sich eine kurze Wiederholung empfiehlt.

Die physikalischen Grundlagen sind einfach. Die intensivste Sonneneinstrahlung herrscht im Äquatorbereich der Erde. Dort wird die Luft erwärmt und steigt nach oben. So entstehen Luftbewegungen, die das gleichzeitig verdunstende Wasser transportieren und maßgeblich für die Niederschlagsverteilung auf der Erde sorgen. Eine höhere Atmosphärentemperatur verstärkt diese Phänomene, was sich u.a. im häufigeren Auftreten von zerstörerischen Taifunen und Hurrikanen äußert.

Das ebenfalls in der Äquatornähe erwärmte Wasser bewegt sich aufgrund seiner geringeren Dichte über dem tiefer liegenden kalten Wasser in Richtung Nord- oder Südpol, sinkt nach seiner Abkühlung nach unten und fließt dann in Richtung Äquator zurück. Der Golfstrom beispielsweise, der sich vom Äquator in Richtung Norden bewegt, transportiert äquatoriale Sonnenwärme nach Westeuropa. Warmes Wasser ist ärmer an Sauerstoff und Nährstoffen und deshalb für maritimes Leben weniger geeignet – man spricht von ozeanischer Wüste – als kaltes Wasser, das besonders reich an Phytoplankton ist. In den kalten Ozeanbereichen befinden sich folglich die maritimen CO_2-Senken und die Produzenten für wolkenbildende Schwefelsäure-Aerosole (s.o.). Eine erhöhte Atmosphärentemperatur hat einen direkten Einfluss auf die Wasserströme, den damit verbundenen Wärmetransport sowie das Leben im Meer.

Die Luft- und Wasserströme, die auf Temperatur- und Dichtegradienten basieren, sind vergleichbar mit den Blut- und Wasserkreisläufen, die auf Konzentrationsunterschieden gelöster Stoffe wie Sauerstoff, Kohlenstoffdioxid und Salzen beruhen und für Stofftransporte im menschlichen Körper verantwortlich sind.

Medea – Gaias böse Schwester

Der griechischen Sage nach ist Medea in großer Liebe mit Jason verheiratet, der sie aber wegen einer Königstochter verlässt. Aus Rache bringt sie ihre beiden mit Jason gemeinsamen Kinder um. Medea, eine Antipode zu Gaia, nicht fürsorglich, sondern brutal und zerstörerisch.

Unter dem metaphorischen Titel „Gaias böse Schwester" äußert Peter Ward Kritik an der Gaia-Theorie [17], die im Unterricht nicht ausgespart werden sollte, allein schon, um Schüler und Studenten dazu aufzufordern, die Theorie zu hinterfragen und ihre Grenzen zu eruieren. Ward warnt davor, dass Regelungsprozesse aufgrund ihrer Rückkopplungen sehr komplex und deterministisch chaotisch sein und letztlich versagen können, und schildert drei nicht „gaia-gerechte" Entwicklungen in Zusammenhang mit der Fotosynthese:

$$6\ CO_2 + 6\ H_2O \rightarrow C_6H_{12}O_6 + 6\ O_2$$

Der im Rahmen der Evolution der Fotosynthese zunehmend gebildete Sauerstoff war für die vor 2,5 Milliarden Jahren anaerob lebenden Mikroben aufgrund seines diradikalischen Charakters und seines hohen Oxidationspotenzials ein tödliches Gift. Fast hätte es einen Massenexitus gegeben; nur wenige Mikroben entwickelten eine Sauerstofftoleranz und überlebten. Es dauerte 200 Millionen Jahre, bis diese Mikroben durch ihre fortschreitende Evolution selbst Fotosynthese betreiben konnten und sich dann kräftig vermehrten. Dabei entzogen sie der Atmosphäre soviel Kohlenstoffdioxid, dass sich die Erde stark abkühlte, die Ozeane komplett zufroren (Eiszeit) und das Leben erneut fast zum Erliegen kam.

Vor 700 Millionen Jahren entstanden schließlich mehrzellige Pflanzen und daraus die Landpflanzen, welche aufgrund ihrer Fotosynthese besonders kräftig wuchsen. Ihre tief reichenden Wurzeln förderten die Verwitterung von Calciumsilicat-reichem Gestein, welches Kohlenstoffdioxid im Sinne des oben beschriebenen Carbonat-Silicat-Kreislaufes fixierte. Folglich kühlte sich die warme, grüne Erde rasch ab, verbunden mit einem riesigen Artensterben.

Erdheilkunde

Gaia ist robust. Sie hat „böse" Medea-Angriffe, Erdbeben, Tsunamis, Vulkanausbrüche und Meteoriteneinschläge überlebt, meistens allerdings mit schweren Verlusten. „Die größte Bedrohung für Gaia geht aber von der Evolution und Ausbreitung einer einzigen Spezies aus, des Homo sapiens [18]". Lovelock schlüpft in die Rolle eines Erd-Arztes, der die von den Menschen verursachten Erkrankungen der Erde benennt und wissenschaftlich analysiert sowie Therapie- oder Präventionsvorschläge unterbreitet [19]. Seine Gedankengänge sind spannend und von Schülern oder Studenten mit ihren Vorkenntnissen aus dem Unterricht bzw. der Vorlesung nachvollziehbar und interpretierbar.

Den Menschen ist es immer wieder „gelungen" – meistens ohne böse Absicht –, ihrer Umwelt zu schaden. Durch das Verbrennen von schwefelhaltiger Braunkohle haben sie sauren Regen verursacht, der in Wäldern, Böden und Seen einen lebensfeindlichen pH-Wert bewirkt hat. Sie haben mit dem Treibgas und Kühlmittel Dichlordifluormethan die Ozonlöcher über dem Nord- und Südpol erzeugt. Mit Autoabgasen haben sie Smog produziert, mit phosphathaltigen Waschmitteln natürliche Gewässer überdüngt und schließlich giftige Pflanzenschutzmittel über die Nahrungskette auf der ganzen Welt verteilt.

Diesen Schäden widmet Lovelock keine besondere Aufmerksamkeit, denn sie konnten mit Hilfe von Erd-Ärzten – das sind kluge Wissenschaftler, Ingenieure und Politiker – behoben werden. Versauerte Böden und Gewässer wurden mit Kalk neutralisiert:

$$H_2SO_4 + CaCO_3 \rightarrow CaSO_4 + CO_2 + H_2O$$

Abgase von Verbrennungskraftwerken werden heute durch alkalische Wäscher geleitet und auf diese Weise entschwefelt, sodass die sauren Schadstoffe gar nicht erst in die Umwelt gelangen. Der Dreiwege-Katalysator wurde entwickelt und erlaubt u.a. die Entgiftung von Stickstoffmonoxid und Kohlenstoffmonoxid zu elementarem Stickstoff und Kohlenstoffdioxid:

$$2\,NO + 2\,CO \rightarrow N_2 + CO_2$$

Pentanatriumtriorthophosphat, $Na_5P_3O_{10}$, wurde im Waschpulver durch Zeolith A ersetzt. Cl_2CF_2 und DDT wurden gesetzlich verboten und durch weniger gefährliche Stoffe substituiert. Alle diese Schadensbeseitigungen bzw. -begrenzungen waren machbar und fanden relativ wenig Widerstand in der Gesellschaft, weil sie von den Menschen keine Einschränkungen in ihrem täglichen Leben verlangten.

Bei den von der Menschheit verursachten CO_2-Emissionen ist das anders. Im neuen Buch von Lovelock heißt es dazu [20]: „Wenn wir fossile Kohlenwasserstoffe ausgraben, beuten wir den Sonnenschein früherer Zeiten aus, der erhalten geblieben ist und sich durch uralte natürliche Prozesse in dem Gestein unter unseren Füßen in eine tragbare, brennbare Form verwandelt hat. Wenn wir Treibhausgase ausstoßen, kehren wir natürliche Abläufe um, durch die der Kohlenstoff vor Jahrmillionen aus der Atmosphäre beseitigt wurde. Und diesen radikalen Eingriff vollziehen wir nicht allmählich im Laufe von Jahrtausenden, sondern vielmehr sehr plötzlich in nur zwei Jahrhunderten. Nach geologischen Maßstäben ist das nur ein Augenblick. Für unseren Planeten ist es ein Schock, der dazu führt, dass wir uns eines stabilen Zustandes nicht mehr sicher sein können."

Besonders fatal ist die Rückkopplung zwischen dem Treibhauseffekt und der Eis- bzw. Schneeschmelze. Wenn nämlich das Eis am Nord- und Südpol und der Gebirgsgletscher sowie der Schnee der Tundra schmelzen, gehen weiße Flächen verloren, die Sonnenlicht reflektieren, während gleichzeitig dunkle Wasser- bzw. Landflächen entstehen, die Sonnenlicht absorbieren und auf diese Weise die Erwärmung der Erde beschleunigen. Nicht minder bedrohlich ist die Tatsache, dass in einem erwärmten Boden bzw. Ozean das dort in großen Mengen in Hohlräumen von Eiskristallen (Clathrate) eingelagerte Methan vermehrt freigesetzt wird, das als Treibhausgas ca. 25mal effizienter als Kohlenstoffdioxid ist. Diese Beschleunigungen bezeichnet man im Fachjargon als *positive* Rückkopplungen, „man könnte aber auch einfach von einem Teufelskreis sprechen [21]."

Eine ähnliche Analyse des Klimawandels findet man in den lesenswerten Büchern von Tim Flannery [22-24]. Der australische Paläontologe verurteilt die Ausbeutung der Bodenschätze durch die Menschen mit den anschaulichen Aussagen, dass aus 100 Tonnen einstigem pflanzlichen Lebens gerade einmal 4 Liter Erdöl werden und dass die Menschheit 400 Jahre früheren Sonnenscheins in einem Jahr verheizt. Des Weiteren lässt er den Führer eines Aborigines-Stammes mit dem in der Abbildung 6.2 abgedruckten Gedicht zu Worte kommen, das wir folgendermaßen interpretieren: Unter der Erde verborgen liegen insbesondere in Form von Kohle die Überreste ehemaligen Lebens, auch unserer Vorfahren. Die Kohle sollte uns Menschen ein heiliger Bodenschatz sein. Wer sie ausgräbt und verbrennt, verachtet auf makabre Weise das Leben. Und er richtet mit der Umwandlung von Kohle in Kohlenstoffdioxid Schaden an, bis hin zum Töten von augenblicklichem Leben. Dieser Schaden wird nicht unbedingt dort auftreten, wo die Kohle verbrannt wird, sondern eher woanders: Wenn die Industrieländer der ersten Welt Kohle verbrennen, kann beispielsweise Bangladesh im Meer versinken. Lovelock würde vermutlich sagen, das sei Gaias wütende Rache.

> *Wir gehen über die Erde,*
> *wir passen auf wie der Regenbogen oben.*
> *Aber etwas ist da unten, unter dem Boden.*
> *Wir kennen es nicht.*
> *Du kennst es nicht.*
> *Was willst du tun?*
> *Wenn du es berührst,*
> *bewirkst du vielleicht einen Wirbelsturm,*
> *heftigen Regen oder eine Flut.*
> *Nicht bloß hier.*

Abbildung 6.2: Gedicht des Aborigines Big Bill Neidjie, Gagadju Man [25].

Flannery berichtet noch von einer anderen Umweltkatastrophe, auf die Lovelock nicht eingeht, und zwar das allmähliche Verschwinden des Great Barrier Riffs, eines riesigen Ökosystems vor der Nordküste Australiens [26]. Das Treibhausgas Kohlenstoffdioxid löst sich nämlich zum Teil im Meerwasser, führt zwangsläufig zu dessen Versauerung, und die Kohlensäure löst Calciumcarbonat, das ein Bestandteil von Korallen und den Außenskeletten anderer maritimer Tiere ist, als Hydrogencarbonat auf:

$$H_2CO_3 \text{ (aq)} + CaCO_3 \text{ (s)} \rightarrow Ca(HCO_3)_2 \text{ (aq)} + H_2O$$

Dagegen sind Erd-Ärzte machtlos.

Einigen Philosophen der Aufklärung gibt Lovelock die (Mit)Schuld, dass sie die Menschen wegen ihrer Kreativität auf eine höhere Stufe als den Rest der Natur gestellt und diese damit quasi zur Ausbeutung freigegeben haben. Antriebskraft der Wirtschaft, die angeblich nur funktioniert, wenn sie wächst, ist die Unzufriedenheit und die unbändige Gier der Menschen, immer noch mehr haben zu wollen, obwohl es ihnen eigentlich an Nichts fehlt. Diese Gier begann mit dem Apfel im Paradies.

Es wird mittlerweile wohl nicht bestritten – außer von Donald Trump [27] –, dass der anthropogene CO_2-Ausstoß bereits einen Klimawandel eingeleitet hat, der nach Lovelock nur noch gestoppt werden kann, wenn unverzüglich weltweit alle Verbrennungskraftwerke abgeschaltet werden und die Energieversorgung der Menschheit durch Atomenergie erfolgt. Von den sogenannten „nachwachsenden Kraftstoffen" Bioethanol und Biodiesel, die von vielen Seiten als Ersatz für die aus Erdöl gewonnenen Otto- und Diesel-Kraftstoffe gepriesen werden, hält Lovelock gar nichts, weil für ihre Gewinnung aus Zucker- bzw. Ölpflanzen Wald, insbesondere tropischer Regenwald, gerodet wird, der als CO_2-Senke unentbehrlich ist.

Das Märchen vom guten Strom

Die Gewinnung von elektrischem Strom in Solar-, Wind- und Gezeitenkraftwerken findet Lovelock aus rein ökologischen Gründen zwar grundsätzlich gut, aber momentan für technisch noch nicht ausgereift und viel zu teuer. In dieser Hinsicht erhält er Unterstützung aus der Wirtschaft. Philip Plickert sagt zum Beispiel in seinem Buch „Die VWL auf Sinnsuche" [28], dass sich Deutschland einen verhängnisvollen Öko-Irrweg leiste, weil die Vermeidung von einer Tonne Kohlenstoffdioxid durch eine Windkraftanlage fünfmal und durch eine Solaranlage sogar dreißigmal so viel koste wie die günstigste Vermeidungsform kosten würde – nämlich die Hebung der Effizienzreserven in konventionellen Kraftwerken und Industrieanlagen. Das

Problem sei die Verschwendung von Ressourcen, die zur Klimastabilisierung dringend nötig sind. Der Kampf gegen den Temperaturanstieg könne nur gewonnen werden, wenn die begrenzten finanziellen Mittel so eingesetzt werden, dass dabei ein Maximum an Klimaschutz herauskommt.

Dass elektrischer Strom aus Windkraft- und Solaranlagen zum augenblicklichen Zeitpunkt „guter" Strom ist, hält Plickert für ein Märchen. Lovelock favorisiert deshalb, wie gesagt, den Atomstrom. Wäre da nicht die verständliche, und sehr ernst zu nehmende Angst vieler Menschen – nach den Atombombenabwürfen auf Hiroshima und Nagasaki, dem Versenken alter Atom-U-Boote in der Barentsee, den Reaktorunfällen in Tschernobyl und Fukushima sowie dem andauernden Streit um die Lagerung des radioaktiven Abfalls …. Lovelock beschwichtigt, indem er die CO_2-neutrale Atomenergie zwar als Klimaretter in großer Not anpreist, aber nur als Übergangslösung betrachtet. Seiner Überzeugung nach kann und wird nämlich in einigen Jahrzehnten die Energiebereitstellung für die Menschheit aus der Fusion von Deuterium und Tritium zu Helium – ohne CO_2-Emission und ohne radioaktiven Abfall – möglich sein.

$$^2H + {}^3H \rightarrow {}^4He + n + 17{,}6 \text{ MeV}$$

Hoffentlich behält Lovelock Recht. Wir sind eher geneigt, mit Goethes Faust zu antworten: „Die Botschaft hör' ich wohl, allein mir fehlt der Glaube [29]." Es bleibt aber die Hoffnung, dass man politische Prozesse findet, die vermeiden, dass es vom Klimawandel bedingt zu übermäßigen Verteilungskämpfen oder gar Kriegen kommt.

Umweltkriminalität

Um beim Faust zu bleiben: Ziehe ich nicht „herauf, herab und quer und krumm meine Schüler an der der Nase herum" [30], wenn ich die verschiedenen Möglichkeiten eines sinnvollen Kunststoffrecyclings erläutere und gleichzeitig in den Medien wieder einmal von den tausenden Tonnen Plastikmüll berichtet wird, die einfach ins Meer geschmissen und auf diese Weise entsorgt werden? Oder wenn ich die wissenschaftliche und technische Meisterleistung, die ein Autoabgas-Katalysator in der Tat ist, lobe, wenn dessen Software aber so manipuliert ist, dass er jederzeit ausgeschaltet werden kann, um Kosten zu sparen?

Lovelock spricht nicht über Umweltkriminalität. Wir sind hingegen der Ansicht, dass sie ein Teil der ökologischen Diskussion sein muss, weil sie der Erde erheblich schadet. Ihr entgegnen kann und muss der Gesetzgeber mit strafrechtlichen Maßnahmen.

Die Umweltkriminalität stärkt vor allem bei jungen Menschen nicht gerade die Hoffnung und das Vertrauen, dass die Menschen eine weitere Erwärmung der Erde noch verhindern können. Fairerweise muss aber betont werden, dass die bestehenden Gesetze und Richtlinien zum Umweltschutz sehr viel häufiger korrekt eingehalten werden, als dass auf verbrecherische Weise gegen sie verstoßen wird.

Doch dann bleiben noch die viele „kleinen Umweltsünden", die wir alle, meistens durch übermäßigen Konsum in unserer zu schnelllebigen Zeit, begehen …

Gaias Alter und Tod

In der Chemieausbildung spielt die Besprechung von Puffern eine große Rolle. Ein Puffer ist eine wässrige Mischung von einer schwachen Säure und deren korrespondierender Base, z.B. Essigsäure/Acetat, deren pH-Wert sich nur unwesentlich ändert, wenn eine starke Säure oder Lauge hinzugefügt wird: Die Puffer-Säure fängt die zudosierte Lauge, die Puffer-Base die zugegebene Säure ab. Irgendwann ist allerdings die Pufferkapazität überschritten; dann funktioniert das System nicht mehr.

Als Geochemiker ist es Lovelock gewohnt, in kosmischen Zeitabständen zu denken. Seit über 3 Milliarden Jahren kann die Erde mit ihren Regelungsmechanismen ihre Temperatur in einem lebensfreundlichen Rahmen halten; in spätestens einer Milliarde Jahren wird die Sonne aber so heiß sein, dass Gaias Wärme-Pufferkapazität überschritten sein und sie unweigerlich an Überhitzung sterben wird. Nach einer Hochrechnung von Lovelock wird sogar schon in weniger als 100 Millionen Jahren eine andere, viel heißere Biosphäre vorliegen [31].

Gaia befindet sich heute im letzten Viertel ihres Lebens und ist deshalb – wie ein alter Mensch – tendenziell empfindlicher gegenüber zusätzlichen Belastungen als in jüngeren Jahren. Mit Treibhausgasen, die für einen Erd-Arzt nichts anderes als Fieberschübe sind, kommt Gaia immer schlechter zurecht. Sie ist sterblich. Das beruhigt in gewisser Weise. Denn wer den Tod als Teil des Lebens akzeptiert, wird das Leben wertschätzen und lieben. Wir Menschen sind der Erde „Auf Gedeih und Verderb" [24] ausgeliefert und können und sollten ihre Gesundheit solange wie möglich aufrechterhalten, indem wir uns in jeder Hinsicht umweltbewusst verhalten. Lovelock liefert dazu wissenschaftlich fundierte Ideen, auch wenn wir – frei nach Sokrates – in letzter Konsequenz nicht verstehen können, was das Leben wirklich ist, und nicht planen können, wie es verläuft.

Abbildung 6.3: James Lovelock und eine Gaia-Statue [32].

Literatur zu Kapitel 6

[1] J. Albrecht: Ist die Erde vielleicht ein Weibchen? – Frankfurter Allgemeine Sonntagszeitung, 21.8.2016, Nr. 33, S. 57-60
[2] J. Albrecht: Wie werden wir leben? – Frankfurter Allgemeine Sonntagszeitung, 28.8.2016, Nr. 34, S. 55-58
[3] B. Graff: Das zähe Luder – Die Gaia-Theorie von James Lovelock. – Süddeutsche Zeitung, 26.9.2016; http://www.buecher.de/shop/weltpolitik/james-lovelock-die-erde-und-ich/lovelock-james/products_products/detail/prod_id/44383426/ (2.2.2021)
[4] J. Lovelock: Die Erde und ich. – Taschen GmbH, Köln 2016; https://www.taschen.com/pages/de/catalogue/graphic_design/all/02888/facts.james_lovelock_et_al_die_e rde_und_ich.htm (2.2.2021)
[5] https://de.wikipedia.org/wiki/James_Lovelock (2.2.2021)
[6] https://de.wikipedia.org/wiki/Gaia-Hypothese (2.2.2021)
[7] J. Lovelock: Gaia – Die Erde ist ein Lebewesen. – Scherz-Verlag, Bern 1992
[8] J. Lovelock: Gaias Rache – Warum die Erde sich wehrt. – 1. Aufl., Ullstein Taschenbuch, Berlin 2008
[9] [4], S. 8
[10] https://de.wikipedia.org/wiki/Gaia_%28Mythologie%29 (2.2.2021)
[11] [8], S. 234
[12] [8], S. 30
[13] R. Kickuth: Das Chaos (ein bisschen) verstehen – Die Atmosphäre und ihre Chemie. – CLB 68 (2017) Heft 1-2, S. 34-49
[14] P. Wohlleben: Das geheime Leben der Bäume. – 14. Aufl., Ludwig-Verlag, München 2015, S. 97-98
[15] https://de.wikipedia.org/wiki/Carbonat-Silicat-Zyklus (2.2.2021)
[16] V. Wiskamp, Z. Abdulai, S. Yohannes: Halogenierte Naturstoffe; CLB 68 (2017), Heft 3-4, S. 122-129
[17] P. Ward: Gaias böse Schwester. – Spektrum der Wissenschaft, November 2009, S. 84-88; http://www.spektrum.de/magazin/gaias-boese-schwester/1006323 (2.2.2021)
[18] L. Kump in [4], S. 48
[19] [7], S. 9-20
[20] V. Pope in [4], S. 67
[21] V. Pope in [4], S. 63
[22] T. Flannery: Wir Wettermacher – wie die Menschen das Klima verändern und was das für das Leben auf der Erde bedeutet. – Fischer-Verlag, Frankfurt 2006
[23] T. Flannery: Wir Klimakiller – wie wir die Erde retten können. – Fischer-Verlag, Frankfurt 2007
[24] T. Flannery: Auf Gedeih und Verderb – Die Erde und wir: Geschichte und Zukunft einer besonderen Beziehung. – Fischer-Verlag, Frankfurt 2011
[25] [22], S. 92, und [23], S. 74
[26] [22], S. 136
[27] R. Kickuth: Editorial. – CLB 68 (2017) Heft 1-2, S. 1
[28] Philip Plickert: Die VWL auf Sinnsuche. – Frankfurter Societäts-Medien GmbH, Frankfurt, 2016, S. 188-191
[29] J. W. von Goethe: Faust – Der Tragödie erster Teil. – Vers 765
[30] [29], Verse 361-363
[31] [8], S. 71-72
[32] B. Comby: https://de.wikipedia.org/wiki/Gaia-Hypothese#/media/Datei:James_Lovelock_in_2005.jpg (2.2.2021)

Danksagung zu Kapitel 6

Dank gebührt den Studentinnen Zeinab Abdulai und Semhar Yohannes, die das Gaia-Thema im Rahmen einer Studienarbeit fachdidaktisch aufbereitet haben.

7 Die (giftige) Sprache ökologischer Diskurse

Unkraut-Heinzelmännchen, Essensfälscher, Merkelgift, Heilige Scheiße und Umweltverduftung

Dieses Kapitel wurde bereits in leicht veränderter Form publiziert in Chemie in Labor und Biotechnik (CLB) 70 (2019), Heft 1-2, S. 6-21.
Das letzte Unterkapitel über die Sprache in der Klimadebatte erst 2021 hinzugefügt.

Das Buch von Jan Grossarth [1] (Abb. 7.1), in dem der Redakteur der Frankfurter Allgemeinen Zeitung die Sprache ökologischer Diskurse in der populärwissenschaftlichen Literatur sowie der »FAZ« und der »Zeit« analysiert, sei Chemiedidaktikern und -lehrern zur Lektüre wärmstens empfohlen. Man reflektiert dabei die eigene Fachsprache, in der es von Metaphern und Symbolen wie „Ausbeute" oder „Angriff" wimmelt, und erhält gleichzeitig Anregungen zur Einbindung wirtschaftlicher, politischer und ethischer Fragestellungen in die Lehre. Im Folgenden werden die Ergebnisse eines Ökologieseminars vorgestellt, in dem die Studierenden Referate gehalten haben über ausgewählte der von Grossarth besprochenen Bücher und einige weitere, wobei insgesamt ökologische Fragestellungen und Problemlösungsstrategien aus den letzten etwa 150 Jahren beleuchtet werden, aus durchaus unterschiedlichen Blickwinkeln. Viele der von uns gelesenen Autoren aus Wissenschaft, Politik, Fernsehen und Kirche glänzen durch kreative Wortschöpfungen; bei machen Texten mussten wir herzhaft lachen, wobei uns das Lachen aber meistens im Halse stecken blieb.

Abbildung 7.1: Jan Grossarth, »Die Vergiftung der Erde – Metaphern und Symbole agrarpolitischer Diskurse seit Beginn der Industrialisierung«. – Campus Verlag, Frankfurt 2018, ISBN 978-3-593-50881-8 Print bzw. ISBN 978-3-593-43853-5 E-Book (pdf), 39,95 €. (Das Buch ist gleichzeitig die Doktorarbeit von Herrn Grossarth.)

Ausbeutung und Entfremdung

Ein Wegbereiter der modernen Agrikulturchemie war Justus von Liebig, dessen Erkenntnisse zur Pflanzenernährung in der Biochemie-Vorlesung behandelt werden. Während traditionell mit menschlichen und tierischen Exkrementen gedüngt wurde, schlug Liebig als Dünger den aus Südamerika importierten Guano (calciumhydrogenphosphat- und -nitratreiche Exkremente von Seevögeln), Chilesalpeter (Natriumnitrat) und Thomasmehl (phosphathaltige Schlacke aus dem Hochofenprozess zur Eisenherstellung) vor. Anfangs herrschte Euphorie, denn die Erträge an Nutzpflanzen stiegen deutlich an, und eine Lösung des Welthungerproblems zeichnete sich ab.

Doch bald traten negative Aspekte der neuen Düngemethoden hervor. Meistens aufgrund einer Überdüngung – eines falsch verstandenen „Viel hilft viel" – setzte eine Versalzung der Böden ein; die osmotischen Verhältnisse veränderten sich, was für Bodenlebewesen schädlich war und das ganze Ökosystem Boden durcheinanderbrachte. Düngerauswaschungen in Bäche und Flüsse und in das Grundwasser fanden statt, mit der Folge von „Brunnenvergiftungen". Die spätere Traktorisierung bei der Ackerbearbeitung führte wegen des Gewichtes der Maschinen zusätzlich zu einer Bodenkompression, mit den fatalen Konsequenzen einer geringen Belüftung des Bodens und einer verminderten Wasserspeicherkapazität. Schon Liebig erkannte, dass endlos steigerbare Ernten illusorisch seien, und dass auch eine Rückführung von Fäkalien auf den Acker erforderlich sei. Denn die Erfindung des watercloests war dahingehend zur „Urkatastrophe" geworden, dass menschliche Exkremente nicht wiederverwertet, sondern weggespült wurden und natürliche Gewässer kontaminierten. (Vgl. hierzu Abb. 7.2.)

Die Situation verschärfte sich, als mit dem Haber-Bosch- und dem Ostwald-Verfahren (Ammoniak- bzw. Salpetersäure-Synthese) riesige Mengen Stickstoffdünger zur Verfügung standen. Spätestens jetzt wurde der natürliche Kreislauf (anderthalb Jahrtausend währende Dreifelderwirtschaft) und die Ortsgebundenheit der Landwirtschaft durchbrochen, denn Nährstoffe wurden nicht mehr gesammelt und wieder in die Böden zurückgeführt, sondern an Industriestandorten – auch in fernen Ländern – synthetisiert und dort gekauft. Die globalisierte industrielle Landwirtschaft wurde und ist ausgesprochen energieintensiv. Wie wir aus der Anorganik-Vorlesung wissen, sind die Stickstoffgewinnung durch Luftzerlegung (Linde-Verfahren) und die Wasserstoffgewinnung durch Steamreforming, Kohlevergasung oder Wasserelektrolyse endergonische Prozesse. Noch verstärkt wurde die Kopplung der Landwirtschaft an die Petrochemie durch den Benzinverbrauch der eingesetzten Maschinen. Das waren und sind alles Beiträge zur Erderwärmung und zum Klimawandel.

Die Böden für die immer größer werdenden Monokulturen wurden und werden „ausgebeutet"; aber nicht nur die Böden, sondern auch die Bauern. „Im Würgegriff der Agrarkonzerne" setzte und setzt in vielen Regionen auf der Welt eine Massenverarmung der Landbevölkerung, ein „Bauernsterben", ein, verbunden mit der Flucht in die Großstädte und dortiger Slumbildung sowie einer „Entfremdung" der Menschen von der Natur. Eine psychologische Folge davon ist, dass derjenige, der die Natur nicht (mehr) kennt, sie auch nicht wertschätzt und schützt.

Da sind sie, die Kernbegriffe des Marxismus: „Ausbeutung" und „Entfremdung". Karl Marx, der die Arbeiten von Liebig gut kannte, fühlte sich in seiner Wirtschaftstheorie bestätigt: So wie die Kapitalisten in der Schwerindustrie die Arbeiter und die natürlichen Rohstoffe ausbeuten und durch maschinenunterstützte Arbeitsprozesse (Fließband) den einzelnen Menschen von seiner Arbeit entfremden, so zerstören große Agrarkonzerne kleinbäuerliche Strukturen, beuten Bauern und Land aus und entfremden die Menschen von der Natur. (Es verwundert nicht, dass in späteren Disputen Umweltschützer von Lobbyisten der Großindustrie häufig als Kommunisten diffamiert wurden.)

> ### *Scheißkultur – die heilige Scheiße*
>
> „Ich möchte über die Hauptursache des Zerfalls unserer Zivilisation sprechen. Wir essen nicht das, was bei uns wächst; wir holen Essen von weit her, aus Afrika, Amerika, China und Neuseeland. Unsere Scheiße behalten wir nicht. Sie wird weit weggeschwemmt. Wir vergiften damit Flüsse, Seen und Meere. Die Scheiße kommt nie auf unsere Felder zurück, auch nie dorthin, wo das Essen herkommt. Der Kreislauf vom Essen zur Scheiße funktioniert; der Kreislauf von der Scheiße zum Essen ist hingegen unterbrochen.
>
> Wir machen uns einen falschen Begriff über unseren Abfall. Jedesmal wenn wir die Wasserspülung betätigen, im Glauben, eine hygienische Handlung zu vollziehen, ist das eine frevelhafte Geste des Todes. Wenn wir auf die Toilette gehen und unsere Scheiße wegspülen, ziehen wir einen Schlussstrich. Was mit unserer Scheiße nachher geschieht, verdrängen wir, wie den Tod. Das Klosettloch erscheint uns wie das Tor in den Tod, nur rasch weg davon, nur schnell vergessen die Fäulnis und Verwesung. Dabei ist es gerade umgekehrt. Mit der Scheiße beginnt erst das Leben. Die Scheiße ist viel wichtiger als das Essen. Das Essen erhält nur eine Menschheit, die sich massenweise vermehrt, an Qualität sich vermindert und eine Todesgefahr für die Erde geworden ist, eine Todesgefahr für die Vegetation, die Tierwelt, das Wasser, die Luft, die Humusschicht. Scheiße aber ist der Baustein unserer Wiederauferstehung. Die Scheiße ist unsere Seele. Durch sie können wir überleben; durch sie werden wir unsterblich. Warum haben wir Angst vor dem Tod? Wer eine Humustoilette benützt, hat keine Angst vor dem Tod, denn unsere Scheiße macht unsere Wiedergeburt möglich. Wenn wir unsere Scheiße nicht schätzen und in Humus umwandeln, verlieren wir unsere Berechtigung, auf der Erde anwesend sein zu dürfen.
>
> Wir haben Tischgebete vor und nach dem Essen. Beim Scheißen betet niemand. Wir danken für unser tägliches Brot, das aus der Erde kommt, wir beten aber nicht, auf dass sich unsere Scheiße wieder in Humus umwandle.
>
> Homo - Humus - Humanitas, drei Schicksalswörter gleichen Ursprungs. Humus ist das wahre schwarze Gold. Humus hat einen guten Geruch. Humusduft ist heiliger als der Geruch von Weihrauch. Natürlich ist es etwas Ungeheuerliches, wenn der Abfallkübel in den Mittelpunkt unserer Wohnung kommt und die Humustoilette zum Ehrensitz wird. Das ist jedoch genau die Kehrwendung, die unsere Gesellschaft jetzt nehmen muss, wenn sie überleben will. Der Humusgeruch ist der Geruch der Wiederauferstehung und der Unsterblichkeit."

Abbildung 7.2: Ein leidenschaftlicher Apell des Künstlers Friedensreich Hundertwasser für eine ökologische Landwirtschaft. Hier seine gekürzte Rede von 1989 [2], bei der einem das Lachen im Halse stecken bleibt.

Unkraut-Heinzelmännchen

„Ich glaube, ich bin im Garten Eden", lobte ein Besucher den Garten von Alwin Seifert, weil er dort schönstes Obst und Gemüse (Abb. 7.3), frei von Läusen, Milben und Pilzen, auf einem unkrautfreien Humusboden fand, den Seifert aus selbst hergestelltem Kompost ohne chemische Dünge- und Pflanzenschutzmittel gewonnen hatte. Seifert hat in den 1950er Jahren eine Kompostfibel geschrieben, danach mehrfach aktualisiert [3] und damit Wegweisendes für die heute immer bedeutender werdende Biokompostierung, die in unserer Bioverfahrenstechnik-Vorlesung besprochen wird, geleistet. Seiferts Kunst, Kompost „neuer Art" zu machen, ist in der Abbildung 7.4 geschildert.

Abbildung 7.3: Der Klassiker der biologisch-dynamischen Landwirtschaft [3].

Die Kunst, Kompost „neuer Art" zu machen

„Je bunter die Mischung des Abfalls ist, den wir aufsetzen, umso vollkommener wird der Kompost am Ende sein. In den Haufen kommt wirklich alles, was anfällt, wenn es nicht mehr als spannenlang ist. Die Stiele und Stämme von Sonnenblumen und die Strünke von Rosenkohl werden mit dem Handbeil zerhackt; Himbeerruten, Baumschnitt und Reisig werden auf Spannenlänge zerschnipselt. Solches Gemisch aus Gegensätzlichem: Nassem und Trockenem, Erdigem und Reinen, Groben und Feinen setzen wir in einer Schicht von 20 cm Höhe auf, bestreuen diese mit feinem Kalkpulver und geben darüber als Quelle von tierischen Stickstoffverbindungen etwa 200 g auf einen Quadratmeter Horn-Knochen-Blutmehl oder andere mineralsalzfreie tierische Abfälle oder eine dünne Schicht von feinzerteiltem Stallmist, Schaf- oder Karnickelmist und dazu noch eine kleinfingerdicke Schicht lehmiger Erde und vermischen das Ganze dadurch, dass wir mit der Mistgabel draufklopfen. Das Grünzeug muss mit Wasser angefeuchtet werden; der Haufen soll im Innern so feucht sein wie ein ausgedrückter Badeschwamm.

In gleicher Art bauen wir Schicht auf Schicht übereinander, bis der Haufen einen guten Meter hoch geworden ist. Wer Stalljauche haben kann, begießt mit ihr durchdringend den Haufen. Zum Schluss muss der Haufen noch eine Haut bekommen. Die muss licht- und winddicht sein, aber Luft und Wasserdampf durchlassen. Altes Gras hat sich dafür am besten erwiesen. Einen guten Teil des Grases arbeiten die Würmer in den Haufen. Die Decke verfilzt allmählich zu einem dünnen Teppich."

Abbildung 7.4: „Die Natur vereinigt die Gegensätze zur Harmonie! Dass gesundes Leben nur von Lebendigem kommt, ist mir Weisheit und Erkenntnis genug." Auf diesem Motto beruht die Kunst Seiferts zur Herstellung von Kompost; hier ein gekürzter Auszug aus Seiferts Vorschrift [3].

Der Professor für Garten- und Landschaftsgestaltung war ein bedeutender Vertreter der frühen Umweltbewegung und gegen die Verwendung von Chemikalien in der Landwirtschaft. „Kunstdünger" und synthetische Pflanzenschutzmittel waren für ihn das Gegenbild zum „Natürlichen", es waren „Fremdstoffe" par excellence. Während die Lobbyisten der Agrarkonzerne ihm das Schlagwort „Gift oder Hunger" entgegenschleuderten, feierten ihn seine Anhänger als „Sankt Compostulus", und eine Bauernfamilie führte sogar im Frühjahr einen „Sankt-Alwinstag" ein, an dem sie nach Seiferts Vorschrift einen Komposthaufen umsetzte.

Ein Hauptproblem des Einsatzes von Pflanzenschutzmittel schildert Seifert durch ein Gespräch zwischen einem Gast und einem Kellner in einem bayrischen Biergarten. Es geht darum, dass es wegen der Verwendung eines chlororganischen Pflanzenschutzmittels im Hopfenanbau um die Reinheit des Bieres trotz des ein halbes Jahrtausend alten Reinheitsgebotes nicht gut aussieht: „Was wird jetzt mit dem Gift auf dem Hopfen?" – „Wenn's regnet, wird's abg'wasch'n!" – „Und wenn's net regnet?" – „Ja mei, dann kommt's halt ins Bier!"

Den Regenwurm hält Seifert – wie schon Charles Darwin – für das wichtigste Lebewesen. Der Wurm frisst, was angerottet ist, und gleichzeitig frisst er Erde. Bei der Passage durch den Verdauungstrakt des Tieres wird die Mischung mit stickstoffhaltigen Drüsensäften, Bakterien und Kalk vermengt. In den Ausscheidungen des Wurmes ist Mineralboden mit Pflanzenmasse, Kalk, Wuchs- und Vermehrungsstoffen intensiv vermischt zu fruchtbarem neuen Pflanzenboden geworden. Außerdem lockert der Wurm durch seine rastlosen Bewegungen den Boden auf, was der Durchlüftung und der Wasserbindefähigkeit zugutekommt.

Seifert hat ein besonderes Verständnis von „Unkräutern". Er sieht sie keineswegs als „Geschöpfe des Teufels" an, sondern als Boten dafür, dass mit dem Boden etwas nicht stimmt. Die „Unkräuter" sind für ihn „Heilmittel", die einen Boden in Ordnung bringen, ihn danach verlassen, worauf die Nutzpflanzen wieder gedeihen können. Seifert bezeichnet „Unkräuter" als die wirklichen „Gartenzwerge" und „Heinzelmännchen", die im Ökosystem wertvolle Dienste leisten (Abb. 7.5). Aber: „Wer zornig auf sie ist, wer ihnen mit Gift zu Leibe rückt, dem spielen sie einen Schabernack." Übersetzt heißt das, dass Unkrautvernichtung durch Herbizide zu Resistenzbildungen sowie Giftrückständen in den Kulturpflanzen und im Boden und Trinkwasser führen.

Abbildung 7.5: „Unkraut" (hier Löwenzahn [4]) als „Heinzelmännchen" ist eine hübsche Metapher für die nütz-lichen Wirkungen der Pflanze im gesamten Ökosystem. Wer das „Unkraut" beseitigt, muss mit negativen Konsequenzen für das System rechnen. So wie im Märchen die Frau des Schusters, die Erbsen streute, sodass die guten Hausgeister, die bislang des Nachts jede mühevolle Arbeit gerne erledigt hatten [5], beleidigt waren und für immer verschwanden, worauf die Menschen sich selbst durch die Arbeit quälen mussten.

Seifert war ein Protagonist der „biologisch-dynamischen Wirtschaftsweise", deren Anfänge auf den Anthroposophen Rudolf Steiner zurückgehen und auf deren Basis zahlreiche Bioläden, Reformhäuser und die Verwertungsgesellschaft Demeter® gegründet wurden. Auf den Vorwurf, kein Wissenschaftler, sondern eher ein Esoteriker zu sein, konterte Seifert: „Dass die Naturwissenschaften von heute, die mechanistisch ausgerichtet sind, für die Erfolge der biologisch-dynamischen Wirkungsweise keine Erklärungen haben, braucht niemanden zu hindern, sich ihrer zu bedienen, aus ihnen Nutzen zu ziehen. Das, was man heute Schulwissenschaft nennt, ist nun einmal zu eng, um alle Erscheinungen des Lebendigen erfassen zu können." Wir werden auf dieses Argument in Zusammenhang mit Fritjof Capras „Wendezeit" noch zurückkommen (s.u.).

Tanz mit dem Teufel

Die 1950er und frühen 1960er Jahre werden als die Zeit des „Wirtschaftswunders" bezeichnet. Nach dem Krieg, der Millionen Tote, zerstörte Städte und verbrannte Erde hinterlassen hatte, ging es den Menschen allmählich besser. Es herrschte eine industrie- und technikfreundliche

Stimmung, weil durch Industrie und Technik in der Tat materieller Wohlstand erzeugt wurde. Dies galt auch bezüglich der Landwirtschaft, deren Erträge in einer „Grünen Revolution" durch Kunstdünger, chemische Pflanzenschutzmittel und Maschineneinsatz gesteigert wurden und die Hungerzeit nach dem Kriegsende vergessen ließen. Bald gab es bescheidenen Luxus, sodass es verständlich ist, dass die Bevölkerung sprichwörtlich aufatmete. Serge Latouche stellt in seinem Buch »Es reicht! – Abrechnung mit dem Wachstumswahn« [6] allerdings die provozierende Frage, ob die Zeit des „Wirtschaftswunders" nicht vielmehr eine „jämmerliche Zeit" gewesen sei, weil nämlich in ihr die ökologischen Probleme, unter denen die Welt heute leidet – Rohstoffknappheit sowie Verschmutzung von Wasser, Luft und Boden – entstanden seien. Waren es die „falschen 50er Jahre" – um diesen von Günter Grass für die Politik und Wirtschaft geprägten Begriff zu übernehmen –, in denen die Menschen geblendet von ihrem steigenden Wohlstand blind dafür waren, dass sie limitierte Ressourcen verbrauchten und ihren eigenen Lebensraum zunehmend zerstörten? (Passiert das heute nicht insbesondere in China wieder?)

Wer trägt die Verantwortung für die Schattenseiten des wirtschaftlichen Aufschwungs? Der österreichische Schriftsteller Günther Schwab gab in einem „abenteuerlichen Interview" – so untertitelte er sein 1958 erschienenes Buch »Der Tanz mit dem Teufel« [7] –, die verschwörungstheoretische Antwort: Der Teufel, der die Chemische Industrie in Verbund mit der Agrikultur- und Lebensmittel- und Pharmazeutischen Chemie sowie der Atomphysik symbolisiert.

Den Chemiker im Bund mit dem Teufel gibt es, zumindest bei Goethe (Abb. 7.6). Hat der deutsche Dichterfürst mit seinem „Faust", einer Kultfigur der Weltliteratur, die Assoziation „Chemie = Gift = Teufel" und die besonders in Deutschland häufig anzutreffende Chemiefeindlichkeit geweckt und der Chemie damit einen Bärendienst erwiesen? Das wäre für Goethe, den begeisterten Naturforscher und Förderer der Wissenschaften, natürlich eine Ironie des Schicksals gewesen.

Abbildung 7.6: Aus der legendären Faust-Inszenierung von Gustaf Gründgens: Der Chemiker (genauer gesagt der Alchimist) im Bund mit dem Teufel [8].

Bei Schwab haben eine Ärztin, ein Chemieingenieur und ein Dichter die Gelegenheit, den Teufel zu befragen. Dieser ist ein freundlicher Dicker mit einem gemütlichen Grinsen und funkelnden kleinen Augen; er sitzt hinter einem riesigen Schreibtisch aus Mahagonie, auf dem eine Batterie goldener Telefone steht, über die er mit seinen Agenten, von denen er „Boss" genannt wird, ständig im Kontakt steht. Die Unterteufel berichten den drei Besuchern über ihre umweltzerstörerischen und menschheitsvernichtenden Aufgaben, die wir im Seminar in der Tabelle 1 zusammengefasst haben. Die Namen der Agenten verraten manchmal schon, was sie tun; z.B. „Azo": Der hat das Buttergelb, eine Diazoverbindung, erfunden, mit der die Butter früher appetitlich gelb gefärbt wurde – heute weiß man, dass der Farbstoff kanzerogen ist.

Alle ökologischen Probleme (bis auf den Klimawandel, der in den 50er Jahren noch nicht abzusehen war) werden von Schwab fachlich tiefgreifend behandelt und in der sarkastischen

Sprache des Teufels formuliert. Einwände, dass es beispielsweise Umweltaktivisten sowie Maßnahmen zur Abgasreinigung oder Energiesparmaßnahmen gäbe, werden vom Teufel gekontert. Er mache Aktivisten mundtod, sorge für Gegengutachten von Wissenschaftlern, die er bestochen habe, oder verkaufe die Mehrheit der Menschen durch Werbung und Lügenpropaganda – „fake news" – einfach für blöd.

Alles ist bei Schwab übertrieben, aber im Kern wahr. Sein wichtigster Agent des Teufels ist der „Sintflutteufel", der die Erde aufgrund eines anhaltenden Bevölkerungswachsums mit Menschen „überfluten" und vernichten soll. Tatsächlich spricht Schwab hier das größte Problem der Menschheit an. Beim Lesen des in vielen Auflagen erschienenen Buches bleibt oft pures Entsetzen. Ob man den Teufel durch Zeigen des christlichen Kreuzes vertreiben kann? Für sein Engagement im Umweltschutz erhielt der österreichische Schriftsteller zahlreiche Auszeichnungen.

Eine Ergänzung: Der „Geistteufel" hat seinen literarischen Schöpfer überlebt – Schwab ist 2006 gestorben – und inzwischen den Beruf des Evaluations- und Akkreditierungs-beauftragten erfunden, einen vom amerikanischen Anthropologen David Gaeber so bezeichneten „Bullshit Job" [9], den keiner braucht, der aber das Hochschulwesen unheilbar geisteskrank gemacht hat (vgl. [10]).

Das große Sterben

Der berühmte Urwalddoktor und Friedensnobelpreisträger Albert Schweitzer sprach einmal vom „Bakterienmord durch moderne Hygiene und Antibiotika" [11]. Damit wollte er keineswegs sagen, dass ihm Bakterien wichtiger seien als Menschen, sondern dass es Millionen von Bakterien gibt, die in Symbiose mit uns leben, aber dass Desinfektionsmittel und Antibiotika nicht nur gesundheitsschädliche Bakterien töten, sondern auch die nützlichen. Schweizer hat mit seinem übertriebenen Ausdruck also lediglich vor einem exzessiven Gebrauch der Chemikalien gewarnt. Wie berechtigt sein Anliegen ist, zeigt das verstärkte Auftreten von Hautallergien aufgrund überzogener Hygiene und von multiresistenten Keimen in Krankenhäusern.

Übertreibungen und zugespitzte Äußerungen findet man in vielen ökologischen Diskursen, nicht nur in der Presse, sondern auch in Sachbüchern und in der populärwissenschaftlichen Literatur, z.B. bei Schwabs Teufelssymbolik (s.o.). Grossarth hält Übertreibungen aber, selbst wenn sie Ängste schüren, für ein legitimes Stilmittel, das gerade bei ökologischen Themen aufklärerisch wirkt [1].

Waldsterben

Schwefeldioxid, insbesondere aus Braunkohlekraftwerken, führte in den 60er und 70er Jahren zu schwefelsaurem Regen, der ein „Waldsterben" verursachte. Gewiss schockiert das in der Abbildung 7.7 gezeigte Foto von einem toten Wald – ein wahrhaftig apokalyptisches Bild. Der deutsche Wald schien damals in seiner Existenz gefährdet. So schlimm war es dann doch nicht. Denn durch Kalken konnte die Säure neutralisiert werden, und die Einführung von Rauchgasentschwefelungsanlagen verhinderte weitere SO_2-Emissionen. Das Problem, das entstanden war, weil die giftigen Abgase leichtfertigerweise über den Schornstein weggeblasen wurden, soll hier keineswegs verharmlost werden, konnte aber im Wesentlichen mit wissenschaftlich-technischer Hilfe und gesetzlichen Vorschriften für Abgasgrenzwerte gelöst werden.

Warum gab es in der Bevölkerung trotzdem panikartige Angst um den „Deutschen Wald"? Weil er in Gedichten und Gemälden der Romantik (Abb. 7.7) als Sehnsuchtslandschaft beschrieben und (maßlos) überhöht worden ist, weil hier Hermann, der Cherusker, die Römer und Siegfried den Drachen besiegte und weil hier Hänsel und Gretel, Schneewittchen und Rotkäppchen lebten, deren Heldenlegenden bzw. Märchen die deutsche Kultur maßgeblich prägen.

Tabelle 7.1: Günther Schwabs Teufelssymbolik in ökologischen Diskursen der Nachkriegszeit – „Abteilungsleiter" im „Imperium des Teufels" und ihre die Umwelt und die Menschheit vernichtenden Aufgaben.

Günther Schwab: »Der Tanz mit dem Teufel« Arbeitsfelder im Imperium des Teufels zur Vernichtung von Umwelt und Menschheit		
Agent	**Fachgebiet**	**Aufgaben** (Stichworte)
Stinkteufel	Luftverpestung	Rauch, Ruß, Staub, PbEt$_4$, SO$_2$, CO, NO$_X$
Dürreteufel	Durst und Dürre	Grundwasserabsenkung, Bodenverdichtung, Waldrodung, Versteppung
Jaucheteufel	Wasserverschmutzung	Versalzung, Versauerung, Verkeimung und Eutrophierung des Wassers, Fischsterben, Arzneimittel- und andere Rückstände im Wasser
Lärmteufel	Ruhestörung	Straßen- und Maschinenlärm, Reizüberflutung durch Funk, Fernsehen und Disko
Feinkostteufel	Essensfälschung	Fastfood, Überzuckerung, Verfettung und Konservierung von Lebensmitteln, Geschmacks-, Geruchs- und Farbfälschungen
Karstteufel	Waldvernichtung	Rodungen zur Holz- und Ackerlandgewinnung, Waldsterben durch sauren Regen und Borkenkäfer, Waldbrände und -vermüllung
Arbeitsteufel	sinkende Arbeitsmoral	Konkurrenz, Neid, Gier, Minderwertigkeitsgefühle, Überforderung, Entfremdung, Arbeitslosigkeit
Hungerteufel	Hunger	Ernteausfälle, Umwidmung von Nährpflanzen zu Industriepflanzen (Biodiesel, Bioethanol)
Geistteufel	Verblödung	Konsumdiktat, Sensationslust, Bürokratie, Abschaffung des Denkens, Pseudowissen, Förderung des Spezialistentums
Bauernteufel	Bauernsterben	Verarmung des Bodens durch Monokulturen, Vertreibung der Landarbeiter in die Städte, Slumbildung, synthetische Nahrung
Sitzteufel	Muskeltod	Computerarbeitsplätze
Sprühteufel	Pestizide	DDT, Agent Orange
Krankheitsteufel	Krankheiten und Seuchen	Diabetes, Karies, Bluthochdruck, Schlaganfall, Herzinfarkt, Müdigkeit, Schlaflosigkeit, Nervosität, Drogen, Depression und andere psychische Krankheiten
Atomteufel	Kernkraft und Bomben	Radioaktive Verseuchung, Atombomben und andere Waffen
Sintflutteufel	Sintflut	Bevölkerungsexplosion, Armutsflüchtlinge und Völkerwanderungen

Serengeti darf nicht sterben

Um den Natur- und Artenschutz besonders verdient gemacht haben sich der frühere Direktor des Frankfurter Zoos Bernhard Grzimek und sein Sohn Michael mit ihren Forschungsarbeiten in der Serengeti, ihrem Buch »Serengeti darf nicht sterben« [15] und dem 1959 erschienenen, oskarpreisgekrönten Dokumentarfilm dazu sowie der beliebten Fernsehserie »Ein Platz für Tiere« [16]. Den Film haben wir uns im Seminar angesehen.

Tief beeindruckt waren die Grzimeks vom ewigen Zyklus biologischer Erneuerung, den man in intakten Nationalparks noch findet (Abb. 7.8). Mit der Macht ihrer Fotos und Filme konnten sie vielen Zuschauern den Wert der wilden Natur vermitteln, der Entfremdung von ihr entgegenwirken und Umweltbewusstsein erzeugen. Denn wer die Natur wertschätzt, wer von

Abbildung 7.7: Die Romantik von A. L. Richters „Genoveva in der Waldeinsamkeit" [12] und C. D. Friedrichs „Jäger im Wald" [13] ist vorbei; der „Deutsche Wald" ist „tot" [14], „gestorben" unter „ätzendem" Regen.

ihr fasziniert ist und sie liebt, der möchte sie auch bewahren. Dieser emotionale Effekt ist höchst bedeutend.

Die Grzimeks äußerten sich oft kritisch, z.B.: „Dass ein Löwe den anderen, also den Artgenossen und Mitbruder, umbringt, ist nicht üblich. Wir Menschen haben im letzten Weltkrieg Millionen Mitmenschen getötet. Es wäre um uns bessergestellt, wenn wir die Umgangsformen von Löwen hätten [15]." Dem hätte Schwabs Teufel widersprochen, und der Herausgeber des Buches wollte diese Passage ursprünglich streichen.

Scharf kritisierten die Grzimeks die Monokulturlandwirtschaft in Nordamerika. Mit der Besiedlung seien riesige Büffelherden auf fruchtbarer Prärie systematisch ausgerottet worden – und gleichzeitig auch die indianischen Ureinwohner –, um Platz für industrielle Landwirtschaft zu schaffen, welche die Bodenqualität bis zur Versteppung dramatisch verschlechtert habe. Auch dem Kolonialismus in Afrika prangern die Grzimeks an. Die Habgier der Europäer habe die zuvor weitgehend intakten Strukturen in Afrika zerstört und sei eine wesentliche Ursache für die heutigen sozialen, wirtschaftlichen und ökologischen Probleme auf dem Kontinent, inklusive der Flucht- und Migrationsbewegungen. Es wird deutlich, dass es eine ökologische intakte Welt nur geben kann, wenn zuvor soziale Gerechtigkeit erreicht ist. „Armut ist die giftigste Substanz der Welt."

Wer die großen Herden marschieren sieht, wird andächtig.

„So wie in dem verlorenen Erdenwinkel der Serengeti sah es vor hundert Jahren noch auf allen weiten Steppen Afrikas aus. Die Natur streute Millionen Tiere über sie, gestreifte, gefleckte, gehörnte in allen Spielarten, soweit man blickte. Mochten Raubtiere von ihnen leben, Seuchen wüten, trockene Jahre Zehntausende vernichten – das Leben siegte. Zehntausend feuchte, noch zitternde Tierkinder lagen zu Beginn der Regenzeit im frischen grünen Gras und taten tapsig ihre ersten Schritte. ... So gewaltig herrschte einst das Leben auf dieser Erde, ehe der Mensch fruchtbar wurde, sich mehrte und sie „sich

Abbildung 7.8: Bernhard und Michael Grzimek über „Das Wunder des Lebens" und warum Serengeti nicht sterben darf [15, 17].

Der stumme Frühling

„Man hat eine Gemeinschaft von Lebewesen mit einem Hagel aus Chemikalien überschüttet, sie mit einer Waffe bekämpft, die so primitiv ist wie die Keule eines Höhlenmenschen." Diese starken Worte stammen aus dem 1962 erschienenen und vielleicht wichtigsten Ökoklassiker »Der stumme Frühling« der Amerikanerin Rachel Carson [18] (vgl. [19]). Die Autorin schreibt gegen DDT (Dichlordiphenyltrichlorethan) und andere halogen- sowie phosphororganischen Verbindungen, die nach dem zweiten Weltkrieg bis in die 70er Jahre als Insektizide in riesigen Tonnagen versprizt wurden, zu Resistenzbildungen bei den Insekten führten, sich wegen ihrer Persistenz über die Nahrungskette verteilten und fast überall auf der Welt zu Umweltgiften wurden. Carson ist es zu verdanken, dass der Einsatz dieser Verbindungen schließlich verboten wurde.

Literarisch ist »Der stumme Frühling« etwas Besonderes. Carson interpretiert die globale Umweltvergiftung als eine Tragödie. Sie macht keine Schuldzuweisungen an konkrete Personen oder Firmen, sondern sagt einfach: „Das haben die Menschen selbst getan." Das Buch ist im Wesentlichen ein gut recherchiertes wissenschaftsjournalistisches Kompendium, reich an Methapern und im ersten Kapitel, das in Märchenform geschrieben ist, auch sehr poetisch. Dieses Märchen (Abb. 7.9) wurde in unserem Seminar vorgelesen.

Carson traf damit genau den Zeitgeist. Die Welt stand 1962 am Rande eines atomaren Vernichtungskrieges; radioaktive Altlasten drohten als „Zeitbomben" die Erde zu verstrahlen, und jetzt bahnte sich auch noch die schleichende Vergiftung alles Lebenden an. (In der heutigen Zeit droht darüber hinaus der „Klimatod".) Was kann der einzelne Mensch in dieser Situation tun? Ist er nicht hilflos dem System ausgeliefert, ohne Chance, ausbrechen zu können? Ist er durch seine verständliche Sehnsucht nach Wohlstand unschuldig schuldig geworden an der Umweltzerstörung? Das hat in der Tat Züge des Tragischen.

Den (total) stummen Frühling hat es bislang nicht gegeben; er zeichnet sich aber ab. In Deutschland ist nämlich in den letzten 30 Jahren die Population der Insekten um ca. 70 % und die der Vögel um etwa ein Drittel zurückgegangen [20]. Die norwegische Schriftstellerin Maja Lunde hat sich diesem Thema in ihrem Bestsellerroman »Das Leben der Bienen« [21] angenommen, den wir begleitend zum Seminar gelesen und zu dem wir eine Rezension geschrieben haben [22].

Ein Zukunftsmärchen

Es war einmal eine Stadt im Herzen Amerikas, in der alle Geschöpfe in Harmonie mit ihrer Umwelt zu leben schienen. Die Stadt lag inmitten blühender Farmen mit Kornfeldern und Obstgärten, wo im Frühling Wolken weißer Blüten über die grünen Felder trieben. Im Herbst entfaltete Eiche, Ahorn und Birke eine glühende Farbenpracht, die vor dem Hintergrund aus Nadelbäumen wie flackerndes Feuer leuchtete. Damals kläfften Füchse im Hügelland, und Rotwild zog über die Äcker. Den Großteil des Jahres entzückten Schneeballsträucher, Lorbeerrosen und Erlen, hohe Farne und wilde Blumen das Auge des Reisenden. Selbst im Winter waren die Plätze am Wegesrand von eigenartiger Schönheit. Zahllose Vögel kamen dorthin, um sich Beeren zu holen und Futter zu picken. Die Gegend war geradezu berühmt wegen ihrer an Zahl und Arten so reichen Vogelwelt, und wenn im Frühling und Herbst Schwärme von Zugvögeln auf der Durchreise einfielen, kamen die Leute von weit her, um sie zu beobachten.

Dann tauchte überall in der Gegend eine seltsam schleichende Seuche auf, und unter ihrem Pesthauch begann sich alles zu wandeln. Irgendein böser Zauberbann war über die Siedlung verhängt worden. Rätselhafte Krankheiten rafften die Kükenscharen dahin; Rinder und Schafe verendeten. Über allem lag der Schatten des Todes. Die Farmer erzählten von vielen Krankheitsfällen in ihren Familien. Einige Menschen waren plötzlich und unerklärlicherweise gestorben. Es herrschte eine ungewöhnliche Stille. Wohin waren die Vögel verschwunden? Die wenigen Vögel, die sich noch irgendwo blicken ließen, waren dem Tode nah; sie zitterten heftig und konnten nicht mehr fliegen. Es war ein Frühling ohne Stimmen. Schweigen lag über Feldern, Sumpf und Wald. Auf den Farmen brüteten die Hennen, aber keine Küken schlüpften aus. Die Apfelbäume entfalteten ihre Blüten, aber keine Bienen summten zwischen ihnen umher, und da sie nicht bestäubt wurden, konnten sich keine Früchte entwickeln. Die einst so anziehenden Landstraßen waren nun von braun und welk gewordenen Pflanzen eingesäumt, als wäre ein Feuer über sie hinweggegangen. Auch hier war alles totenstill, von Lebewesen verlassen.

In den Rinnsteinen und unter den Schindeln der Dächer zeigten sich ein paar Fleckchen eines weißen Pulvers; es war vor einigen Wochen wie Schnee auf die Dächer und Rasen, auf die Felder und Flüsse gerieselt. Kein böser Zauber, kein feindlicher Überfall hatte in dieser verwüsteten Welt die Wiedergeburt neuen Lebens im Keim erstickt. Das hatten die Menschen selbst getan.

Diese Stadt gibt es in Wirklichkeit nicht. Doch jedes einzelne dieser unheilvollen Geschehnisse hat sich tatsächlich irgendwo zugetragen. Fast unbemerkt ist ein Schreckgespenst unter uns aufgetaucht, und diese Tragödie, vorerst nur ein Phantasiegebilde, könnte leicht rauhe Wirklichkeit werden, die wir alle erleben. Was geht hier vor, was hat bereits in zahllosen Städten die Stimmen des Frühlings zum Schweigen gebracht? Dieses Buch will versuchen, es zu erklären.

Abbildung 7.9: Das erste Kapitel (gekürzt) von »Der stumme Frühling«, das Rachel Carson als Zukunftsmärchen mit tragischem Ausgang geschrieben hat [18].

Die Essensfälscher

Das Argument „Gift oder Hunger", mit dem Agrarkonzerne überzeugen wollen, dass eine Ernährung der wachsenden Weltbevölkerung ohne industrielle Massenproduktion von Nährpflanzen inklusiv dem Einsatz von Pflanzenschutzmitteln unmöglich ist, kehren die Lebensmittelchemiker Udo Pollmer und Eva Kapfelsperger mit dem Titel ihres Buches „Iß und Stirb" [23] quasi um. Sie greifen die Lebensmittelindustrie an, die natürliche Nahrungsmittel durch eine Vielzahl von Behandlungsmethoden und chemischen Zusätzen derartig verändern, dass sie für den Konsumenten gesundheitsgefährdend werden, dass aus „Lebens"mitteln überspitzt formuliert „Todes"mittel werden. Zwei Beispiele.

1. Eine tradierte Konservierungsmethode ist das Kalträuchern. Dabei werden Fische, Schinken oder Würste über einen Zeitraum von zwei bis sechs Wochen gelegentlich dem dünnen, kalten Rauch eines Holzfeuers ausgesetzt. Die im Rauch enthaltenen chemischen Verbindungen wirken antimikrobiell; gleichzeitig wird das Räuchergut getrocknet und seine Oberfläche gehärtet. Um Zeit und Kosten zu sparen, wurde in einem Räucherbetrieb Schwarzwälder Schinken nicht mit brennenden Tannenzweigen kaltgeräuchert, sondern in Minutenschnelle mit dem heißen Rauch von brennenden alten Gummireifen (!) schwarzgeräuchert. Das Produkt zeichnete sich – für Chemiker erwartungsgemäß – durch einen hohen Gehalt an Benzpyren aus. Die stark kanzerogene Wirkung dieser polyzyklischen aromatischen Verbindung besprechen wir im Organik-Praktikum. Es ist einfach unglaublich, auf welche hirnrissigen Ideen Leute kommen können und wie skrupellos sie diese verwirklichen.
2. In einem Abfüllbetrieb wurde der Füllstand von Bierdosen mittels Durchstrahlung gemessen. Dabei wurde als Strahlungsquelle Americum 241 verwendet, welches zuvor aus Plutonium 239 gewonnen wurde. Das kann nur eine Erfindung von Schwabs Atomteufel gewesen sein.

Pollmer und Kapfelsperger haben detailliert nachgeforscht – sie geben fast 2000 Literaturstellen an – und nennen auch Namen von Personen und Konzernen, denen sie etwas vorwerfen. Ihnen wurde deshalb Klagen wegen Rufmordes angedroht, doch den Gang zum Kadi wagte bislang niemand. „Man darf annehmen, dass die Rechtsabteilungen der betroffenen Kreise gründliche Arbeit geleistet haben und keine Aussage ungeprüft ließen. Auch dies kann ein Votum zur Sache sein." So beendet Pollmer das Nachwort zum Buch.

Natürlich gibt es umfangreiche gesetzliche Vorschriften, wie Lebensmittel zubereitet und welche Zusatzstoffe sie enthalten dürfen. Doch der Staat kommt mit der Kontrolle nicht nach oder ist nicht kompetent dazu. Deshalb hat Thilo Bode die Verbraucherschutzorganisation „foodwatch" gegründet und ein Buch mit dem Titel »Die Essensfälscher« [24] geschrieben. Denn Täuschungsmanöver der Lebensmittelkonzerne haben seiner Meinung nach System.

Das Bruttoinlandsprodukt muss ständig wachsen, damit eine Volkswirtschaft stabil bleibt – so das heilige Dogma der Mainstream-Ökonomen. Anders als für andere Industriezweige ist das für die Lebensmittelindustrie in gewisser Weise problematisch. Denn ein Mensch kann sich zwar 100 Paare Schuhe kaufen und diese in den Schrank stellen, wenn sein Magen voll ist, passen weitere Lebensmittel nicht hinein. Mit einfacher Produktionssteigerung können die Lebensmittelkonzerne also kaum Geld verdienen, weshalb sie ständig „Neues" kreieren und mit immensem Werbeaufwand als vermeintlich besser anpreisen, mit Schlagworten wie „Frische", „Omas Rezept" oder „Herkunft aus der Region". Produkte mit der Vorsilbe „Bio" sind wahre Renner. Für die Vergabe von Biosiegeln und solchen, die faire Herstellungsbedingungen und fairen Handel garantieren, gibt es zwar Vorschriften; deren Einhaltung ist nach Bode aber fast genauso fraglich wir bei konventionellen Konsumgütern.

Manchmal sind es minimale Produktveränderungen, die als großartige Innovationen gepriesen werden. Beispielsweise begründet ein Joghurt, dem ein bisschen Buttermilch zugesetzt ist, sofort eine „neue Generation" von Joghurts. Bode wäre es hingegen lieber, wenn auf manchem deklarierten „Erdbeerjoghurt" ehrlich stünde: „Gezuckerter Joghurt mit Erdbeergeschmack aus Aromen." Genauso stellt Bode richtig, dass ein Snack nicht „knusprig gerösteter Weizen, verfeinert mit leckerem Honig und natürlich vielen Vitaminen" ist, sondern lediglich Zucker, an dem Weizen kleben blieb.

Mit gesundem Obst und Gemüse ist kein Profit zu machen, sehr wohl aber mit „Functional Food and Drinks": „Kaugummi gegen Schweißgeruch", „Kinderschorle, die beim Wachsen hilft", „Activia-Joghurt, der die Verdauung in Schwung bringt", „Anti-Falten Marmelade", „Brain Food gegen Alzheimer" oder „Active O_2, ein mit der 15fachen Menge Sauerstoff angereicherter Powerdrink für sportliche Höchstleistungen". Alles Quatsch; oder besser gesagt Verarschung und arglistige Täuschung der Käufer. Aus eigener Untersuchung im Chemiepraktikum wissen wir, dass „Active O_2" genauso viel Sauerstoff enthält wie Leitungswasser. Das ist auch klar, denn Wasser ist bei Raumtemperatur mit ca. 8 mg/L Sauerstoff gesättigt.

Bode ist in seinen Äußerungen oft zynisch. Das ist gut so; denn beim Lesen seines Buches wird man zornig und dann bereit zum Verbraucherprotest. „Die Würde der Pizza ist unantastbar [25]." Also bitte den Kauf einer Pizza mit Imitatkäse und Formfleisch boykottieren! Und bedenken, dass die gesündeste Ernährung die ist, bei der man auf alles Überflüssige verzichtet!

Umweltverduftung

Das neue Buch des Duftexperten Robert Müller-Grünow »Die geheime Macht der Düfte« [26] (Abb. 7.10) sei als Ergänzung zu einer Naturstoffchemie-Vorlesung, in der Boten- und Aromastoffe behandelt werden, empfohlen. Es liefert aber auch den „Essensfälschern" Ideen, wie man beispielsweise einen normalen Discounter über dessen Belüftungsanlage mit den Aromen von mediterranen Früchten oder exotischen Gewürzen beduften, so in einen „Supermarkt der Sinne" umwandeln und die betörten Kunden zum Mehreinkauf verführen kann. Ebenso können Wohnungsmakler von der „geheimen Macht der Düfte" betrügerischen Gebrauch machen, indem sie ihre Objekte beduften, um die Duftmarken (den Gestank) früherer Besitzer zu überdecken und positive Emotionen zu wecken. Also Vorsicht: Überall lauert die Gefahr der „Umweltverduftung".

Abbildung 7.10: Düfte sind faszinierend. Sie warnen, sie verführen – und sie betrügen. Achtung „Umweltverduftung" [26]!

Innenweltverschmutzung

„Mutter Erde" ist krank; sie leidet an der „Menschheitsplage". Die Überbevölkerung führt dazu, dass sich die vielen Menschen sprichwörtlich im Wege stehen und gegenseitig den nötigen Lebensraum wegnehmen. Das führt zu Aggressivität. Im Streit um Wasser, Land und Rohstoffe wird die natürliche Umwelt ausgebeutet und zerstört. Hässliche Müllberge, ölige Meeresstrände, verödete Landschaften und Smog in den Städten vermiesen den Menschen das Leben zusätzlich, sodass sie noch aggressiver werden etc. Das nennt man fachlich korrekt eine „positive Rückkopplung", ist aber nichts anderes als ein Teufelskreis. Schließlich folgen Hunger und Kriege, welche die Menschen in die Flucht treiben. Und Völkerwanderungen sind noch nie friedlich verlaufen. Sind die momentanen Bootsflüchtlinge, die ihr Leben bei der

Überquerung des Mittelmeers aufs Spiel setzen, die Vorboten einer kommenden, riesigen Völkerwanderung?

„Die Schicksalsfrage der Menschenart scheint mir zu sein, ob es gelingen wird, der Zerstörung des Zusammenlebens durch den menschlichen Aggressions- und Selbstvernichtungstrieb Herr zu werden." Diese Worte von Sigmund Freud stellt der Psychologe Jürgen vom Scheidt seinem Buch »Innenweltverschmutzung« [27] voran. Seine These lautet, „dass die vergiftete Seele die Zukunft des Menschen noch ernster bedrohe als die vergiftete Natur" (Abb. 7.11). Die „vergiftete Seele" – damit sind negative Gefühle wie Hass, Wut, Neid oder Gier, Sinnentfremdung der Arbeit und Konkurrenzkampf, Schulden, Süchte (Alkohol, Drogen, Doping, Hirndoping), Neurosen, Psychosen, Banden- und Wirtschaftskriminalität, Steuerhinterziehung als Volkssport, der Irrsinn des Wettrüstens usw. gemeint.

Innenweltverschmutzung

„Mit all ihren Aggressionen bietet die Menschheit derzeit einen Anblick, der sich eigentlich nur mit einer technischen Metapher beschreiben lässt. Sie gleicht einem Atomreaktor, der kurz vor dem Erreichen seiner kritischen Masse und damit der bombenartigen Explosion steht."

„Wahrscheinlich hat die menschliche Aggressionsbereitschaft verschiedene Phasen durchlaufen, deren – vorläufig – letzte die psychosozialen Störungen der heutigen Menschen sind. Eine zentrale Rolle in dieser Jahrhunderttausende langen Entwicklung dürfte die zunehmende Bevölkerungsdichte durch die Verstädterung gespielt haben und, damit eng zusammenhängend, die Bedrohung der Privatsphäre, die den Einzelnen vor dem Kollektiv schützt."

„Genau wie ein von Phosphaten verdreckter Fluss altert, umkippt und dann seine Pollution allmählich ans Meer weitergibt, so gibt auch der von unbewussten Aggressionen geplagte Mensch seine „falschen Gefühle" (Hass, Wut, Neid, Eifersucht, Gier) ständig an seine Mitmenschen weiter."

„Innenweltverschmutzung hat viele Masken. Und eine ihrer fatalsten Eigenschaften ist, dass sie diese Masken ständig wechselt."

Abbildung 7.11: Zitate aus dem Buch »Innenweltverschmutzung« von Jürgen vom Scheidt [27].

Green Peace

Jürgen vom Scheidt appelliert: „Ich darf mich von den recht desolaten Verhältnissen, bei aller Desillusionierung, nicht lähmen lassen." Aber was tun? Einen Weg weist vielleicht der *Name* der Umweltschutzorganisation „Greenpeace", denn „Green Peace" ist eine Metapher an sich [1]. Eine gesunde Umwelt und Frieden bedingen sich nämlich gegenseitig. (Darauf haben u.a. schon Grzimek, Carson und andere hingewiesen, s.o.) In unserem Seminar haben wir verschiedene in der populärwissenschaftlichen Literatur vorgeschlagene Ansätze zur Realisierung von Frieden *und* Umweltgerechtigkeit basierend auf Grossarths sprachlicher Analyse kontrovers diskutiert.

Degrowth oder Barbarei

Der Wohlstand eines Landes wird üblicherweise am jährlichen Bruttoinlandsprodukt gemessen. Demnach erfordert mehr Wohlstand ein wachsendes BIP. Dieses Wachstum setzt natürlich „die Lüge der unbegrenzten Verfügbarkeit der Güter des Planeten Erde" voraus [28], ist aber wie „ein Rausch, der über die Menschheit gekommen ist, dem Goldgräberfieber der amerikanischen Kolonialzeit vergleichbar", so Herbert Gruhl in seinem Buch »Ein Planet wird geplündert« [29]. Der langjährige CDU-Abgeordnete und spätere Mitbegründer der Partei der Grünen kommt

geradezu in Rage darüber, dass der Deutsche Bundestag am 10.5.1967 sogar ein »Gesetz zur Förderung der Stabilität und des Wachstums der Wirtschaft« beschlossen hat. Gruhl bezeichnet das BIP als eine „Ersatz- bzw. Erlösungsreligion" und an einer anderen Stelle als „eine Messzahl für den Durchsatz an Rohstoffreserven, die zu Müll werden".
Es gibt „Grenzen des Wachstums" (vgl. [30] und [19]) und auch wachstumskritische Ökonomen, die eine Umkehr fordern (vgl. [31]). Serge Latouche beispielsweise formuliert überspitzt „Degrowth oder Barbarei" [6]. Wir interpretieren das so, dass ein Dritter Weltkrieg nur verhindert werden kann, wenn das Wirtschaften in der Zukunft mindestens nachhaltig geschieht, besser noch, wenn die globalen Wirtschaftsströme reduziert und lokale Wirtschaftsbereiche rekonstruiert werden. Es stellt sich zudem die Frage, ob materieller Wohlstand überhaupt ein Indikator dafür ist, wie glücklich die Menschen sind; und Glück dürfte das primäre Ziel menschlichen Strebens sein. In den finanziell reichen Ländern ist es mit dem Glück aber offensichtlich nicht zum Besten bestellt, weil dort die „Innenweltverschmutzung" am größten ist.

Geh mir aus der Sonne

Erdöl ist ein nachwachsender Rohstoff – wenn man im Zeitraum von Jahrmillionen denkt. Ehemaliges Leben, insbesondere Plankton, das von der Sonne angetrieben wurde, hat sich in Öl umgewandelt. „Aus 100 Tonnen einstigen Lebens werden 4 Liter Benzin, und über 400 Jahre strahlenden Sonnenschein haben wir in einem Jahr verheizt." Das hat der australische Paläontologe Tim Flannery in seinem Buch »Wir Wettermacher« [32] hochgerechnet und ist alles andere als eine nachhaltige Energiewirtschaft. Deshalb Schluss mit dem „Tanz um das ölige Kalb", sagt der Fernsehjournalist Franz Alt in seinem Buch »Die Sonne schickt uns keine Rechnung« [33] und fordert die Abkehr von fossiler Energie (und Atomenergie) und die Hinwendung zu Solarthermie, Photovoltaik und Windenergie. Das wäre „ein Friedensvertrag mit der Natur."

Alt zitiert den berühmten Spruch „Geh mir aus der Sonne" des Diogenes (Abb. 7.12), mit dem der Philosoph seinem König signalisiert, wie sinnlos es ist, fremde Länder zu plündern, zumal *alle* Lebensenergie für *alle* Menschen und *überall* bereits zum Nulltarif von der Sonne kommt. „Die Sonnenstrahlen sind *das* große Geschenk des Kosmos an uns."

Abbildung 7.12: Wir müssen die Sonnenenergie nur geschickt nutzen, dann können wir gut leben. Plünderungen anderer Länder brauchen wir nicht. „Geh mir aus der Sonne" – eine weise Botschaft des Diogenes an den jungen König Alexander [34].

Na ja, ganz umsonst gibt es Wärme und elekrischen Strom aus der Sonnen- und Windkraft nicht. „Klimaschutz kostet", räumt Alt ein, „aber kein Klimaschutz kostet die Zukunft". Doch insgesamt hält Alt die Kosten für Solaranlagen und Windräder für relativ gering. Er schätzt, dass 5 Milliaden Euro pro Jahr ausreichen, um die neuen Energietechniken voranzutreiben; das ist deutlich weniger als die Summe, welche die Bundesrepublik jährlich für ihre Bundeswehr ausgibt. Die Umwidmung des Wehretats in einen Solaretat entspräche nach Alts Meinung dem biblischen Gebot des Umschmiedens von „Schwertern zu Pflugscharen".

Man spürt bei der Lektüre von Alts Buch, dass dem Autor die Sonnenenergie heilig ist, denn er bezeichnet den Sonnenkult als den „Ur-Kult" aller Religionen, aus denen sich „Kultur" ent-wickelt habe. Ein hübsches Wortspiel. Hoffnungsvoll ist, dass viele Kirchen vorbildlich voran-geschritten sind, auf ihren großen Dächern Solarzellen installieren haben und damit „dem Heiligen Geist endlich Landeflächen bieten". So wird – nach Alt – Religion konkret und praktisch.

Alt zitiert auch aus dem „Sonnengesang des heiligen Franziskus" (Abb. 7.13). Dieser Mönch aus dem Mittelalter kann als der Begründer einer „tiefen Ökologie" bezeichnet werden, in der die Menschen nicht *über der Natur* stehen und sie sich untertan machen, sondern in der sie *ein Teil der Natur* sind und gleichberechtigt mit allen Tieren und Pflanzen fair und nachhaltig koexistieren. (In seinem Konvent hat Franziskus immer einen Bereich des Gartens unbebaut gelassen, um dort den wilden Kräutern – die Agrarindustrie würde sagen: Unkräutern – einen Lebensraum zu gewähren, und damit Seiferts „Unkraut-Heinzelmännchen" (s.o.) quasi vorweggenommen.) Alt ergänzt die Poesie des Franziskus mit der Zuversicht, dass „unsere Geschwister Sonne, Wind, Wasser und Erde uns den Weg in das solare Zeitalter weisen" werden.

Der Lobgesang des Franziskus, ein Gebet, steht auch im Mittelpunkt der Enzyklika »Laudato Si« des Papstes [28], der bewusst den Namen des heiligen Mönchs angenommen hat. Die lesenswerte Lehrschrift ist mit „Über die Sorge für das gemeinsame Haus" untertitelt, stellt die großen ökologischen Probleme unserer Zeit im vollen Umfang und fachlich exakt dar, interpretiert ihre Ursachen und macht Verbesserungsvorschläge, weitgehend im Sinne der sog. Befreiungstheologie [36]. Das ist eine in Lateinamerika entstandene Theologie, die sich für eine basisdemokratische Gesellschaftsordnung einsetzt und insbesondere den armen Menschen eine Stimme geben und sie vor Ausbeutung und Unterdrückung, z.B. durch große Agrarkonzerne (s.o.), schützen möchte. Denn: „Arm ist man nicht, arm wird man gemacht." In Hinblick auf die erforderliche ökologische Wende fordert der Papst eine Kultur der Achtsamkeit, ein Konsumverhalten, das durchaus genussvoll sein soll – allerdings nach dem Motto „weniger ist mehr" –, und eine Entschleunigung der Arbeits- und Produktionsprozesse, womit er nahe bei den Degrowth-Ökonomen (s.o.) liegt. Als Energiequellen kommen für den Papst nur die Kraft von Sonne, Wind und Wasser in Betracht.

New Age

Der amerikanische Physikprofessor Fritjof Capra stellte in seinem 1983 erschienenen Buch »Wendezeit« [37] die These auf, dass alle Probleme auf der Welt Facetten ein und derselben Krise seien, und zwar einer „Krise der Wahrnehmung". Wir haben uns den Film zum Buch [38] angeschaut, in dem eine verzweifelte, wütende Physikerin (gespielt von Liv Ullman), deren für die Behandlung kranker Menschen entwickelter Röntgenlaser *ohne* ihr Wissen für das Star-Wars-Programm missbraucht wurde, in einem Gespräch mit einem amerikanischen Präsidentschaftskandidaten und einem Dichter erklärt, was Capra meint. Interessante Gedankengänge, die uns teilweise auch in der Erstsemestervorlesung begegnen.

> **Laudato Si**
>
> *Gelobt seist du, mein Herr, mit allen deinen Geschöpfen,*
> *besonders dem Bruder Sonne,*
> *der uns den Tag schenkt und durch den du uns leuchtest.*
> *Gelobt seist du, mein Herr, für Bruder Wind,*
> *für Luft und Wolken und heiteres und jegliches Wetter,*
> *durch das du deine Geschöpfe am Leben erhältst.*
> *Gelobt seist du, mein Herr, für Schwester Wasser.*
> *Sehr nützlich ist sie und demütig und kostbar und keusch.*
> *Gelobt seist du, mein Herr, für Bruder Feuer,*
> *durch den du die Nacht erhellst.*
> *Und schön ist er und fröhlich und kraftvoll und stark.*
> *Gelobt seist du, mein Herr, für unsere Schwester Mutter Erde,*
> *die uns erhält und lenkt und vielfältige Früchte hervorbringt,*
> *mit bunten Blumen und Kräutern.*

Abbildung 7.13: Der „Sonnengesang des heiligen Franz von Assisi" [35] – hier ein Auszug – ist wunderschöne Poesie.

Vor dem Uhrwerk einer Kirchenglocke stehend erläutert die Physikerin im Film die Entwicklung von Daltons Atommodell zum quantenmechanischen und den damit verbundenen Paradigmenwechsel im Denken. Die Atome hat man sich ursprünglich als feste, kompakte Teilchen vorgestellt, die den Gesetzen von Newtons Mechanik gehorchen und deren Positionen und Bewegungen sich mathematisch exakt beschreiben lassen. Heute weiß man, dass es subatomare Teilchen gibt und dass der Raum eines Atoms im Wesentlichen leer ist. Mehr noch, die Elektronen haben sowohl die Eigenschaften von Teilchen, als auch von elektromagnetischen Wellen, was man mit einer einheitlichen Theorie nicht beschreiben kann und deshalb „Dualismus" nennt. Und schließlich kann man die Elektronen gar nicht lokalisieren, sondern nur Wahrscheinlichkeiten angeben, wo sie sich befinden (Atomorbital). In Molekülen teilen sich zwei bis sehr viele Atome ihre Elektronen; ein Elektron geht dann eine „Fülle von Beziehungen" ein, und Molekülorbitale beschreiben „Wahrscheinlichkeiten von Zusammenhängen". Hier bricht Newtons Weltbild zusammen, nach dem alles auf der Welt, *inklusive jeglicher Lebensform*, wie eine Maschine („Weltmaschine"), wie ein Uhrwerk funktioniert und berechenbar ist.

Deshalb meint Capra, es sei an der Zeit, die mechanistisch-reduktionistische Denkweise generell durch eine ganzheitliche zu ersetzen, womit der Titel seines Buches bzw. Films, »Wendezeit«, verständlich wird. Capra definiert Leben als etwas, das *nicht* mathematisch planbar ist, sondern das sich *selbst organisiert*, das sich in einem riesigen Beziehungsgeflecht *selbst erhält*, *selbst erneuert* und *selbst transzendiert*, d.h. über sich hinauswächst und sich mit Kreativität seiner Umwelt anpasst. Capra nimmt damit die „Gaia-Hypothese" des Geochemikers James Lovelock und der Mikrobiologin Lynn Margulis auf, nach der die ganze Erde ein Superorganismus ist, der sich selbst organisiert (vgl. [39]).

Im Film betrachten die drei Hauptakteure einen Baum. Reduktionistisch kann man die Funktion der Chloroplasten und den Mechanismus der Fotosynthese aufklären oder die Härte und Schlagzähigkeit des Holzes messen. Das ist interessant und wichtig, erklärt aber keineswegs das *Wesen* des Baumes. Dieses offenbart sich nur, wenn man den Baum im gesamten

Ökosystem der Erde betrachtet: seine Symbiose mit Bodenbakterien und Pilzen, seine Früchte, die als Nahrung für zahlreiche Tiere dienen, seine klimastabilisierende Wirkung etc.

In der Folterkammer einer Burg unterhalten sich die Schauspieler darüber, wie die Menschen die Natur ausbeuten und foltern, denn was ist das Abholzen von Urwald oder das Kippen von Plastikmüll ins Meer anderes als Folter?

Schließlich wird im Film die Verantwortung der Wissenschaft thematisiert. Ist es verantwortlich, eine Gallenerkrankung dadurch zu beheben, dass man das Organ einfach wegoperiert? Wäre eine Ernährungsumstellung des Patienten oder eine Verringerung seines beruflichen Stresses nicht sinnvoller; also die Ursachen der Erkrankung, die in der Wechselwirkung des Menschen mit seiner Umwelt liegen, zu beseitigen? Ist es nicht mehr als nur naiv zu denken, man könne das Wachsen der Bevölkerung in der Dritten Welt durch weitere Forschung an und Verteilen der Anti-Baby-Pille stoppen? Verantwortlich wäre es, die Ursachen der Armut zu bekämpfen. Die Zersplitterung der Wissenschaft in immer mehr Teildisziplinen hält Capra für bedenklich, weil der einzelne Experte nur noch einen (winzigen) Ausschnitt der Wirklichkeit kennt, aber nicht den großen Zusammenhang. Deshalb ist Capra ein Verfechter des neuen Zweiges der Wissenschaft, der sich Systemtheorie nennt.

Während Franz Alt und der Papst mit ihrem ökologischen Denken in der Spiritualität des heiligen Franziskus, dem Ur-Ökologen, verwurzelt sind (s.o.), gehen Capras Überlegungen auf die fernöstliche Philosophie zurück, insbesondere das Yin-Yang-Prinzip, nach dem ein harmonisches Gleichgewicht immer dann vorliegt, wenn entgegengesetzte Kräfte zwar interagieren, aber ausgewogen sind (Abb. 7.14). Yang – im Symbol weiß dargestellt – steht für „männlich, fordernd, aggressiv, wettbewerbsorientiert, rational und analytisch", während Yin mit der Farbe Schwarz symbolisiert und mit „weiblich, bewahrend, empfänglich, kooperativ, intuitiv und nach Synthese strebend" assoziiert wird. Nach Capra hat in den letzten Jahrhunderten das Yang-Prinzip zu sehr dominiert und deshalb bei sozialen und ökologischen Verhältnissen auf der Erde große Disharmonien verursacht. „Es waren immer Männer", eifert sich Liv Ullman im Film, „die die Welt erobert, mit Krieg und Elend überzogen, Wirtschaftskrisen verschuldet, die Umwelt zerstört und Frauen unterdrückt, missbraucht und sogar als Hexen verbrannt haben." Das stimmt, und es sind Zeichen einer „untergehenden Kultur", die eindeutig patriarchalisch war. Das neue Zeitalter („New Age") wird nach Capra „gendergerecht". (Diesen Begriff gab es in den 90er Jahren noch nicht; er hätte Capra aber bestimmt gefallen.) Konkurrenz wird zu Kooperation, Verbrauch zu Nachhaltigkeit, und „Mutter Erde" zur Leitmetapher. Atomkraftwerke, welche die Erde mit Radioaktivität vergiften, und Verbrennungskraftwerke, die zum Treibhauseffekt führen, brauchen wir nicht mehr, denn „New Age" ist das „Zeitalter der Sonnenenergie".

Es ist wirklich interessant, wie Franz Alt und der Papst einerseits und Fritjof Capra andererseits trotz deutlich unterschiedlicher Denkansätze zum gleichen Ergebnis kommen. Und Herbert Gruhl nennt sogar einen konkreten Termin, an dem das „Zeitalter der Sonnenenergie" begonnen hat, und zwar den 17.10.1973 [29]. An dem Tag haben nämlich die erdölexportierenden Länder erstmals den „Ölhahn zugedreht" und mit ihrem Lieferstopp den Industrienationen ihre fatale Abhängigkeit von dem fossilen Brennstoff bewusst gemacht.

> **Der Weg der Mitte**
>
> „Die herrschenden Gesellschaftssysteme sind auf (materieller) Leistung und Belohnung aufgebaut. Im neuen Gesellschaftssystem müsste das Gegenteil, der materielle Verzicht, an der Spitze der Werte stehen. Das ist ein Wert, der wahrscheinlich nur auf religiösem Fundament mächtig werden kann. Unter den bedeutenden Religionen gibt es nur eine, die den Verzicht unter die höchsten Werte reiht, und das ist der Buddhismus. Der Buddhismus ist aber westlicher Lebensweise sehr fremd. Während der Materialist hauptsächlich an Gütern interessiert ist, geht das Streben des Buddhisten hauptsächlich auf Befreiung. Aber der Buddhismus ist der Weg der Mitte und deshalb keineswegs dem körperlichen Wohl feindlich gesinnt. Nicht Wohlstand steht der Befreiung im Wege, sondern Verhaftung an den Wohlstand; nicht Freude an erfreulichen Dingen ist auszumerzen, sondern die Begierde danach. Das Grundmotiv der buddhistischen Wirtschaftslehre ist demgemäß Einfachheit und Gewaltlosigkeit."

Abbildung 7.14: Das Yin-Yang-Symbol [40]. Gegensätzliche Kräfte sind in ständiger Wechselwirkung; nur wenn sie ausgewogen sind, wenn „der Weg der Mitte" beschritten wird, herrscht Harmonie, und ein System ist dann stabil. Herbert Gruhl nimmt mit dem abgedruckten Ausschnitt aus seinem 1975 erschienen Buch „Ein Planet wird geplündert" [29] einige Gedanken Capras zur „planetarischen Wende" vorweg.

Merkelgift

Ökologische Diskurse sind immer mehr oder weniger wissenschaftlich, emotional – und politisch. Politiker müssen Entscheidungen treffen, die eine „Wende" einleiten können. Ob diese dann in eine positive oder in eine negative Richtung verläuft, erweist sich meistens erst mit (erheblicher) zeitlicher Verzögerung. Das gilt z.B. für die Beschlüsse von Klimakonferenzen.

Unsere Bundeskanzlerin Angela Merkel hat im Laufe ihrer politischen Laufbahn u.a. das Erneuerbare-Energien-Gesetz und den Ausstieg aus der Kernenergie in die Wege geleitet. Damit hat Deutschland die Chance, eine weltweite Führungsrolle im Umwelt- und Klimaschutz zu übernehmen, und Frau Merkel wird vielleicht als „Kanzlerin der Energiewende" zu Ruhm und Ehren kommen und in die Deutsche Geschichte eingehen. (Sinngemäß Franz Alt zitiert, steht Frau Merkel zumindest anders als viele sonstige Politiker und Herrscher, z.B. Alexander, der Größenwahnsinnige, oder ein momentan nicht ganz unbedeutender Blondschopf in den USA, der Nutzung der Sonnenenergie nicht im Wege.)

Die Bundeskanzlerin kann aber auch am „Merkelgift" politisch scheitern. Diesen Begriff hat einer ihrer politischen Gegner, der Grünen-Abgeordnete Harald Ebner, geprägt, als die Kanzlerin die Verlängerung der Zulassung eines umstrittenen Herbizids befürwortete: „Glyphosat im Kanzleramt? Frau Merkel, Sie kennen den Bürgerwillen? Lassen Sie kein Merkelgift zu!" Ebners Botschaft ist eindeutig: Wer das Herbizid nicht verbieten will, wird selbst zum Gift. Sagt die Bundeskanzlerin nicht nein, wird das Gift ihre Sache. So interpretiert Grossarth die Metapher [1].

Eliminierung und Rückseitenangriff – die Sprache der Chemie

Die Sprache drückt eine Gesinnung aus. Das haben wir von Grossarth und in unserem Seminar gelernt. Vielleicht sollten Chemiedidaktiker und Linguisten einmal die Umgangssprache der Chemiker analysieren. Da klingt manches sehr militärisch. Muss das so sein? Drei Beispiele mit Änderungsvorschlägen:

1. Im Chemiepraktikum beurteilen wir die Studierenden u.a. nach der „Ausbeute", die sie bei Präparaten erzielen. Wie wäre es, diese recht brutale Vokabel zu ersetzen durch „geschickte Einstellung eines chemischen Gleichgewichts in Hinblick auf einen möglichst hohen Ertrag eines erwünschten Produktes"?
2. Muss ein bestimmter Reaktionsmechanismus so mörderisch „Eliminierung" genannt werden und nicht lieber „Trennung von Molekülteilen zum gegenseitigen energetischen Nutzen des Systems"?
3. Kann man den hinterlistigen „Rückseitenangriff" nicht moderat als „räumlich maßgeschneiderte Interaktion zweier Reaktionspartner" beschreiben?

Zugegebenermaßen klingt das alles komplizierter, dafür aber freundlicher. Und vielleicht wäre eine etwas weniger aggressive Sprache in der Chemie ein bisschen friedensstiftend.

Vorschlag zum Weiterlesen – die Sprache der Klimadebatte

Während Jan Grossarth sich dem Begriff „Gift" in der ökologischen Diskussion widmet, kritisiert Johannes Müller-Salo die Sprache der Klimadebatte aus philosophischer Sicht [41] (Abb. 7.15).

Abbildung 7.15: *Klimakrise, Klimanotstand, Zukunftsklau* – viel benutzte Begriffe in Klimadebatten [41]. Doch was bedeuten sie wirklich? Entwickeln sich aus dem Spechen über etwas auch Handlungen?

Der Autor fragt, warum trotz der seit Jahrzehnten bekannten Fakten zum Klimawandel global und lokal so relativ wenig unternommen werde, um ihn zu stoppen, und begründet das insbesondere damit, „dass die entscheidenden Normen und Werte in der öffentlichen Debatte um Klimapolitik selten deutlich und präzise formuliert werden" [41], zumal zahlreiche häufig benutzte Begriffe abstrakt, missverständlich oder sprachlich sogar falsch seinen.

- *Klimawandel.* Dieser Begriff beschreibt, aber bewertet nicht.
- *Klimakrise.* Dieser Begriff warnt hingegen vor einer möglichen Gefahr.
- *Klimaskeptiker* und *Klimaleugner.* Das Klima kann man nicht skeptisch betrachten oder verneinen, denn es ist so, wie es ist. Gemeint sind hier Klima*wandel*skeptiker bzw. Klima*wandel*leugner.
- *Natur.* Was ist das überhaupt? Was ist künstlich? Ist der Mensch ein Teil der Natur oder steht er über ihr? Vom Menschen unberührte Natur düfte man auf der Erde kaum noch finden.
- *Bewahrung der Schöpfung.* Für diejenigen, die sich zu einer der drei abrahamitischen Religionen bekennen – das ist ein großer Teil der Menschheit –, kann der Glaube an eine göttliche Schöpfung eine Motivation sein, sich für den Klimaschutz zu engagieren. Aber der Rest der Menschheit findet auf diese Weise kaum einen Beweggrund dafür, zumal die biblische Schöpfungsgeschichte ambivalent ist. Wörtlich steht in der Bibel, dass der Mensch über die Tiere *herrschen* solle; ist die nachträgliche Umdeutung, dass der Mensch die Tiere und die ganze Natur *behüten* solle, überhaupt legitim?
- *Erbe für unsere Kinder.* Mit einem Erbe assoziiert man in der Regel etwas Wertvolles, das man an seine geliebten Kinder weitergeben möchte. Was ist ein universeller Wert, ein Welt*natur*erbe, ein Welt*kultur*erbe? Wer ist der Erblasser? Im juristischen Sinne gibt er für einen benannten Erben das Recht, das zugesprochene Erbe zu verweigern. Doch ein natürliches Erbe, hier ihr Leben und die Erde auf der sie leben, können unsere Kinder gar nicht ausschlagen, selbst wenn sie das möchten. Jede Generation hat unwillkürlich ihre eigenen Probleme.
- *Die von unseren Kindern geliehene Welt.* Bei aller an das Gefühl appellierender Metaphorik – von Menschen, die noch gar nicht geboren sind, kann man nichts leihen.
- *Zukunftsklau – gebt uns eine Zukunft.* Greta Thunberg fordert die Erwachsenen dazu auf, den Klimawandel energisch zu stoppen, um *inter*generationelle Gerechtigkeit zu erzielen, d.h. die heutige Lebensqualität auch für diejenigen zu garantieren, die jetzt noch Kinder oder noch gar nicht auf der Welt sind.
- *Sorge für das gemeinsame Haus.* Papst Franziskus fordert hingegen *intra*generationelle Gerechtigkeit, d.h. eine solche zwischen allen Menschen, die jetzt gerade auf der Erde leben. Der Klimawandel und der nötige Kampf dagegen dürfe nicht zu einer weiteren Spaltung zwischen armen und reichen Menschen führen.
- *Panik und Apokalypse.* Droht der Untergang der ganzen Menschheit? Nein. Gewiss wird es bei einer globalen Erwärmung um 6 Grad viele Hunger- und Wärmetote und Ertrunkene, gewaltige Migrationsbewegungen und zahllose Kriege geben, aber das Aussterben der Gattung Homo sapiens wird von der Wissenschaft *nicht* diskutiert. Es wird ökologische Nieschen geben.
- *Klimaretter.* Ein Retter ist jemand, der sprichwörtlich ein in den Brunnen gefallenes Kind heraus „fischt". Doch wie kann jemand das Klima retten?
- *Klimanotstand.* Das Grundgesetz beinhaltet eine Notstandsverfassung und -gesetzgebung. Darin heißt es, dass ein Notstand immer zeitlich befristet ist, so wie (hoffentlich) die Corona-Pandemie; das ist beim Klimawandel allerdings *nicht* der Fall, denn dieser ist ein sehr langwieriger Prozess. Die Angst vor einer *Klimadiktatur* wird verständlich.

Fachwissen über den Klimawandel zu erwerben, sei selbstverständlich sehr wichtig, so Müller-Salo. Doch statt weiter mit unscharfen Begriffen zu debattieren, schlägt er vor, dass die Menschen die Räume, in denen sie hauptsächlich leben, besser kennen und wertschätzen lernen und eine emotionale Bindung zur Landschaft, ihren Tieren und Pflanzen und damit – so altmodisch es klingt – ein Heimatgefühl entwickeln sollten. Denn nur wer etwas wirklich liebt, will es schützen und bewahren und wird sich dann engagiert dafür einsetzen.

Das Büchlein von Johannes Müller-Salo sei als Lektüre wärmstens empfohlen; es stimmt auf eine besondere Art nachdenklich.

Literatur zu Kapitel 7

[1] J. Grossarth: Die Vergiftung der Erde – Metaphern und Symbole agrarpolitischer Diskurse seit Beginn der Industrialisierung. – Campus Verlag, Frankfurt 2018;
zugleich Dissertation von Herrn Grossarth, Universität Regensburg 2018
[2] F. Hundertwasser: Scheißkultur – die heilige Scheiße, 1989;
http://www.evchens.de/anplackt/hundertwasser/scheisse.html (2.2.2021)
[3] A. Seifert: Gärtnern, Achern – ohne Gift. – Biederstein-Verlag, München 1971
[4] http://www.farbenundleben.de/grafik/handwerk/loewenzahn.JPG (2.2.2021)
[5] http://www.koeln-lese.de/media_koeln_lese/800px-heinzelm__nnchenbrunnen_-_detail_5__4082-84__wiki_.jpg (2.2.2021)
[6] S. Latouche: Es reicht! – Abrechnung mit dem Wachstumswahn. – oekom verlag, München 2015
[7] G. Schwab: Der Tanz mit dem Teufel. – 10. Auflage, A. Sponholtz Verlag, Uelzen 1971
[8] https://static.kino.de/wp-content/uploads/2015/08/faust-1960-film.jpg (2.2.2021)
[9] D. Graeber: Bullshit Jobs – Vom wahren Sinn der Arbeit. – Klett-Cotta Verlag, Stuttgart 2018
[10] V. Wiskamp: Motivation der Lehrenden geht flöten – Über Chaos und Evolution im Hochschulsystem. – CLB 66 (2015), Heft 9-10, 424-428
[11] M. Honecker: Grundriss der Sozialethik. – Berlin/New York 1995, S. 257
[12] https://de.wikipedia.org/wiki/Genoveva_von_Brabant#/media/File:Adrian_Ludwig_Richter_013.png (2.2.2021)
[13] https://www.welt.de/img/geschichte/mobile119852752/7162503837-ci102l-w1024/C-D-Friedrich-Chasseur-im-Walde-Friedrich-Hunter-in-the-forest-1814-C-D.jpg (2.2.2021)
[14] https://upload.wikimedia.org/wikipedia/commons/thumb/6/6e/Waldschaeden_Erzgebirge_3.jpg/170px-Waldschaeden_Erzgebirge_3.jpg (2.2.2021)
[15] B. Grzimek, M. Grzimek: Serengeti darf nicht sterben. – Piper Verlag, München 2009
[16] https://de.wikipedia.org/wiki/Ein_Platz_f%C3%BCr_Tiere (2.2.2021)
[17] F. Bomer: http://exotravel.info/sites/default/files/serengeti-1.jpg (2.2.2021)
[18] R. Carson: Der stumme Frühling. – 127.-130. Aufl., Verlag C. H. Beck, Nördlingen 2007
[19] V. Wiskamp, J.-A. James-Okojie, R. E. Kamguia Wandja, K. Klaus, A. Lülsdorf Martinez, K. Tsehay: Umweltschutz – Quo Vadis? Ökoklassiker im Seminar neu gelesen. –
CLB 68 (2017), Heft 11-12, S. 494- 504
[20] http://www.wetter.de/cms/vogelsterben-in-deutschland-die-situation-der-voegel-ist-dramatisch-4112703.html (2.2.2021)
[21] M. Lunde: Die Geschichte der Bienen. – Verlagsgruppe Random House, München 2015
[22] V. Wiskamp, A. Thaithae: Die Geschichte der Bienen und des Wassers –
Ökologische Zeitthemen, spannend in Romanform gepackt. – CLB 69 (2018), Heft 11-12, S. 553-554
[23] E. Kapfelsperger, U. Pollmer: Iß und Stirb – Chemie in unserer Nahrung. –
Verlag Kiepenheuer & Witsch, Köln 1992
[24] T. Bode: Die Essensfälscher – Was uns die Lebensmittelkonzerne auf die Teller lügen. –
Fischer Taschenbuch Verlag, Frankfurt 2011
[25] J. Riebsamen: Die Würde der Pizza ist unantastbar – Mit Plakaten treten Jugendliche für Vielfalt und gegen Diskriminierung ein. – Frankfurter Allgemeine Zeitung, Nr. 221 (22.9.2018), S. 44
[26] R. Müller-Grünow: Die geheime Macht der Düfte. – Edel Books, Hamburg 2018
[27] J. vom Scheidt: Innenweltverschmutzung – Die verborgene Aggression – Symptome, Ursachen, Therapie. – Fischer Taschenbuch Verlag, Frankfurt, 1988

[28] Papst Franziskus: Enzyklika Laudato Si – Über die Sorge für das gemeinsame Haus. – Libreria Editrice Vaticana, 2015; https://www.dbk.de/fileadmin/redaktion/diverse_downloads/presse_2015/2015-06-18-Enzyklika-Laudato-si-DE.pdf (2.2.2021)
[29] H. Gruhl: Ein Planet wird geplündert – Die Schreckensbilanz unserer Politik. – Fischer Verlag, Frankfurt 1975
[30] D. L. Meadows, D. Meadows, E. Zahn, P. Milling: Die Grenzen des Wachstums – Bericht des Club of Rome zur Lage der Menschheit. – Deutsche Verlagsanstalt, Stuttgart 1972
[31] V. Wiskamp, S. Gebrekidan: Ökologie und Wirtschaft – ein Thema für die Chemieausbildung. – CLB 68 (2017), Heft 11-12, S. 548-549
[32] T. Flannery: Wir Wettermacher. – Fischer Verlag, Frankfurt 2006
[33] F. Alt: Die Sonne schickt uns keine Rechnung – Neue Energie, neue Arbeit, neue Mobilität. – Piper Verlag, München 2009
[34] https://www.kunstkopie.de/kunst/nicolas_andre_monsiau/alexander_PWI.jpg (2.2.2021)
[35] https://de.wikipedia.org/wiki/Sonnengesang_(Franz_von_Assisi) (2.2.2021)
[36] https://de.wikipedia.org/wiki/Befreiungstheologie (2.2.2021)
[37] F. Capra: Wendezeit. – Deutscher Taschenbuch Verlag, München 1991
[38] F. Capra: Wendezeit (deutsche Filmfassung, 1990), https://www.youtube.com/watch?v=45S4bNSHYDI (2.2.2021)
[39] V. Wiskamp, Z. Abdulai, S. Yohannes: Gaia – ist die Menschheit noch zu retten? – CLB 68 (2017), Heft 9-10, 458-465
[40] G. Maxwell: https://upload.wikimedia.org/wikipedia/commons/thumb/1/17/Yin_yang.svg/466px-Yin_yang.svg.png (2.2.2021)
[41] J. Müller-Salo: Klima, Sprache und Moral – Eine philosophische Kritik. – Philipp Reclam jun. Verlag, Ditzingen 2020

Danksagung zu Kapitel 7

Dank gilt meinen Studierenden Büsra Akbulut, Aylin Aksoy, Mohammed Al-Sufyani, Aurelie-Natacha Ambassa Amadala, Mina Azizi, Lara Bernhardt, Bilgehan Coskun, Lyne-Kyssel Dongmo Zangue, Elif Kaya, Dona Kondakchieva, Polydores Ida Kouayip Nantchouang, Christelle Meffo Kengni Saa, Angkana Thaithae, Tekunju Ponmeu Thiery, Merve Umut, Dirk Wagner und Lea Woldeiesus für ihr interessiertes und engagiertes Mitwirken im Seminar.

144

8 Gesund, umweltgerecht, wirtschaftlich und fair – geht das alles *gleichzeitig*?

Öko-Frust im Darmstädter Seminar:
Das Problem durchgängigen Öko-Verhaltens

Dieses Kapitel wurde bereits in leicht veränderter Form publiziert in Chemie in Labor und Biotechnik (CLB) 70 (2019), Heft 7-8, S. 318-337.

Bio-Lebensmittel, Öko-Kleidung, Bio-Treibstoffe, Öko-Strom – ist immer „bio" bzw. „öko" drin, wo es draufsteht, sind die entsprechenden Produkte bezahlbar und werden sie fair produziert und gehandelt? Im Sommersemester 2019 fand an der Hochschule Darmstadt ein Seminar für Studierende der Chemie- und Biotechnologie statt, das sich diesen Fragen widmete. Wir wollen:

1. gesunde Lebensmittel und schadstofffreie Kleidung,
2. unsere Umwelt nicht belasten,
3. uns diesen Lebensstil finanziell leisten können,
4. dass die Menschen, die etwas für uns erzeugen, gute Arbeitsbedingungen sowie ein ordentliches Auskommen haben und dass die Tiere, die uns Produkte liefern, artgerecht leben dürfen.

Doch kann der hohe Anspruch, dass *alle vier Kriterien* – gesund, umweltgerecht, wirtschaftlich, fair – *gleichzeitig* erfüllt sind, eingelöst werden?
Die Antwort lautet: Selten. Und das ist ernüchternd.

Lehrende sollen jungen Menschen nicht nur differenziertes Fachwissen vermitteln, sondern auch Hoffnung auf eine lebenswerte und harmonische Zukunft schenken, wobei letzteres in Öko-Seminaren durchaus schwer werden kann, wie es im Folgenden begründet wird.

Doch zunächst zur Stärke von Öko-Seminaren. Sie sind interdisziplinär und weiten den Blickwinkel der Studierenden über deren eigentliches Fachgebiet hinaus. Ökologische Probleme werden von verschiedenen Seiten, also ganzheitlich, analysiert; naturwissenschaftlich-technische Aspekte werden beleuchtet und durch politische, wirtschaftliche, kulturelle, philosophische und ethische ergänzt. Das ist gut so und wird von den Studierenden explizit gewürdigt. Wie bei einem klassischen Erörterungsaufsatz, den die Studierenden vom Abitur her kennen, werden *Thesen* und *Antithesen* formuliert.

Aber dann kommt das Problem mit den *Synthesen*, dem Abwägen von Pro und Kontra, was eigentlich den Weg zur Problemlösung weisen sollte, oft aber zu Ratlosigkeit und sogar Frustration führt. Das haben wir in unserem Seminar erlebt. Einige Beispiele.

Was ist von Bio-Tomaten aus Almeria zu halten, die für die Konsumenten zwar einwandfrei gesund sind, für deren Bewässerung bei der Aufzucht aber so viel Wasser benutzt wird, dass der Grundwasserspiegel in der südspanischen Provinz bedrohlich absinkt, mit Trinkwasser-knappheit als Folge? Oder ist es sinnvoll, Bio-Lebensmittel, die zwar keine Konservierungs-mittel enthalten, dafür aber zur Erhöhung ihrer Haltbarkeit in Folien einzuschweißen, welche letztlich den Plastikmüllberg vergrößern? „Bio" kann also durchaus umweltbelastend sein.

Ist ein deutscher Bio-Apfel noch „öko", wenn er nach der Ernte im Herbst erst im Frühjahr auf den Markt kommt und zwischenzeitlich kühl gelagert wird? Die für die Kühlung erforderliche Energie ist nämlich größer als die Energie für den Transport eines in Neuseeland frisch gepflückten Apfels nach Deutschland. Marketingstrategien können sich also negativ auf die Ökobilanz auswirken.

Wie ist Bio-Baumwolle zu beurteilen, die zwar ohne den Einsatz von Pestiziden und Gentechnik gewonnen, dann aber im indischen Tirupur gefärbt wird, dort den Fluss zu einer Kloake mit Farbstoffen und Bleichmitteln macht, um abschließend von Näherinnen in Bangladesch für einen Sklavenlohn zu Kleidungsstücken geschneidert zu werden? „Bio" kann also höchst unfair sein.

Was ist mit Bio-Rindfleisch? Es stammt zwar von einem artgerecht gehaltenen Tier; dieses lebt aber länger als ein eingestalltes Rind, braucht folglich mehr pflanzliche Nahrung, deren Anbaufläche zur Produktion pflanzlicher Lebensmittel für die Ernährung der Menschheit fehlt, und emittiert aufgrund seines anaeroben Stoffwechsels Methan, ein mehr als zwanzigmal effektiveres Treibhausgas als Kohlenstoffdioxid. Ein Bio-Rind stellt also eine größere Umweltbelastung da als ein Rind aus der Massentierhaltung. Wer so argumentiert hat die Meinung der Tierethiker gar nicht berücksichtigt. Nicht selten eskaliert dann ein Glaubenskrieg zwischen Fleischessern und Vegetariern, wenn letztere den Verzehr von Mitlebewesen als moralisch nicht akzeptabel bezeichnen, egal ob das Fleisch „bio" ist oder nicht. Wenn Veganer in das Gespräch eingreifen, werden sie häufig kritisiert, den Konsum von tierischen Proteinen als einen evolutionären Vorteil zu ignorieren. „Bio" kann also reichlich Konfusion und sogar Streit stiften.

Ist es überhaupt gerechtfertigt, Zucker mit einem Bio-Siegel auszuzeichnen? Ist Saccharose in dem Maße, wie sie im Durchschnitt in den Ländern der Ersten Welt konsumiert wird, nicht alles andere als gesund, sondern für Wohlstandskrankheiten wie Bluthochdruck, Diabetes oder Fettleibigkeit mitverantwortlich? Beim Bio-Tabak – den gibt es tatsächlich – spricht die Vorsilbe „bio" geradezu Hohn.

Der gepriesene Bio-Sprit ist ökologischer Schwindel, denn wenn Urwald gerodet wird, um Zuckerrohr für Bio-Ethanol bzw. Ölpalmen für Bio-Diesel (Fettsäuremethylester) anzubauen, geht die wichtigste CO_2-Senke verloren, sodass die Bilanz an Treibhausgas negativ wird. „Bio" ist in diesem Fall alles andere als „öko" und fair ist der Anbau nachwachsender Kraftstoffe gegenüber der Bevölkerung in den Anbaugebieten schon gar nicht, weil sie ihr Land verlieren, welches sie für kleinbäuerliche Strukturen unbedingt bräuchten.

Stromgewinnung durch Kernspaltung ist problematisch wegen des radioaktiven Abfalls; Stromgewinnung aus der Verbrennung von Braunkohle ist auch nicht gut wegen des Beitrages zum Treibhauseffekt. Folglich ist Öko-Strom besser, weil er auf der kostenlosen Sonnenenergie beruht, und zwar direkt in der Photovoltaik bzw. indirekt über die durch thermische Luftströmungen angetriebenen Windräder. Doch ist Öko-Strom wirklich akzeptiert? Man bedenke die Bürgerproteste gegen die zu bauenden Stromtrassen, die den Strom von der windreichen Nordsee ins windarme Süddeutschland leiten müssen, oder den Widerstand von Tierschützern gegen das Schreddern von Vögeln und Insekten durch Windräder. Und ist das deutsche Erneuerbare-Energien-Gesetz vorbildlich und wegweisend für die Begrenzung der globalen Erderwärmung, während in vielen anderen Ländern neue Atom- und Braunkohlekraftwerke gebaut werden?

Gibt es umweltgerechten Tourismus? Jedem ist klar, dass er mit einer Flugreise seinen ökologischen Fußabdruck erhöht. Soll man deshalb freiwillig eine Kompensationszahlung tätigen, d.h., für den Schaden, den das für den Flug freigesetzte Kohlenstoffdioxid als Treibhausgas anrichtet, eine Spende leisten, die für ein Ökoprojekt verwendet wird? Ist das eine gute, quasi umweltneutrale Lösung und somit ein Beitrag zur Nachhaltigkeit – oder ist es Ablasshandel?

Im Seminar haben wir solche Argumentationsreihen weitergeführt. Jedes Pro-Argument ist für sich betrachtet richtig, jedes Kontra-Argument aber auch, sodass wir meistens nicht dazu in der Lage waren, eindeutig zu entscheiden, welches Argument mehr Gewicht hat. Eine Studentin brachte es auf den Punkt: Es sei schon frustrierend, wenn man meint, eine gute Lösung gefunden zu haben, es dann aber doch wieder aus einem anderen Blickwinkel etwas gibt, was da-gegenspricht. Eine zweite Studentin beklagte, dass Bio-Produkte von Alnatura zwar toll, aber mit ihrem studentischen Finanzbudget nicht erschwinglich seien. Ein Student aus Nepal sagte, in seinem Land spiele dieses ganze Thema keine Rolle, denn es gebe zu viel Korruption. Und ein Student aus dem Jemen meinte, die „bio/öko"-Diskussion sei ein Wohlstandsproblem; bei ihm zuhause herrsche Krieg und man habe nur ein Ziel, nämlich morgen noch zu leben. Diese Äußerungen stimmen traurig; trotzdem muss man Öko-Seminare weiterhin anbieten, denn sie öffnen den Blick für die Wahrheit.

Idee zum Literaturseminar

Die Idee zum Seminar stammt aus einer fachdidaktischen Bachelorarbeit über »Bio-Landwirtschaft und Bio-Lebensmittel – Stärken und Schwächen – ein ökologischer Diskurs«, in der Kriterien für gesunde, biologische/ökologische und faire Lebensmittel (Abb. 8.1) und die Vergabe von Siegeln (Abb. 8.2 und 8.3) diskutiert sowie interessante Bücher zu diesem Thema zitiert wurden. Es schien uns lohnend, diese Bücher von Autoren mit diversen persönlichen und beruflichen Profilen – Umweltaktivisten, Chemiker, Journalisten, Unternehmer, Politiker, Philosophen, Privatpersonen – in einem Öko-Seminar genauer zu studieren. Im Folgenden wird darüber – auch mit vielen Zitaten der Buchautoren – berichtet.

Wesentliche Kriterien für *gesunde Lebensmittel*:
- mehr gesunde Inhaltsstoffe
- keine chemischen Zusatzstoffe
- weniger krankheitserregende Inhaltsstoffe
- keine Pestizidrückstände
- frei von Wachstumshormonen und Antibiotika

Wesentliche Kriterien für *Öko/Bio-Lebensmittel*:
- keine Verwendung von chemischen Düngern und Pflanzenschutzmitteln
- umweltschonende Produktionsverfahren
- keine Gentechnik
- artgerechte Tierhaltung
- Biofutter für die Tiere
- kein Einsatz von Wachstumshormonen und Antibiotika

Wesentliche Kriterien für *faire Lebensmittel*:
- Bezahlung von Mindestgehältern für die Arbeiter
- transparente Handelsbeziehungen
- Verbot von Kinderarbeit
- umweltgerechte und sichere Arbeitsbedingungen
- Verbot besonders giftiger Pestizide

Abbildung 8.1: Wesentliche Kriterien für gesunde, biologische/ökologische und faire Lebensmittel.

Abbildung 8.2: Verschiedene Bio/Öko-Siegel. Oben das Siegel der Europäischen Union und das deutsche staatliche Siegel; unten die Siegel verschiedener Anbauverbände. Um ein EU- bzw. staatliches Siegel zu erhalten, müssen Mindeststandards erfüllt sein; die Anbauverbände vergeben ihre Siegel nur, wenn weitergehende Qualitätskriterien erfüllt sind. Ein Lebensmittel mit einen EU-Öko-Siegel darf z.B. natürliche Aromen oder Nitrit-Pökelsalz enthalten, während ein Demeter-zertifiziertes Lebensmittel dies nicht darf.

Abbildung 8.3: Einige Siegel für fairen Handel. Dieser basiert auf solidarischen Partnerschaften zwischen globalen Händlern und Landwirten in Schwellen- und Entwicklungsländern.

The Story of Stuff

Abbildung 8.4: Annie Leonard, The Story of Stuff – Wie wir unsere Erde zumüllen. – Ullstein Verlag, Berlin 2011; Film dazu: https://www.youtube.com/watch?v=UCQLgACc6fQ. A. Leonard ist als Expertin für Umwelt und Gesundheitsfragen u.a. für Greenpeace aktiv und wurde vom *Times Magazine* als „Umweltheldin" ausgezeichnet.

Leonard erläutert den ökologischen Wahnsinn des linearen Take-Make-Waste-Modells, mit dem eine auf ständiges Wachstum ausgerichtete globale Wirtschaft die Erde zunehmend ruiniert. Die Umweltaktivistin analysiert die in vielen Fällen umweltzerstörenden, ungesunden und menschenunwürdigen Lebenswege unserer oft überflüssigen Konsumprodukte von der Rohstoffgewinnung über die Produktion und den Vertrieb bis in unsere Haushalte und zur abschließenden Entsorgung und wie die Menschen in diesem System immer unglücklicher werden. Konsum als erste Bürgerpflicht – Irrsinn!

Leonard verdeutlicht, wie dramatisch die Weltbevölkerung, der Wasser- und Papierverbrauch und das Verkehrsaufkommen in den letzten 50 Jahren zugenommen haben, wie das reale Bruttoinlandsprodukt gewachsen und die Temperatur der Atmosphäre gestiegen sind und welches Ausmaß der Verlust an Regenwald und verschiedenen Arten anderer Lebewesen erreicht hat. Die Autorin macht klar, dass das zentrale Problem des menschenverursachten Klimawandels mit dem Take-Make-Waste-Modell gewiss nicht gelöst und die CO_2-Konzentration in der Luft nicht gesenkt werden können und erinnert an die Zeit des Zweiten Weltkrieges, einer schlechten Zeit des Notstandes, in der das Motto lautete: ‚Brauch es auf, nutz es ab, reparier es oder komm ohne klar', welches die Wertschätzung von dem zum Ausdruck bringt, was man besitzt. Heute hingegen ist offensichtlich alles jederzeit verfügbar; doch was selbstverständlich erscheint, wird nicht wertgeschätzt. Hoffentlich lernen wir das Wertschätzen nicht erst in einen neuen Krieg!

Leonard thematisiert den „Ressourcenfluch". Darunter versteht man, dass die meisten Menschen in Ländern, insbesondere in Afrika sowie Süd- und Mittelamerika, die über wertvolle Rohstoffe (Diamanten, Au, Co, Ta, Li) verfügen, davon oftmals gar nicht profitieren, weil sie ihnen die Menschen in den Ländern der nördlichen Hemisphäre wegnehmen und dabei mit korrupten Regierungen in den Herkunftsländern kooperieren (Neokolonialismus).

Zum Thema „Konsum" ist die folgende Textpassage lesenswert. „Was ich in Frage stelle, ist nicht der Konsum an sich, sondern Konsumismus und *übermäßigen Konsum*. Konsumieren heißt, Güter und Dienstleistungen zu erwerben und zu nutzen, um unsre Grundbedürfnisse zu befriedigen. Konsumismus dagegen bezeichnet eine ganz andere Beziehung zum Konsum, bei der man versucht, seine seelischen und sozialen Bedürfnisse mit immer neuen Einkäufen zu befriedigen, und bei der man sein Selbstwertgefühl über seinen Besitz definiert. Übermäßiger

Konsum findet statt, wenn wir viel mehr Rohstoffe verbrauchen, als wir benötigen und unser Planet entbehren kann. Beim Konsumismus geht es um Überfluss und darum, beim Streben nach immer mehr neuen Sachen den Blick für das Wesentliche zu verlieren."

Leonards Gedanke, dass „Recycling" ein „gutes Gefühl" vermittelt, ist psychologisch interessant. „Ich erinnere mich an das gute Gefühl, als ich die Flaschen in die richtigen der farblich markierten Tonnen warf. Und mit dieser Erfahrung stehe ich nicht allein da; überall auf der Welt kennen die Menschen dieses gute Gefühl, das Recyceln ihnen vermittelt. Der Wohlfühl-Faktor ist ein wichtiger Aspekt der Diskussionen über das Recycling. Ist Recycling nur eine Selbsttäuschung? Suggeriert sie uns, wir würden dem Planeten helfen, während wir in Wirklichkeit tatenlos zusehen, wie die Industrie immer weiter immer schlechter designte toxische Sachen produziert?" Ist Recycling eine Ablasshandlung?

Gibt es Hoffnung? Nach Leonard durchaus: „Wer sich die wissenschaftlichen Daten zu den gegenwärtigen Entwicklungen auf der Erde ansieht und nicht *pessimistisch* ist, der versteht die Daten nicht. Aber wer den Menschen begegnet, die die Erde retten und den armen ein menschenwürdiges Leben ermöglichen wollen, und nicht *optimistisch* ist, dem mangelt es an Lebenskraft."

Wir konsumieren uns zu Tode

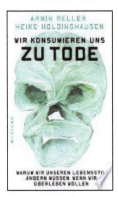

Abbildung 8.5: Armin Reller und Heike Holdinghausen, Wir konsumieren uns zu Tode – Warum wir unseren Lebensstil ändern müssen, wenn wir überleben wollen. – Westend Verlag, Frankfurt 2013. A. Reller ist Chemiker und Professor für Ressourcenstrategie an der Universität Augsburg; H. Holdinghausen ist Redakteurin im Wirt-schafts- und Umweltressort der überregionalen Tageszeitung, taz.

Reller und Holdinghausen betonen, dass „Konsum an sich nicht schlecht ist, wenn er von Maß und Respekt den Dingen gegenüber bestimmt ist" und dass „wir als Konsumenten und als Bürger teilhaben müssen an den im eigentlichen Sinne des Wortes weltbewegenden Stoff- und Produktionsgeschichten". Ähnlich wie Leonard (s.o.) möchten die Autoren, dass wir die Dinge, die uns umgeben und die wir einkaufen, nicht als selbstverständlich betrachten, sondern in jeder Hinsicht kritisch reflektieren. „Denn es bereichert uns, wenn wir unseren Planeten mit einer Neugier entdecken, hinter der nicht immer gleich Habgier steht." Wenn wir uns wundern, wenn wir über die Stoffe in unserem täglichen Leben und über ihre Fülle staunen, wäre das ein guter Anfang einer nachhaltigen Lebensweise in der Zukunft.

Die Autoren wählen eine simple Rahmenhandlung, um ausgewählte Stoffe ihre Geschichten erzählen zu lassen: Ein Ehepaar hat Freunde zum Abendessen eingeladen; das Essen findet an einem Holztisch statt; es wurden zahlreiche Dinge zum Essen eingekauft; die Gastgeber und Gäste machen sich für das Treffen chic; die Gäste kommen mit dem Auto und rufen mit dem Handy an, weil sie sich verspäten. In fünf Kapiteln erzählen der Tisch, die Lebensmittel, die Kleidung, das Auto und das Handy ihre Geschichten – wo ihre Rohstoffe herkommen, wie, von wem und unter welchen Bedingungen sie produziert, wie sie vermarktet und gekauft wurden und wie sie irgendwann entsorgt bzw. recycelt werden, welchen ökologischen Fußabdruck sie hinterlassen und welche sozialen Probleme sie verursacht haben. Alle Themen sind chemisch recht detailliert aufbereitet.

Exemplarisch wurden im Seminar die Kapitel über Baumwolljeans und Handys vorgestellt und die dringende Notwendigkeit einer Kreislaufwirtschaft – das Cradle-to-Cradle-Konzept – betont, hier stichwortartig zusammengefasst:

- *Baumwolljeans* – Anbaugebiete; Krankheiten und Fressfeinde der Baumwolle; chemische und gentechnische Methoden (Einbau eines Gens des Bodenbakteriums *Bacillus thuringiensis*) zu ihrem Schutz; ökologische Probleme bei der Bewässerung der Baumwollfelder; toxikologische Probleme bei der Baumwollernte und beim Färben; Vernähen der Baumwolle unter oftmals unfairen Bedingungen; globale Transport- und Handelswege.
- *Handys* – Stoffliche Zusammensetzung; ökologische, toxikologische, wirtschaftliche und ethische (Kinderarbeit) Probleme bei der Gewinnung metallischer Rohstoffe (Cu, Co, Ta, Li, seltene Erden), die außerdem fast alle als Konfliktrohstoffe bezeichnet werden müssen; Möglichkeiten zum stofflichen Recycling ausrangierter Handys.

Ökofimmel

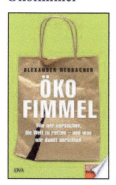

Abbildung 8.6: Alexander Neubacher, Öko-Fimmel – Wie wir versuchen, die Welt zu retten – und was wir damit anrichten. – Deutsche Verlags-Anstalt, München 2012. A. Neubacher ist Journalist und arbeitet im Wirtschaftsressort des Spiegels.

Neubacher tut als Privatperson das, was man als umweltbewusster Mensch tun kann: Müll trennen, Fahrradfahren, Bio-Lebensmittel kaufen etc. Und er hat dabei ein gutes Gefühl. Doch genauso hat er Zweifel daran, dass der Umwelt damit wirklich geholfen ist, zumal er viel „Merkwürdiges" erlebt hat, insbesondere in seiner Funktion als Journalist, der die deutsche Umweltpolitik analysiert. Diese hält er weitgehend für „Symbolpolitik": „Wir tun nicht zu wenig, um die Welt zu retten, sondern in übertriebenem Eifer vom Falschen zu viel." Nach dem Motto: „Das Gegenteil von gut ist gut gemeint."

Der Buchtitel ist super. Laut Wikipedia bezeichnet Fimmel „umgangssprachlich meist abwertend eine leichte Verrücktheit oder fixe Idee. Der Begriff wird oft im Zusammenhang mit

Exzentrikern verwendet." Neubacher entlarvt so manche ökologische Verrücktheit, sodass man bei der Lektüre seines Buches oft herzhaft lachen kann. Hier einige Kostproben:

- *Spiritualität:* „Eine der einflussreichsten Religionen der westlichen Welt ist der Ökologismus. ... Besonders beliebt sind Wortbilder biblischen Ursprungs, von der ‚Apokalypse' über das ‚Inferno' bis zur ‚Sintflut', derweil vom Recycling-Toilettenpapier der blaue Umweltengel seinen Segen spendet."
- *Letzte Reise:* „Es gibt Urnen aus Maisstärke und Särge aus Pappe. Das Modell „Flamea" spart beim Verbrennen bis zu 75 Prozent Kohlendioxid ein; so treten wir ökologisch korrekt die letzte Reise an, eine finale gute Tat, bevor dann eh alles zu Kompost wird."
- *Wasserverbrauch:* „Die Toiletten sind mit Stopptasten ausgestattet, die Wasserhähne mit Durchlaufbegrenzern, Urinale kommen inzwischen ganz ohne Wasser aus, ein Wunder der Nanotechnologie. ... So könnte alles in bester Ordnung sein, wenn es nur ein Problem nicht gäbe: Es stinkt. Fäulnisgeruch durchweht unsere Straße. ... Weil wegen unseres geringen Verbrauchs zu wenig Wasser durch die Rohre rauscht, verstopft neuerdings die Kanalisation. Fäkalien, Urin und Speisereste fließen nicht mehr ab. Träge schwappt der braune Schlick durch die viel zu breiten Rohre und entfaltet sein volles Aroma. ... Die Wasserwerke müssen ihre Rohre und Kanäle jetzt immer kräftig durchspülen. ... In das Berliner Leitungsnetz werden an manchen Tagen eine halbe Millionen Kubikmeter Leitungswasser zusätzlich abgelassen, um die ‚notwendige Fließ-geschwindigkeit' zu gewährleisten."
- *Energiesparlampe:* „Das Licht geht ins Blaue. Meine Frau sagt, das Licht in unserem Esszimmer sei so anheimelnd wie flackernde Neonbeleuchtung. Sie hat jetzt Kerzen gekauft. Mediziner haben herausgefunden, dass Energiesparleuchten bei einigen Menschen die Zirbeldrüse daran hindern, Melantonin auszuschütten. Die Folge sind Un-ruhe und Stress. Und so sitzen wir nun im blauen Licht der Energiesparlampe, versuchen mit Tischkerzen wenigstens einen Hauch von Gemütlichkeit zu erzeugen und trauern, geplagt vom Melantoninmangel, unserem alten Kronleuchter hinterher. ... Man sollte die Energiesparbirne allerdings nicht auf den Boden fallen lassen. Dann nämlich wird die Ökolampe zum Ökokiller. Eingeatmetes Quecksilber geht übers Blut ins Gehirn, und jedes bisschen Quecksilber macht ein bisschen dümmer. Das kann bis zur vollständigen Geistesgestörtheit führen."
- *Wärmedämmung:* „Seit wir unsere Häuser zu Thermoskannen umbauen lassen, um ein paar Liter Heizöl zu sparen, ist Deutschlands Gebäudezustand auf dem Weg in die ewige Verdämmnis. Je besser die Isolierung, desto üppiger wuchert darunter der Pilz. Etwa die Hälfte aller Haushalte hat bereits ein Fäulnisproblem, schätzen Sachverständige. ... Und Kanzlerin Merkel stellt mit Stolz fest: ‚Kein anderes Land kann so dichte Fenster bauen.' ... Wer morgens nach dem Duschen gleich ins Büro hastet, sollte sein Bad mit einer sensorgesteuerten Abluftanlage ausstattet, um zu verhindern, dass es sich über den Tag in ein Feuchtbiotop verwandelt."
- *Umweltprämie 2009:* „Wer sich ein neues Auto kaufte, bekam vom Staat 2500 Euro ge-schenkt, einfach so. Das ließen sich die Deutschen nicht zweimal sagen. Um die staat-liche Förderung zu kassieren, entschieden sich zwei Millionen Autobesitzer, ihr Altfahr-zeug zu verschrotten. Zum ersten Mal wurden in Deutschland mehr Autos angemeldet als Kinder. ... ‚Sobald die Leute hören, es gibt Geld geschenkt, drehen sie vollkommen durch', sagte damals ein VW-Händler."
- *Elektroautos:* „‚Während der Ladedauer mancher Elektroautos kann man Tolstois ‚Krieg und Frieden' lesen', plauderte Daimler-Chef Zetschke bei der Automobilaus-

stellung 2011 freimütig aus. ... Die Produktion der Batterien verschlingt Unmengen Strom. Für ein einziges Elektroauto wird insgesamt so viel zusätzliche Energie verbraucht, wie in 10000 Litern Benzin steckt. Das ist etwa die Menge Sprit, die ein normaler Mittelklassewagen in seinem ganzen Leben vertankt."

- *Veganer:* „Die Edelsten der Veggie-Szene sind die Veganer. Sie verzichten auf sämtliche Tierprodukte. ... Lederhandschuhe sind tabu, ebenso mit Daunen gefüllte Bettwäsche, Pullover aus Schafswolle, Hemden aus Seide und alles aus Pelz. Selbst Honig ist verboten, denn die Bienen dürfen nicht bestohlen werden. Ironischerweise führt die moralische Strenge im Alltag dazu, dass Veganer gegen andere Gebote der Nachhaltigkeit pausenlos verstoßen müssen. Wenn sich die gemäßigten Vegetarier im Winter in Schafswollpullis schmiegen, greift der Veganer zur Funktionsbekleidung aus Synthetikfasern. Sein Rasierpinsel hat Borsten aus Plastik statt vom Schwein oder Dachs. Seine Schuhe sind nicht aus Leder, sondern aus Kunststoff. Und so lebt er in einer Welt der Plaste und Elaste, sollte sich dann aber nicht beklagen, wenn die Menschheit weiter vom Erdöl abhängt."
- *Angst, „Angstlustgesellschaft" und Ökochonder:* „Wer die Umweltdebatten in Deutschland verfolgt (Asbest, Dioxin, Waldsterben, Ozonloch, BSE, Tschernobyl etc.), hat den Eindruck, der Weltuntergang stehe nicht in einigen Milliarden Jahren an (mit dem Verglühen der Sonne), sondern schon im nächsten Quartal. ... Verblüffenderweise verschwindet die Katastrophengefahr nach kurzer Zeit wieder, unabhängig, ob sich das zugrundeliegende Problem erledigt hat oder nicht. Wo nach der ersten medialen Er-regungswelle in der Realität nur wenige oder womöglich gar keine messbaren Schäden aufgetreten sind, wird die Geschichte uninteressant. Da wenden wir uns lieber der nächsten Katastrophe zu. ... Das Berliner Gesundheitsamt hat eine ‚Umweltambulanz' eingerichtet, um Menschen mit Umweltängsten Hilfe anzubieten. Die Ärzte geben sich alle Mühe, die Sorgen ihrer Patienten ernst zu nehmen. Allenfalls hinter vorgehaltener Hand ist schon mal vom ‚Schadstoff der Woche' die Rede, wenn plötzlich das ganze Wartezimmer voller Ökochonder ist, die am Vorabend alle denselben Fernsehbeitrag über angebliche Schwermetalle im Leitungswasser gesehen haben. ... Die deutsche Angst dürfte wohl ein wichtiger Grund dafür sein, warum wir den anderen Ländern beim Umweltschutz so weit vorauseilen wollen."
- *Artenschutz:* „Der hohe Stellenwert des Artensterbens in der jugendlichen Sorgenliste steht in auffälligem Gegensatz zur geringen Artenkenntnis."
- *Vorsorgeprinzip:* „Hätte es eine Restrisikovermeidungsdoktrin schon früher gegeben, wie sähe wohl heute unser Leben aus? Dass sich Schutzimpfungen gegen Masern oder Röteln jemals durchgesetzt hätten, darf bezweifelt werden. Die Röntgentechnik? Zu gefährlich. Elektrizität? Niemals. Flugverkehr? Nach dem Vorsorgeprinzip eigentlich undenkbar. Womöglich säßen wir Menschen noch immer in unserer Höhle im Neandertal und schlügen unserem Kind den zufällig aufgelesenen Feuerstein aus der Hand. Nicht, dass es sich verbrennt."

Nach Neubachers Meinung kann sich die Welt zum Positiven hin entwickeln. Dazu zwei weitere Zitate:

- „Der beste Weg, den Umweltschutz voranzubringen, ist reich zu werden. ... Mit steigendem Wohlstand nimmt die Umweltzerstörung zunächst zu, ein Trend, der sich in Schwellenländern wie China und Indien gerade gut beobachten lässt. Die Menschen dort sind derzeit noch mehr an Kühlschränken interessiert als an der Frage, welchen Schaden Kühlmittel in der Atmosphäre anrichten. Doch sobald eine Gesellschaft ein gewisses Wohlstandsniveau erreicht, ändert sich die Situation. Die Menschen sehen die verdreckten Flüsse, die verstopften Straßen und die verpestete Luft nun als Ärgernis an. Sie sehnen sich nach mehr Lebensqualität. Umweltschutz rückt ins Zentrum der Politik. … ‚Sind nicht Armut und Not die größten Umweltverschmutzer', fragte schon 1972 Indiens Ministerpräsidentin Ghandi. ‚Wir wollen die Umwelt keineswegs weiter verschlechtern, doch wir können nicht für einen Moment die grausame Armut einer großen Zahl von Menschen vergessen. Die Umwelt kann unter den Bedingungen der Armut nicht verbessert werden.'"

- „Wir verschwenden Milliardenbeträge für angebliche Umwelt- und Klimaschutzmaßnahmen, bei denen es sich in Wahrheit um wirkungslose Ökosymbolik handelt. Von Effizienz kann keine Rede sein. Die deutsche Umweltpolitik gefährdet unseren Wohlstand und schadet dabei der Umwelt." … „Milliarden werden für CO_2-Einsparungen ausgegeben mit der Begründung, dass sich sonst im Zuge des Klimawandels die Malaria ausbreiten würde. Das klingt ganz plausibel. Bis einem einfällt, dass ja schon heute Hunderttausende Menschen an der Fieberseuche sterben. Ein Bruchteil der Klima-milliarden würde reichen, um die medizinische Versorgung in den betroffenen Gebieten in kurzer Zeit zu verbessern. Es könnten Abwasserkanäle gebaut werden, um die Brutstätten der Malaria-Überträger trockenzulegen. Doch stattdessen schaffen wir uns mit dem Geld lieber Energiesparbirnen an."

Die Öko-Lüge

Abbildung 8.7: Stefan Kreutzberger: Die Öko-Lüge – Wie Sie den grünen Etikettenschwindel durchschauen. – Ullstein Verlag, Berlin 2012. S. Kreutzberger ist Politologe und Journalist, schwerpunktmäßig zu Umwelt- und Verbraucherthemen sowie Entwicklungspolitik.

Das Buch beginnt mit einem Zitat von Dennis Meadows, dass 30 Jahre verloren seien, um das Ruder herumzureißen, und dass es nun zu spät sei, um zu vermeiden, dass die Grenzen des Ökosystems Erde überschritten werden. Kreutzberger analysiert, dass ein Großteil der heutigen Nachhaltigkeits- und Öko-Aktivitäten mehr oder weniger Schwindel ist. Seiner Meinung nach basiert die Weltwirtschaft auf der Lüge, dass wir auf Pump zukünftiger Generationen leben können. Vielmehr müssten wir von einer Ökonomie der Maßlosigkeit zu einer Ökonomie der Vernunft gelangen.

Viele Großkonzerne hängen sich – so Kreutzberger – ein grünes Mäntelchen um. Einen Spott-Preis beim „Worst EU Greenwash Award" erhielt deshalb ein britischer Rüstungskonzern, der seine Waffen als umweltfreundlich vermarktete, weil sie bleifreie Geschosse verwenden. Welch großartiger ökologischer Fortschritt, dass im Krieg Menschen nicht mehr an einer Bleivergiftung sterben müssen! Die von den Energie-Riesen als Wunderwaffe im Klimakampf propagierte CCS-Technik (Carbon Dioxide Capture and Storage) bezeichnet Kreutzberger zwar nur als zu aufwändig und zu teuer, meint damit aber wohl, dass sie Quatsch sei. Das Festhalten an CCS sei „nur eine Ausrede" der Stromproduzenten, um weiter Kohlekraftwerke betreiben zu dürfen.

Eine Steigerung von Greenwashing ist der ökologische Betrug, wenn z.b. Autobauer ihre (effektiven) Abgaskatalysatoren (Add Blue) programmiert abschalten, um Geld zu sparen. Nun ist dieser „Bluewash" aufgeflogen, den Dieselautos drohen Fahrverbote, und sofort schwenken die Autofirmen um und schwören auf die Elektromobilität, wohl wissend, dass damit kurzfristig zwar viel verdient werden kann, mittelfristig aber die für die Batterien erforderlichen Metalle Kobalt und Lithium gar nicht in ausreichenden Mengen zur Verfügung stehen und zu Konfliktrohstoffen werden dürften.

Und: Autobauer, die ihre Kunden durch Werbung soweit manipulieren, dass sie meinen, spritfressende SUVs (Sport Utility Vehicle) zu brauchen, haben gewiss kein Umweltbewusstsein, sondern sind nur profitgierig. Gegen ein emissionsreduzierendes Tempolimit auf Autobahnen laufen die Firmen konsequenterweise Sturm. Die Freiheit zum Rasen hat offensichtlich einen höheren Wert als der Umweltschutz. Und große Autos würden im Falle einer Tempobegrenzung gar nicht mehr gebraucht. Was für eine Katastrophe für die Autoindustrie!

Dass „nachwachsende Kraftstoffe" eine positive Ökobilanz aufweisen, entlarvt Kreutzberger als Illusion. Ein Palmölkraftwerk liefert „Kahlschlag-Energie": Der Urwald, der für die Palmenaufzucht gerodet wurde, ist irreversibel weg; diese CO_2-Senke fehlt; der Treibhauseffekt nimmt zu. „Verlierer sind Kleinbauern und Tagelöhner, die in die Armut getrieben werden." Ähnliches gilt für die Gewinnung von Bioethanol aus Zuckerrohr: Durch die Ausweitung der Anbauflächen ist der Regenwald in Amazonien massiv bedroht. Gleichzeitig sind die Arbeitsbedingungen der Zuckerrohrschneider katastrophal – wie zu Zeiten der Sklaverei. Viele Arbeiter müssen in einer Art Leibeigenschaftsverhältnis zu den Besitzern der Zuckermühlen leben.

„Palmöl, Sojabohnen, Mais und Zuckerrohr sind Lebensmittel. Sie als Brennmaterial der Reichen zu nutzen in einer Zeit, in der immer noch Millionen Menschen verhungern, weil sie nichts zu essen haben, ist ein Skandal ... Biosprit = Todessprit." An dieser Stelle haben wir im Seminar auch angesprochen, dass Palmöl ein Konfliktrohstoff werden kann. Die Europäische Union, insbesondere Deutschland und Frankreich, möchten nämlich vom Biosprit Abstand nehmen, worauf Malaysia, einer der großen Produzenten von Palmöl, gedroht hat, das Unternehmen Airbus zu boykottieren und nicht, wie ursprünglich geplant, für die Nachrüstung seiner Luftwaffe französische Kampfjets zu kaufen, sondern chinesische. Der Palmölhandel ist also zu einem brisanten und gefährlichen Politikum geworden.

Es hilft auch kein „Saufen für den Regenwald". Beim Krombacher Regenwaldprojekt 2008 floss pro Kasten Bier eine Spende in eine Regenwaldstiftung. Das ist Ablasshandel, genauso wie das freiwillige Zahlen von Kompensationen für Umweltbelastungen, das von gemeinnützigen Stiftungen organisiert wird. So berechnet z.B. die Non-Profit-Organisation *atmosfair* für einen Flug von Berlin nach Barcelona eine Klimawirkung von 400 kg CO_2 pro Person und schlägt dafür knapp 10 Euro Kompensationszahlung vor. Derartige Angebote erwecken natürlich den Eindruck, als könnte man klimaneutral so weiter konsumieren, fliegen oder fahren wie bisher. Dabei muss die Vermeidung von Treibhausgasemissionen Vorrang vor deren Kompensation haben.

Ökologie ist definitionsgemäß die Wissenschaft von den Wechselwirkungen der Organismen mit ihrer Umwelt. Der Begriff „Öko" meint daher mehr als der Begriff „Bio". In der Landwirtschaft werden die beiden Begriffe allerdings synonym verwendet. Biobauern haben den Anspruch, ihr Land nachhaltig zu bewirtschaften, um gesunde Lebensmittel produzieren zu können. Ein Bauernhof ist ein ganzheitliches System aus Boden, Pflanzen, Tieren und

Menschen. Ziel ist es, die Bodenfruchtbarkeit zu erhalten, sodass möglichst wenige Nährstoffe von außen zugeführt werden müssen. Ein Biobauer verwendet deshalb nur organischen und keinen künstlichen Dünger. Um den Nährstoffgehalt des Bodens zu fördern, hält er verschiedene Fruchtfolgen ein; zwischendurch werden Bohnen angepflanzt, weil sie den Stickstoff aus der Luft fixieren und den Boden damit anreichern. Unkräuter werden mechanisch bekämpft. Bevorzugt werden regionale und alte Kulturpflanzen angebaut, die evolutionsbedingt gut gegen Krankheiten und Schädlinge gewappnet sind. Deshalb reichen als Pflanzenschutzmittel natürliche Substanzen wie Kupfer und Schwefel. Nutztiere werden artgerecht gehalten. Sie wachsen langsamer als Tiere in der konventionellen Landwirtschaft, weil ihre Futtermittelzusammensetzung eine andere ist. Erkrankt ein Tier, so werden pflanzliche oder homöopathische Arzneien appliziert, aber keine Antibiotika.

Die EU-Öko-Verordnung gibt Mindeststandards vor, nach denen ein Lebensmittel die Vorsilbe „Öko" tragen darf. Anbauverbände, mit dem ältesten Partner Demeter, haben strengere Kriterien. Nach der EU-Öko-Verordnung darf Milch beispielsweise ultrahoch erhitzt oder sterilisiert werden, Brot- und Backwaren dürfen Enzyme wie Amylase sowie Ascorbinsäure enthalten, Fleisch und Wurst können mit Nitrit (Pökelsalz) konserviert werden, während die Verbandsrichtlinien dies alles nicht gestatten.

Doch Regelungen verhindern nicht, dass auch mit der Wort „Bio" Etikettenschwindel betrieben werden kann und häufig wird. Wenn auf einem Spülmittel beispielsweise steht „Die Wirkstoffe sind vollständig biologisch abbaubar", so muss das Spülmittel nicht gleich „bio" sein; denn sein mikrobiologischer Abbau ist verbunden mit einer Sauerstoffzehrung in dem Gewässer, in welches das Spülmittel gelangt ist. Und dieser Sauerstoff fehlt anschließend den anderen Lebewesen, insbesondere den Fischen.

Bioprodukte können zwar für uns Menschen gesund sein, aber trotzdem unter umweltschädigenden und unmenschlichen Bedingungen hergestellt worden sein. Z.B. Bio-Tomaten aus Almeria. Die für ihr Wachstum erforderliche intensive Bewässerung hat bereits zu einer Grundwasserabsenkung in dem andalusischen Ort geführt und der Wüstenbildung Vorschub geleistet, sodass gespottet wird „Bio säuft Wasser". Außerdem haben Tagelöhner und Arbeitsmigranten aus Nordafrika die Tomaten unter sklavenähnlichen Bedingungen gezüchtet und geerntet. Das ist nicht fair. Ist der Bio-Lebensmittelkonsum von reichen Menschen also nichts anderes als Neokolonialismus? Oder was ist mit einer Jeans aus Bio-Baumwolle? Ok, die Baumwolle mag wirklich „bio" sein, aber die Färbung des Jeansstoffes in Indien hat dort einen Fluss und das Trinkwasser verseucht, und die Näherinnen in Bangladesch haben für das mühevolle Nähen der Hose nur einen Hungerlohn erhalten. Bio kann also umweltschädlich *und* unfair sein.

Man sollte beim Einkaufen immer darauf achten, dass ein Bio-Produkt *gleichzeitig* ein Fair-Trade-Siegel trägt. „Der Faire Handel ist eine Handelspartnerschaft, die auf Dialog, Transparenz und Respekt beruht und nach mehr Gerechtigkeit im internationalen Handel strebt. Durch bessere Handelsbedingungen und die Sicherung sozialer Rechte für benachteiligte ProduzentInnen und ArbeiterInnen leistet der Faire Handel einen Beitrag zur nachhaltigen Entwicklung und zur Menschlichkeit."

Was ist aber mit den Produkten, die *kein* Bio- oder Fair-Siegel tragen? Muss man hier a priori annehmen, dass bei ihrer Herstellung und ihrem Vertrieb nicht umweltgerecht und fair agiert wurde?

Kreutzberger schließt sein Buch mit der Frage, ob wir unsere Spargroschen in eine Wirtschaft investieren können, die nach ethischen und ökologischen Prinzipien arbeitet und trotzdem eine gute Rendite erzielt. Er stellt die Strategien von Öko- oder Ethikfonds vor, die durch positive und/oder negative Kriterien festgelegt sind. Positiv-Kriterien sind z.B. die Einhaltung bestimmter Mindeststandards oder Emissionsgrenzen. Negativ-Kriterien sind beispielsweise, dass keine Rüstungsgüter hergestellt werden, dass es keine Kinderarbeit gibt oder kein Atom-Strom bezogen wird. Wer sein Geld vorwiegend in ethisch-ökologisch sinnvollen Projekten in Entwicklungsländern einsetzen will, kann sich z.B. über Genossenschaftsanteile an der seit mehr als 30 Jahren bestehenden internationalen Entwicklungsgenossenschaft Oikocredit beteiligen und erhält 2 % Dividende.

Ende einer Illusion

Abbildung 8.8: Armin Grunwald, Ende einer Illusion – Warum ökologisch korrekter Konsum die Umwelt nicht retten kann. – oekom Verlag, München 2012. Armin Grunwald ist Physiker und Philosoph am Karlsruher Institut für Technologie und leitet seit 2002 das Büro für Technikfolgeabschätzung beim Deutschen Bundestag.

Wirtschaftswachstum ist das zentrale Ziel von Wirtschaft, Politik und Gesellschaft. „In der Folge wird zu mehr Konsum aufgerufen, vor allem im Weihnachtsgeschäft, und manche politischen Verlautbarungen klingen so, als gebe es eine staatsbürgerliche Pflicht zum Einkaufen, um das Wirtschaftswachstum zu befördern." Doch wohin soll die Wirtschaft wachsen, wenn Platz und Ressourcen auf der Erde limitiert sind? Und haben (überflüssige) Produkte mit immer kürzerer Lebensdauer oder steigender Tourismus nicht negative Konsequenzen für Umwelt, Gesellschaft und zukünftige Generationen? „Konsumieren wir einfach zu viel? Verhalten wir uns wie Lemminge, die alle brav in Richtung Konsumwachstum wandern, sich dabei wohlfühlen und gar nicht bemerken, dass sie auf einen Abgrund zusteuern?" Das fragt Grunwald in der Einleitung seines Buches.

Dann wägt er ab zwischen Konsumverzicht und nachhaltigem Konsum: „Der Konsum erscheint als Feind. Wer den Abgrund vermeiden will, muss zum Asketen werden und Konsumverzicht üben. Doch das ist zu radikal und zu einfach gedacht und ignoriert die positiven Seiten des Konsums und für die Lebensqualität. Einfache Wahrheiten gibt es nicht." „Nachhaltiger und umweltbewusster Konsum ist hingegen absolut notwendig, wenn eine ökologische Trendwende erreicht werden soll. Aber die momentane Debatte darüber läuft in die falsche Richtung" – so lautet die Hauptthese von Grunwald, der fragt: Welche gesellschaftlichen Gruppen haben den „Schlüssel zur Nachhaltigkeit" in der Hand und übernehmen eine (revolutionäre) Vorreiterrolle?

Die große Politik? Nein. „Der Ursprung der globalen Nachhaltigkeitsbewegung ist das politische System der Vereinigten Nationen. Es ist unbestritten, dass ohne die großen Konferenzen (Brundtland-Kommission, Rio-Erdgipfel, Kyoto-Protokoll, Rio+20, Paris …) die Idee der Nachhaltigkeit niemals so weit vorgedrungen wäre wie dies heute der Fall ist. Doch die jährlichen Klimakonferenzen sind zu Ritualen und massenmedialen Schauspielen geworden: Zunächst werden hohe Erwartungen geweckt, dann wird das komplette Scheitern befürchtet und schließlich gibt es Formelkompromisse und Absichtserklärungen mit geringen Auswirkungen oder ohne Verbindlichkeit. Gemessen an den ursprünglich hohen Erwartungen an die Politik ist Ernüchterung eingekehrt. Zu viele Misserfolge sind zu verbuchen, Fortschritte kaum sichtbar. Hinzu kommt ein Misstrauen in politische Institutionen und Personen." Ganz besonders gegenüber dem amerikanischen Präsidenten Trump.

Die Wirtschaft? Nein. „Kurzfristige Erfolge in Bezug auf Gewinn, Umsatz und Marktanteile zählen für die Firmenbewertung mehr als Langzeitverantwortung. In dem Maße wie seitens der Politik mehr Wert auf Nachhaltigkeit gelegt wird und wie Massenmedien nicht-nachhaltige Produktionsweisen wie Umweltprobleme oder untragbare Arbeitsbedingungen aufdecken und skandalisieren, wird Nachhaltigkeit vom Verkaufshindernis zu einem Verkaufsargument. Zumindest müssen negative Schlagzeilen vermieden werden. So hat auch in der Wirtschaft das Leitbild der nachhaltigen Entwicklung ein Stück weit Fuß gefasst. An den Aktienmärkten wurde der „Dow Jones Sustainability" eingerichtet, der neben den üblichen ökonomischen Aspekten auch ökologische und soziale Gesichtspunkte berücksichtigt. Vor diesem Hintergrund bestand einige Zeit lang die Erwartung, dass die Wirtschaft sich auf eine „nachhaltige Produktion" einlassen und dadurch zum weltweit zentralen Motor der Nachhaltigkeitsbewegung werden könnte. Die Erwartungen haben sich aber spätestens seit der Weltwirtschaftskrise 2008 in Luft aufgelöst. Es wurde allzu deutlich, wie wenig nachhaltig das globale System der Finanzmärkte agiert."

Die Zivilgesellschaft? Nein. „Nichtregierungsorganisationen wie Greenpeace, Bürgerinitiativen, Frauen- und Menschenrechtsorganisationen, Kirchen und Einzelpersonen machen Vorschläge für Verbesserungen und Alternativen und sind deshalb für nachhaltige Entwicklungen unverzichtbar geworden. Ihre Positionen und Forderungen sind zunächst per se partikulär und demokratisch *nicht* legitimiert. Häufig ist unklar, für wen und für wie viele sie sprechen. Gelegentlich wird der Verdacht geäußert, dass sich relativ kleine Minderheiten auf diesem Weg Gehör verschaffen, womit Vertrauen und Anerkennung unterminiert werden."

Die Konsumenten? Nein. „Der Konsument wird gelegentlich als ‚schlafender Riese' bezeichnet. Wenn er nur aufwachen und sich seiner Macht bewusstwerden würde, könnte er große Dinge in Richtung Nachhaltigkeit bewegen." Doch die Erwartungen sind immens hoch: „Nachhaltig konsumieren heißt, bewusst zu konsumieren und sich die ökologischen, sozialen und wirtschaftlichen Aspekte des Konsums bewusst zu machen. Unter welchen Bedingungen wurden beispielsweise die Kleidung oder der neue Computer hergestellt? Sind die Arbeiter angemessen bezahlt worden? Waren sie bei der Produktion schädlichen Stoffen ausgesetzt? Und wie sieht es mit den Umweltauswirkungen der Produkte aus? Welche Produkte von welchem Unternehmen möchte ich mit meinem Einkauf nachfragen? Kaufe ich Lebensmittel im Supermarkt, im Discounter, im Bioladen oder auf dem Wochenmarkt? Werden die Menschen dort angemessen bezahlt? Wie viel Geld habe ich zur Verfügung und wofür kann ich es ausgeben?" In Seminar haben wir uns gefragt, ob man nicht geradezu verrückt wird, wenn man bei jedem Einkauf all diese Fragen beantworten soll, und ob man damit nicht überfordert ist? Das bejaht Grunwald.

„Nachhaltiger Konsum ist zumindest anstrengender als der herkömmliche, weil mehr Kriterien für Kaufentscheidungen zu beachten sind." Und fachliches Wissen über nachhaltigen Konsum reicht bei Weitem nicht aus, um auch tatsächlich korrekt einzukaufen. Denn unser Verhalten ist sehr von Routine und Gewohnheiten geprägt. Wissen und Handeln befinden sich deshalb oft *nicht* im Einklang, was man in der Psychologie als ‚kognitive Dissonanz' bezeichnet. Ob Öko-Seminare den Studierenden mehr als viel Fachwissen vermitteln und sie tatsächlich zu einem umweltgerechterem Verhalten bewegen? Das ist wie beim Rauchen: Jeder Raucher weiß, wie schädlich sein Verhalten ist, und er raucht trotzdem.

Um umweltgerechtes Verhalten zu bewirken „müssen härtere Maßnahmen herhalten als nur zu informieren und zu appellieren", so Grunewald. „Umweltverantwortliche Politiker würden abgestraft; die Demokratie sei aufgrund des Mehrheitsprinzips und der Vier- oder Fünfjahresfristen zwischen den Wahlen nicht in der Lage, Langzeitverantwortung im Umweltschutz zu übernehmen." Brauchen wir eine Ökodiktatur? „Dahinter verbirgt sich die Notstandsargumentation: Die Umweltprobleme seien ein Notstand, ihre Lösung überlebens-notwendig. In solch extremen Situationen seien auch extreme Mittel zu ihrer Bewältigung erlaubt oder sogar verpflichtend." Das erinnert an die Erdölkrise in den 70er Jahren und die staatlich verordneten autofreien Sonntage.

Soll man moralisieren und den Porschefahrer oder Fleischesser an den Pranger stellen? Soll man die Apokalypse beschwören, z.b. mit einem hilflosen Eisbären auf einer kleinen Eisscholle, die auf dem weiten Polarmeer schwimmt? Soll man politisch korrekt sein und die Mülltonne des Nachbarn auf falsch eingeworfenes wiederverwertbares Material hin durchsuchen? Soll man auf Vergessen und Verdrängen setzen, wir beispielsweise in Japan, wo zwei Jahre nach dem Unglück in Fukushima landesweit wieder auf Atomenergie umgestellt wurde? Oder soll man zum Mittel der Selbstberuhigung (oder besser des Selbstbetrugs?) greifen nach dem Motto: „Ein wenig Strom sparen, regionale Lebensmittel einkaufen, ab und zu Straßenbahn statt Auto fahren – und alles wird gut"? „Wenn viele Menschen viele kleine Schritte tun, dann werden sie Großes bewirken – dieser Spruch von Kirchentagen hat Hochkonjunktur", erinnert aber auch irgendwie an „Religion ist das Opium des Volkes".

Wie gesagt, es gibt keine einfachen Lösungen. „Berüchtigt sind die endlosen Debatten, ob nun Mehrweg- oder Einwegverpackungen für Getränke umweltverträglicher sind. Die Antwort ist symptomatisch: Es kommt darauf an." Zudem sind viele System- und Rebound-Effekte auf den ersten Blick kaum sichtbar. Um Wasser zu sparen, wäre es z.B. sinnvoller, weniger Fleisch zu essen als weniger zu duschen. Oder: Kunststoffe haben im Flugzeugbau zwar zu vermindertem Kerosin-Verbrauch geführt, aber auch die Herstellung besonders großer Flugzeuge für den Massentourismus erst ermöglicht. „Insgesamt ist die Verantwortungszuschreibung an die Verbraucher deswegen eine unzulässige Vereinfachung", meint Grunwald.

„Ein romantisches Wunschdenken über Konsumenten als schlafende Riesen hilft nicht weiter – Verzweiflung allerdings auch nicht." Die Zukunft der Welt liegt in unserer Verantwortung, deshalb sind wir nach Grunwalds Meinung „nicht als *Konsumenten*, sondern als *Bürger* gefragt". Konsum habe zwar einen privaten Aspekt, spiele sich aber letztlich in der Öffentlichkeit ab, und dafür können wir als Bürger die Rahmenbedingungen mitbestimmen. Aktuell geschehe dies vielfach im Bereich der Energiewende. Politische Entscheidungen werden oftmals nach Bürgerbewegungen getroffen. Beispielsweise haben Bürgerproteste gegen den Braunkohletagebau dazu geführt, dass dieser in absehbarer Zeit eingestellt wird. Aber Vorsicht, verschiedene ökologisch orientierte Bürgerbewegungen widersprechen sich nicht selten: Die erste Bewegung ist gegen Atomkraftwerke, die zweite protestiert gegen die Zerstörung der ästhetischen Kulturlandschaft durch Windräder und/oder das davon mitverursachte Insekten- und Vogelsterben; die dritte Bürgerinitiative fordert Elektromobilität, die vierte will lieber den Bahnhof Stuttgart 21 verhindern und eine fünfte möchte keine Stromtrassen für den Transport der Windenergie von der Nordsee nach Bayern. Was denn nun?

Grunwalds Argument, dass Bürger eine Ökosteuer akzeptieren würden, wenn sie deren Nutzen einsehen, halten wir für schwach – zumindest momentan in Deutschland. Denn hier fordert man eher Steuersenkungen wegen der (noch) florierenden Wirtschaft oder erhöht Zuschüsse für Minderverdienende, Rentner und Familien. Und ob es eine deutliche Bürgermehrheit für Fahrverbote in Innenstädten oder ein Tempolimit auf Autobahnen gibt, möchten wir bezweifeln. Vermutlich muss der ökologische Druck noch viel größer werden – ein „Pearl-

Harbor- oder Nine-Eleven-ähnlicher Anschlag der Natur auf die Menschheit" – doch hoffentlich passiert das nicht.

Grunwald geht davon aus, dass Konsum im bisherigen Umfang erhalten bleiben wird, dabei allerdings nachhaltig sein muss. Doch dass Nachhaltigkeit alleine ausreicht, um die Menschheit vor einem Kollaps ihrer Umwelt zu bewahren, halten wir für eine Illusion – passend zum Titel des Buches. Ohne ein gewisses Maß an Konsumverzicht wird es unserer Meinung nach nicht funktionieren. Und – ehrlich gesagt – täte uns *etwas* Konsumverzicht nicht sogar gut? Die Zerstrittenheit der Menschheit, das enorme Wohlstandsgefälle und die Umweltkriminalität machen es schwer, an einen globalen Kompromiss zum Umweltschutz zu glauben. Vermutlich brauchen wir eine charismatische Führungspersönlichkeit, die einen gewaltlosen Widerstand gegen jegliche Art von Umweltbelastung und -zerstörung vorantreibt, einen Mahatma Gandhi des Umweltschutzes.

Fair einkaufen – aber wie?

Abbildung 8.9: Martina Hahn und Frank Herrmann, Fair einkaufen – aber wie? Der Ratgeber für fairen Handel, für Mode, Geld, Reisen und Genuss. – Brandes & Apsel Verlag, Frankfurt 2010. M. Hahn ist Journalistin und Politologin, F. Herrmann ist Betriebswirt und Journalist. Beide haben längere Zeit in Lateinamerika gearbeitet.

Der Fluch der Globalisierung – wäre das ein brauchbarer Untertitel für das Buch, das ein Ratgeber mit vielen Referenzen ist, das aber auch zahlreiche grundsätzlich interessante Denkanstöße zu dem Thema gibt?

„Die Welt wächst immer schneller zusammen. Diese Entwicklung hat uns überrumpelt. Zu-nächst sahen wir nur die rosigen Seiten der Globalisierung. Kein Wunder: Der freie Handel bot Konsumenten viele Vorteile. Die Produkte wurden billiger, die Auswahl der Waren wurde größer, die Energiepreise sanken und mit ihnen die Transportkosten. Hinzu kam, dass Handels- und Wettbewerbsschranken fielen. Die Folge war ein globales Wirtschaftswachstum über Jahre hinweg – von dem auch in den aufstrebenden Entwicklungs- und Schwellenländern Menschen profitierten. Dort konnten Kinder besser leben als ihre Eltern. Politiker, Ökonomen, Unternehmer, Konsumenten – sie alle träumten von einem einzigen Wirtschaftsraum, zu dem die Staaten zusammenwachsen sollten, der die Menschheit vor Spannungen und Konflikten schützt und für sozialen Frieden sorgt, indem er möglichst viele Menschen in möglichst vielen Ländern zum Wohlstand führt. Inzwischen hat sich Ernüchterung breitgemacht. Heute sehen wir, dass der geschaffene Wohlstand so ungerecht verteilt ist wie selten zuvor – auch innerhalb eines Landes. Während eine kleine, aber schnell wachsende Schicht sagenhafte Reichtümer anhäuft, lebt der Großteil der Menschheit an oder unter der Armutsgrenze."

„Was heute im Welthandel abläuft, mag legal sei. Es bleibt dennoch höchst unfair. Wären alle Länder in etwa gleich groß, stark und entwickelt, könnte sich der Welthandel möglicherweise tatsächlich frei entfalten. Doch die Realität sieht anders aus: Starke Nationen setzen schwache politisch, wirtschaftlich und notfalls auch militärisch unter Druck. Gleichzeitig errichten sie Handelsbarrieren gegen schwächere Handelspartner, schließen einseitig ausgerichtete Handelsabkommen ab, subventionieren ihre Landwirtschaft und Industrien und zwingen verschuldeten ärmeren Ländern ihre Sanierungskonzepte auf. Kurz: Der freie Handel ist weder frei noch fair."

„Bauern in Entwicklungsländern treten in einige Wirtschaftssektoren immer öfter in einen ungewollten und für sie verheerenden Wettbewerb mit hochindustrialisierten und stark subventionierten Farmern aus reichen Ländern. Der Norden schottet seine Landwirtschaft dort, wo es ihm gelegen kommt, gegen Agrarimporte aus der Dritten Welt ab. Doch gleichzeitig überschwemmt er die Länder des Südens mit Getreide, Milch, Zucker oder Fleisch zu Dumpingpreisen – Mittel aus den Subventionstöpfen, die reiche Länder an ihre Bauern verteilen, sowie die daraus resultierende Überproduktion machen es möglich. ... Mit einem fairen Lebensstil durchbrechen wir den Teufelskreis aus Dumpinglöhnen, Tiefstpreisen, und Schnäppchen-Mentalität: Geiz mag geil sein, macht uns aber alle arm." Erst fairer Handel ermöglicht vielen Bauern in den Entwicklungsländern die Umstellung auf biologischen Anbau. Dann können „Bio" und „Fair" zusammenwachsen.

Die Armut besiegen

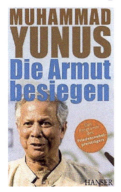

Abbildung 8.10: Muhammad Yunus, Die Armut besiegen. – Hanser Verlag, München 2008. M. Yunus, Wirtschaftsprofessor in Bangladesch, hat zusammen mit der von ihm gegründeten Grameen Bank im Jahre 2006 den Friedensnobelpreis erhalten.

Nach einer Hungersnot in seiner Heimat Bangladesch suchte Yunus nach einem Weg, um die Situation der Einkommensschwachen zu verbessern. Seine wissenschaftlichen Analysen zeigten, dass die armen Menschen für ihren wirtschaftlichen Erfolg nur ein kleines Kapital brauchten, um Materialien oder Rohstoffe für ihr Handwerk zu erwerben. Weil sie aber Kredite nur von Geldverleihern mit Wucherzinsen aufnehmen konnten oder von ihren Rohstofflieferanten abhängig waren, erwirtschafteten die ärmsten Menschen kaum einen Gewinn. Die großen Banken waren aufgrund fehlender Sicherheiten nicht bereit, diesen Menschen Kredite zu gewähren. Ein weiterer Grund für normal strukturierte Banken ist der relativ hohe Arbeitsaufwand pro Kunde in Anbetracht der geringen Höhe der Mikrokredite, die zu marktüblichen Zinsen vergeben werden. Yunus begann deshalb, Geld zu verleihen. Seine Erfahrungen waren positiv, und bald erhielt er die Kredite mit Zinsen zurück. Er entwickelte ein System, in dem sich die Kreditnehmer – fast nur Frauen – aufgrund persönlicher Bindungen zur Rückzahlung verpflichtet fühlten. Und sie wurden stolze Mitglieder und Miteigentümer der 1983 gegründeten Grameen Bank (dörfliche Bank). Kredite wurden nur unter der Voraussetzung erteilt, dass sich in den Dörfern kleine Gruppen zusammenschlossen, die von Bankmitarbeitern geschult wurden und füreinander bürgten. Erst wenn die ersten zwei Gruppenmitglieder ihren persönlichen Kredit eine Weile regelmäßig zurückgezahlt hatten, erhielten die nächsten ihrerseits ein Darlehen, sodass eine pünktliche Rückzahlung im allgemeinen Interesse war. Fast alle Kredite, oft weniger als 50 Dollar, wurden zurückgezahlt.

Yunus hält viel von der freien Marktwirtschaft, ist aber gleichzeitig der Meinung, dass „die Struktur des Kapitalismus vervollständigt werden" muss durch die Einführung von Sozialunternehmen wie der Grameen Bank. Deren Zweck ist nämlich *nicht* die Gewinnmaximierung, sondern die Lösung von sozialen und Umweltproblemen. „Wenn man die profitmaximierende Brille abnimmt und zur sozialen Brille greift, sieht man die Welt in einer anderen Perspektive", meint Yunus. Falls ein Gewinn anfalle, werde er in das Unternehmen reinvestiert. Die Anteilseigner verdienen nichts, können ihr Kapital jedoch mit der Zeit zurückerhalten. Attraktiv sei eine derartige Geldanlage für Menschen, die Gutes tun wollen, wovon es viele gebe, nach Yunus Überzeugung. Der Mensch ist eben nicht nur ein profitgieriger homo oeconomicus.

Besonders stolz ist Yunus auf die gelungene Zusammenarbeit mit dem Yoghurt-Produzenten Danone (kein Greenwashing!). Diese Firma bietet in Bangladesch als einzigartiges ausgegründetes Sozialunternehmen einen mit Vitaminen und gesunden Bakterien angereicherten Yoghurt an, der in zahlreichen Kleinbetrieben produziert wird, wobei die lokale Bevölkerung als Arbeitnehmer fungiert, die erforderliche Milch aus ihrer lokalen Milchproduktion liefert und den Vertrieb und Verkauf des Yoghurts in biologisch abbaubaren Bechern aus Maisstärke übernimmt. Der Yoghurt schmeckt nicht nur gut, sondern fördert auch die Gesundheit der vielen an Unter- und Mangelernährung leidenden armen Kinder und hat insbesondere Durchfallerkrankungen deutlich reduziert.

Yunus strahlt großen Optimismus aus, dass die Welt bis Mitte des Jahrhunderts dank der Weiterentwicklung der Sozialunternehmen frei von Armut und friedlich sein wird. Dies wäre wünschenswert; doch breitet sich zurzeit die konkurrenzorientierte Wirtschaft nicht weltweit aus und gibt es nicht zunehmend politische Spannungen?

Zwischen Bullerbü und Tierfabrik

Möller thematisiert in seinem Buch die in der Gesellschaft vorhandene verklärende Sehnsucht nach einer kleinbäuerlich geprägten Idylle à la „Landlust", die Abneigung gegenüber der „Agroindustrie" und die polarisierende mediale Darstellung. Deshalb wurde dieser Seminarteil mit einem Trailer aus „Die Kinder aus Bullerbü" und einigen aus der Werbung bekannten Landlust-Bildern eingeleitet.

Nur 1,4 Prozent der deutschen Erwerbstätigen arbeiten heute in der Landwirtschaft, während es nach dem Zweiten Weltkrieg noch 25 und im 19. Jahrhundert sogar 50 Prozent waren. Landwirtschaft ist heute trotzdem viermal so effektiv wie damals, findet aber weitgehend außerhalb des Blickwinkels der deutschen Bevölkerung statt, die deshalb von ihr entfremdet ist, viele Pflanzen und deren Anbau gar nicht mehr kennt und auch verdrängt hat, dass Tiere getötet werden müssen, wenn man Fleisch essen möchte. Der Bauernstand ist ein bedrohter Berufsstand, denn die Vererbung eines Bauerhofes vom Vater auf den Sohn ist nicht mehr selbstverständlich. Vielmehr wandern immer mehr Bauernkinder in andere – weniger zeitaufwändige und einkommensattraktivere – Berufe ab.

Abbildung 8.11: Andreas Möller, Zwischen Bullerbü und Tierfabrik – Warum wir einen anderen Blick auf die Landwirtschaft brauchen. – Gütersloher Verlagshaus, Gütersloh 2018. A. Möller befasst sich mit Naturliebe und Technikkritik der Deutschen und dem Verhältnis von Gesellschaft und Industrie. Für seinen in der Frankfurter Allgemeinen Sonntagszeitung am 16.9.2018 erschienenen Artikel „Hört auf zu träumen", der das Buch zusammenfasst, erhielt A. Möller den Journalistenpreis 2018 des Verbandes Deutscher Agrarjournalisten.

In den 60er Jahren, zur Zeit des Wirtschaftswunders, „galt als fortschrittlich, wer schnell Mehrertrag schuf, Schädlinge mit Hilfe der Chemie eindämmte, die Anwendung von Mineraldünger propagierte – eine Wahrnehmung der Landwirtschaft, die Lichtjahre von der heutigen entfernt ist. ... Der Mensch ist erstmalig seit dem Neolithikum nicht mehr von den Unwägbarkeiten der Natur abhängig, um satt zu werden; zumindest in der Ersten Welt. Er produziert so viel, dass wir es uns erlauben können, heruntergefallene Äpfel an Landstraßen oder auf alten Streuobstwiesen zu übersehen, während wir mit dem Auto zum nächsten Supermarkt fahren, wo es Äpfel aus Südtirol gibt. Eingeschweißt in Sechserboxen. ... Nahrung einzukaufen findet zwar öffentlich, aber im Anonymen statt. Das ist das verblüffend simple Geheimnis, warum Anspruch und Wirklichkeit so gravierend auseinanderklaffen."

Die Produktion von Nahrungsmitteln ist heute ein hochgradig spezialisierter Wirtschaftszweig (*nur* Ackerbau, *nur* Tierhaltung oder *nur* Milchproduktion), für den die Regeln der globalen kapitalistischen Marktwirtschaft gelten: Angebot und Nachfrage, Konkurrenzdruck, Effizienzsteigerung, Subventionen etc. Der Bauer ist ein Betriebsleiter, meistens mit einem abgeschlossenen Studium der Landwirtschaft. Und die nächste Epoche der Landwirtschaft auf Basis der Informationstechnologie bahnt sich an: „Das vernetzte System aus Satellitenbildern, Bodenproben, GPS in Landmaschinen, Software. Willkommen auf dem Land 4.0! ... Man nennt Nutztierbetriebe daher im Fachjargon auch ‚Veredlungswirtschaft', was ein wenig nach Raffinerie und Rohöl klingt." Und Äpfel und Trauben werden so gezüchtet, dass sie *verpackungskonform* geerntet werden können.

Doch Möller betont, dass Konsumenten in erster Linie die *Pflicht zum selbst Denken* haben: „Wir sollten uns die Dinge nicht zu einfach machen! Wer dreimal in der Woche ein Schnitzel auf dem Teller sehen will, darf sich über zu viel Nitrat im Grundwasser nicht wundern. Und er darf jenen, die den ‚Dirty Job' für eine Vielzahl von Fleischessern erledigen, sicher nicht mit Geringschätzung begegnen. ... Gleichzeitig zu unseren steigenden Forderungen an Landwirte werden immer mehr Lebensmittel weggeworfen. Der Handel setzt auf volle Regale, egal wieviel hier oder dort verkauft wird. Was billig ist, so scheint es dem Klischee entsprechend, hat eben keinen Wert. Wenn dazu noch ein streng gesetztes Mindesthaltbarkeitsdatum kommt, das gerne als ‚Verfallsdatum' verstanden wird ... Machen Bioläden wirklich ernst, was Regionalität, Saisonalität, Verzicht und Sparsamkeit angeht? Natürlich nicht. ... Wir können uns also überlegen, ob wir im Bereich der Landwirtschaft nur die Oberflächen polieren und mit Bio- und Ökosiegeln um uns werfen, weil wir kritischen Nachfragen und der Pflicht zum Selbstdenken entgehen möchten. Oder ob wir möglichst frei auf die Dinge schauen und wieder lernen, bestimmten Quellen, aber auch unseren eigenen Erfahrungen und Urteilen etwas mehr zu vertrauen."

Mais für die Biogaserzeugung und Zuckerrüben für Bioethanol sind ohne massive Subventionierung durch den Staat ökonomisch nicht konkurrenzfähig. Diese Finanzspritzen hält Möller für marktwirtschaftlichen und ökologischen Blödsinn. Eine Subventionierung der Böden ist für Möller hingegen akzeptabel, allerdings sollte diese nicht wie bisher von der Fläche, sondern von der Bodenqualität abhängen. Sinnvoll hält Möller Subventionen für Umweltdienstleistungen der Bauern, beispielsweise für die Schaffung von Biotopen oder Randstreifen. Die Angst der Landwirte vor BSE oder Schweinepest ist verständlich; denn das Ausbrechen dieser Krankheiten kann den finanziellen Ruin eines Bauern bedeuten. Aus wirtschaftlichen Gründen ist es logisch, dass Landwirte von billigen Produkten – für die Kunden nicht viel Geld ausgeben möchten –, wie z.B. Fleisch, Milch oder Eier, nur dann leben können, wenn sie immer mehr in immer größeren Betrieben produzieren. ‚Produzierender Rekord' wird in der Öffentlichkeit aber gerne mit Skrupellosigkeit gleichgesetzt, wozu insbesondere das Mästen der Tiere mit antibiotikahaltigem Kraftfutter aus importierter Gensoja, die künstliche Befruchtung inklusive Spermienauswahl zur selektiven Zeugung weiblicher Tiere sowie das ‚humane Töten', z.B. das Ersticken von Schweinen mit CO_2, gehören.

Glyphosat ist ein Synonym für Umweltbelastung durch industrialisierte Landwirtschaft. Dabei ist der größte Einzelanwender von Glyphosat in Deutschland gar nicht die Landwirtschaft, sondern die Deutsche Bahn, die zwar behauptet, mit 100 Prozent Ökostrom zu fahren, aber mit dem Herbizid ihre Bahngleise unkrautfrei hält.

Ein interessantes psychologisches Phänomen ist das *Risikoparadox:* „Eine totale Ambivalenz zwischen Nutzen- und Risikoabwägung ist kennzeichnend für unsere Wahrnehmung, ebenso die ungleiche psychologische Behandlung von Haus-, Garten-, Küchen- und Badezimmer-Chemie einerseits und der professionellen landwirtschaftlichen Chemie andererseits. Turbo-clean, Abflussfrei, Corega-Tabs: ja. Aber Herbizide aus der Spritze?" Die erstgenannten Chemikalien liegen in unserem ‚Nahhorizont'. Was sich hier befindet, erscheint uns weniger gefährlich als das, was nach unserem Empfinden außerhalb davon liegt", wie die versprizten Pflanzenschutzmittel.

Bio-Landwirtschaft liefert nur etwa ein Drittel des Ertrages der konventionellen Landwirtschaft. Und ist sie wirklich „bio"? „Man kalkuliert mittlerweile, dass 1 Liter Pflanzenschutzmittel auf dem Acker rund 30 Liter Traktorendiesel ersetzen, die man aufwenden müsste, wenn man dieselbe Fläche maschinell hacken wollte." Denn „niemand will mehr Kartoffeln und Gemüse mit den Händen hacken." Ein weiterer Nachteil der Bio-Landwirtschaft ist, dass durch eine dauerhafte mechanische Bodenbearbeitung die Erosion des Bodens bei Starkregen (Ausschlämmungen) oder Stürmen (Verwehungen) zunimmt.

‚Chemie oder Gene' – ein neues Totschlag-Argument. Nach Möller kommt derjenige, der auf Pflanzenschutzmittel verzichten will, um die gentechnische Veränderung der Nutzpflanzen zwecks Hitze- und Schädlingstoleranz nicht herum.

In der Natur ist alles vernetzt; deshalb haben ökologische Probleme in der Regel mehrere Ursachen. Dies macht Möller am Beispiel des Bienensterbens deutlich. Ursachen sind Glyphosat und riesige Monokulturen in der Landwirtschaft, aber *auch* fehlende Randstreifen und Biotope, Klimawandel, Bodenversiegelung, Lichtsmog, Veränderungen in der Insektenfauna durch die von der globalen Logistik eingeschleppten Bienenfeinde (Varroa-Milbe, Kleiner Beutenkäfer, Asiatische Hornisse) sowie nektarame Hybridpflanzen in Ziergärten und auf Balkonen, sogenannte ‚Nektarwüsten'. Deshalb ist es nach Möller zu sehr simplifiziert und geradezu unfair, der Landwirtschaft alle Schuld zu geben.

Die zunehmenden Aversionen gegen die konventionelle Landwirtschaft begründet Möller u.a. damit, dass rein wissenschaftliche Argumente in der Öffentlichkeit immer mehr an Wertschätzung verlieren. Entscheidend sei nicht, was Studien und Daten schlüssig erscheinen ließen, sondern allein das Gefühl, was der Einzelne für richtig oder falsch halte. Schon depressiv klingt Möller, wenn er sagt: „Mit den Bildern der ‚Landlust' im Kopf und medialer Dauerempörung im Ohr gibt es kein Korrektiv mehr, das das Urteil des Verbrauchers zugunsten der Landwirtschaft beeinflussen könnte. ... Aber vielleicht will man das alles auch gar nicht so genau wissen. Vielleicht ist es ganz bequem, sich die Fakten gerade nicht anzueignen und im Gefühl zu verharren, dass die anderen die Schuldigen sind. Denn die Landwirtschaft zu kennen, würde eben auch bedeuten, sich der eigenen Rolle als Verbraucher zu stellen. Es würde bedeuten, wahrhaben zu wollen, dass die Landwirtschaft so ist, wie sie ist, weil wir Verbraucher so sind, wie wir sind."

Ist nicht vielmehr „Erntedank" angesagt? Dankbarkeit für das „harte und undankbare Geschäft" der Bauern. Dankbarkeit „für jeden Liter Milch, für jedes Krümel Brot und jede Kartoffel, für die irgendwer früh aufgestanden ist und bis spät gearbeitet hat. Vielleicht hilft das, den wahren Wert der ‚Lebens-Mittel' neu zu entdecken."

Das Leben ist eine Öko-Baustelle

Abbildung 8.12: Christiane Paul mit Peter Unfried, Das Leben ist eine Öko-Baustelle – Mein Versuch, ökologisch bewusst zu leben. – Ludwig Verlag, München 2011. C. Paul ist promovierte Ärztin, gefragte Schauspielerin, Mutter von zwei Kindern und besorgt um den Klimawandel und seine Folgen.

Christiane Paul spielt mit ihrem Buchtitel auf den Film „Das Leben ist eine Baustelle" von 1997 an, mit dem sie als Schauspielerin bekannt geworden ist. Das Leben ist in der Tat eine Öko-Baustelle: Die Generation der heute 80-100jährigen hat nach einer Kindheit bzw. Jugend in der fürchterlichen Zeit des Zweiten Weltkriegs die zerstörte Welt wiederaufgebaut und die Wirtschaft angekurbelt (Wirtschaftswunder), dabei aber auch ungewollt die Ausbeutung der Natur und die heutigen Umweltprobleme eingeleitet. Die Generation der heute 60-80jährigen hat sehr wohl die Warnung von Dennis Meadows von den Grenzen des Wachstums vernommen, aber nicht ausreichend ernstgenommen, sondern den Wohlstand ausgebaut und genossen. Die Generation der heute 40-60jährigen hat die Globalisierung der Wirtschaft nach dem Motto „immer weiter, immer mehr, immer schneller" unterstützt und miterlebt, wie die Entwicklung sich insbesondere durch das sich rasant entwickelnde Internet beschleunigt hat, und dabei – verblendet durch die Versprechungen der Globalisierung – weitere wichtige Jahre verschlafen, um wirklich effektive ökologische Korrekturen anzubringen. So ist die Generation der heute Jugendlichen und 20-40jährigen zwar im Wohlstand aufgewachsen, sieht aber deutlich, dass sich die Welt nicht so weiterentwickeln kann, und fürchtet, dass sich eine schlechtere, wenn nicht gar bedrohliche Zeit anbahnt. (Biblisch ausgedrückt: Nach den fetten Jahren kommen magere!) Diese junge Generation, nicht nur in Deutschland, sondern weltweit, und zu der auch Cristiane Paul gehört, trägt ein schweres Erbe und muss handeln, „pathetisch gesprochen als Lobbyisten ihrer Kinder und Enkel und des Planeten".

So sagt Frau Paul auch gleich in der Einleitung ihres Buches: „Es wird darauf hinauslaufen, dass wir uns von unserer bisherigen Vorstellung eines Luxus- und Wohlstandlebens langsam verabschieden müssen. Das ist hart. Aber auch spannend. Was mich um- und antreibt und zu diesem Buch motiviert, hat sicher damit zu tun, dass ich Mutter von zwei Kindern bin: Mascha ist neun, Maximilian vier. Es hat weniger damit zu tun, dass ich als Ärztin tätig war und als Schauspielerin tätig bin. Vor allem hat es damit zu tun, dass ich mich als Teil unserer Gesellschaft fühle, einer Wohlstandsgesellschaft, in der ich Verantwortung übernehmen möchte: gegen den Mehltau der Lethargie; gegen unsere eigenen Ausreden und die gefühlte Unmöglichkeit, sich diesem komplexen Problem zu stellen. Es geht mir darum, zu beschreiben, was man selbst ändern kann. Im persönlichen Alltag. Das ist vielleicht nicht viel, aber es ist ein Anfang und bestimmt längst nicht das Ende."

Frau Paul führt Gespräche mit Personen, die mitten im Leben stehen (Klimawissenschaftler, Ernährungsberater, Unternehmer, Lokalpolitiker, Journalisten und Schriftsteller), sich um die Zukunft sorgen und den Einfluss nutzen, den sie haben, um sich für eine gute Sache maximal einzusetzen. „Unser Leben ist geprägt von Gewohnheiten und Werten, die aus einem bestimmten Denken entstanden sind und sich verfestigt haben. Und diese funktionieren teilweise automatisch weiter, auch wenn sich das Denken jetzt ändert. Sicher muss man mit dem Begriff „Revolution" sehr vorsichtig sein, aber gebraucht man ihn als Synonym für Umwälzung, Veränderung, dann steht er schon für das, was wir jetzt benötigen: eine Revolution in unser aller Denken, eine Revolution in unserm Handeln, eine Revolution in unserer Kultur." Was ist zu tun? Diese Frage beantwortet Frau Paul: „Bei sich selbst anfangen, andere mitnehmen und so eine umweltverantwortliche Politik möglich machen. Nicht das Ideale beschwören, sondern das Mögliche tun." Einfach anfangen! Das macht Hoffnung.

Zum Schluss zitiert die Autorin Hans Joachim Schellnhuber. „Wenn dieser wohl bekannteste deutsche Klimawissenschaftler mit Politikern spricht, dann sagen sie ihm oft: ‚Es gibt eine politische Realität, ich muss sie zur Kenntnis nehmen. Heißt: Ich kann nichts machen, die politischen Verhältnisse lassen es nicht zu.' Schellnhuber pflegt dann zu antworten: ‚Aber es gibt auch eine physikalische Realität. Gegen die kann man nicht Politik machen.' Das ist der Punkt. Wer das einmal verstanden hat, für den ist nichts mehr wie zuvor." Und „Wir denken nicht anders, weil sich die Welt geändert hat. Sondern: Die Welt wird sich ändern, weil wir anders denken."

Wir vermuten, dass Frau Paul von den heutigen „Fridays for Future"-Demonstrationen der Schülerinnen und Schüler sehr angetan wäre.

Tiere essen

Abbildung 8.13: Jonathan Safran Foer, Tiere essen. – Verlag Kiepenheuer & Witsch, Köln 2010. J. S. Foer hat Philosophie studiert und ist amerikanischer Schriftsteller.

Jonathan S. Foer war ursprünglich begeisterter Fleischesser, überlegte sich aber nach der Geburt seines Sohnes, ob eine fleischhaltige Ernährung für sein Kind wirklich gesund und ethisch korrekt sei. (Er ist, ähnlich wie Christiane Paul, ein typischer Vertreter der jungen Elterngeneration, die ihren eigenen Lebensstil dann überdenkt, wenn sie Nachwuchs bekommt und dafür Verantwortung übernehmen will und muss.) Über drei Jahre führte Foer Recherchen über die Fleischproduktion in den USA durch, weitgehend im Undercover-Stil:

- *Warum scheint das Thema Fleischkonsum so bedrohlich für mache Menschen zu sein?* Foer hält es aus psychologischer Sicht für verständlich, dass manche Menschen sich „schuldig" fühlen, wenn ihnen die reinen Fakten ihres Fleischkonsums präsentiert werden: die Gefährdung der eigenen Gesundheit durch übermäßiges Fleischessen, die Schädigung der Umwelt durch Methan- und Gülle-Emissionen, das Leiden der Tiere in der Massentierhaltung und beim industriellen Fischfang und die Grausamkeiten, die sich dort abspielen; und dass sie sich dann bedroht fühlen, ihren bislang gewohnten und geschätzten Lebensstil aufgeben zu müssen. Foer stellt aber klar, dass die meisten Fleischesser in der Tat nicht schuldig, sondern Opfer einer Großindustrie sind, die sie mit Werbung und Fehlinformationen manipuliert hat. Wenn Tierschützer mit Plakaten wie „Fleisch ist Mord" auftreten, hält Foer diesen Fanatismus für kontraproduktiv.
- *Was war bei den Recherchen besonders schockierend?* Hierzu zählt Foer dreierlei auf. Erstens, dass mindestens 95 Prozent des verzehrten Fleisches aus der Massentierhaltung kommt. Zweitens, dass Tiere dort enorm leiden und die meisten Menschen dies grundsätzlich wissen und trotzdem akzeptieren. Drittens, dass der Fleischkonsum weltweit rapide steigt, insbesondere in den Schwellenländern, wo er mit einem Wohlstandsstatus assoziiert wird, und – wenn es so weitergeht – bald die Nummer 1 sein wird in Hinblick aus Umweltbelastung und Freisetzung von Treibhausgasen.
- *Was ist der größte Mythos, wenn es um Fleisch geht?* Dass viele Menschen ein idyllisches Bild von der Landwirtschaft haben, so wie es in dem Kinderlied ‚Old McDonald had a farm …' beschrieben ist.
- *Stellt Bio-Tierhaltung eine realistische Alternative dar?* Nein. Nach Foers Meinung muss die Tierhaltung nämlich insgesamt stark reduziert werden, denn sie verbraucht

zu viel Land und ist ineffektiv, was die Ernährung der gesamten Weltbevölkerung anbelangt. „Man kann nicht sieben Milliarden Menschen mit Fleisch ernähren ohne industrielle Fleischproduktion. Der Witz ist, dass man sieben Milliarden ohne Fleisch sehr viel leichter ernähren kann."

- *Warum lieben wir Haustiere und essen Nutztiere?* Das hängt laut Foer mit kulturellen Prägungen, der anthropozentrischen Denkweise und der Tatsache zusammen, dass viele Menschen glauben, sie könnten sich in die Gefühlswelt von Tieren versetzen.

„Alle Tiere sind gleich, aber manche sind gleicher." Hier zitiert Foer George Orwell (»Animal Farm«) und sagt weiter, dass „wir Menschen einen Krieg führen gegen alle Tiere, die wir essen. Dieser Krieg ist neu und hat einen Namen: ‚Massentierhaltung'." Im Folgenden sind einige Grausamkeiten der Massentierhaltung aufgelistet:

- Für die Ernährung des durchschnittlichen Amerikaners sterben 21.000 Tiere.
- Ein durchschnittlicher Garnelenkutter wirft 80 bis 90 Prozent der Meerestiere, die er als Beifang fängt, tot oder sterbend wieder über Bord.
- Lachse in Aquakulturen neigen wegen des Gedränges, des verdreckten Wassers und des Gedeihens von Lachsläusen zum Kannibalismus.
- Pro Jahr werden über 250 Millionen männliche Kücken vernichtet, z.B. indem sie durch Rohre auf eine elektrisch geladene Metallplatte gesaugt werden.
- Für eine Legehenne ist bei der Käfighaltung 0,04 Quadratmeter Bodenraum vorgesehen. Das ist etwas kleiner als ein DIN-A4-Blatt.
- Keine Pute, die man im Supermarkt kaufen kann, kann normal gehen, schon gar nicht springen und fliegen. Puten haben nämlich einen angezüchteten Körperbau, mit dem das einfach nicht mehr geht. Jede Pute ist das Produkt künstlicher Befruchtung.
- Ohne Betäubung wird kastriert und gebrandmarkt.
- Insgesamt produzieren Nutztiere in den USA das 130fache der Fäkalien der gesamten Bevölkerung – ungefähr 40.000 Kilo Scheiße pro Sekunde. Das Verschmutzungspotenzial dieser Masse ist 160mal so hoch wie das von städtischem Abwasser.

Anständig essen

Abbildung 8.14: Karen Duve: Anständig essen – Ein Selbstversuch. – 2. Aufl., Verlag Galiani, Berlin 2011. K. Duve lebt mit Maultier, Pferd, Esel, Katern und Hühnern auf dem Land in der Märkischen Schweiz. Die Schriftstellerin wurde mit mehreren Preisen ausgezeichnet.

Die sich häufig mit Fast-Food ernährende und mit Cola Light wachhaltende Schriftstellerin Karen Duve lebt in einer Wohngemeinschaft mit Kerstin, einer überzeugten Vegetarierin, die meistens in Bio-Läden einkauft. Die Idee zu dem Buch entstand, als Duve eine billige Hähnchen-Grillpfanne in ihren Einkaufskorb legen wollte und ihre Freundin ihr entsetzt zurief. „Willst du dieses *Qualfleisch* kaufen?" Von da an beschloss Duve, „ein besserer Mensch zu werden", und startete einen quälerischen, aber lehrreichen und bewusstseinsbildenden Selbstversuch, in dem sie in vier jeweils zwei- bis viermonatigen Phasen ihren Lebensstil änderte:

1. Phase: Ernährung ausschließlich durch zertifizierte Bio-Lebensmittel.
2. Phase: Vegetarische Ernährung.
3. Phase: Vegane Ernährung und veganer Lebensstil unter Verzicht jeglicher tierischer Produkte wie z.B. Leder- oder Daunenwaren.
4. Phase: Frutarische Ernährung, d.h. nur auf Basis solcher Produkte, die Pflanzen freiwillig von sich geben ohne dabei ihr Leben zu verlieren, beispielsweise Äpfel oder Nüsse.

Andere Menschen gehen ein Jahr lang auf Work-and-Travel oder ziehen sich einige Wochen im Himalaja in ein Kloster zum Meditieren zurück, um über ihr Leben nachzudenken und eine Perspektive für ihr zukünftiges, hoffentlich glückliches und erfülltes Leben zu entwickeln; Frau Duve macht alternativ dazu diesen Ernährungsselbstversuch, ergänzt durch intensives und kritisches Studium fachwissenschaftlicher Literatur über gesunde Ernährung. Wie wohl jeder, der alternative Lebensformen ausprobiert, erlebt Frau Duve Negatives und Positives. Ihr Fazit für ein zukünftiges besseres Leben lautet:

- Wenn möglich, im Bio-Laden einkaufen,
- kein Fleisch aus Massentierhaltung essen,
- Fleisch-, Fisch- und Milchproduktekonsum um 90 % reduzieren,
- keine Leder- und Daunenprodukte mehr kaufen,
- insgesamt weniger konsumieren, öfter gebrauchte Sachen kaufen, Besitz reduzieren.

Duve schreibt mit einem trockenen Humor, der das Buch zu einem Lesevergnügen macht, wobei einem oft das Lachen im Halse steckenbleibt. Hier einige gekürzte Leseproben, die unser Seminar bereichert haben:

- *Wider den Anthropozentrismus und das mechanistische Weltbild:* „Ein Meister im Leugnen fremder Realitäten war der Philosoph René Descartes. Tiere hatten seiner Meinung nach mit dem Menschen nichts gemein. Völlig vernunftlos, selbst zum Sprechen zu blöd, waren sie seiner Meinung nach bloß Maschinen und ihre Schmerzensschreie demzufolge nicht relevanter als das Quietschen eines Rades. Ein harter Knochen, dieser Descartes. Selbst Angestellte in Versuchslaboren tragen mitunter Ohrenschützer gegen die Schmerzensschreie der Versuchstiere, um nicht vom Mitleid überwältigt zu werden. Obwohl Descartes so viel Schaden angerichtet hat, dass Biologen noch im 20. Jahrhundert Tiere als programmierte Überlebensmaschinen und reine Befehlsempfänger ihrer Instinkte beschrieben haben, bezweifelt heute nämlich kaum noch jemand, dass Tiere leiden können – was lästig ist, wenn man sie weiterhin so nutzen will wie bisher."
- *Ein Lob der Pflanzen:* „Ein Pottwal haut sich pro Tag manchmal 4 Millionen Krillkrebse rein. Und zwar beißt er sie nicht tot, sondern macht einfach das Maul auf und saugt sie ein, sodass die lebendigen Krebse nahezu unversehrt im Magen ankommen und dort langsam im Magensaft ersticken und verätzt werden. Das ist doch auch nicht viel besser, als wenn Käpt'n Iglo seinen gefangenen Fisch langsam auf einer Schicht

von Eis ersticken lässt oder die Riesengarnelen in einen Topf mit heißem Wasser wirft. Menschen, Tiere – alle gleich widerlich. Ich glaube, ich mag bloß Pflanzen."

- *Darf ein Veganer eine Dasselfliege töten?* „Mein größter Hass gilt den Dasselfliegen. Das sind riesige, pelzige Biester, die laut brummen. Sie stechen nicht. Es ist viel schlimmer. Manche kleben ihre Eier an den Bauch oder an die Beine eines Pferdes (Anmerkung: Frau Duve ist Pferdeliebhaberin), wo sie aufgeleckt werden. Die Larve haken sich dann in der Mundhöhle fest, fressen sich durch Zunge und Schleimhäute und wandern als Maden in den Schlund, um von dort blutsaugend über den Magen zum Darm zu wandern, wo sie nach ein paar Monaten ausgeschieden werden. Ich müsste die Dasselfliegen nicht unbedingt töten. Ich könnte sie fangen und in ein leeres Marmeladenglas sperren. Sie sind einfach zu erwischen. Am Ende des Tages könnte ich sie weit weg in den Wald hinausbringen. Dann hätte ich Pferd und Mulis geschützt, ohne mein veganes Gewissen zu beflecken. Die Sache ist nur: Ich will nicht schuldig werden. Ich will verhindern, dass eine umgesiedelte Dasselfliege munter durch den Wald summt und über einen Hirsch oder ein anderes armes Tier herfällt. Tut mir leid, aber ich glaube, die ganze Welt wäre ohne diese Teufelsbrut besser dran. Die sind aus purer Bosheit erschaffen worden. Mir ist schon klar, dass sie nur ihren Hunger stillen. Ich halte sie auch nicht für minderwertig. Vielleicht empfindet eine Dasselfliege ein Geborgenheits- und Zufriedenheitsgefühl, von dem unsereiner nur träumen kann. Aber das wäre mir auch egal. Ich kann diese hässlichen Mistviecher nicht ausstehen. Sie quälen das, was ich liebe, und das kann und will ich ihnen nicht verzeihen. Also zerquetsche ich die Dasselfliegen. Und später stehe ich dann im Supermarkt und darf keine Harribo-Lakritzschnecken (Anmerkung: die Lieblingssüßigkeit von Frau Duve) kaufen, weil die einzelnen Teile mit Bienenwachs überzogen sind. Oh nein, nein, nein, das geht ja gar nicht! Bienen das Bienenwachs wegnehmen, an diesem Verbrechen möchte ich nicht beteiligt sein."
- *Veganes Katzenfutter:* „Ich frage die Tierärztin, was sie von veganer Katzenernährung hält. Sie ist, gelinde gesagt, entsetzt. ‚Hunde – na gut, das könnte ich mir vielleicht noch vorstellen, aber Katzen, das sind reine Fleischfresser.' ‚Ich weiß', sage ich, ‚ich füttere das ja nicht einfach so, ich habe mich vorher schlau gemacht. Es geht vor allem ums Taurin. Ohne Taurin können Katzen erblinden. Deshalb habe ich ja Spezialfutter gekauft.' ‚Kommen Ihre Katzen raus? Dass die sich wenigstens mal eine Maus fangen können?' ‚Ja', sage ich, ‚außerdem mische ich ja sowieso erst eine kleine Menge unter das normale Futter.' ‚Und mögen die Katzen das?' ‚Nein', sage ich, ‚die hassen das. Die sind aber sowieso zu dick. Das ist gar nicht schlecht, wenn die mal etwas weniger essen.' Kopfschüttelnd lässt mich die Tierärztin hinaus. Wieder das schlechte Gewissen. Jetzt hält man mich für einen Katzenquäler, weil ich keine Rinder und Schweine quälen will."

Tiere Denken

Abbildung 8.15: Richard David Precht, Tiere denken – Vom Recht der Tiere und den Grenzen des Menschen. – Goldmann Verlag, München 2018. R. D. Precht ist Philosoph und hat eine eigene Philosophiesendung im ZDF.

R. D. Precht analysiert das Verhältnis zwischen Mensch und Tier von der Steinzeit bis heute und in den verschiedensten Kulturkreisen. Dabei kritisiert er die anthropozentrische Denkweise, die sich insbesondere aus der jüdischen, christlichen und muslimischen Tradition ergibt und die in der Genesis mit dem göttlichen Auftrag an den Menschen, sich die Erde untertan zu machen, ihren Ursprung hat: „Gott segnete die Menschen und sprach zu ihnen: Seid fruchtbar und mehret euch und füllet die Erde und macht sie euch untertan und herrscht über die Fische im Meer und die Vögel unter den Himmeln und über das Vieh und über alles Getier, das auf Erden kriecht."

Precht ist weiterhin der Meinung, dass es uns Menschen grundsätzlich nicht möglich ist, uns in Tiere hineinzuversetzen und zu wissen, ob und was sie denken bzw. wie sie fühlen. Deshalb lehnt der Philosoph es strikt ab, dass die Menschen die Tiere einfach nur *nutzen*. Er hält es mit Albert Schweitzer, der den unbedingten Respekt vor jeder Art von Leben fordert und damit jedem Lebewesen das Recht auf sein Leben eingesteht. In diesem Sinne lehnt Precht Fleischkonsum, Jagd und Tierversuche (bis auf begründete Einzelfälle) ab. Konkret fordert er:

- Das Verbot von Pelztierfarmen,
- die Einschränkung der Jagd auf ökologische Härtefälle,
- ein striktes Verbot der landwirtschaftlichen Intensivhaltung aller Couleur und der Förderung von ‚Kulturfleisch',
- einen gesetzlichen Schutz von Nutztieren vor gentechnologischer Manipulation zu vor-dringlich ökonomischen Zwecken,
- die scharfe Kontrolle und ethisch ernsthafte Abwägung der Frage, ob Tierversuche wirklich zwingend erforderlich sind,
- die Neuerung, Tiere als ‚Rechtssubjekte' vor Gericht vertreten zu lassen,
- den Schutz der wichtigsten Naturregionen dieser Erde gegen die Nutzungsinteressen kurzsichtiger und korrupter Regierungen,
- die Aufklärungsarbeit in den Industrieländern, endlich ihre Bedürfnisse von ihrem Bedarf unterscheiden zu lernen.

Optimistisch, dass sich diese Forderungen erfüllen und sich die damit verbundenen Probleme lösen lassen, ist Precht im Sinne von „Schopenhauers Treppe". Danach „durchläuft jedes

Problem bis zu seiner Anerkennung drei Stufen. Zuerst wird es kaum beachtet oder lächerlich gemacht. Als Nächstes wird es bekämpft. Und zuletzt gilt es als selbstverständlich."

Schlussbemerkungen

Gesund, umweltgerecht, wirtschaftlich und fair – geht das alles gleichzeitig? Diese Leitfrage unseres Seminars muss – leider – mit „selten" beantwortet werden. Das hinterlässt eine gewisse Enttäuschung und Frustration. Und eine eindeutige, überzeugende Antwort, wie wir leben sollen, haben wir – leider – nicht. Wie die Zukunft aussieht ... ???

Resignieren in Anblick der vielfältigen Krisen auf der Welt nützt nichts. Gerade angehende Chemie-Ingenieure und -Ingenieurinnen sowie Biotechnologen und Biotechnologinnen verfügen über geeignete Fachkompetenzen, um positive Beiträge zur Gesundheit der Menschheit und zum Umweltschutz zu leisten. Ein Vorschlag dazu: Vielleicht können sich unsere Studierenden im Verein „Technik ohne Grenzen" engagieren, dessen Website wir diskutiert haben.

Das Buch von K. Duve (s.o.) möchten wir im kommenden Semester „nachleben". Wir planen ein Öko-Seminar, in dem die teilnehmenden Studierenden Referate über ernährungswissenschaftliche, lebensmitteltechnologische und -chemische Themen halten *und* sich parallel dazu nacheinander jeweils zwei Wochen nur von Bio-Lebensmitteln, dann vegetarisch, dann vegan und abschließend frutarisch ernähren (s. Kap. 9). Wir möchten damit über die rein theoretische Reflexion verschiedener Lebensstile hinausgehen und persönliche Erfahrungen damit sammeln. Vielleicht ist das ein Ansatz, um die Ansprüche *gesund, umweltgerecht, wirtschaftlich und fair* kompatibler zu machen.

Danksagungen zu Kapitel 8

Dank gebührt den Studierenden, die engagiert am Seminar teilgenommen und die Bücher in Einzelreferaten vor-gestellt haben: Emanuela Asenova, Madiha Atiq, Vera Beichler, Daniel Fröse, Senayit Gebrekidan, Sanjeeb Ghimire, Suman Gnawali, Kristina Masalimov, Dhiray Thapa und Julia Wurzel.
Besonderer Dank gilt Polydores Ida Kouayip Nantchouang, die das hier beschriebene Seminar in ihrer Bachelor-arbeit vorbereitet hat.

9 Ein Ernährungsstil-Praktikum

Naturstoffchemie in einem anderen Kontext

Dieses Kapitel wurde bereits in leicht veränderter Form publiziert in Chemie in Labor und Biotechnik (CLB) 71 (2020), Heft 1-2, S. 54-67.

In einer Biochemie-Vorlesung werden zahlreiche Naturstoffe besprochen, insbesondere in Hinblick auf ihre Biosynthesen, Strukturen sowie physikalischen und chemischen Eigenschaften. Viele der Stoffe kommen in unserer Nahrung vor. Wie wir uns ernähren, hat allerdings nicht nur die Funktion, unser Leben aufrecht zu erhalten, sondern ist auch ein Teil unseres – mehr oder weniger gesunden und ökologischen – Lebensstils. An der Fachhochschule Darmstadt wurde im Wintersemester 2019/2020 ein besonderes Praktikum durchgeführt, in dem die Studierenden im zweiwöchigen Rhythmus vier verschiedene Ernährungsstile ausprobiert und auf diese Weise die Naturstoffchemie in einem anderen Kontext reflektiert haben. In der ersten Phase haben sie nur solche Lebensmittel konsumiert, die ein Bio-Siegel trugen, in der zweite Phase haben sie vegetarisch, in der dritten Phase vegan gelebt und sich in der abschließenden vierten Phase frutarisch ernährt, d.h. nur das verzehrt, was ohne Beschädigung der Pflanzen geerntet werden kann.

Zur Vorbereitung des Praktikums haben sich die Studierenden über Chancen und Risiken der verschiedenen Ernährungsformen sowie Kriterien für die Vergabe von Ökosiegeln informiert. Ihre Praktikumserfahrungen haben sie in Kurzprotokollen zusammengefasst und im Seminar vorgestellt, das durch Einzelreferate über diverse und kontroverse Ernährungsfragen ergänzt wurde (Abb. 9.1 und 9.2, vgl. [1] und [2]).

Anleitung zum Ernährungsstil-Praktikum

Ziel des Praktikums ist es, verschiedene Ernährungsstile auszuprobieren und kritisch zu reflektieren:

1. *In den ersten beiden Wochen* sollen Sie nur solche Lebensmittel essen, die ein Bio-Siegel tragen.
2. *In der dritten und vierten Woche* sollen Sie vegetarisch leben, d.h. auf Fleisch und Fisch verzichten. (Die Lebensmittel müssen nicht unbedingt eine Bio-Qualität besitzen.)
3. *In der fünften und sechsten Woche* sollen Sie vegan leben, also auf alle tierischen Produkte, inklusive z.B. Milch oder Eier, verzichten.
4. *In den letzten beiden Wochen* sollen Sie sich nur von solchen Produkten ernähren, die geerntet werden können, ohne die Pflanze zu zerstören, z.B. Äpfel, aber keine Kartoffeln.

Vor den einzelnen Praktikumsphasen informieren Sie sich bitte über unterschiedliche Öko- bzw. Bio-Siegel und deren Vergabekriterien sowie über Definitionen, Chancen und Risiken vegetarischer, veganer und frutarischer Ernährung.

Fassen Sie bitte *nach dem Praktikum* Ihre Erfahrungen schriftlich zusammen und berichten Sie darüber im Seminar.

Abbildung 9.1: Anleitung zum Ernährungsstil-Praktikum.

> **Referate im praktikumsbegleitenden Seminar**
> 1. Ökologische und ethische Probleme in der Landwirtschaft
> 2. Welternährungsprobleme und globale Änderungen der Essgewohnheiten
> 3. Globale Trinkwasserversorgung
> 4. Klassische Züchtungsmethoden in der Landwirtschaft und eine gentechnische Revolution durch CRISPR/Cas
> 5. Wie vegan bist du? – Veganismus als Lebensstil
> 6. Paleo-Diät – Essen wie die Steinzeitmenschen
> 7. Risiken beim einseitigen bzw. Überkonsum bestimmter Nahrungsmittel
> 8. Additive in konventionellen bzw. biologisch-ökologischen Lebensmitteln
> 9. Sinn und Unsinn von Nahrungsergänzungsmitteln
> 10. Genussmittel – Lebenskultur oder überflüssiges Gift?

Abbildung 9.2: Referate im praktikumsbegleitenden Seminar.

Praktikumsberichte

Sich zuhause ausschließlich von Bio-Lebensmitteln zu ernähren, halten wir für kein Problem, zumal (fast) alles eingekauft werden kann, vieles sogar beim Discounter. Lediglich Bio-Fleisch war einigen Studierenden zu teuer; mit steigender Nachfrage sollten die Preise aber sinken. Schwer ist es momentan noch, in der Gastronomie reines Bio-Essen zu bekommen. Unsere Mensa bietet höchstens eine „Bio-Stulle" an. Kritisch sehen wir, dass Bio-Lebensmittel nicht immer eine günstige Öko-Bilanz aufweisen, wenn sie beispielsweise nicht regional und saisonal produziert werden, sondern aus fernen Ländern kommen.

Vom Mischköstler zum Vegetarier zu werden, ist organisatorisch unkompliziert; man muss nur Fleisch und Fisch weglassen – dieser Verzicht muss sein – und sonst abwechslungsreiche, möglichst vollwertige Kost zu sich nehmen. Vegetarische Gerichte findet man in praktisch jedem Restaurant sowie in der Mensa. Wer Fast-Food ablehnt, wird sich wohl kaum zu McDonalds verirren; der Veggieburger (Abb. 9.3) war aber einen Versuch wert. In der vegetarischen Praktikumsphase haben wir uns körperlich fit und geistig wach gefühlt, sodass wir uns gut vorstellen können, auch in Zukunft vegetarisch zu leben oder zumindest unseren Konsum an tierischen Produkten drastisch zu reduzieren.

Konsequent vegan zu leben erfordert eine gründliche Vorbereitung. Einfach aus der bisherigen Mischkost alle tierischen Bestandteile wegzulassen, geht zwar, um sich durch ein zweiwöchiges Praktikum durchzumogeln, kann aber auf Dauer zu Mangelerscheinungen führen, was ärztlich unbedingt überprüft werden sollte. Veganismus appelliert an die Experimentierfreude, sonst stellt sich rasch Langeweile, Hunger und Sehnsucht nach konventioneller Mischkost ein. Vielseitiges veganes Essen ist hingegen gesund und gleichzeitig ein ästhetischer und kulinarischer Genuss (Abb. 9.4).

Frutarisches Essen ist appetitlich und gut für das Frühstück, als Zwischenmahlzeit oder als Dessert, insgesamt aber zu variationsarm und macht selten richtig satt. Dass es als ausschließliche Ernährung reicht, glauben wir deshalb nicht.

Vergleichen wir unser Praktikum einmal mit den Anfängerpraktika in Anorganischer, Analytischer, Organischer und Physikalischer Chemie. Dort geht es primär darum, unterschiedliche Disziplinen der Chemie kennenzulernen und das in den Vorlesungen Gehörte exemplarisch zu vertiefen: Was ist das jeweils Charakteristische in experimenteller und theoretischer Hinsicht? Was finde ich persönlich am spannendsten? Nach *keinem* Praktikum ist man Experte. Z.B. ist man noch nicht in der Lage, eine mehrstufige organische Synthese zu planen und durchzuführen. Dazu bedarf es mindestens eines Fortgeschrittenenpraktikums. Erlaubt sei deshalb der Analogschluss, dass es auch nach unserem hier beschriebenen Einführungspraktikum in die verschiedenen Ernährungsstile noch etlicher theoretischer und praktischer Vertiefungsarbeit bedarf, um beispielsweise zum lebensfähigen Veganer zu werden. Erst die Übung macht den Meister.

Abbildung 9.3: Ein Veggieburger [3]. Besser als ein Hamburger, aber trotzdem Fast-Food und kein optimales Lebensmittel, mit dem sich der „Genießer" lediglich der Illusion eines Fleischgenusses hingeben kann.

Abbildung 9.4: Veganes Essen [4] – vielseitig, gesund und ein ästhetischer und kulinarischer Genuss.

Referate im praktikumsbegleitenden Seminar

Das Langzeitgedächtnis der Böden

Eine Publikation unter diesem Titel [5], der impliziert, dass es sehr lange dauern kann, bis geschädigte Böden sich für die landwirtschaftliche Nutzung regenerieren, war die Grundlage des ersten Referats im praktikumsbegleitenden Seminar und thematisierte zentrale Probleme bei der konventionellen landwirtschaftlichen Bodenbearbeitung (Abb. 9.5). Angeknüpft wurde an die Vorlesung, wo u.a. die Synthesen von Kunstdüngern wie Ammoniumnitrat oder Calciumdihydrogenphosphat, die Nitratfixierung durch Bodenbakterien, Pflanzenschutzmittel wie Glyphosat oder Neonicotinoide, die Entstehung von kanzerogenem Benzopyren bei Waldbränden sowie die Herstellung von Biodiesel und Bioethanol behandelt wurden.

Zentrale Probleme bei der konventionellen landwirtschaftlichen Bodenbearbeitung
• Bei Überdüngung mit Gülle aus der Massentierhaltung Gefahr der Auswaschung von Nitrat sowie Antibiotika und Wachstumshormonen ins Grundwasser, • Rückstände von Pflanzenschutzmitteln in den Nutzpflanzen, im Boden und Auswaschungen ins Grundwasser, • Teilschuld von Pflanzenschutzmitteln am Insektensterben und Rückgang der Artenvielfalt an Bodenlebewesen, • Fehlen ökologischer Nischen für Kleinlebewesen und Vögel bei Monokulturen ohne Randstreifen, • Bodenverdichtung durch den Einsatz schwerer Maschinen, dadurch weniger Bodendurchlüftung, geringere Wasserspeicherkapazität, schlechterer Lebensraum für Bodenlebewesen (insbes. Regenwürmer), größere Anfälligkeit für Erosion durch Wind und Regen, • rasche Auslaugung von Nährstoffen aus Böden, die durch Brandrodung erschlossen wurden, • großer Verbrauch an fossilen Energieträgern für die Produktion von Kunstdüngern, Pflanzenschutzmitteln und Treibstoffen für landwirtschaftliche Maschinen, • zunehmende Umwidmung von Flächen für den Anbau von Pflanzen für die menschliche Ernährung zwecks Anbau von Pflanzen für Tiernahrung (Fleischproduktion) sowie für nachwachsende Kraftstoffe (Biodiesel, Bioethanol).

Abbildung 9.5: Zentrale Probleme bei der konventionellen landwirtschaftlichen Bodenbearbeitung.

Welternährungsprobleme

Eine Studie des Büros für Technikfolgen-Abschätzung beim Deutschen Bundestag über Welternährungsprobleme [6] wurde ausgewählt, um die Studierenden im Seminar exemplarisch mit einer besonderen Form von Gutachten vertraut zu machen, in dem Fachwissenschaftler Politikern Informationen für sachgerechte Entscheidungen liefern. Dort heißt es: „Während bereits die gegenwärtige Welternährungslage als dramatisch bezeichnet werden muss, gibt es Entwicklungstendenzen, die für die kommenden Jahrzehnte eine weitere Zuspitzung der Situation befürchten lassen." Ob Politiker diese harte Wahrheit, die übrigens auch Jugendliche in ihren Fridays-for-Future-Demonstrationen zum Ausdruck bringen, ungefiltert an ihre Wähler weitergeben und die erforderlichen drastischen Maßnahmen einleiten?

Was ist an der Welternährungssituation so dramatisch? Global gibt es ungefähr so viele unter- wie überernährte Menschen. In den armen Ländern dominieren Hunger und Krankheiten, die auf Mangelernährung zurückzuführen sind, während in den reichen Ländern Adipositas, Diabetes, Atherosklerose, Bluthochdruck, Herz/Kreislauf-Störungen und Krebskrankheiten wegen ungesunder Überernährung voranschreiten. Wir erinnern uns an Paracelsus: Die Menge jeglicher Art von Lebensmittelinhaltsstoffen muss stimmen – zu wenig ist schlecht, zu viel aber auch. Wer jetzt denkt, das Problem könne durch Export der überschüssigen Lebensmittel aus den reichen in die armen Länder gelöst werden – quasi ein Stoffmengenausgleich im Sinne des Entropiegesetzes –, ist naiv. Denn wenn arme Länder es erst einmal geschafft haben, zu Schwellenländern zu werden, beobachtet man folgende fatale Tendenz: Angefeuert durch die Werbung einiger großer Nahrungsmittelkonzerne halten die Menschen den Ernährungsstil der Industrieländer für erstrebenswert, der gekennzeichnet ist durch hohe Kalorienzufuhr sowie viele Nahrungsmittel tierischen Ursprungs von hoher Energiedichte und hohem Verarbeitungsgrad und oft in Form von Fast-Food, sodass „Zivilisations"krankheiten auch in den Schwellenländern rapide zunehmen. Dieses gesundheitliche Problem hat ökologische Konsequenzen: Denn eine erhöhte Nachfrage nach Fleisch erfordert mehr Tierzucht; die Tiere müssen ernährt werden; deshalb braucht man mehr Weideflächen bzw. Anbauflächen für Pflanzen (in erster Linie Mais und Soja) für die Tiernahrung; folglich bleibt weniger Platz für Pflanzen, die zur Ernährung der Menschen dienen; oder es müssen neue Anbaugebiete geschaffen werden, vor allem durch Waldrodung – der Urwald, die „Lunge unseres Planeten", die Kohlenstoffdioxid ein- und Sauerstoff ausatmet, brennt; damit steigt der CO_2-Gehalt in der Atmosphäre ... Dieser positive Rückkopplungsmechanismus ist alles andere als „positiv", sondern ein Teufelskreis. Ein weiterer Verlust von Flächen für den Anbau von Nahrungspflanzen ergibt sich durch den zunehmenden Anbau von Ölpflanzen (insbesondere Palmen) und Zuckerrohr bzw. -rüben für „nachwachsende" Kraftstoffe („Bio"-Diesel bzw. „Bio"-Ethanol), denn Automobilität ist ein weiteres Statussymbol für Wohlstand.

Ist die Hinwendung zum Veganismus deshalb die logische Konsequenz, um zur Lösung der Welternährungsprobleme beizutragen? Eine berechtigte Frage in unserem Praktikum.

Wasser ist Menschenrecht

Methoden zur Abwasserreinigung und Trinkwassergewinnung sind Schwerpunktthemen im Studium der Chemie- und Biotechnologie; und Wasser ist das wichtigste Lebensmittel. Deshalb hat sich ein Referat in unserem Ernährungsstil-Praktikum explizit dem Thema Wasser gewidmet, und zwar anhand von Info- und Lehrmaterial der Organisation „Brot für die Welt", die das Recht auf „Wasser für alle" in ihrer Hauptaktion im Jahr 2018 fordert [7-8].

Ähnlich erschreckend wie die oben diskutierte Welternährungslage ist die Tatsache, dass in vielen Regionen der Dritten Welt Frauen täglich anstrengende 4-6 Stunden aufbringen müssen, um trinkbares Wasser aus wenigen und entfernt liegenden Brunnen zu holen. Diese Zeit geht für überlebenswichtige Arbeiten in der kleinbäuerlichen Landwirtschaft verloren, die hauptsächlich der Selbsternährung und weniger dem Verkauf von Lebensmitteln dient (Subsistenzwirtschaft), und die insbesondere den jungen Frauen keine weitere Zeit mehr lässt für einen Schulbesuch. Dabei ist gerade eine vernünftige Bildung der Schlüssel zur Befreiung aus der Armut. Hinzu kommt in den armen Ländern das weitgehende Fehlen sanitärer Einrichtungen, was zu oftmals katastrophalen hygienischen Zuständen und Durchfall- und anderen Infektionserkrankungen führt. Die Lage wird sich – so die Prognosen – durch die Erderwärmung weiter verschlimmern; aride Zonen werden sich ausbreiten, und das Wasser wird noch knapper.

2015 wurde von den Vereinigten Nationen das Entwicklungsziel beschlossen, das *alle* Menschen bis 2030 Zugang zu ausreichend sauberem Wasser und zu Toiletten haben. Wer arm ist, macht sich keine Gedanken über nachhaltiges Wirtschaften auf unserem Planeten; er ist froh, irgendwie zu überleben. Zumindest eine Teilschuld an der Armut in der Dritten Welt haben die Industrienationen mit ihrer auch heute noch oft im kolonialistischen Stil betriebenen Wirtschaft(spolitik). Deshalb ist Armutsbekämpfung mehr als eine ethische Verpflichtung, sondern die Voraussetzung für die Überwindung ökologischer Krisen – so die Meinung von „Brot für die Welt", der wir uns anschließen.

In Deutschland werden im Durchschnitt täglich 120 Liter Trinkwasser pro Person verbraucht. Davon fungieren nur etwa 2 Liter als Lebensmittel und werden getrunken. Der Rest dient zum Duschen, Waschen, zur Toilettenspülung etc. Hinzu kommt ein riesiger Verbrauch an „virtuellem" Wasser, welches zur Herstellung der konsumierten Produkte benötigt wird. „Spitzenreiter" beim „Wasserfußabdruck" ist Rindfleisch. Um davon 1 Kilogramm zu produzieren, werden etwa 16.000 Liter Wasser benötigt, u.a. zum Bewässern der Sojafelder, auf denen das Tierfutter wächst, und zum Ausspülen der Kuhställe. Zum Vergleich: Für die Erzeugung von 1 Kilogramm Weizenmehl sind nur etwa 1.500 Liter virtuelles Wasser erforderlich. Ein stichhaltiges Argument, um vom Mischköstler zum Veganer zu konvertieren?

Abgeschlossen wurde dieser Seminarteil mit der (provozierenden) Frage, ob Wasser ein veganes Lebensmittel ist. Das wäre auch eine gute Klausuraufgabe, deren Beantwortung lauten müsste, dass Tiere und Menschen bei ihrem Stoffwechsel Glucose mit Sauerstoff zu Kohlenstoffdioxid und Wasser verbrennen, welches in den globalen Wasserkreislauf eingeschleust wird, sodass wir mit jedem Schluck Wasser, das wir trinken, zumindest einige Moleküle H_2O aus tierischer oder menschlicher Bioproduktion zu uns zu nehmen.

Optimierung von Nahrungspflanzen

Einen konstruktiven Beitrag zur Sicherstellung der Welternährung können gerade Chemie-Ingenieure und Biotechnologen durch die Optimierung der Nahrungspflanzen mit klassischen Züchtungs- und modernen gentechnologischen Methoden leisten. Deshalb wurden einige dieser Verfahren in einem Referat vorgestellt und anknüpfend an unsere Vorlesung über biologische Sicherheit und Gentechnikrecht kontrovers diskutiert. Z.B. können kurzhalmige Gerste, bei der das Abknicken reifer Ähren bei zunehmend heftiger werdenden Stürmen und Niederschlägen minimiert ist, oder mehltauresistenter Weizen durch Mutationszüchtung gewonnen werden. Dies geschieht durch Behandlung der Samen mit radioaktiver Strahlung oder chemischen Mutagenen, wobei zahlreiche unkontrollierbare genetische Veränderungen (Bindungsbrüche und radikalische Reaktionen, photochemische Umlagerungen, Alkylierungen) auftreten, die meistens zu Defekten, gelegentlich aber auch zu besseren Pflanzeneigenschaften führen. Die so mutierten Pflanzen werden anschließend mit leistungsfähigen Zuchtlinien zurückgekreuzt. Diese Vorgehensweise ist gesetzlich nicht eingeschränkt. Solche Zuchtziele können heute aber auch kosten- und zeitsparend mit der Genschere CRISPR/Cas (Kombination einer Leit-RNA mit einer Endonuklease) erreicht werden [9-11], welche die DNA der Pflanzen mit hoher Selektivität schneidet und danach dem Selbstreparaturmechanismus der Zellen überlässt, ohne dass Gene aus fremden Organismen eingeführt werden. Ob neue Pflanzen nun durch natürliche oder durch Strahlung bzw. Chemikalien ausgelöste oder gentechnische Mutationen zu ihren besseren Eigenschaften gelangen, kann bioanalytisch nicht unterschieden werden. In den USA werden deshalb Pflanzen, die mittels CRISPR/Cas verändert wurden, wie konventionell gezüchtete beurteilt und dürfen angebaut werden. In der Europäischen Union hingegen ist das verboten (und Bio-Lebensmittel sind gentechnikfrei); hier werden die mit der Genschere behandelten Pflanzen als gentechnisch veränderte Organismen eingestuft. Jennifer Doudna, Wegbereiterin der CRISPR-Technologie, fragt, ob es bei allen verständlichen ethischen Bedenken gegen die Gentechnik nicht unethisch sei, deren enorme Chancen – hier zum Bekämpfen des Welternährungsproblems – *nicht* zu nutzen [10] (Abb. 9.6).

How vegan are you?

An der Fachhochschule gibt es ein sozial- und kulturwissenschaftliches Begleitstudium, in dem die Studierenden über den Rand ihrer Fachdisziplin hinausschauen. In diesem Rahmen wurde in unserem Seminar über eine Magisterarbeit aus der Soziologie mit dem Titel „How Vegan Are You?" [12] referiert, in der „ein kultursoziologisches Portfolio der veganen Community im Wandel zwischen Konsumverweigerung und Lebensstilkonzepten" erstellt worden ist.

Nach der strengen Definition des Veganismus lehnen vegan lebende Menschen (vorwiegend junge, gebildete und in Städten lebende Frauen) die Nutzung tierischer Produkte in ihrer Er-nährung sowie zur Bekleidung und Herstellung anderer Gebrauchsgüter ab. „Veganer mit Einschränkung" sind die Lacto-Vegetarier, die auch Milch und Milchprodukte konsumieren, die Ovo-Vegetarier, die zusätzlich Eier essen, oder die Honig-Veganer, die eine ökologische Bienenhaltung als Maßnahme gegen das Bienensterben unterstützen. Frutarier sind „extreme Veganer", die nur solche pflanzlichen Produkte konsumieren, welche geerntet werden können, ohne der Pflanze zu schaden.

Die Hauptmotivation, vegan zu leben, ist die Ablehnung des Tötens von Tieren und der nicht artgerechten Massentierhaltung sowie Protest gegen die immer wieder auftretenden Skandale mit tierischen Lebensmitteln (Dioxin, Hormone, Salmonellen, BSE, Geflügelpest etc) und der Angst vor entsprechend kontaminierten Produkten. Des Weiteren erachten viele Veganer ihren Lebensstil im Vergleich zu dem der Mischköstler als gesünder und umweltfreundlicher. Schließlich dient er zur Differenzierung von anderen Personengruppen.

In einem weiteren Referat wurde das Buch „Veganismus" des Ernährungswissenschaftlers Claus Leitzmann vorgestellt [13] (Abb. 9.9). Der Autor setzt sich mit der Frage auseinander, ob eine rein vegane Ernährung, also der totale Verzicht auf tierische Lebensmittel, überhaupt möglich ist, ohne das Risiko von Mangelerkrankungen einzugehen, und kommt zu dem Ergebnis: grundsätzlich ja – auch im Kindesalter, in der Schwangerschaft, Stillzeit oder im Alter – und dass sich Mischköstler, die unter typischen Zivilisationskrankheiten leiden, auf eine vollwertige vegane Ernährung umstellen sollten (wozu auch viele Ärzte raten). Eine Orientierung dazu bietet die von ihm entwickelte Ernährungspyramide (Abb. 9.7) [14]. Leitzmann warnt aber auch deutlich: Eine Ernährungsberatung und die regelmäßige ärztliche Überwachung der wichtigsten Blut- und Harn-Parameter und insbesondere potenzieller Mangelstoffe wie Kalzium, Eisen, Zink, Iod, Selen sowie der Vitamine B_2 (Riboflavin), D_3 (Cholecalciferol) und B_{12} (Cobalamin) (Abb. 9.8) seien angeraten und bei Kindern sowie in besonderen Lebenssituationen unverzichtbar. Vitamin B_{12} müsse immer in Mengen von 3 µg pro Tag supplementiert werden. In Hinblick auf die Produktion von Vitamin D_3 sei die täglich mindestens halbstündige Einwirkung von Sonnenlicht erforderlich; ansonsten solle auch dieses Vitamin ergänzt werden.

Was in der Biochemie-Vorlesung über die hier genannten Vitamine besprochen wurde, haben wir im Seminar kurz wiederholt: Riboflavin ist die Vorstufe der Flavin-Coenzyme FAD und FMN für einige Oxidoreduktasen, Cholecalciferol wird unter Einwirkung von UVB-Strahlung aus 7-Dehydrocholesterol gebildet und regelt den Kalzium-Spiegel im Blut und den Knochenaufbau, Cobalamin ist der Methylierungskatalysator bei der Biosynthese von Methionin.

Essen wie die Steinzeitmenschen

Wir wollten unser Praktikum zwar *nicht* um eine Paleo-Diät-Woche erweitern, haben der „Steinzeiternährung" [18] aber durch ein Referat einen Platz eingeräumt und dabei schwerpunktmäßig Ulrich Neumeisters Buch „Veggie-Wahn" [19] (Abb. 9.9) besprochen.

Während Leitzmann (s.o.) klarstellt, dass eine vegane Kost zwar lange als ungeeignet angesehen wurde, um den Proteinbedarf des Menschen zu decken, dies aber durch eine Vielzahl von Studien widerlegt und er davon überzeugt ist, „dass der Veganismus bereits vor Ende dieses Jahrhunderts aus gesundheitlichen Gründen, gesellschaftlichen Überlegungen sowie aus ökologischen Erfordernissen und ethischen Anliegen die einzige vertretbare und daher dominierende Ernährung sein wird" [13], ist Neumeisters Buch eine durchaus aggressive Abrechnung mit dem Vegetarismus/Veganismus. Gerade weil die beiden Bücher so konträr sind, haben wir sie im Seminar lebhaft diskutiert.

Neumeister ist in einer vegetarisch/vegan lebenden Familie aufgewachsen und kennt seiner Meinung nach die Veggie-Szene wie kaum ein anderer … und litt sehr darunter. Denn er war ein mangelernährtes, gebrechliches Kind und ein ständig kränkelnder junger Erwachsener, bis er im Alter von 34 Jahren auf eine Paleo-Diät umstieg und es ihm seit dieser Zeit gesundheitlich bestens geht. Sein Körper gierte nach Fleisch! Hier einige seiner Argumente, sinngemäß oder wörtlich wiedergegeben:

- 12.000 Jahre seit der Neolithischen Revolution seien für die Evolution ein zu kurzer Zeitraum, dass der Mensch, der vorher Mischköstler mit einem erheblichen Fleisch- und Fischanteil in seiner Nahrung war, ein reiner Pflanzenesser hätte werden können. Menschen hätten nämlich im Vergleich zu wiederkäuenden Pflanzenfressern keinen mehrhöhligen Magen und verglichen mit nicht-wiederkäuenden Pflanzenfressern einen viel kleineren Blind- und Dickdarm. Der Übergang zum Ackerbau sei den Menschen nicht gut bekommen, denn die viel Fleisch essenden Neandertaler seien deutlich größer und kräftiger gewesen als die überwiegend Korn essenden Alten Ägypter.
- Der Mensch müsse keine Kohlenhydrate essen, denn er könne Fette zu Pyruvat bzw. aktivierter Essigsäure abbauen und diese dann über die Gluconeogenese in Glukose umwandeln. Auf diese Weise werde immer nur so viel von dem Monosaccharid erzeugt, wie für einen gesunden Glukose-Stoffwechsel benötigt werde, sodass ein erhöhter Blutzuckerspiegel kaum entstehen könne.
- Aufgrund ihrer rein pflanzlichen Ernährung nehmen Veganer im Vergleich zu Misch- köstlern relativ viele sekundäre Pflanzenstoffe zu sich, die durchaus auch gesund- heitsschädigende Eigenschaften besitzen, beispielsweise Phytinsäure. Das ist der Hexaphosphorsäureester des Cyclohexanhexols, der die Mineralstoff- und Spuren- element-Resorption, vor allem von Calcium, Eisen und Zink, durch Bildung un- löslicher Chelat-komplexe herabsetzt und außerdem Proteine binden und deshalb zu entsprechenden Mangelerkrankungen führen kann. „Nur weil etwas pflanzlich ist, ist es noch lange nicht gesund."
- Die meisten Veganer, denen es ihrer Meinung nach heute gesundheitlich gut gehe, seien erst seit kurzem Veganer. Aufgewachsen seien sie hingegen als Mischköstler und hätten deshalb eine grundsätzlich gesunde Körperkonstitution, der die jetzt „falsche" vegane Ernährung so schnell nichts anhaben könne. Anders ausgedrückt: Es fehlen Langzeitstudien über den Gesundheitszustand von Menschen, die bereits seit ihrer Geburt Veganer sind (und deren Mütter auch schon vegan gelebt haben).
- Veganer bezeichnen sich als besonders gesundheitsbewusst, treiben deshalb viel Sport, rauchen nicht, trinken keinen Alkohol und praktizieren Entspannungstechniken wie Yoga, autogenes Training oder Meditation. Dies alles sei zweifellos gut, sodass vor-handene ernährungsbedingte Mangelerkrankungen oder Schwächen gar nicht erkannt, sondern (über)kompensiert würden.
- Dass Argument, dass durch Verzicht auf die Rinderzucht Methan-Emissionen verringert würden, sei unbedeutend. Was ist mit den Millionen freilebender Büffel? Pupsen die kein CH_4-Treibgas in die Luft?
- Die enormen Mengen Wasser, die für die Bewässerung der Soja- und Mais-Plantagen für die Viehzucht gebraucht würden, seien nicht verloren, denn sie kehrten in den ewigen Wasserkreislauf der Erde zurück.
- Elefanten oder Rinder täten den ganzen Tag über nichts, außer Pflanzen zu fressen, weil die Verdauung (Hydrolyse der Polysaccharide) so lange dauere. Der fleisch- essende Mensch verbringe hingegen nur eine relativ kurze Zeit mit der Nahrungs- aufnahme und habe deshalb noch viel Zeit für andere – intelligente und kreative – Dinge.

Das klingt alles logisch. Trotzdem scheint uns – vor die Alternative „Veganismus *oder* Steinzeiternährung" gestellt – die vegane Lebensweise die gesündere und umweltfreundlichere zu sein. Vielleicht ist eine überwiegend pflanzliche Ernährung mit einem geringen Anteil tierischer Produkte der Kompromiss.

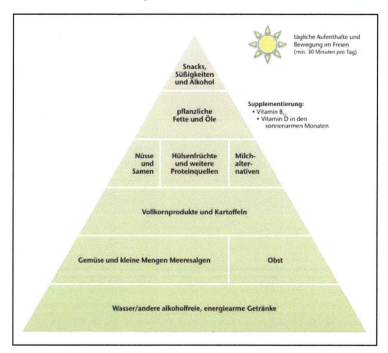

Abbildung 9.7: Vegane Ernährungspyramide nach C. Leitzmann und M. Keller (© UZV) [14].

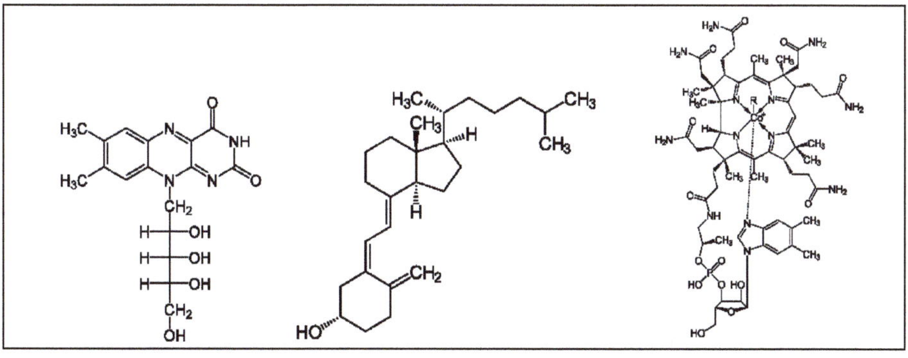

Abbildung 9.8: Die Vitamine B_2 (Riboflavin, oben [15]) und D_3 (Cholecalciferol, Mitte [16]) sollten und das Vitamin B_{12} (Cobalamin [17], mit R = CH_3: Methylcobalamin) muss bei veganer Ernährung supplementiert werden.

Homo crispr – Nimmt der Mensch seine Evolution jetzt selbst in die Hand?

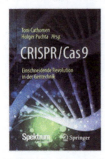

Toni Cathomen, Holger Puchta (Hrsg.):
CRISPR/Cas9 – Einschneidende Revolution in der Gentechnik; 253 Seiten, Springer Verlag, Heidelberg; 2018, ISBN 978-3-662-57440-9, Taschenbuch; 19,99 Euro.

Jennifer A. Doudna, Samuel H. Sternberg: Eingriff in die Evolution – Die Macht der CRISPR-Technologie und die Frage, wie wir sie nutzen wollen; 263 Seiten, Springer Verlag, Heidelberg; 2018, ISBN 987-3-662-57444-7, gebundenes Buch; 19,99 Euro.

Die Entdeckung der molekularen Schere CRISPR/Cas9, die es auf einfache und kostengünstige Weise sowie mit guter Selektivität ermöglicht, DNA zu schneiden und damit Gene zu redigieren, hat in der Biologie eine Revolution mit ungewissem Ausgang ins Leben gerufen. Zahllose Gestaltungsmöglichkeiten in der Pflanzen- und Tierzüchtung sowie in der therapeutischen und präventiven Medizin und sogar zum Eingriff des Menschen in seine eigene Evolution zeichnen sich ab, sodass die neue Technologie auch von großem gesellschaftlichem Interesse ist.

Die beiden hier vorgestellten Bücher sind ähnlich strukturiert. Sie thematisieren den wissenschaftlichen Hintergrund der Technologie, ihre bisherigen erfolgreichen Anwendungen in der Landwirtschaft und im Gesundheitswesen sowie Chancen und Risiken zukünftiger Nutzungen und stellen ethische Fragen nach Grenzen und Grenzüberschreitungen. Jedem, der Kenntnisse der Biochemie und Molekularbiologie aus einem Anfängerstudium besitzt, seien beide Werke wärmstens empfohlen.

T. Cathomen, Direktor des Medical Centers der Universität Freiburg, und H. Puchta, Direktor des Botanischen Instituts des Karlsruher Instituts für Technologie, haben verschiedene Artikel insbes. aus *Spektrum der Wissenschaft*, *DIE ZEIT* und *FAZ* kommentierend zusammengestellt, die dem naturwissenschaftlich gebildeten Laien einen hervorragenden Überblick über die CRISPR-Geschichte bieten und moderne Anwendungsperspektiven einerseits optimistisch begrüßen (z.B. Erzeugung von krankheits- und wetterresistentem Getreide, Ausrottung von Malaria-Moskitos, AIDS-Behandlung durch Ausschneiden der HIV-DNA), andererseits aber auch kritisch hinterfragen (z.B. Versuche zur Rekonstruktion des Wollhaarmammuts, Züchtung von Schweinen mit menschlichen Zellen für den Organ-Ersatz, Editierung menschlicher Stammzellen zwecks Beseitigung erblicher Defekte). Ein Kapitel ist Emmanuelle Charpentier, einer der beiden maßgeblichen Entdeckerinnen des CRISPR/Cas9-Systems, gewidmet.

Die andere maßgebliche Erfinderin, Jennifer Doudna, hat ein eigenes Buch geschrieben. Zusammen mit ihrem ehemaligen Doktoranden S. Sternberg ist Doudna eine interessante Mischung von Autobiographie, Sachbuch über Molekularbiologie und ihre Anwendungen und Streitschrift zum Thema Ethik und Verantwortung der Wissenschaft gelungen. Was gerade junge Studierende der Chemie oder Biologie zunächst besonders faszinieren dürfte, ist, wie Doudna ihre persönliche Begeisterung für das wissenschaftliche Arbeiten und die Grundlagenforschung schildert, wie sie sehr dankbar für die spannende Entwicklung der Molekularbiologie ist, die sie in den letzten 30 Jahren seit ihrem Studium bis zu ihrer heutigen Tätigkeit als Biochemie-Professorin in Berkeley miterleben durfte, und wie sie im richtigen Moment, im richtigen Team eine geniale Idee und das Glück der Tüchtigen hatte, CRISPR/Cas9, eine dem bakteriellen Immunsystem zur Virenabwehr ähnelnde Kombination einer Leit-RNA mit einer Restriktionsendonuklease, zu verstehen und umgehend (2012) zu publizieren. Was angehende Naturwissenschaftler aber noch mehr beeindrucken dürfte, ist, wie Doudna sich der Verantwortung für die Folgen ihrer Entdeckung stellt und die weltweite Diskussion darüber initiiert hat. Einerseits ist sie – wie viele ihrer Fachkolleginnen und -kollegen – angenehm aufgeregt, das neue Wissen möglichst rasch zur Heilung genetisch bedingter Krankheiten bzw. zu deren Prävention oder für eine ökologischere Landwirtschaft und artgerechtere Tierhaltung nutzen zu können; andererseits hat sie aber auch große Angst davor, dass ihre Entdeckung, die nun einmal gemacht ist, irgendwann – vielleicht schon recht bald – missbraucht wird. Im Alptraum begegnet ihr Adolf Hitler mit der Bitte, ihm zu verraten, wie man mit der CRISPR-Technologie Menschen designen kann. In einem zweiten Traum erlebt die Autorin einen Tsunami: Dessen erste Welle durchtaucht sie; die zweite Welle reitet sie auf einem Surfbrett ab. Ist der Geist, den Doudna mit ihrer Forschung rief, zu bändigen und einzig und alleine zum Wohle der Menschheit einsetzbar, oder überschwemmt und bedroht er sie unaufhaltsam? Eine ewige, offene und spannende Frage. So ist Wissenschaft.

Abbildung 9.6: Da am 6.10.2020 der Chemie-Nobelpreis an Jennifer Doudna und Emmanuelle Charpentier verliehen wurde, sei an dieser Stelle die Rezensionen zweier Bücher über die CRISPR-Technologie eingefügt [11].

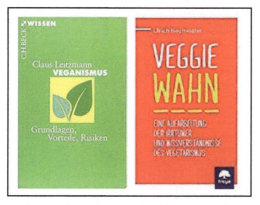

Abbildung 9.9: Zwei Bücher, die nicht unterschiedlicher sein können. C. Leitzmanns wissenschaftliche Analyse der Entstehung verschiedener Formen des Veganismus und dessen überwiegender Vorteile und weniger Risiken [13] sowie die Anklageschrift von U. Neumeister, der durch die abenteuerliche vegetarische und vegane Ernährung seines Elternhauses Demütigungen und gesundheitliche Nachteile erfahren musste [19].

Was wir sonst noch (mit)essen

Diesem Thema widmeten sich zwei weitere Referate, und die Studierenden waren beeindruckt, was wir mit unserer täglichen Nahrung neben den eigentlichen Nährstoffen (Proteine, Kohlenhydrate, Fette, Vitamine, Mineralien …) noch alles in Form von Lebensmitteladditiven zu uns nehmen: Konservierungsmittel, Farbstoffe, Süßstoffe, Emulgatoren, Schaumbildner, Komplexbildner, Verdickungsmittel … [20]. Der Einsatz dieser Zusatzstoffe ist bei der Herstellung von Bio-Produkten mehr oder weniger eingeschränkt. Beispielsweise wird bei der konventionellen Marmeladen-Herstellung gerne das Geliermittel Carrageen (Sammelbezeichnung für modifizierte langkettige Kohlenhydrate aus Rotalgen) eingesetzt, das verdickend wirkende Hydrogele bildet. Marmeladen mit einem Demeter-Bio-Siegel dürfen diesen Zusatzstoff nicht erhalten. Zweites Beispiel: Konventionelle Backmischungen werden oft mit der antioxidierend wirkenden Ascorbinsäure konserviert, Demeter-Backmischungen hingegen nicht. Hier haben wir uns gefragt, ob die konventionelle Backmischungen nicht die gesünderen sind, zumal sie mit Vitamin C *angereichert* sind.

Was wir bei konventionellen Lebensmitteln – hoffentlich nur im Spurenbereich – mitessen, sind Produktionsrückstände wie Kunstdünger, Pflanzenschutzmittel oder Tierarzneien. Bio-Siegel werden deshalb nur für solche Produkte vergeben, bei deren Herstellung auf die genannten Stoffe (bis auf wenige Ausnahmen) verzichtet wird (vgl. [1]).

Schließlich gibt es ein großes Sortiment an Nahrungsergänzungsmitteln. Was dazu zu sagen ist, bringt die Pharmazeutische Zeitung auf den Punkt [21]: „Viele Produkte, wenig Nutzen." Präparate mit Kalzium, Eisen, Omega-3-Fettsäuren, Antioxidantien, Probiotika … es gibt (fast) alles. Und auf all dies kann verzichten, wer sich vielseitig und vollwertig ernährt. Wer hingegen echte Mangelerscheinungen hat, sollte sich ärztlich behandeln lassen und keine Selbstmedikation mit Nahrungsergänzungsmittel betreiben! Zur Supplementierung von Folsäure (Vitamin B_9) während einer Schwangerschaft wird ein Mediziner fast immer raten. Die Notwendigkeit der regelmäßigen Ergänzung von Vitamin B_{12} bei Veganern wurde oben bereits erwähnt.

Beim Sporttreiben gilt, dass der erhöhte Kalorienbedarf mit einem Mehrbedarf an Vitaminen und Mineralstoffen einhergeht [22, 23]. Trotzdem sollte der Normalsportler nichts weiter tun, als seine tägliche Nahrung mit etwas Obst, Gemüse, ein paar Nüssen und Olivenöl anzureichern und sich vielleicht noch ein isotonisches Getränk gönnen. Ein Leistungssportler steht in der Regel unter sportmedizinischer Kontrolle, sodass seine Ernährung maßgeschneidert werden kann. Doch Vorsicht: Beim Einsatz von Protein-Hydrolysaten oder Fatburnern (Carnitin) ist der Übergang zwischen Supplementierung und Doping fließend.

Genussmittel oder Gift?

Neumeister schreibt in seiner Anklage gegen die Fleisch-Verzichter [19]: „Wenn ich mir ansehen muss, wie die Leute in den Cafés genüsslich ihre gezuckerten Kuchenstücke verspeisen oder wie ganze Familien in den Eiscafés abhängen und jede Menge Eiskugeln vertilgen, frage ich mich: Was ist eigentlich in die Menschen gefahren?" Nun, Kuchen, Eiscremes und Schokolade sind ernährungsphysiologisch betrachtet überflüssig und eher ungesund, haben aber einen großen Vorteil – sie sind lecker und machen glücklich (Abb. 9.10). In unserem Schlussreferat wurde deshalb die Frage aufgeworfen, ob wir zu Genussmittel aus gesundheitlichen Gründen „Nein, danke!" oder aus Gründen des psychischen Wohlbefindens „Ja, bitte!" sagen sollen. Der Kompromiss liegt auf der Hand: „Ja, bitte, aber in Maßen!" – womit wir wieder bei Paracelsus sind.

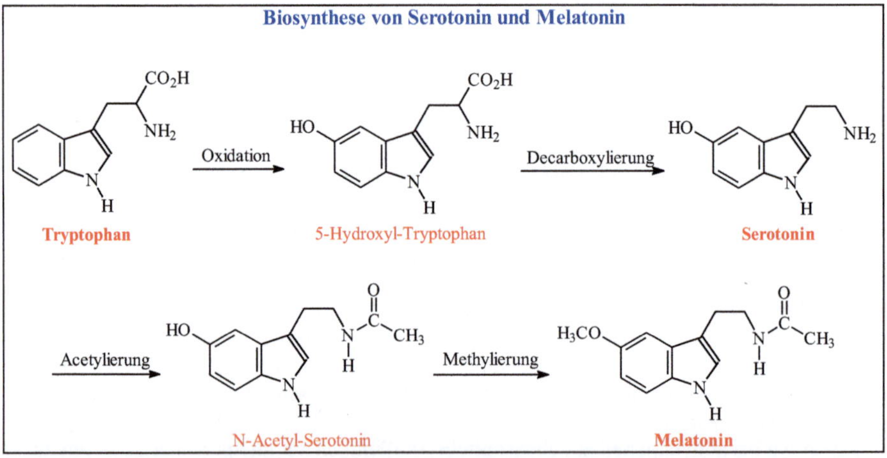

Abbildung 9.10: *Warum Schokolade glücklich macht* [24]. Die Proteine im Kakao sind reich an Tryptophan. Aus dieser Aminosäure entsteht der Botenstoff Serotonin, der für gute Laune sorgt und deshalb als „Glückshormon" bezeichnet wird. Zucker unterstützt die Stimmungsaufhellung indirekt, indem er die Bauchspeicheldrüse anregt, Insulin freizusetzen, das u.a. den Transport des Tryptophans ins Gehirn erleichtert. Aus Serotonin kann Melatonin gebildet werden, welches für einen gesunden Schlaf sorgt, was für ein Wohlbefinden ebenfalls wichtig ist.

Ähnlich haben wir diskutiert, ob Wein ein Bio-Siegel tragen darf; denn selbst wenn die Reben ökologisch korrekt behandelt worden sind, verbleibt im Endprodukt das giftige Ethanol. Trotzdem, solange wir den Wein nicht missbrauchen, um uns zu besaufen, sollten wir ihn als Kulturgut schätzen.

Zurück zum Disput über „Tiere essen oder nicht". Vielleicht sollten wir Fleisch und Fisch mit Wertschätzung als Genussmittel betrachten, als etwas, das man nur in Maßen genießt, und für das man dann auch bereit ist, mehr zu bezahlen.

Wir haben das Thema über die Genussmittel mit einem schnulzigen, aber gleichzeitig tiefsinnigen Lied von Willy Millowitsch beendet (Abb. 9.11).

> *Loblied der Genussmittel*
>
> *Es soll keiner sagen, wer trinkt, der ist schlecht;*
> *denn für die, die da trinken, wächst der Wein doch erst recht.*
> *Und der eine trinkt Champagner, den der Himmel ihm beschert;*
> *und der and're all' die kleinen Kümmelchen, die er find't auf der Erd'.*
>
> *Es soll keiner sagen, wer raucht, der ist schlecht;*
> *denn für die, die da rauchen, wächst der Tabak erst recht.*
> *Und der eine raucht Havanna, die der Himmel ihm beschert;*
> *und der and're all' die kleinen Stümmelchen, die er find't auf der Erd'.*

Abbildung 9.11: Ein Loblied der Genussmittel – von Willy Millowitsch [25].

Fazit

Die Biochemie findet ihre wichtigsten Anwendungen in den Bereichen Ernährung, Gesundheit und Ökologie. Wie diese auf vielfältige Weise und mit globaler Auswirkung zusammenhängen, wurde im Praktikum an Beispielen deutlich, was die Studierenden zu schätzen wussten. Dabei ihren eigenen Lebens- und insbesondere Ernährungsstil kritisch zu reflektieren und ggf. zu verbessern, war ein überfachliches gelungenes Projektziel.

Literatur zu Kapitel 9

[1] V. Wiskamp, P. I. Kouayip Nantchouang: Gesund, umweltgerecht, wirtschaftlich und fair – geht das alles gleichzeitig? – Frust im Darmstädter Seminar: Das Problem durchgängigen Öko-Verhaltens. – CLB 70 (2019), Heft 7-8, S. 318-337
[2] K. Duve: Anständig essen – Ein Selbstversuch. – 2. Aufl., Verlag Galiani, Berlin 2011
[3] https://www.chefkoch.de/rs/s0/veggieburger/Rezepte.html (2.2.2021)
[4] https://mangoldmuskat.de/wp-content/uploads/2016/06/mangold_muskat_vegane_platte_malaga.jpg (2.2.2021)
[5] R. F. Hüttl, S. Mayer: Über Massentierhaltung und das Langzeitgedächtnis der Böden. – Gegenworte 1999, Heft 4, S. 30-35;
https://edoc.bbaw.de/frontdoor/index/index/searchtype/authorsearch/author/Reinhard+F.+H%C3%BCttl/start/9/rows/10/author_facetfq/H%C3%BCttl%2C+Reinhard+F./docId/1023 (2.2.2021)
[6] M. Dusseldorp, A. Sauter (Büro für Technikfolgen-Abschätzung beim Deutschen Bundestag): Forschung zur Lösung des Welternährungsproblems – Ansatzpunkte, Strategien, Umsetzung. – Arbeitsbericht Nr. 142,
Berlin 2011; https://www.tab-beim-bundestag.de/de/untersuchungen/u146.html (2.2.2021)
[7] Brot für die Welt (Hrsg.): Die Welt im Wasserstress. – Berlin 2017; https://www.brot-fuer-die-welt.de/fileadmin/mediapool/2_Downloads/Fachinformationen/Analyse/Analyse_49_Wasserreport.pdf (2.2.2021)
[8] Brot für die Welt (Hrsg.): Wasser für alle. – Berlin 2018; https://www.brot-fuer-die-welt.de/fileadmin/mediapool/2_Downloads/Fachinformationen/Analyse/Analyse83-de-Wasser_fuer_alle.pdf (2.2.2021)
[9] T. Cathomen, H. Puchta: CRISPR/Cas9 – einschneidende Revolution in der Gentechnik. –

Springer-Verlag, Heidelberg 2018
[10] J. A. Doudna, S. H. Sternberg: Eingriff in die Evolution – Die Macht der CRISPR-Technologie und die Frage, wie wir sie nutzen wollen. – Springer-Verlag, Heidelberg 2018
[11] V. Wiskamp: Homo crispr – Nimmt der Mensch seine Evolution jetzt selbst in die Hand? – Rezension zu [9] und [10]; CLB 70 (2019), Heft 7-8, S. 368
[12] W. D. Becvar, N. Radojicic, „How Vegan Are You?" Ein kultursoziologisches Portfolio der veganen Community im Wandel zwischen Konsumverweigerung und Lebensstilkonzepten. – Magisterarbeit, Universität Wien, Wien 2008; http://othes.univie.ac.at/2938/1/2008-11-14_9911368.pdf (2.2.2021)
[13] C. Leitzmann: Veganismus – Grundlagen, Vorteile, Risiken. – Verlag C.H.Beck, München 2018
[14] Gießener vegane Ernährungspyramide nach C. Leitzmann und M. Keller, Ernährungs Umschau 65 (2018), Heft 8. – Abdruck der Abbildung mit freundlicher Genehmigung der Redaktion der Fachzeitschrift Ernährungs Umschau; https://www.ernaehrungs-umschau.de/news/14-08-2018-die-giessener-vegane-lebensmittelpyramide/ (2.2.2021)
[15] https://de.wikipedia.org/wiki/Riboflavin (2.2.2021)
[16] https://de.wikipedia.org/wiki/Vitamin_D (2.2.2021)
[17] https://de.wikipedia.org/wiki/Cobalamine (2.2.2021)
[18] https://de.wikipedia.org/wiki/Steinzeitern%C3%A4hrung (2.2.2021)
[19] Ulrich Neumeister: Veggie Wahn – Eine Aufarbeitung der Irrtümer und Missverständnisse des Vegetarismus. – Freya-Verlag, Linz 2016
[20] https://de.wikipedia.org/wiki/Lebensmittelzusatzstoff (2.2.2021)
[21] https://www.pharmazeutische-zeitung.de/ausgabe-142009/viele-produkte-wenig-nutzen/ (2.2.2021)
[22] S. Neubauer: Über Sinn und Unsinn von Nahrungsergänzungsmitteln. – SPORTaktiv 2016; https://www.sportaktiv.com/ueber-sinn-und-unsinn-von-nahrungsergaenzungsmitteln (2.2.2021)
[23] M. Holfeld, H. Gebelein, V. Wiskamp: Chemie und Sport. – Aulis-Verlag (Praxis Schriftreihe Chemie, Bd. 57), Köln 2005, S. 19-46
[24] C. Gelitz: Macht Schokolade glücklich? – https://www.spektrum.de/frage/macht-schokolade-gluecklich/1256297 (2.2.2021)
[25] W. Millowitsch: Es soll keiner sagen, wer trinkt, der ist schlecht. – https://www.youtube.com/watch?v=2zaBG0Kw_MA (2.2.2021)

Danksagung zu Kapitel 9

Dank gebührt den Studierenden, die engagiert am Praktikum und Seminar teilgenommen haben: Madiha Atiq, Chaymaa Chbani, Dennis Ermisch, Aleyna Hayri, Abdellatif Hmiza, Philipp Michael Lamoth, Benedikt Lenschow, Bernhard Marschall, Kristina Masalimov, Jessika Molendowska, Tim Müller, Simon Maximilian Roß, Mike Schlitz, Yasmina Schuck, Charlotte Seiter, Parvaneh Shoghian und Julia Trybek.

10 Ist die Welt des Anthropozäns zu retten?

*Durch Geoengineering, Veganismus,
einen Green New Deal oder wie?*

Dieses Kapitel wurde bereits in leicht veränderter Form publiziert in
Chemie in Labor und Biotechnik (CLB) 71 (2020), Heft 5-6, S. 116-126.

2019 haben die Fridays for Future-Demonstrationen, die gescheiterte Klimakonferenz in Madrid, das „bescheidene" Klima-Paket der Bundesregierung … die Krise verdeutlicht, in der sich die Welt befindet und die mehr ist als nur eine globale Klima-Krise, sondern eine tiefgehende sozioökologische. In dem Jahr sind besonders viele (populärwissenschaftliche) Bücher zu dem Thema erschienen, von denen Studierende der Chemie- und Biotechnologie an der Hochschule Darmstadt einige [1-12] (Abb. 10.1) in einem Öko-Seminar diskutiert haben. Über die Ergebnisse, die einen fächerübergreifenden naturwissenschaftlichen Unterricht bereichern, wird im Folgenden berichtet.

Anthropozän – ein neues Erdzeitalter

Unsere Literaturauswahl fiel zuerst auf das Buch „Das Anthropozän" des Nobelpreisträgers Paul Crutzen [1], weil wir diesen Atmosphärenchemiker bereits in der Erstsemestervorlesung als einen „Retter der Welt" kennengelernt haben. Dort haben wir das Ozonloch besprochen und erfahren, dass vor allem Crutzen die Ursache dafür aufgeklärt hat, nämlich die fotochemische Bildung von Chlorradikalen aus den Treib- und Kühlmittel Dichlordifluormethan, CCl_2F_2, und Folgereaktionen mit Ozon, woraufhin die weitere Verwendung der halogenierten Kohlenstoffverbindung verboten wurde, sodass sich die Ozonschicht inzwischen weitgehend regenerieren konnte.

Diese Geschichte zeigt exemplarisch, dass wir Menschen mit unseren Erfindungen zu einer geologischen Kraft geworden sind: Wir können unseren Lebensraum maßgeblich gestalten und dabei ungewollt unsere eigene Existenz gefährden, andererseits sind wir kreativ genug, um angerichtete Schäden zu reparieren. Jonathan Foer drückt das poetischer aus [7]: „Wir sind die Sintflut, und wir sind die Arche." Crutzen hat den Begriff „Anthropozän" geprägt und meint damit, dass wir bereits in einem neuen Erdzeitalter leben, das dem Holozän folgt. Er fordert größte Anstrengungen der Menschheit für eine *rasche* Senkung der Emissionen des Treibhausgases CO_2, glaubt aber nicht daran, dass dies schnell genug gelingen werde, um einen Temperaturkollaps der Erde zu vermeiden. Deshalb hat er einen Plan B, und zwar das gezielte Einbringen von Schwefelsäure-Aerosolen in die Atmosphäre mittels aufsteigender Ballons oder durch Versprühen von Flugzeugen: Die winzigen Säurepartikel sollen als Keime für die Kondensation von Wasser in der Luft dienen und eine zusätzliche Entstehung von Wolken fördern, welche Schatten spenden, Sonnenstrahlen reflektieren und so zur Abkühlung der Erde beitragen.

Dieses Geoengineering spiegelt einen natürlichen Prozess zur Wolkenbildung über den Ozeanen wider: Von Phytoplankton gebildetes Dimethylsulfid, $(CH_3)_2S$, entweicht in die Luft und wird dort über die Zwischenstufe des Dimethylsulfoxids, $(CH_3)_2SO$, zu Schwefelsäure, den Keimen für die Wolkenbildung, oxidiert.

Abbildung 10.1: Einige im Öko-Seminar besprochene Bücher [1-12].

Dass Nano- oder Mikroteilchen in der Luft zur Abkühlung der Atmosphäre führen, wurde beim Ausbruch des Vulkans Pinatubo im Jahr 1991 bewiesen. Damals gelangten so viele Staubpartikel und Schwefelsäure-Aerosole in die Atmosphäre, dass weniger Sonnenlicht auf die Erdoberfläche durchschien und die globale Durchschnittstemperatur im Folgejahr der Eruption um 0,5 °C unter der Normaltemperatur lag.

Kann tatsächlich die Erdtemperatur mit Schwefelsäure-Aerosolen gezielt gedämmt werden und ist der anschließende saure Regen als Kollateralschaden akzeptierbar, oder ist das von Crutzen vorgeschlagene Geoengineering eine nicht kalkulierbare Störung des komplexen Ökosystems Erde und deshalb unverantwortlich? Der Technikphilosoph Christopher Preston [3] beantwortet diese Frage mit einer Neuinterpretation des berühmten Gemäldes „Der Schrei" von Edvard Munch (Abb. 10.2): Ähnlich wie der Pinatubo schleuderte der Vulkan Krakatau im

Jahre 1883 Unmengen Feinstaub in die Luft, der sich global in der Atmosphäre verteilte und zu faszinierenden, aber ebenfalls angsteinflößenden Verdunkelungen sowie Reflexions- und Interferrenzphänomenen des Lichtes sorgte. Auch in Norwegen. Dort malte der Künstler den vor einem gespenstig gefärbten Himmel schreienden Menschen – und nahm damit die Angst der Menschheit vor einem unkontrollierbaren Geoengineering vorweg.

Abbildung 10.2: Die Angst vor der durch Geoengineering veränderten Atmosphäre [13].

Die Kulturhistoriker Eva Horn und Hannes Bergthaller diskutieren in ihrem Buch „Anthropozän" [2] mehrere Vorschläge, um den Anfang dieses Zeitalters zu datieren:

1. *Mit der neolithischen Revolution*, als die Menschen anfingen, Ackerbau und Viehzucht zu betreiben.
2. *Mit der Achsenzeit (800 – 200 v. Chr.)*, als in mehreren Kulturräumen große philosophische und technische Fortschritte gemacht wurden.
3. *Mit Kolumbus und anderen Entdeckern*, also dem Beginn der Globalisierung.
4. *Mit der ersten Industriellen Revolution um 1800*, die durch neue Verbrennungstechnologien angetrieben wurde.
5. *Mit der ersten Atombombe* und der damit gegebenen totalen Zerstörbarkeit der Erde bzw. dem Gleichgewicht des Schreckens unter den Nationen.
6. *Mit dem Wirtschaftsaufschwung nach den Zweiten Weltkrieg*, verbunden mit einem exponentiellen Bevölkerungswachstum, drastischem Energieverbrauch, fortschreitender Umweltzerstörung und zunehmenden Abfallmengen.

Geologen favorisieren die fünfte der genannten Möglichkeiten. Denn für sie ist das bei der Explosion von Atombomben neu entstehende Element Plutonium der „golden spike", den sie für die Definition eines neuen Erdzeitalters brauchen. Crutzen hält dagegen schon die erste Industrielle Revolution für den Beginn des Anthropozäns, weil seit etwa 1800 der CO_2-Gehalt in der Atmosphäre deutlich steigt und mineralische und fossile Rohstoffe mehr und mehr verbraucht werden. Lewis und Maslin, von Horn und Bergthaller zitiert, datieren den Anfang des Anthropozäns noch früher, und zwar auf das Jahr 1610, als die CO_2-Konzentration in der Atmosphäre signifikant niedriger und es deshalb ca. 0,6 °C kälter war als hundert Jahre zuvor. Der damalige Temperatursturz wird auf erschreckende Weise durch einen gigantischen Genozid begründet. Denn in den ersten hundert Jahren nach der Entdeckung der Neuen Welt kamen neunzig Prozent der amerikanische Urbevölkerung – mehr als fünfzig Millionen Menschen! – durch Kriege, Sklaverei, Hungersnöte sowie durch aus Europa eingeschleppte Seuchen ums Leben, während auf dem verwaisten Ackerland Urwald nachwuchs und als CO_2-Senke fungierte.

Horn und Bergthaller würden am liebsten die Zeit ab 1950, die im Englischen als *Great Acceleration* bezeichnet wird, als Beginn des Anthropozäns festschreiben. Sie gehen der Überlegung nach, dass drei ewige Fragen in einem neuen Erdzeitalter neu gestellt werden müssen:

1. *Was ist Natur*, wenn man sie als vom Menschen maßgeblich beeinflusst ansieht?
2. *Was ist Kultur*, wenn Konsum und Technik eine zunehmend unbeherrschbare Eigendynamik entfalten?
3. *Was ist der Mensch*, wenn man ihn als eine Spezies betrachtet, die – „verstrickt in Abhängigkeiten und Symbiosen" – das komplette Erdsystem fundamental verändert?

Und sie antworten: „Im Zeitmaßstab der Erdgeschichte gesehen ähnelt das Erscheinen des Menschen, erinnern vor allem aber die massiven Änderungen der *Great Acceleration* an die abrupten Folgen eines plötzlichen Meteoriteneinschlags oder Vulkanausbruchs. Wir, so bringt es der Geologe Zalasiewicz auf den Punkt, sind der Meteor."

Besonders gut gefallen hat uns die Interpretation von Francisco de Goyas Gemälde „Duell mit Knüppeln" (Abb. 10.3), das zwei streitende Männer zeigt, die mit jeder Bewegung tiefer im Treibsand versinken, auf dem sie stehen. Für Horn und Bergthaller und den französischen Philosophen Michel Serres, den sie zitieren, ist Goyas Bild eine Allegorie des Denkens im Anthropozän: Beim Kampf um Rohstoffe merken die Menschen gar nicht, dass die Erde mitstreitet; denn die Rohstoffe sind mengenmäßig limitiert, und wenn sie verbraucht sind, droht der Menschheit das Ende. Nur Frieden und eine gerechte Verteilung der natürlichen Ressourcen eröffnen den Menschen eine gemeinsame Zukunft.

Abbildung 10.3: Goyas Gemälde [14] zeigt streitende Männer, die mit jeder Bewegung tiefer im Treibsand ver-sinken, auf dem sie stehen. Eine Allegorie für das Denken im Anthropozän. Denn beim Streit um Ressourcen vergessen die Menschen, dass die Erde ihr Mitstreiter ist. Dessen Ausbeutung rächt sich und kann zum Untergang der Menschheit führen.

Plastozän – das synthetische Zeitalter

Horn und Bergthaller provozieren mit ihrer Frage, ob *„Umweltzerstörung* eher als *Transformation"* gesehen werden solle und die Menschen vielmehr „Ökomodernisten" seien, die z.B. den deutschen Urwald in forstwirtschaftlich nutzbare Fichtenplantagen (s.u.) umgewandelt hätten. Hier knüpft Christopher Preston mit seiner Überlegung an, ob statt „Anthropozän" nicht besser von „Plastozän", einem *synthetischen Erdzeitalter*, gesprochen und konsequenterweise „homo sapiens" (weiser Hominide) durch „homo faber" (bauender Hominide) ersetzt bzw. – so formulierten es zwei Projektteilnehmer – frei nach Pippi Langstrumpf ausgerufen werden solle: „Ingenieure der Zukunft – gestaltet die Welt, wie sie euch gefällt!". In seinem Buch „Sind wir noch zu retten?" [3] diskutiert Preston – durchaus kontrovers – einen Ansatz zur Überwindung der Klimakrise, der – fast im Sinne einer Flucht nach vorne – ganz auf technischen Fortschritt mittels Nano- und Gentechnologie, unterstützte Migration von Pflanzen und Tieren in günstigere Lebensräume sowie Geoengineering setzt. Im Seminar haben wir dazu einige Beispiele mit ihren Chancen und Risiken beleuchtet.

Nanomaterialien für Strom aus erneuerbaren Energien [15]

Silbernanomaterialien, eingelagert in ultradünne Polymerschichten, erweitern den nutzbaren Anteil des Wellenlängenspektrums des Sonnenlichtes und erhöhen so den Wirkungsgrad einer Solarzelle. Dies gelingt auch mit nanoporösen Siliziumschichten, die entstehen, wenn durch ein Plasma Nanoporen in einen Siliziumwafer geätzt werden. Die Vertiefungen sind ungefähr so groß wie die Wellenlänge des Lichtes und reflektieren folglich weniger Sonnenstrahlen. Schließlich führen schmutzabweisende Nanoschichten auf den Solarzellen zu einem geringeren Reinigungsbedarf (Wasserersparnis) und einer Erhöhung des Wirkungsgrades.

Kohlenstoffnanoröhren haben hervorragende mechanische und elektrische Eigenschaften, die in den Rotorblättern von Windkraftanlagen genutzt werden können. Die Rotoren werden dadurch leichter und stabiler; außerdem ist die Gefahr einer Beschädigung bei Blitzeinschlägen vermindert. Die Getriebe von Windrädern laufen besser, wenn Schmiermittel mit Graphen oder nanoskaligem Siliziumdioxid benutzt werden. Winzige Neodym- und Eisenteilchen erlauben die Herstellung von leistungsstärkeren Magneten bei verringertem Materialeinsatz.

Durch die Beschichtung von Platinelektroden mit Nano-Molybdänsulfid können die Wasserelektrolyse zwecks Gewinnung des Energieträgers Wasserstoff beschleunigt und gleichzeitig Kosten gespart werden.

Die hier vorgestellten Methoden sind wissenschaftlich hoch interessant und bereichern das Curriculum der Chemischen Technologie. Sie sind aber, so das Umweltbundesamt [15], bislang kaum auf ökotoxische Wirkungen geprüft. Dies muss unbedingt noch geschehen, bevor sie zum Großeinsatz kommen. Wir erinnern uns an die Besprechung der toxischen Wirkung von feinteiligen Materialien wie Ruß, Siliziumdioxid, Titandioxid oder Asbest in der Vorlesung über Industrielle Chemie und kommen zu dem Schluss, dass eine Energiegewinnung aus Sonne, Wind und Wasser nichts nützt, wenn dafür woanders Schäden entstehen.

Geoengineering zur CO_2-Bindung

Ist es Science Fiction oder innovatives Geoengineering: künstliche Bäume am Seitenstreifen einer Autobahn, die CO_2 absorbieren (Abb. 10.4)? Beim Air Capture-Verfahren [16] bindet Natriumhydroxid in den „Bäumen" das Kohlenstoffdioxid der Luft zu Natriumcarbonat. Dieses wird später mit Calciumoxid zu Calciumcarbonat gefällt, wobei das lösliche Natriumhydroxid gleichzeitig recycelt wird. Zum Schluss wird das Calciumcarbonat zu Kohlenstoffdioxid und Calciumoxid pyrolysiert, sodass dieses im Kreisprozess wiederverwertet werden und das

Kohlenstoffdioxid abtransportiert und unterirdisch gelagert werden kann. Die letzte Prozessstufe entspricht den Carbon Capture and Storage-Verfahren, bei dem CO_2 in mindestens 800 Meter tiefen, salzwasserhaltigen Sedimentschichten wegen des dort ausreichend hohen Drucks im überkritischen Zustand festgehalten wird.

Wir erachten das Verfahren als utopisch, obwohl der Atmosphäre tatsächlich etwas Treibhausgas entzogen werden kann. Aber wo kommt die Energie zur Spaltung des Zwischenproduktes Calciumcarbonat her? Denn wie wir in der Vorlesung gelernt haben, erfordert das „Kalkbrennen" knapp 1000 °C!

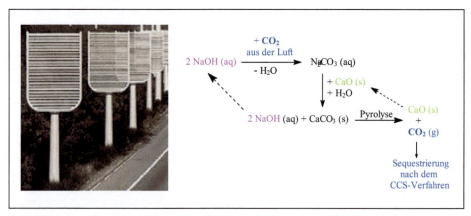

Abbildung 10.4: Künstliche Bäume [16] zur CO_2-Absorption nach dem Air Capture-Verfahren.

Für ebenso widersinnig halten wir die Düngung der Meere mit Eisen(II)-sulfat [17]. Dadurch wird das Wachstum des Phytoplanktons angeregt, wobei diese Mikroorganismen CO_2 aufnehmen. Wenn sie absterben, sinken sie mit dem gespeicherten CO_2 auf den Meeresgrund, wo es letztlich zu schwerlöslichem Calciumcarbonat wird. So weit, so gut. Doch wie wir aus dem ersten Semester wissen, führt eine Überdüngung von Gewässern – früher in erste Linie durch Phosphat aus Waschmitteln – zur Sauerstoffzehrung durch intensiveres Algenwachstum. Ein Gewässer kippt irgendwann um, und die größeren Aerober, insbesondere Fische, ersticken.

Wiederbelebung ausgestorbener Arten

Im Plastozän verliert das Artensterben seinen Schrecken, denn die Wiederbelebung ausgestorbener Tiere und Pflanzen kommt voran [18]! Beispielsweise ist das Genom des Wollhaarmammuts noch weitgehend vorhanden und könnte mittels Gentechnik in die Keimbahn einer Elefantenkuh eingebracht werden. Es würde dann ein Lebewesen geboren werden, dass dem ursprünglichen Mammut schon etwas ähnelt. Durch mehrfache Wiederholung dieses Prozesses könnte schließlich ein Tier „synthetisiert" werden, das dem ausgestorbenen weitgehend entspricht.

Alternativ, aber mit deutlich mehr Zeitaufwand, könnte ein Mammut rückgezüchtet werden, wenn man bedenkt, dass der heutige Elefant noch zahlreiche Gene seines Vorfahren enthält. Ist ein solcher Tierversuch erst einmal gelungen, könnte man auch die Wiederbelebung des Neandertalers in Erwägung ziehen. Denn immerhin besitzen die meisten Menschen laut Preston (außer den Afrikanern) in ihrem Genon 1-4 % Neandertaler-DNA.

„Lazarus-Projekte" haben gewiss einen wissenschaftlichen Charme; doch sollten sich „Wiederentstehungsbiologen" etwas *Demut* vor dem Leben angewöhnen. Nein, diese Art von Gentechnik brauchen wir nicht. Vielversprechend für die Sicherung der Welternährung ist es hingegen, Nutzpflanzen gentechnisch so zu verändern, dass sie Hitzestress und Wassermangel besser verkraften oder kurzhalmig sind, um bei starkem Regen nicht umzuknicken.

Gemanagte Umsiedlung von Tieren und Pflanzen

Der Klimawandel führt zu einer Migration von Menschen (s.u.), Tieren und Pflanzen. Dass Lebewesen sich neue Räume erschließen, ist Teil der Evolution. Man unterscheidet zwischen invasiven und nicht-invasiven Arten: Nach Australien gebrachte Kaninchen wurden dort mangels natürlicher Feinde zur Plage; die Aufzucht der europäischen Honigbiene in Nordamerika war hingegen ein Segen, genauso wie der Anbau der aus Südamerika importierten Kartoffel in Deutschland. Wenn es Bäumen zu warm wird, wandern sie in höhere und kältere Gegenden; dies dauert aber mehr als hundert Jahre, denn Baumsamen fliegen mit dem Wind nicht allzu weit weg. Wenn die Erdtemperatur zu schnell steigt, kommen manche Bäume nicht mehr mit. Beispielsweise die Fichte. Ihre jetzigen Bestände in Deutschland werden wohl in wenigen Jahren vertrocknet sein. Um ihr Aussterben zu verhindert, ist es sinnvoll, Fichten zu verpflanzen bzw. ihre Samen in kälteren Regionen auszusäen. Da bisherige Migrationen für die Ökosysteme viel häufiger positiv als negativ verlaufen sind, sollten wir Menschen mutig sein, Tiere und Pflanzen gezielt umzusiedeln.

Green New Deal

Der amerikanische Ökomon Jeremy Rifkin [4] und die kanadische Journalistin Naomi Klein [5] würden den von Preston vorgeschlagen Begriff Plastozän wohl ablehnen und die in seinem Buch gemachten Vorschläge zur Umgestaltung der Erde weitgehend als Glücksspiel bezeichnen. Sie favorisieren vielmehr einen „Green New Deal" – der übrigens auch vom Europäischen Parlament angestrebt wird.

Das Konzept dafür bezieht sich auf den „New Deal", mit dem es der amerikanische Präsident Roosevelt nach der großen Weltwirtschaftskrise am Anfang der 30er Jahre des letzten Jahrhunderts geschafft hat, mit rascher, intensiver und vielseitiger Gesetzgebung sowie einem enormen Investitionsprogramm die marode Wirtschaft vor dem Kollaps zu bewahren und sogar in kurzer Zeit wieder zur Blüte zu erwecken. (Vergleichbar erfolgreiche wirtschaftliche Anstrengungen gab es später zur Besiegung des Hitler-Regimes bzw. in Form des Marshall-Plans zum Wiederaufbau Europas nach dem Zweiten Weltkrieg, also in Zeiten großer Not.) Heute soll mit dem politisch und wirtschaftlich ähnlichen Ansatz eines globalen „Green New Deal" die Klimakrise überwunden werden. Gefordert wird – mit Rifkin und Klein als renommierte Protagonisten – der unverzügliche und massive Ausbau nicht-fossiler Technologien (Elektromobilität, Solar-, Wind- und Wasserstoff-Technologie, Pumpkraftwerke, Geothermie) in Kombination mit einer Umstrukturierung der Wirtschaft, die *nicht* primär dem Wachstum, sondern dem Gemeinwohl verpflichtet ist, die sich verstärkt der Bekämpfung von Armut und Ungerechtigkeit auf der Welt widmet und in der Umweltsünder nach dem Verursacherprinzip zur Kasse gebeten werden (Abb. 10.5).

Rifkin prognostiziert den Zusammenbruch der momentanen Wirtschaftsstrukturen für 2028: „Die Kohlenstoffblase verspricht die größte ökonomische Blase aller Zeiten zu werden." Was meint er damit? Die technischen Anlagen zur Bereitstellung fossiler Energie – das sind insbesondere Förderanlagen für Kohle, Gas und Öl, Transportmittel wie Schiffe und Pipelines sowie Verbrennungskraftwerke – werden, der ökologischen Notwendigkeit zur Reduktion des CO_2-Ausstoßes auf Null folgend, in absehbarer Zeit überflüssig und dramatisch an Wert verlieren. Unter Führung der Pensionskassen haben bereits weltweit Investoren mit dem Ausstieg aus fossilen und dem Einstieg in regenerative Energien begonnen, so Rifkin, womit die bislang größte Deinvestitions-/Reinvestitionsbewegung in der Geschichte des Kapitalismus eingesetzt hat. Massenarbeitslosigkeit fürchtet Rifkin nicht; im Gegenteil: Seiner Meinung nach entstehen beim Umbau der Wirtschaft mehr Arbeitsplätze, als beim Abbau der alten Infrastruktur verloren gehen; es müssen allerdings Umschulungsmaßnahmen getroffen werden. Und rückständige Länder, die alte Strukturen nicht abbauen müssen, weil sie diese gar nicht besitzen, können vom raschen Aufbau umweltfreundlicherer Strukturen nur profitieren. Ein weiteres gewichtiges makroökonomisches Argument ist, dass rasch getätigte Investitionen unter dem Strich viel kostengünstiger sind, als damit zu warten und Reparaturkosten für zwischenzeitlich enstehende Umweltschäden zu begleichen.

> *„Wenn die Zukunft des Lebens auf dem Spiel steht, können wir alles erreichen."*
>
> *Der Green New Deal wird*
>
> 1. *die Kraft des Notstands freisetzen,*
> 2. *Schluss machen mit dem Aufschieben,*
> 3. *ein enormer Jobmotor sein,*
> 4. *zu einer gerechteren Wirtschaft führen,*
> 5. *konjunktursicher sein,*
> 6. *die beste Garantie gegen Rückschläge sein,*
> 7. *ein ganzes Heer von Unterstützern finden,*
> 8. *zu neuen demokratischen Bündnissen führen – und das rechte Lager untergraben,*
> 9. *unsere Bestimmung sein.*

Abbildung 10.5: Green New Deal – eine realistische Vision von Naomi Klein [5]?

Im Seminar haben wir uns die zurzeit am häufigsten diskutierten Möglichkeiten zu Energiebereitstellung unter ausgewählten chemischen und ökologischen Gesichtspunkten angesehen.

Lithium-Ionen-Akkumulatoren

Für eine abgasfreie Elektromobilität braucht man Batterien. Momentan wird der Lithium-Ionen-Akku favorisiert. Dies ist nur unter dem Gesichtspunkt verständlich, dass das unedle Alkalimetall ein sehr hohes Reduktionspotenzial ($E^0 = -3{,}04$ V) besitzt und deshalb als Minuspol einer Batterie (eingelagert in Graphit als Intercalationsverbindung Li_xC_n) gut geeignet ist. Der Ausgangsstoff Lithiumcarbonat ist allerdings mengenmäßig begrenzt; es gibt nicht viele günstig abbaubare Lagerstätten – die größten liegen in Bolivien, Chile und Argentinien –, sodass Li_2CO_3 ein Konfliktrohstoff werden dürfte. Des Weiteren stellt das Auswaschen des lithiumhaltigen Gesteins eine Umweltbelastung dar, insbesondere durch den hohen Wasserverbrauch, der zur Absenkung des Grundwasserspiegels führt, sowie durch Kontamination des lebenswichtigen Grundwassers. Das Umfeld von Lithiumabbaustätten dürfte recht bald für eine landwirtschaftliche Nutzung unbrauchbar sein, die Anwohner würden ihres Landes beraubt und müssten wegziehen. Schließlich ist die gesundheitliche Gefährdung der Arbeiter beim Lithiumabbau zu bedenken: Eine ständige Exposition gegenüber dem in der Medizin zur Behandlung von Depressionen und bipolaren Störungen verwendeten Lithiumcarbonats kann nicht gut sein. (Li-Ionen behindern die Funktion von Inositol-1,4,5-triphosphat, eines für die Signalübertragung in Zellen wichtigen sekundären Botenstoffs, indem sie dessen enzymatische Hydrolyse zu Inositol (Cyclohexan-1,2,3,4,5,6-hexol) hemmen [19].)

Es gibt also mehrere Gründe, warum wir die mit Lithium-Batterien angetriebenen Elektromobilität im Rahmen eines Green New Deal skeptisch sehen, zumal sich als Alternative die mit Wasserstoff betriebene Brennstoffzelle anbietet (s.u.).

Windkraft

Hochleistungsmagneten von getriebelosen Windrädern benötigen Neodym in einer Legierung mit Eisen und Bor. Problematisch beim Abbau des Elements aus der Gruppe der Seltenen Erden ist seine Verschwisterung mit Uran und Thorium, sodass die Umwelt, die Minenarbeiter und die Neodym-Produzenten (Schmelzflusselektrolyse einer NdF_3, Nd_2O_3/LiF-Mischung) radioaktiven Belastungen ausgesetzt sind [20, 21]. Da Neodym hauptsächlich in China vorkommt – dieser Staat quasi ein Monopol auf das Metall besitzt –, kann es (ähnlich wie Lithiumcarbonat, s.o.) zu einem Konfliktrohstoff werden.

Das „Schreddern" von Vögeln und Insekten durch die sich schnell drehenden Rotoren ist ein weiteres ökologisches Problem, sodass das Image der Windräder als Lieferanten sauberen elektrischen Stroms angekratzt ist.

Photovoltaik

Solarzellen aus Halbleiter-Silizium sind mittlerweile so weit optimiert und vom Preis her erschwinglich, dass wir der Photovoltaik zur Erzeugung von elektrischem Strom in Zukunft, also auch im Rahmen des Green New Deal, die Priorität einräumen. Solarmodule lassen sich sowohl dezentral auf großen Flächen, z.B. in Wüstenregionen, zu riesigen Photovoltaik-Anlagen zusammenfügen, um Strom im großen Maßstab zu produzieren, als auch einzeln oder in kleinen Verbünden für eine dezentrale Stromversorgung installieren, wie sie vor allem für die Subsistenzwirtschaft nötig ist. Fotohalbleitendes Silizium ist das „anorganische Chlorophyll" – diesen Gedanken werden wir im Folgenden vertiefen.

Wasserstoff-Technologie

Der Philosoph, Bienenzüchter und Autodidakt Timm Koch lobt den Wasserstoff, H_2, als „Das Supermolekül" [6]. Wir schließen uns seiner Euphorie (weitgehend) an. Denn wenn Wasser mittels Solarstrom zu Wasserstoff und Sauerstoff elektrolysiert und der Wasserstoff anschließend in einer Brennstoffzelle, die mittlerweile technisch reif ist, wieder mit Sauerstoff aus der Luft zu Wasser oxidiert und die Reaktionsenergie dabei nicht wie bei der Knallgasreaktion in Wärme, sondern in einen elektrischen Stromfluss umgewandelt wird, resultiert ein Kreisprozess. Zwischenzeitlich muss der bei der Wasserelektrolyse entstandene gasförmige Wasserstoff gespeichert werden, entweder in komprimierter, verflüssigter oder chemisch gebundener Form. Koch favorisiert die letzte Variante, und zwar mit Hilfe des flüssigen Dibenzyltoluols (DBT). Dieser Liquid Organic Hydrogen Carrier (LOHC) bindet bei leicht erhöhtem Druck neun Äquivalente H_2 und setzt das Gas beim Erwärmen in Gegenwart eines Edelmetallkatalysators wieder frei. H18-DBT ist ein wegen seiner recht hohen Molmasse schwer flüchtiges und kaum entflammbares trizyklisches Alkan, also ein ausgesprochen sicherer Wasserstoffspeicher (Abb. 10.6 unten, vgl. [22].) Die mit Brennstoffzellen betriebene Elektromobilität der Zukunft könnte dann folgendermaßen aussehen [23]: H18-DBT wird beim Wasserstoffproduzenten hergestellt und an die Tankstellen geliefert. Dort wird das „leere" DBT aus dem Tank eines Autos gepumpt und wasserstoffhaltiges H18-DBT nachgefüllt. Das DBT wird zum Hersteller zurückgebracht und dort neu mit Wasserstoff beladen.

Koch betont, dass diese Technologie selbstverständlich nur Sinn macht mit „grünem" Wasserstoff, der mit *Solarstrom* aus Wasser gewonnen wird. Den bislang verwendeten „grauen" Wasserstoff, der beim Steam-Reforming aus Erdgas und Wasser

$$CH_4 + H_2O \rightarrow CO + 3\ H_2$$

bzw. bei der Kohlevergasung aus Kohle und Wasser

$$C + H_2O \rightarrow CO + H_2$$

entsteht, kann man dann vergessen. Und wenn erst einmal die Ammoniak-Synthese (Haber-Bosch-Verfahren) mit im großen Maßstab produzierten grünen Wasserstoff betrieben wird und sogar Eisenoxid mit Wasserstoff statt wie bislang carbothermisch zu Eisen reduziert werden kann, wären dies weitere wegweisende Schritte in Richtung einer kohlenstofffreien Industrie.

Die Gewinnung von grünem Wasserstoff, seine Speicherung als Perhydro-Dibenzyltoluol und Verwendung in einer Brennstoffzelle kommt der Kombination von Fotosynthese und Zellatmung sehr nahe (Abb. 10.6 oben). Das dazu in der Biochemie-Vorlesung Gelernte haben wir rekapituliert. In den Fotosystemen der Chloroplasten wird Sonnenlicht zunächst im Lichtsammelkomplex von Chlorophyll a (grün) und b (cyan) sowie unterstützenden Farbstoffen wie Carotinoiden (gelb) absorbiert und zur Spaltung von Wasser in Disauerstoff, zwei Protonen und zwei Elektronen genutzt. (Anders als bei der Wasserelektrolyse entsteht also *kein* elementarer Diwasserstoff.) Die Protonen und Elektronen schließen sich im weiteren Verlauf der Lichtphase der Fotosynthese mit $NADP^+$ (Nicotinsäureamid-Adenin-Dinukleotid-Phosphat) zu $NADPH/H^+$ zusammen. Dieser biochemische Wasserstoffspeicher wird später in der Atmungskette mit Sauerstoff zu Wasser und $NADP^+$ oxidiert, wobei die dabei frei werdende chemische Energie in erster Linie zum Antreiben der ATP-Pumpe, d.h. der Kondensation von Adenosindiphosphat und Wasser zu Adenosintriphosphat, verwendet wird. Alternativ wird $NADPH/H^+$ für biochemische Reduktionen, z.B. zur Hydrierung von Carbonylen zu Alkoholen oder von Distickstoff zu Ammoniak, benötigt.

Fazit: Wasserstofftechnologie mit grünem Wasserstoff ist der Wasserstoff-Biochemie verblüffend ähnlich und stimmt positiv, einen wesentlichen Beitrag zur Überwindung der Klima-Krise leisten zu können.

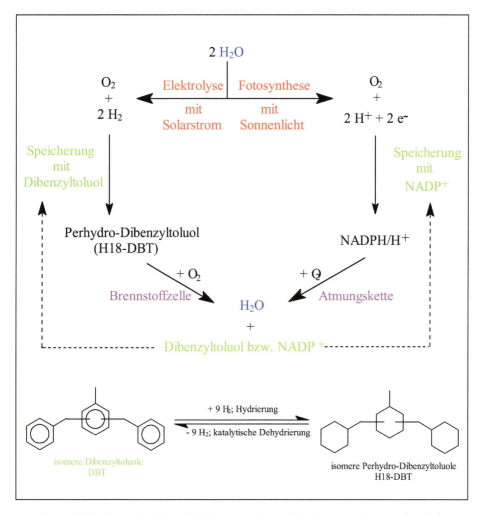

Abbildung 10.6: Wasserelektrolyse mit Solarstrom, Wasserstoffspeicherung mit Dibenzyltoluol (unten) und -ver-wertung in einer Brennstoffzelle (links) im Vergleich zur Fotosynthese der grünen Pflanzen und Atmung (rechts).

Veganismus

Zu einem „Green New Deal" gehört auch die Umstellung der Ernährung, und zwar (weitgehender) Verzicht auf tierische Produkte und Hinwendung zum Veganismus, was Jonathan Foer in seinem Buch „Wir sind das Klima" [7] erläutert. Der amerikanische Philosoph und mehrfache Bestseller-Autor argumentiert, dass gerade die Massentierhaltung wegen der Umwidmung von Wald- und Ackerflächen zu Weideland, des Anbaus von Sojabohnen für Tiernahrung, der Nitratbelastung der Böden und des Grundwassers durch Gülle sowie der Methan-

Emissionen von Rindern einen erheblichen Anteil an der jetzigen Klima- und Umweltkrise hat und dass jeder Mensch von heute auf morgen seinen persönlichen Beitrag zur Rettung der Welt leisten kann, indem er deutlich weniger tierische Produkte konsumiert. Veganismus als Massenbewegung wäre dann der am wenigsten aufwendige, schnellste und effektivste Weg zur CO_2-Reduktion.

Foer analysiert, dass der Großteil der Menschheit trotz des *Wissen* über die enorme Gefährlichkeit des Klimawandels nicht daran *glaubt* ... und deshalb nicht so handelt, wie es sinnvoll wäre. Er verdeutlich das durch ein Gleichnis aus seiner eigenen, jüdischen Familiengeschichte. Seine Urgroßeltern lebten in Polen. Sie *wussten* aus zahlreichen Berichten genau, wie die Nazis mit ihnen umgehen würden; doch sie *glaubten* es einfach nicht. Anders Foers Großmutter. Sie floh, konnte ihre Familie aber nicht dazu bewegen, es auch zu tun, sodass alle, die *nicht* rechtzeitig handelten, umgebracht wurden. Diese traurige Geschichte veranlasst Foer zu übertragen: „Es gibt nur zwei mögliche Reaktionen auf den Klimawandel: Resignation oder Widerstand."

Die Empfehlung zum Veganismus sollte natürlich nicht nur ökologisch, sondern auch tierethisch begründet sein. Hier steht Foer in der Tradition von Peter Singer, der mit seinem Klassiker „Animal Liberation" [24] die Tierrechtsbewegung ins Leben gerufen hat. Singer prägte den Begriff „Speziezismus" als Ergänzung zu „Rassismus" und „Sexismus". Diese drei Begriffe haben wir im Seminar reflektiert, weil sie zur Charakterisierung des Anthropozän dazugehören:

- *Rassismus:* In der Geschichte der Menscheit hat sich immer wieder eine Rasse der anderen überlegen gefühlt, was zu Kolonialismus, Sklaverei und Genoziden geführt hat.
- *Sexismus:* Die Menschheit war die längste Zeit – und ist es auch heute noch in vielen Gesellschaften – patriarchaisch; es herrschte bzw. herrscht die Vorstellung, dass Männer den Frauen überlegen sind. Als Folge wurden bzw. werden diese in vielerlei Hinsicht benachteiligt, erhielten bzw. erhalten weniger Zugang zur Bildung und politischen Mitbestimmung und wurden bzw. werden sexuell ausgebeutet.
- *Speziezismus:* Schließlich fühlen sich die meisten Menschen den Tieren überlegen, sodass sie diese leidensfähigen Mitlebewesen nicht selten wie Dinge betrachten, die sie beliebig zu ihrem Nutzen gebrauchen und misshandeln.

Will Tuttle, ein amerikanischer Philosoph, sieht im Speziezismus den Grund allen Übels auf der Welt. In seinem Buch „Ernährung und Bewusstsein" [25] zitiert er aus dem Sanskrit die Übersetzung des Wortes „Krieg": „Verlangen nach mehr Kühen". Was bedeutet das? Streit entstand zwischen den ersten Kuhhirten, indem der eine dem anderen Tiere wegnahm, um selbst zu mehr Ansehen und Reichtum zu gelangen. Später ging es um mehr Sklaven, mehr Frauen, mehr Rohstoffe ... Konfliktrohstoffe – womit wir in der heutigen Zeit angekommen wären. Für Tuttle ist es daher plausibel, das der Verzicht auf (Rind)Fleisch und andere tierische Produkte zu einer friedlicheren Welt führt.

Handeln statt Hoffen

Phyllis Omido berichtet in ihrer Autobiographie „Mit der Wut einer Mutter" [8] über illegales Blei-Recycling aus Autobatterien einer europäischen Firma in Kenia. Die giftigen Abgase und das kontaminierte Wasser führten zu chromischen Erkrankungen und zahlreichen Todesfällen in dem Slum, der sich in unmittelbarer Nähe der Firma befand. Als Mutter eines vergifteten Kindes wurde Omido zur Widerstandskämpferin, wurde fast ermordet, zog vor Gericht, bekam Recht und erhielt Friedenspreise, während sich die verantwortlichen Firmenbosse ungeschoren absetzen konnten.

Wir haben das Buch im Seminar aufgearbeitet, dabei zunächst den Vorlesungsstoff über den Bleiakku (Pb + PbO$_2$ + 2 H$_2$SO$_4$ → 2 PbSO$_4$ + 2 H$_2$O) und die toxische Wirkung des Schwermetalls (bei chronischer Vergiftung Austausch von Ca^{2+}-Ionen in den Knochen gegen die nur wenig größeren Pb^{2+}-Ionen, bei akuter Vergiftung komplexchemische Blockierung von Blutenzymen durch Bleiionen) wiederholt, bevor wir uns ein Video über ökologisch und sicherheitstechnisch einwandfreie Rückgewinnung von Blei aus Altbatterien [26] angesehen und direkt danach eine Radioreportage über illegales Bleirecycling in Nigeria [27] gehört haben. Korrekt nach dem Stand der Technik ist es, wenn Rückhaltewannen das Versickern kontaminierter Schwefelsäure in den Boden verhindern und wenn Arbeiter an den Blei-Schmelzöfen Atemschutzmasken tragen; Umweltkriminalität und menschenverachtend ist es hingegen, wenn auf diese Maßnahmen aus Kostengründen verzichtet wird. Carola Rackete bringt es auf den Punkt [9]: „Viele Länder des globalen Südens ... sind die Abladeplätze für unseren Müll." Doch nicht nur Länder in Afrika. Ihren Plastikmüll schicken die reichen Länder auch nach Südost-Asien. Ein Video dazu [28] hat uns schockiert. Und eine Radioreportage über Konfliktrohstoffe [29] (Erdöl, Tropenhölzer, Diamanten, Seltene Erden, Coltan, Lithium, Kupfer, Gold, ... man könnte noch Elfenbein oder Opium ergänzen), hat uns aufgeklärt, wie groß, international und gewaltsam der Machtkampf darum inzwischen geworden ist – im Zeitalter des Anthropozäns. Zudem werden all diese sozioökonomischen Krisen verschärft durch den Klimawandel, der die ärmsten Länder am härtesten trifft und die Menschen dort zur *Migration* zwingt.

Das Lebensmotto von Carola Rackete lautet „Handel statt Hoffen" und ist gleichzeitig der Titel ihres Buches [9]. So wie Crutzen wenig Hoffnung hat, dass die Menschheit ihre CO$_2$-Emissionen in den Griff bekommt (s.o.), hat Rackete die Hoffnung verloren, dass Kolonialismus und Rassismus sowie Ökozide aufhören. Sie handelt, in dem sie das tut, was sie als Kapitänin der Seenotrettung am besten kann: Bootsflüchtlinge vor dem Ertrinken retten. Das ist vorbildlich, denn [30]: „Während sich Deutschlands Eliten um den Kohleausstieg, Dieselabgasnormen und das Recht auf Raserei streiten, ertrinken beinahe täglich Menschen an den Grenzen der Friedensnobelpreisträgerin »Europäische Union«." Mehr als 18.000 auf der Flucht über das Mittelmeer seit 2014 [9]!

Leuchtturmprojekte

In Frankreich hat Cyril Dion die Umweltbewegung *Colibris* gegründet und erzählt in seinem Buch „Kurze Anleitung zur Rettung der Erde" [10] die indianische Legende von einem winzigen Vogel, der trotz seiner bescheidenen Möglichkeiten gegen einen gewaltigen Waldbrand kämpft (Abb. 10.7). Die Interpretation dieser Geschichte ist leicht. „Unser Haus brennt", so Greta Thunberg, und jeder muss beim Löschen helfen, auch wenn sein Beitrag dazu noch so klein ist. Man muss Widerstand leisten, wie Foer, Omido, Rackete (s.o.), wobei Dion ansteckenden Optimismus ausstrahlt. Seiner Meinung nach wollen die Menschen keine Zahlen mehr hören, um wieviel ppm der CO$_2$-Gehalt in der Atmosphäre im letzten Jahr zugenommen hat, um wieviel mm der Meerwasserspiegel gestiegen ist, wieviel Hitzetote es gegeben hat etc. Dion zieht es vor, den Menschen aufmunternde Geschichten zu erzählen, wie die Welt tatsächlich verbessert werden kann. Das ist ihm mit seinem 2014 erschienenen und oskarprämierten Dokumentarfilm „Tomorrow" [31] gelungen. Hier einige von Dion recherchierte Leuchtturmprojekte aus aller Welt, die den Green New Deal voranbringen:

- In der Normandie haben Landwirte das uralte System der Permakultur (von engl. permanent (agri)culture) reaktiviert, wobei sie ganz ohne Kunstdünger und Pestizide auskommen, durch Variation der Fruchtfolgen auf Kleinflächen der Artenvielfalt Rechnung tragen, mit Leguminosen die Stickstofffixierung aus der Luft fördern sowie Regenwürmer züchten, die den Boden auflockern und die Humusbildung anregen.
- Urban Gardening-Aktivisten pflegen mitten in Detroit kleine Beete mit Obst und Gemüse.
- In Lille sind viele Dächer begrünt, wodurch ein Lebensraum für Insekten und Vögel ge-schaffen und im Sommer eine Kühlung bewirkt wird.
- In der englische Kleinstadt Totnes gibt es eine lokale Währung, die den regionalen und saisonalen Konsum von Lebensmitteln ankurbelt.
- In Reykjavik basiert die Energieversorgung auf Geothermie.
- Eine Genossenschaft in San Francisco betreibt ein Zero Waste-Konzept für Restaurants, Haushalte und Unternehmen. Wer weniger Abfall produziert, zahlt weniger Gebühren, Verpackungen aus Styrol und Plastiktüten sind verboten, Abfallsündern drohen Geld-strafen. Vorteile des Konzeptes sind nicht nur Verminderung von Abfall und Umwelt-verschmutzung, sondern auch das aktive Mitwirken der Bewohner und die Schaffung lokaler Arbeitsplätze.
- In Kopenhagen wurde viel Geld in Radwege investiert, sodass die dänische Hauptstadt heute ausgesprochen fahrradfreundlich ist.

„Die Welt ist voller Lösungen", schwärmt Dion.

Die Geschichte des Kolibris

Eines Tages brach im Wald ein großes Feuer aus, das drohte alles zu vernichten.
Die Tiere des Waldes rannten hinaus und starrten wie gelähmt auf die brennenden Bäume.
Nur ein kleiner Kolibri sagte sich: „Ich muss etwas gegen das Feuer unternehmen."
Er flog zum nächsten Fluss, nahm einen Tropfen Wasser in seinen Schnabel und ließ den Tropfen
über dem Feuer fallen. Dann flog er zurück, nahm den nächsten Tropfen und so fort.
All die anderen Tiere, viel größer als er, wie der Elefant mit seinem langen Rüssel,
könnten viel mehr Wasser tragen, aber all diese Tiere standen hilflos vor der Feuerwand.
Und sie sagten zum Kolibri: „Was denkst du, das du tun kannst? Du bist viel zu klein.
Das Feuer ist zu groß. Deine Flügel sind zu klein und dein Schnabel ist so schmal,
dass du jeweils nur einen Tropfen Wasser mitnehmen kannst."
Aber als sie weiter versuchten, ihn zu entmutigen, drehte er sich um und erklärte ihnen,
ohne Zeit zu verlieren: „Ich tue das, was ich kann. Ich tue mein Bestes."

Abbildung 10.7: Die indianische Legende vom kleinen Kolibri, der seinen Beitrag zum Löschen eines Waldbrandes leistet [10]. Ein Gleichnis für die „brennende" Welt des Anthropozäns, in der jeder das zur Rettung beitragen muss, was er leisten kann – weil man das einfach so tut.

Umweltpädagogik

Wir würden Peter Wohlleben, Deutschlands berühmtesten Förster, gerne fragen, was er von den in der Abbildung 10.4 gezeigten künstlichen „Bäumen" hält. Bestimmt überhaupt nichts, obwohl er in seinem neusten Buch „Das geheime Band zwischen Mensch und Natur" [12], einräumt, dass der deutsche Wald diese Bezeichnung gar nicht verdient, weil er lediglich eine Ansammlung von Baumplantagen ist. Denn für die Menschen im Anthropozän – diesen Begriff benutzt Wohlleben allerdings nicht – sind Bäume vorwiegend Nutzobjekte. Wenn bei einer Durchforstung bis zu 20 Prozent eines Bestandes gefällt werden, vergleicht Wohlleben diese Tätigkeit mit dem Metzger-Handwerk, nur dass keine Tiere, sondern Bäume getötet und zerlegt werden; was auch ein Ausdruck von Speziezismus – dieses Wort verwendet Wohlleben ebenfalls nicht – ist. Mit derartigen Äußerungen schafft Wohlleben sich in seinem Kollegenkreis natürlich keine Freunde.

Als Wald- und Umweltpädagoge gelingt es ihm aber immer wieder – sein erstes Buch „Das Geheime Leben der Bäume" (vgl. [32]) wurde gerade verfilmt –, dem Laien das faszinierende Leben im Wald zu erklären, beispielsweise wie Vögel Insektizide benutzen. In ihrem Gefieder nisten sich nämlich häufig Milben ein, gegen die sie mit Ameisensäure vorgehen: Dazu setzen sich die Vögel auf einen Ameisenhaufen, spreizen ihre Flügel und lassen sich von den Ameisen, welche die Vögel als Angreifer vermuten, mit Säure bespritzen. Spatzen sind besonders klug, wenn sie in ihre Nester Zigarettenstummel einbauen, deren Nikotin ihre Kinderstube frei von Milben hält.

Wichtiger als die Vermittlung derartig faszinierenden Fachwissens ist es, dass Wohlleben bei seinen Lesern Empathie für die Natur kreiert. In seinem aktuellen Buch appelliert er dafür, den Wald gezielt zu sehen, zu hören, zu riechen, zu fühlen und zu schmecken, ihn also sinnlich wahrzunehmen. Das führt zu einer Entschleunigung des Lebens, die unsere Gesellschaft dringend braucht, und zu einer tieferen Wertschätzung der Natur, hier des komplexen Ökosystems Wald. Nur wer etwas wirklich liebt, wird es schützen.

Bildung – von Kopf und Herz – ist der wichtigste Schlüssel zum Verständnis und zur Rettung der Welt. Man kann nicht früh genug damit anfangen; schon im Kindergarten, erst recht in der Grundschule oder in einer Kinderuniversität. Pierdomenico Baccalario und Federico Taddia schlagen „50 kleine Revolutionen, mit denen du die Welt (ein bisschen) schöner machst" [11] vor. Dabei ermahnen sie die Kinder nicht, das Licht auszuschalten, wenn sie den Raum verlassen, oder den Wasserhahn richtig zuzudrehen, sondern sensibilisieren sie auf eine ganz besondere Weise für Achtsamkeit und Verantwortung im Leben. Zehn Beispiele:

1. Abhängigkeit oder Selbstbestimmung: „Schalte einen Tag dein Handy aus."
2. Konsumbewusstsein: „Kaufe einen Monat lang nichts Neues."
3. Der Wert der Stille: „Erstelle eine Geräuschkarte deiner Stadt."
4. Ernährungsbewusstsein: „Lebe eine Woche lang vegetarisch."
5. Wertschätzung anderer Lebewesen: „Kümmere dich um Tiere in der Nachbarschaft."
6. Freundlichkeit: „Führe einen Tag des Lächelns ein."
7. Generationenverständnis: „Lass dir von älteren Menschen aus ihrem Leben erzählen."
8. Genderkompetenz: „Mache fünf Dinge, die typisch für das andere Geschlecht sind."
9. Andere Länder, andere Sitten: „Merke dir zu jedem Land ein Wort."
10. Demut vor Vergänglichkeit: „Besuche ein Grab auf einem Friedhof."

Diese Revolution greifen vieles von dem auf, was in diesem Kapitel thematisiert wird, und stimmen optimistisch, die Welt des Anthropozäns retten zu können. „50 kleine Revolutionen" – mein Lieblingsbuch aus unserem Seminar.

Corona

Wegen der Infektionsgefahr durch das Corona-Virus wurde im Sommersemester 2020 an der Hochschue Darmstadt auf Präsenzveranstaltungen weitgehend verzichtet, so dass unsere ursprünglich als Seminarvorträge geplanten Beiträge der Studierenden in schriftliche Referate und Buchrezensionen umgewandelt werden mussten, die an alle Projektmitwirkenden zur Lektüre verteilt wurden. Im Internet abrufbare Filmdokumentationen, Interviews und Buchbesprechungen konnten wir uns leider nicht gemeinsam anschauen; das musste jeder für sich zuhause tun. Corona hat die tradierte Lehre an der Hochschule also in ein Fernstudium verwandelt – hoffentlich nur vorübergehend.

Die Gesundheitskrise gibt uns aber auch in Hinblick auf das Thema unseres Seminar zu denken. Sie zeigt, dass es im Zeitalter des Anthropozäns immer noch natürliche, biologische Kräfte gibt, mit denen die Menschheit hart zu kämpfen hat. Sie zeigt auch, wie die Menschen diesen Kampf entschlossen und zielstrebig angehen können und dafür bereit sind, viel Geld zu investieren und Verzicht zu üben. Das ist genau das, was erforderlich ist, um den Feind abzuwehren, der noch viel größer und existenziell bedrohlicher ist als das Corona-Virus, nämlich den Klimawandel mit all seinen Folgeproblemen. Der Wiederaufbau der Wirtschaft nach der Corona-Krise muss deshalb unverzüglich und mit noch größerem finanziellen und persönlichen Engagement in die ökologische und soziale Umgestaltung der Welt übergehen. Es wäre verständlich, wenn die Menschen nach Corona dazu zu frustriert und müde sind, aber wir haben keine Zeit mehr, um uns auszuruhen …

Literatur zum Kapitel 10

[1] P. J. Crutzen, M. Müller (Hrsg.): Das Anthropozän –
Schlüsseltexte des Nobelpreisträgers für das neue Erdzeitalter. – oekom verlag, München 2019
[2] E. Horn, H. Bergthaller: Antropozän – zur Einführung. – Junius Verlag, Hamburg 2019
[3] Christopher J. Preston: Sind wir noch zu retten? –
Wie wir mit neuen Technologien die Natur verändern können. – Springer Verlag, Berlin 2019
[4] J. Rifkin: Der globale Green New Deal – Warum die fossil befeuerte Zivilisation um 2028 kollabiert – und ein kühner ökonomischer Plan das Leben auf der Erde retten kann. – Campus Verlag, Frankfurt 2019
[5] N. Klein: Warum nur ein Green New Deal unseren Planeten retten kann. –
Hoffmann und Campe Verlag, Hamburg 2019
[6] T. Koch: Das Supermolekül – Wie wir mit Wasserstoff die Zukunft erobern. –
Westend Verlag, Frankfurt 2019
[7] J. S. Foer: Wir sind das Klima – Wie wir unseren Planeten schon beim Frühstück retten können. –
Kiepenheuer & Witsch Verlag, Köln 2019
[8] P. Omido: Mit der Wut einer Mutter – Die Geschichte der afrikanischen Erin Brockovich. –
Europa Verlag, München 2019
[9] C. Rackete: Handeln statt hoffen – Aufruf an die letzte Generation. – Droemer Verlag, München 2019
[10] C. Dion: Kurze Anleitung zur Rettung der Erde – Wofür wir heute kämpfen müssen. –
Philipp Reclam jun. Verlag, Ditzingen 2018
[11] P. Baccalario, F. Taddia: 50 kleine Revolutionen, mit denen du die Welt (ein bisschen) schöner machst. – dtv Verlag, München 2019
[12] P. Wohlleben: Das geheime Band zwischen Mensch und Natur – Erstaunliche Erkenntnisse über die 7 Sinne des Menschen, den Herzschlag der Bäume und die Frage, ob Pflanzen ein Bewusstsein haben. – Ludwig Verlag, München 2019
[13] https://de.wikipedia.org/wiki/Der_Schrei (2.2.2021)
[14] https://www.kunstkopie.de/a/de-goya/duell-mit-knueppeln.html (2.2.2021)
[15] C. Liesegang, W. Dubbert, K. Schwirn, D. Völker:
https://www.umweltbundesamt.de/sites/default/files/medien/376/publikationen/einsatz_von_nanomaterialien_in_der_stromerzeugung_aus_erneuerbaren_energien.pdf (2.2.2021)
[16] https://www.br.de/themen/wissen/geoengineering-massnahmen124.html (2.2.2021)

[17] https://de.wikipedia.org/wiki/Eisendüngung (2.2.2021)
[18] https://de.wikipedia.org/wiki/Wiederbelebung_ausgestorbener_Tierarten (2.2.2021)
[19] C.-J. Estler, H. Schmidt (Hrsg.): Pharmakologie und Toxikologie für Studium und Praxis. – 6. Aufl., Schattauer Verlag, Stuttgart 2012, S. 258-264
[20] https://de.wikipedia.org/wiki/Neodym (2.2.2021)
[21] https://daserste.ndr.de/panorama/archiv/2011/windkraft189.html ()
[22] https://www.crt.tf.fau.de/forschung/arbeitsgruppen/komplexe-katalysatorsysteme-und-kontinuierliche-verfahren/wasserstoff-und-energie/ (2.2.2021)
[23] https://www.ingenieur.de/technik/forschung/heisst-die-loesung-fuer-das-treibstoffproblem-lohc/ (2.2.2021)
[24] P. Singer: Animal Liberation – Die Befreiung der Tiere. – Harald Fischer Verlag, Erlangen 2015
[25] W. Tuttle: Ernährung und Bewusstsein – Warum das, was wir essen, die Welt nachhaltig beeinflusst. – Crotona Verlag, Amerang 2014
[26] N24-Reportage: Recycling von Autobatterien. – https://www.youtube.com/watch?v=QTb6G14ZqdM (2.2.2021)
[27] P. Sorge: Blei-Recycling in Nigeria – Tödliches Geschäft mit alten Batterien; Deutschlandfunk Kultur, 14.2.2019. – https://www.deutschlandfunkkultur.de/blei-recycling-in-nigeria-toedliches-geschaeft-mit-alten.979.de.html?dram:article_id=440741 (2.2.2021)
[28] ZDF-Reportage: Wie deutscher Plastikmüll Asien verdreckt: https://www.youtube.com/watch?v=b0e4087RNxQ (2.2.2021)
[29] Earthlink-Radioreportage: Konfliktrohstoffe – Schmutziger Handel mit wertvollen Ressourcen; 23.12.2019; https://www.youtube.com/watch?v=krXWoolocqw (2.2.2021)
[30] S. K. Kaufmann, M. Timmermann, A. Botzki (Hrsg.): Wann wenn nicht wir* – Ein Extinction Rebellion Handbuch. – Fischer Verlag, Frankfurt 2019, S. 69
[31] C. Dion: Tomorrow – die Welt ist voller Lösungen (Buch zum Film). – Kamphausen Mediengruppe, Bielefeld 2017
[32] V. Wiskamp, K. Sawlitsch: Rezension zu „P. Wohlleben: Das geheime Leben der Bäume. – Ludwig-Verlag, München 2015; CLB 67 (2016), Heft 11-12, S. 542

Dank zum Kapitel 10

Dank gebührt den Studierenden, die engagiert am Seminar mitgewirkt haben: Faissal Bouaanan, Marcel Clausing, Grigory Gelfond, Ruhama Hassanov, Lisa Hassel, Abdellatif Hmiza, Hamad Khalid, Josip Kupresak, Khaoula Lemalmi, Daniel Lutz, Majda M'hamdi Alaoui, Petrit Pepaj, Alisha Quyyum, Julie Teumi, Patrick Weiterer, Jannik Wilhelm und Anas Zabar.

11 Zukunft als Katastrophe
Darmstädter Öko-Filmfestival

Dieses Kapitel wurde bereits in leicht veränderter Form publiziert in
Chemie in Labor und Biotechnik (CLB) 71 (2021), Heft 1-2, S. 46-62.

Studierende der Chemie- und Biotechnologie sind der Frage nachgegangen, wie die vielseitigen Bedrohungen des Ökosystems Erde in ausgewählten *Dokumentar- und Spielfilmen* vermittelt werden. Der Titel der vorliegenden Publikation entspricht dem des lesenswerten Buchs von Eva Horn [1], Professorin am Institut für Germanistik der Universität Wien, die analysiert, dass in Filmen und in der Literatur die Zukunft oft schwarz gemalt wird, dies aber nicht mit der Absicht, die Zuschauer bzw. Leser zu ängstigen und hoffnungslos zu demotivieren, sondern sie zu alarmisieren und mobilisieren, noch rechtzeitig das Richtige zu unternehmen, um die Katastrophe abzuwenden bzw. Schäden zumindest möglichst gering zu halten. Das passt zum Bildungsauftrag der Hochschule. Deshalb hat jede(r) Seminarteilnehmende sich zwei oder drei *Dokumentarfilme* zu einem bestimmten Öko-Thema angeschaut und einen davon im Seminar vorgeführt, besprochen und dabei Bezüge zu den Inhalten der Pflichtvorlesungen in der Chemie und Biologie hergestellt. Der beste Film und die beste Präsentation wurden prämiert. Eine weitere Projektarbeit widmete sich den *Spielfilmen*.

11.1 Dokumentarfilme

Die Erdzerstörer

Abbildung 11.1.1: Chemie und Technik – Fluch oder Segen für die Menschheit [2, 3]?

Die Industrielle Revolution begann mit der Dampfmaschine. Handarbeit wurde durch Maschinenarbeit ersetzt und Massenproduktionen und -konsum möglich. Kohle wurde verbrannt, um die nötige Energie zu erzeugen, immer mehr. Und der CO_2-Gehalt in der Luft stieg, immer mehr. Dampfschiffe dienten zum Abtransport wertvoller Güter aus besetzten Kolonien. Die nordamerikanischen und europäischen Länder wurden reicher, viele andere Länder verarmten. Seit der zweiten Hälfte des 19. Jahrhunderts wurde die Energiebereitstellung zunehmend auf das bequemer zu fördernde und aufzuarbeitende Erdöl umgestellt, worauf der

CO_2-Gehalt in der Luft weiter stieg. Anfang des 20. Jahrhunderts kam die Stickstofffixierung aus der Luft hinzu. Ammoniumnitrat wurde als Dünger in großen Mengen verfügbar, ermöglichte gigantische Monokulturen in der Landwirtschaft und kontaminierte bei Überdüngung das Grundwasser. Des Weiteren diente es als Sprengstoff, was in Anbetracht der immer größer werdenden Kanonen und Bomben aus der carbothermischen Stahlproduktion nötig war. Gelegentliche Explosionen von Ammoniumnitrat-Fabriken, zuletzt am 4.8.2020 in Beirut, wurden – als Kollateralschaden – hingenommen. Wer Luft und Wasser zerlegen konnte, konnte auch andere gefährliche Gase handhaben und als Kampfgase einsetzen. Kriege wurden immer brutaler und zerstörerischer, was am eindrucksvollsten am 6. und 9.8.1945 mit einer neuen Erfindung kreativer Wissenschaftler demonstriert wurde. Pflanzenschutzmittel schützten zwar (kurzzeitig) einige Nährpflanzen, verursachten aber das Aussterben von Kleinlebewesen, und ihre Rückstände landeten gelegentlich auch auf dem Teller, genauso wie Antibiotika, die in der Tiermast eingesetzt wurden. Aus Erdöl konnte Nylon produziert werden, aus dem sich exzellente Netze zum Leerfischen der Ozeane herstellen ließen …

So kann man die schonungslose Abrechnung pointieren, die Jean-Robert Viallet mit seinem aus Archivaufnahmen zusammengefügten Dokumentarfilm „Die Erdzerstörer" [2] (Abb. 11.1.1) mit dem Anthropozän vornimmt. Alles vom Regisseur Gesagte ist richtig, aber einseitig. Deshalb war in unserem Seminar das Referat zum Film bewusst eine Gegendarstellung:

Die Industrielle Revolution begann mit der Dampfmaschine. Was war das für ein enormer ökologischer Fortschritt! Nun wurde zur Energiegewinnung Kohle verbrannt und nicht mehr Holz; denn die Wälder waren bereits weitgehend gerodet, jetzt konnten sie nachwachsen. Und welche Arbeitserleichterungen brachten die kohlegetriebenen Maschinen! Die Arbeitszeit wurde verkürzt, sodass die Menschen Freizeit bekamen, um die neuen Produkte aus Übersee zu genießen. Wohlstand und Lebensfreude stiegen. Die vermehrte Nahrungsmittelproduktion kam auch dem hungernden Teil der Menschheit zugute. Zusätzlich war es gut, Insekten, Pilze und Unkräuter mit Insektiziden, Fungiziden und Herbiziden von unseren Nutzpflanzen fernhalten zu können. Die Angst vor einer Wiederholung von Hiroshima und Nagasaki hat bislang einen Dritten Weltkrieg verhindert, und die Kernspaltung kann auch friedlich zur CO_2-freien Energiegewinnung genutzt werden. In das Zeitalter des Anthropozäns fallen z.B. die Arbeiten von Louis Pasteur und Robert Koch, die vielen Infektionskrankheiten ihren Schrecken genommen haben. Nicht nur Nylon ist ein Erdöl-Folgeprodukt, sondern auch Aspirin, das Mittel gegen etwas weniger Schmerz auf dieser Welt. Apropos Nylon – daraus kann man recht sexy Strümpfe herstellen …

Zu dieser Schwarz/Weiß-Malerei von Film und Referat bietet Leonardo Di Caprio mit seinem Dokumentarfilm „Before the Flood" [3] (Abb. 11.1.1) den Kompromiss an. Auch er zeigt die multiple ökologische Krise mit schmelzenden Eisbergen, überfluteten Wohngebieten, toten Korallenriffen, ölverschmierten Landschaften, brennenden Wäldern, Massentierhaltung etc., spricht aber gleichzeitig in seiner Funktion als Friedensbotschafter im Parlament der Vereinten Nationen sowie mit einflussreichen Persönlichkeiten wie Ban Ki-moon, Bill Clinton, Barack Obama oder Papst Franziskus, wie man den Klimawandel so rasch wie möglich stoppen und auch den fiesesten Leugner davon, Donald Trump, lächerlich machen kann. Noch leben wir vor der Sintflut. Dieser biblische Bezug spielt in Di Caprios Film eine ebenso große Rolle wie seine Interpretation des Gemäldes „Der Garten der Lüste" von Hieronymus Bosch (Abb. 11.1.2) als rücksichtslosen Umgang der Menschen mit den tierischen und pflanzlichen Ressourcen auf der Erde. Di Caprio steht mit seinem großartigen Engagement in der Tradition von Al Gore und dessen bekanntem Film „Eine unbequeme Wahrheit" [4, 5].

Noch einmal zurück zu „Die Erdzerstörer". Zwei Sachverhalte sind uns aufgefallen, die verdeutlichen, wie wichtig wirtschaftspolitische Weichenstellungen sind. Erstens: Ende der

1920er Jahre war das öffentliche Transportwesen in den Großstädten der USA bereits sehr gut entwickelt. Doch der Einfluss der aufkommenden Autoindustrie war zu stark, sodass das Straßen-bahnnetz zurückgebaut wurde, um Platz für den Individualverkehr zu schaffen. Ein fataler Fehler, denn heute wäre man froh, diese Entwicklung zurückschrauben zu können. Zweitens: Ende der 1940er Jahre gab es schon erste Solarhäuser. Doch diese setzten sich gegen die von der Erdöllobby favorisierten ölbeheizten Häuser nicht durch, sodass leider ein halbes Jahrhundert verschlafen wurde, um eine nachhaltige Solartechnik voranzubringen. Bedenkenswert ist auch der Schlussgedanke des Films: „Das Heilversprechen, dass die Welt durch Digitalisierung zu retten sei, erinnert an den Beginn des 19. Jahrhunderts, als es hieß, die Kohle rette die Wälder."

Abbildung 11.1.2: „Der Garten der Lüste". Der mittlere Teil des Triptychons von Hieronymus Bosch beschreibt den rücksichtslosen Umgang der Menschheit mit ihren Ressourcen [6].

Racing Extinction

Abbildung 11.1.3: Bedrohte Wildtiere [7-9].

Mit versteckter Kamera filmt Louie Psihoyos wie ein Hai, dem die Flossen abgeschnitten worden sind, auf den Meeresboden sinkt und qualvoll stirbt, wie in einem Hinterhof Unmengen von Haifischflossen für den illegalen Transport nach Spanien vorbereitet werden, wo sie wegen ihres hohen Gehalts an ω-3-Fettsäuren geschätzt sind, und wie in einem Nobelrestaurant Haifischsuppe und Speisen aus anderen bedrohten Tierarten serviert werden. Er erstattet Anzeige. Des Weiteren zeigt der Regisseur von „Racing Extinction" [7] (Abb. 11.1.3) Riesenmantas, deren Kiemen herausgeschnitten worden sind, weil sich diese für irgendeinen Hokus Pokus in der Traditionellen Chinesischen Medizin gut verkaufen lassen. Immerhin schafft es Psihoyos mit diesen Bildern, dass der Mantafang verboten wird.

Zahlen schockieren: Schätzungsweise 250.000 Haie werden täglich gefangen; 800 Umweltaktivisten haben in den letzten zehn Jahren bei ihrem Engagement das Leben verloren.

Wie man das für die Versauerung der Ozeane und folglich das Korallensterben verantwortliche Kohlenstoffdioxid sichtbar machen kann, gelingt Psihoyos mit eindrucksvollen Bildern: Mit einer speziellen Infrarotkamera zeigt er in der Nacht, wie das Gas z.B. aus einer Verbrennungsanlage oder dem Auspuff eines Autos entweicht. Nicht minder spektakulär sind seine nächtlichen Projektionen von Aufnahmen großer, vom Aussterben bedrohter Tiere auf die Wände des Empire State Buildings und des Hauptgebäudes der Vereinten Nationen. „Diese letzten Tiere sind wie große Kunstwerke", so Psihoyos. Das hatte Bernhard Gryzmek 56 Jahre zuvor schon ähnlich formuliert, als er meinte, dass Ökosysteme wie die Serengeti genauso schützenswert seien wie die Akropolis, der Petersdom oder der Louvre [8]. Und Jane Goodall fragt in einer ihrer zahlreichen Reden als UN-Friedensbotschafterin [9]: „Wie können wir – als intelligenteste Wesen – die Erde zerstören? Wir haben die Weisheit verloren, über die Zukunft und nicht nur über uns selbst nachzudenken?"

More than Honey

 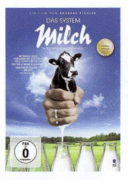 

Abbildung 11.1.4: Domestizierte Tiere [10, 13, 14].

Was Artensterben bedeutet, sieht man am besten in einigen Gegenden Chinas, wo die Bienen bereits ausgestorben sind. Hier müssen die Menschen mühsam Nutzpflanzen mit einem Wattebausch betupfen, auf denen Blütenstaub haftet. Diese Befruchtungsaufgabe haben ihnen früher die Bienen abgenommen.

Wie kommt es zum Sterben der Insekten? Die europäische Honigbiene ist ein Massenprodukt. Der Film „More than Honey" [10] (Abb. 11.1.4) zeigt u.a. eine Züchterin, die eine geschlüpfte Bienenkönigin mit einer kleinen Anzahl von Drohnen in ein spezielles Schälchen packt und mit der Post an einen Bienenzüchter schickt. Ganze Bienenstöcke mit ihren Völkern werden in Lastwagen oft stundenlang zu den Plantagen transportiert, wo sie bestäuben sollen; dann geht es weiter zum nächsten Feld. Das und der dabei aufkommende Stress der Bienen wird im Film eindrücklich vom Besitzer riesiger Mandelplantagen in Kalifornien gezeigt. Der Honig, den die Bienen produzieren, ist eher ein Nebenprodukt; primär geht es um die geldbringe Arbeitsleistung der Bienen. Es verwundert nicht, dass bei der Masseninsektenhaltung leicht

Krankheiten zwischen den einzelnen Bienenvölkern übertragen werden. Um dem vorzubeugen, werden die Tiere mit Antibiotika behandelt. Das schützt die Bienen zwar vor Infektionen, schwächt aber ihr Immunsystem. Vermutlich werden die Tiere durch Neonicotinoide, die als Pflanzenschutzmittel verwendet werden, weiter geschwächt, sodass sie sich gegen ihren größten Feind, die Varroamilbe, nicht mehr wehren können (Abb. 11.1.5). Dann kommt es zum Massensterben. Kränkelnde Bienenvölker werden oft schon vorher durch „Schwefeln", d.h. Begasen mit Schwefeldioxid, vernichtet.

Der Film zeigt zum Vergleich die afrikanische Honigbiene, die noch nicht so hochgezüchtet ist wie ihre europäische Schwester. Sie ist gesünder und widerstandsfähiger, aber auch aggressiver und nicht so pflegeleicht, sodass sie als Killerbiene diffamiert wird.

Im Seminar wurde der Begriff „Superorganismus" erläutert, zu dem ein Bienenvolk zählt, sowie der Schwänzeltanz der Bienen und die Funktion einiger ihrer Pheromone besprochen. „Die Bienen sterben am Menschen, der Wildbienen zu gefälligen Haustieren gemacht hat", sagt der Filmregisseur Markus Imhoof.

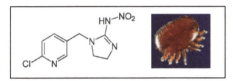

Abbildung 11.1.5: Neonicotinoide, hier Imidacloprid [11], und die Varroamilbe [12] sind vermutlich gemeinsam für das Bienensterben verantwortlich.

Bereits das Titelbild des Films „Das System Milch" [13] (Abb. 11.1.4) ist vielsagend: Eine Kuh wird brutal ausgequetscht. Sie muss ständig schwanger sein, denn ohne Kalb gibt sie keine Milch; ohne Milch hat sie keine Existenzberechtigung und wird zum Schlachthof geführt; so einfach sind die Regeln. Ihr Kalb wird der Kuh unmittelbar nach der Geburt weggenommen, denn ihr nachweislicher Trennungsschmerz spielt keine Rolle. Gemästet wird die Kuh mit Sojamehl, für dessen Anbau der brasilianische Urwald gerodet und das mit Fischmehl angereichert wurde. Sind Rinder nicht eigentlich Vegetarier, die sich von Weidegras ernähren? In der Europäischen Union wird viel zu viel Milch produziert, sodass sie spottbillig – also für die EU-Bauern kaum gewinnbringend – ist und großenteils exportiert werden muss. U.a. nach China, denn Milchproteine sollen wachstumsfördernd sein, und die Chinesen möchten gerne (nicht nur wirtschaftlich, sondern auch) körperlich größer werden. In Form von Milchpulver wird die Milch vor allem nach Afrika gebracht. Die niedrigen Einfuhrzölle schaden dem Geschäft der EU-Länder nicht, machen aber die tradierten kleinbäuerlichen Strukturen in Afrika kaputt, wo sich das artgerechte Halten weniger Kühe im Rahmen einer gesunden Subsistenzwirtschaft nicht mehr lohnt. Besonders beeindruckend – oder sagen wir besser fürchterlich erschreckend – ist im Film eine gezüchtete „Hochleistungskuh", die mit ihrem mit Milch prall gefülltem Euter kaum laufen kann. Das ist Speziezismus, bei dem der Mensch das Tier als reine Produktionsmaschine betrachtet, in Perfektion.

Pro Liter Milch fallen drei Liter Gülle an. Diese wird entweder als Dünger auf die Felder geschüttet und führt zu einer erhöhten Grundwasserbelastung mit Nitrat, oder sie wird zu Biogas verarbeitet, was finanziell attraktiver ist als der Milchverkauf selbst.

Zuchtlachsen (Abb. 11.1.4) geht es nicht besser (als Bienen und Kühen). 20 % von ihnen sterben bereits in ihrer Aquakultur, wo sie mit Sojamehl gemästet werden, dem synthetisch hergestelltes Astaxanthin (Abb. 11.1.6) zugesetzt ist, welches die Lachsfilets schließlich appetitlich rot aussehen lässt. Die vielen Fische auf engem Raum werden aggressiv und fressen sich gelegentlich gegenzeitig auf (Kannibalismus); die Lachslaus kann sich rasch verbreiten und muss mit Antibiotika bekämpft werden. Oft entkommen einzelne Lachse aus ihren Unter-Wasser-Gefängnissen, paaren sich dann mit freilebenden Artgenossen, was zu unerwünschten Mischkulturen führt. Doch die Gier nach Lachs – so auch der Titel des Films [14] – wächst. In Japan werden bereits Lachse zu Sushi verarbeitet, denn die traditionell dafür verwendeten Thunfische sind zu teuer geworden, weil sie vom Aussterben bedroht sind.

Abbildung 11.1.6: Astaxanthin verleiht Lachsfilets die rote Farbe [15].

Magie der Moore

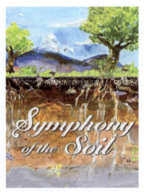

Abbildung 11.1.7: Torf – ein besonderer Boden [19, 16].

Boden ist ein Begriff, den man kaum definieren kann. Er ist die dünne, lebende Hülle um den riesigen mineralischen Teil unseres Planeten. Die biblische Aussage, dass der Mensch aus dem Boden entstanden ist und wieder zu Boden wird, muss natürlich biochemisch konkretisiert werden, ist im Kern aber wahr. Deshalb leuchtet es auch ein, dass erodierter oder unfruchtbar gewordener Boden die Zukunft (nicht nur) der Menschheit bedroht. Deborah Koons Garcia hat dem Boden eine *Symphonie* gewidmet [16] (Abb. 11.1.7), an der sich vielseitige Aspekte der Bodenchemie (Bodentypen, deren Entstehung und Nutzung, Bodenlebewesen, Wasserspeicherung, Düngung, Verdichtung, Erosion …) aufzeigen lassen, von denen wir uns hier aber nur auf die Torfbildung und -bedeutung konzentrieren möchten.

Wenn Landpflanzen (und Tiere) sterben, werden sie normalerweise von Bodenorganismen zersetzt. Solange Sauerstoff vorhanden ist, geschieht dies aerob und führt zur Bildung von Humus, der besonders reich an Mineralien ist. Wenn der Boden hingegen in einer Mulde liegt und flach überschwemmt wird, bildet sich ein Moor. In diesem einzigartigen Biotop am Übergang zwischen Erde und Wasser herrschen anaerobe und leicht saure (pH 3-4) Bedingungen, unter denen die üblichen Bodenorganismen nicht existieren können, sodass die verstorbenen Pflanzen kaum abgebaut, sondern weitgehend konserviert werden. Der Kohlenstoff, der ein zentrales Element in Lebewesen ist, bleibt also im Boden und entweicht nicht wie unter aeroben Bedingungen als Kohlenstoffdioxid in die Atmosphäre. Moore sind deshalb effektive CO_2-Speicher. Obwohl sie nur ca. 3 % der globalen Landfläche einnehmen, ist in ihnen etwa doppelt so viel Kohlenstoff gespeichert wie in den Wäldern, welche immerhin die zehnfache Fläche bedecken [17]. Da ständig Pflanzen nachwachsen und sterben, verdichtet sich die tote Masse mit der Zeit und es entsteht Torf. Wenn ein Moor durch tektonische Bewegungen abgesenkt wird und schweres Sediment eindringt, wird der Torf komprimiert, dadurch entwässert und gleichzeitig erwärmt. Im Laufe von Jahrmillionen entweichen dann unter den herrschenden anaeroben Bedingungen Stickstoff, Sauerstoff und Schwefel, die anderen mengenmäßig bedeutenden Elemente des Lebens, als NH_3, H_2O bzw. H_2S – und Kohlenstoff (Kohle) bleibt übrig.

Man kann Moore mit Entwässerungskanälen trockenlegen und den Torf anschließend abbauen („stechen"). Diese Arbeit hat durch das Lied „Die Moorsoldaten" (Abb. 11.1.8), das wir im Seminar in der Interpretation von Hannes Wader [18] gehört haben, traurige Berühmtheit erlangt. Torf wurde als Brennstoff verwendet und wird heute vorwiegend im Gartenbau genutzt, wo man die praktisch nährstofffreie Erde gezielt mit Mineralien für den Anbau bestimmter Pflanzen anreichert oder andere Blumenerden durch Zumischen von Torf auf einen gewünschten leicht sauren pH-Wert einstellt. Außerdem werden Moore trockengelegt, um die Fläche landwirtschaftlich zu nutzen. Dies ist aber ökologisch gesehen kontraproduktiv. Denn trockener Torf wird aerob rasch abgebaut und verursacht dabei enorme CO_2-Emissionen. Umgekehrt gilt, dass das Wiederbefeuchten bereits trockengelegter Moore (Renaturieren) eine höchst wirkungsvolle Methode zur Senkung der Konzentration des Treibhausgases CO_2 in der Luft ist.

Der Film „Magie der Moore" [19] (Abb. 11.1.7) will, dass dieser wenig bekannte, aber wichtige Aspekt in die öffentliche Klimadiskussion einfließt. Darüber hinaus gelingt es ihm, die Schönheit und Faszination des Ökosystems Moor zu zeigen. Natürlich auch die Legenden über das Moor und insbesondere die Moorleichen (Abb. 11.1.9), die aus den genannten biochemischen Gründen sehr lange Zeit im Moor konserviert waren. Annette von Droste-Hülshoff hat in ihrem Gruselgedicht „Der Knabe im Moor" [22] vollkommen recht: „Schaurig ist's, über's Moor zu gehen."

Abbildung 11.1.9: Zwei Moorleichen, ca. 2400 (links) bzw. 1300 (rechts) Jahre alt [20, 21].

Anmerkung: In diesem Seminar haben wir uns beim Unterthema „Bedrohte Ökosysteme" auf das Moor konzentriert. Andere Studierende haben ergänzend dazu Hausarbeiten über das Barrier Reef, das Wattenmeer, über tropische Regenwälder, boreale Wälder, den deutschen Forst und Wiesenlandschaften, über die Arktis und Antarktis, über Sandwüsten sowie über den Aral- und Baikalsee geschrieben. Auch über diese gefährdeten Ökosysteme gibt es hervorragende Dokumentarfilme, die in allen Fällen aufzeigen, wie die Menschen mit ihrem unbedachten bis rücksichtslosen Konsumverhalten diese Systeme maßgeblich stören bis zerstören und das Artensterben fördern.

Die Moorsoldaten

Wohin auch das Auge blicket, Moor und Heide nur ringsum.
Vogelsang uns nicht erquicket, Eichen stehen kahl und krumm.
Wir sind die Moorsoldaten und ziehen mit dem Spaten ins Moor.

Hier in dieser öden Heide ist das Lager aufgebaut,
wo wir fern von jeder Freude hinter Stacheldraht verstaut.
Wir sind die Moorsoldaten und ziehen mit dem Spaten ins Moor.

Morgens ziehen die Kolonnen in das Moor zur Arbeit hin.
Graben bei dem Brand der Sonne, doch zur Heimat steht der Sinn.
Wir sind die Moorsoldaten und ziehen mit dem Spaten ins Moor.

Heimwärts, heimwärts jeder sehnet, zu den Eltern, Weib und Kind.
Manche Brust ein Seufzer dehnet, weil wir hier gefangen sind.
Wir sind die Moorsoldaten und ziehen mit dem Spaten ins Moor.

Auf und nieder gehn die Posten, keiner, keiner kann hindurch.
Flucht wird nur das Leben kosten, vierfach ist umzäunt die Burg.
Wir sind die Moorsoldaten und ziehen mit dem Spaten ins Moor.

Doch für uns gibt es kein Klagen, ewig kann's nicht Winter sein.
Einmal werden froh wir sagen: Heimat, du bist wieder mein.
Dann ziehn die Moorsoldaten nicht mehr mit dem Spaten ins Moor!

Abbildung 11.1.8: Das Lied „Die Moorsoldaten" erzählt von Gefangenen in Konzentrationslagern, die vergeblich auf ihre Befreiung hoffen. Es kann als eine Allegorie interpretiert werden: Wie Menschen andere Menschen misshandeln und ausbeuten, so misshandeln sie auch die Natur und beuten sie aus – hier das Moor – mit tödlicher Konsequenz.

Gasland

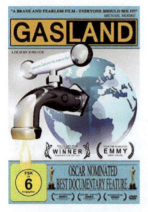

Abbildung 11.1.10: Landraub und Umweltzerstörung durch Fracking [23].

Josh Fox erhielt ein Angebot über 100.000 Dollar: Eine Firma wollte sein Land pachten, um dort Erdgas zu erschließen. Die relativ hohe Summe machte den Filmregisseur stutzig; er vermutete – sehr richtig –, dass ein Big Business dahintersteckte und er lediglich eine Abfindung – ein Schweigegeld? – erhalten sollte. Fox recherchierte, insgesamt in acht US-Bundesstaaten, und so entstand der Dokumentarfilm „Gasland" [23] (Abb. 11.1.10).

Es geht um das Hydraulic Fracturing, kurz Fracking, dessen (bio)chemisch-technischer Hintergrund im Seminar zunächst erläutert wurde. Anders als Kohle (s.o) entstehen Erdöl und Erdgas nicht aus Landpflanzen, sondern aus abgestorbenen Meeresorganismen (vorwiegend Algen), die auf den Meeresboden sinken und sich unter den dortigen sauerstoffarmen Bedingungen in einen Faulschlamm verwandeln. Dieser nimmt im Laufe der Zeit an Masse zu, wird dadurch komprimiert, was durch abgelagertes Gesteinssediment verstärkt wird. Dieses sogenannte Kerogen wandert, durch tektonische Bewegungen unterstützt, in tiefere und wärmere Erdschichten, wo die Entwässerung und Aufspaltung in eine Vielzahl von Kohlenwasserstoffen erfolgt, wobei die kleinste Verbindung Methan ist. Größere Ansammlungen (primäre Lagerstätte) von Öl und Gas können durch einfaches Anbohren und Abpumpen erschlossen werden. Weiteres Öl und Gas ist im Gestein eingeschlossen und kann erst durch Anbohren von mehreren Seiten und Spülen freigesetzt und an die Erdoberfläche gefördert werden. Das passiert beim Fracking.

Dieses Verfahren wird in großem Maße in den USA durchgeführt. Es ist nämlich ein erklärtes Ziel der amerikanischen Politik, das Land von Erdölimporten aus anderen Ländern unabhängig zu machen. Erdöl und Erdgas waren schon immer und sind es nach wie vor: Konfliktrohstoffe. Dass Fracking ein ökologisches Desaster ist, wird in Kauf genommen.

Problematisch ist zunächst, dass ein Teil der Spülflüssigkeit ins Grundwasser und über die Brunnen zur Trinkwassergewinnung schließlich in die Haushalte der Bewohner der Fracking-Gebiete gelangt. Das Leitungswasser, das im Film gezeigt wird, sieht wirklich ekelig aus; kein Wunder in Anbetracht des Chemikaliencocktails im Fracfluid, über den man eine eigene Chemie-Vorlesung halten könnte: Wasserverdicker, pH-Puffer, Alkohole, Tenside, Schaumbildner, Korrosionsschutzmittel, Komplexbildner, Biozide ... So ein Wasser will und kann niemand trinken. Doch es kommt noch schlimmer: Ein Teil des aus dem Gestein befreiten Methans entweicht in die Atmosphäre und ist dort ein mehr als zwanzigmal wirkungsvolleres Treibhausgas als Kohlenstoffdioxid; ein anderer Teil gelangt ins Wasser und macht dieses „brennbar". Die Aufnahmen von aus dem Wasserhahn fließendem und dann explodierendem Wasser sind einfach unglaublich.

Dass Anwohner von Fracking-Gebieten nicht nur verängstigt sind, sondern auch ernsthaft erkranken, sodass ihnen nichts anderes übrigbleibt, als wegzuziehen, ist die menschliche Tragödie dieser Technologie. Fracking ist Landraub.

Diesen Seminarteil haben wir mit einigen Fotos von der Ölsandaufbereitung, einer weiteren „innovativen" Methode zur Gewinnung fossiler Rohstoffe, abgeschlossen. Beim Betrachten der Bilder (Abbildung 11.1.11) kann man an eine bevorstehende Apokalypse glauben.

Abbildung 11: Ölsand und seine umweltzerstörende Aufbereitung [24].

Blaues Gold

Abbildung 11.1.12: Lebenselixier Wasser, der Konfliktrohstoff Nr. 1 [25, 26].

Die Vorlesung über Industrielle Chemie widmet sich ausführlich der Wassertechnologie. Es wird erklärt, wie Mehrwasser durch Destillation oder Umkehrosmose entsalzt, wie Trinkwasser durch eine Folge von Reinigungsschritten (Desinfizierung mit Chlor, Chlordioxid oder Ozon, Klärung durch Flockung und Sedimentation, Adsorption organischer Inhaltsstoffe an Aktivkohle, pH-Korrektur und Sicherheitschlorung) bereitgestellt, wie toxische Inhaltsstoffe aus Industriebwässern mit maßgeschneiderten Verfahren (Fällung, Oxidation/Reduktion, Adsorption, Ionenaustausch, Bestrahlung mit UV- Licht) entfernt werden können und wie die Biologie in einer Kläranlage (Belebungsbecken, Nachklärbecken, Klärschlamm) funktioniert. Technisch gesehen ist die Herstellung von sauberem Wasser kein grundsätzliches Problem.

Doch das ist nur die halbe Wahrheit. Denn Wasser ist der größte Konfliktrohstoff, weil es – anders als z.B. Erdöl und Erdgas (s.o.) – absolut lebensnotwendig ist. Sam Bozzos Film „Blaues Gold" [25] beginnt mit der dramatischen Schilderung eines Goldsuchers, der sieben Tage ohne Wasser in der Wüste wie durch ein Wunder überlebte. Diese Extremsituation verdeutlicht, dass Wasser viel wertvoller ist als Gold. „Der Krieg der Zukunft" – so lautet der Untertitel des Films, und „Abgefüllt" [26] in Kunststoffflaschen ist Wasser ein Milliardengeschäft (Abb. 11.1.12). „Wasser ist Menschenrecht" steht zwar in der Charta der Vereinten Nation, was aber bei Weitem nicht überall garantiert ist.

Die globale Erwärmung hat u.a. die Absenkung des Grundwassers und die Ausdehnung von Wüsten zur Folge. Viele Menschen verlieren deshalb ihren Lebensraum und müssen migrieren; darin liegt wirtschafts- und sozialpolitischer Sprengstoff. Wer über Wasser verfügt, hat Macht. Wer beispielsweise einen Staudamm besitzt, kann entscheiden, wieviel Wasser die Länder flussabwärts noch bekommen – aktuell ein Konflikt um den neuen Nil-Staudamm in Äthiopien. Bozzo vergleicht Staudämme mit verstopften Arterien.

Die Wasserkrise wird noch verschärft durch eine zunehmende Privatisierung der Trinkwasserversorgung. Nestlé, Coca Cola und Pepsi Cola kontrollieren bereits über 60 % des amerikanischen Markts mit abgefülltem Wasser. Dieses entnehmen sie den kommunalen Wasservorräten, füllen es in Flaschen aus Polyethylentherephthalat bzw. größere Gebinde aus Polycarbonat ab und verkaufen es für teures Geld. Dabei ist dieses Flaschenwasser wegen ausgewaschener Kunststoffabbauprodukte (Phthalate bzw. Bisphenol A, s.u.) qualitativ eher schlechter als das kommunale Wasser. Was die großen Firmen machen, ist Wasserraub und Betrug und wird von Stephanie Soechtig, der Regisseurin von „Abgefüllt", mit Worten von Mahatma Gandhi kommentiert: „Es gibt genug Wasser für den menschlichen Bedarf, aber nicht für menschliche Gier."

Plastic Planet

Abbildung 11.1.13: Die Schattenseiten der Kunststoffe [27, 28].

Eine besonders eindrucksvolle Szene im Film „Plastic Planet" [27] ist die, in der eine Familie alle Plastikgegenstände aus ihrem Haus in den Garten räumt (Abb. 11.1.13). Der Regisseur Werner Boote bringt es auf den Punkt: „Wir sind Kinder des Plastikzeitalters."

Bevor wir uns den Film angeschaut haben, haben wir das Thema Polymerchemie aus der Vorlesung rekapituliert. Phenol-Formaldehyd-Harze, Polyamide, Polyester, Polyolefine, Polyurethane, Silicone, flüssigkristalline Polymer ... sind Meilensteine der Chemiegeschichte, mitverantwortlich für das Wirtschaftswunder nach dem Zweiten Weltkrieg und Antreiber der Medizintechnik (insbesondere als Körperersatzteile). Ihre Vorprodukte stammen aus der Erdölaufbereitung, sind also relativ preisgünstig; Kunststoffe werden auch gerne als „weißes Erdöl" bezeichnet. Sie sind leichter und korrosionsbeständiger als Metalle und trotzdem mechanisch belastbar, sie sind wärmedämmend im Bauwesen und bestens geeignet als Verpackungsmaterialien, viele Kunststoffe können recycelt werden ... Die Liste der Vorzüge der Kunststoffe ist lang.

Werner Boote zeigt die Schattenseiten der Kunststoffe. Dass Deutschland einen Großteil seines Plastikmülls zum kostengünstigen „Recycling" nach Ostasien schickt, ist ein grober Verstoß gegen das Verursacherprinzip, nach dem ein Hersteller für seine Produkte haftet. Unsere Studenten lernen im Organischen Praktikum, wie einfach es ist, gebrauchtes Polyethylenterephthalat mit Natronlauge zu verseifen und dann die Bausteine Terephthalsäure und Ethylenglycol zu isolieren (Abb. 11.1.14). Diese können zu fabrikneuem PET polykondensiert werden. Das geht ganz einfach – man muss es nur machen. In der Tat landet aber ein Großteil des PET und anderer Kunststoffe nicht in professionellen Recyclinganlagen, sondern auf Deponien oder im Meer (Abb. 11.1.13), was eine ökologische Katastrophe ist. Die biologische Abbauzeit von Kunststoffen wird auf 500 Jahre geschätzt. In dieser langen Zeit ist das Material längst mechanisch zerkleinert und von Meeresleben verschluckt worden, die wiederum auf unserem Speiseplan stehen. Viel schneller als eine PET-Flasche verteilt sich sogenanntes Mikroplastik über die Nahrungskette. In Zahnpasta verwendet man beispielsweise Polyethenteilchen im Mikrometerbereich als Scheuerkörper. Die winzigen Partikel werden in einer Kläranlage zum Teil zurückgehalten und gelangen dann mit dem Klärschlamm als Dünger auf die Felder, wo unsere Nährpflanzen angebaut werden, oder sie werden nicht zurückgehalten und über den Vorfluter ins Meer gespült. Ein Meeresbiologe, den Werner Boote besucht hat, berichtet, dass man im Meerwasser mittlerweile schon sechzigmal mehr Plastik- als Planktonteilchen findet.

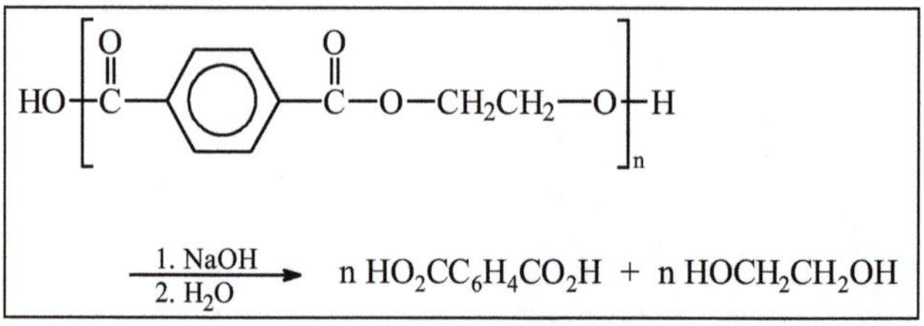

$$\text{HO}-\left[\overset{O}{\overset{\|}{C}}-\underset{}{\bigcirc}-\overset{O}{\overset{\|}{C}}-O-CH_2CH_2-O\right]_n H$$

$$\xrightarrow[\text{2. } H_2O]{\text{1. NaOH}} \quad n\ HO_2CC_6H_4CO_2H\ +\ n\ HOCH_2CH_2OH$$

Abbildung 11.1.14: Das Recycling der PET-Bausteine durch Verseifung von Polyethylentherephthalat geht ganz einfach. Man muss es nur so machen … Dann landen PET-Flaschen nicht mehr im Meer.

Ein besonderer Dorn im Auge ist Werner Boote das Bisphenol A (Abb. 11.1.15). Denn diese Verbindung, die insbesondere als Baustein für Polycarbonat, aus dem u.a. größere Gebinde für Trinkwasser hergestellt werden, oder z.B. als Antioxidans in anderen Kunststoffen verwendet wird, gilt als ein endokriner Disruptor (Stoff mit hormonähnlicher, speziell östrogenähnlicher Wirkung), der zu Diabetes mellitus, Fettleibigkeit, Schilddrüsenerkrankung, Entwicklungsstörungen vor allem bei Kindern und Unfruchtbarkeit (in der Natur auch bei Fischen) führen kann.

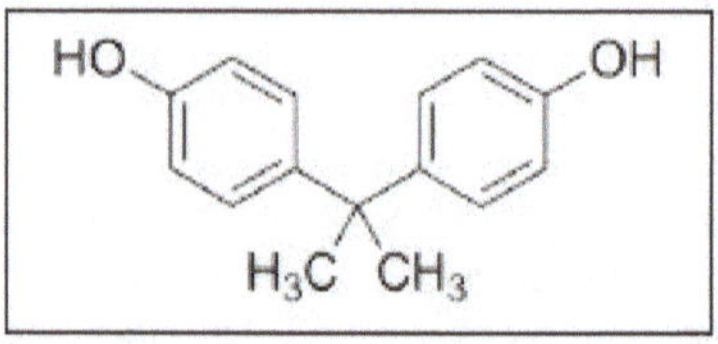

Abbildung 11.1.15: Toxikologisch bedenkliches Bisphenol A – Baustein einiger Kunststoffe und häufig verwendetes Kunststoffadditiv [29].

Die Akte Aluminium

Abbildung 11.1.16: Kehrseite eines glänzenden Metalls [30].

Um versteckte Gesundheitsgefahren geht es auch in diesem Seminarteil, konkret um die des Aluminiums (Abb. 11.1.16), dessen Chemie in der Vorlesung ausführlich behandelt wird und in unserem Seminar stichwortartig wiederholt wurde: amphoteres Aluminiumhydroxid, lewissaures Aluminiumchlorid, u.a. auch bei Friedel-Crafts-Alkylierungen und -Acylierungen, Triethylaluminium im Ziegler-Katalysator zur Olefin-Polymerisation, Zeolithe, Tonmineralien und Korund, Chemical Vapor Deposition von Nano-Al_2O_3, der Spinell Thénards Blau ($CoAl_2O_4$), Gewinnung von Aluminiumoxid aus Bauxit, Schmelzflusselektrolyse zur Gewinnung von Aluminium, Aluminium als Leichtmetall und seine Passivierung. Des Weiteren haben wir drei Praktikumsexperimente ausführlich in Erinnerung gerufen, weil sie im Zusammenhang mit dem Film „Die Akte Aluminium" [30] stehen:

1. *Beizenfärbung mit Alizarin.* Baumwolle wird in einer Aluminiumsulfat-Lösung erwärmt, um Aluminiumionen an der Oberfläche der Cellulose komplexchemisch zu binden. Das gebeizte Polysaccharid wird dann in einer Alizarin-Suspension erhitzt. Die resultierende rot gefärbte Baumwolle, in der Faser und Farbstoff über das Aluminiumkation komplexchemisch verbunden sind (Abb. 11.1.17), wird gewaschen und getrocknet.
2. *pH-metrische Bestimmung der Säurebindekapazität eines Antazidums, das Aluminium- und Magnesiumhydroxid enthält.* Der Inhalt eines Beutels Maaloxan, wird quantitativ in ein Becherglas gespült und mit 50 ml 1 mol/L Salzsäure aufgelöst ($Al(OH)_3$ + 3 HCl → $AlCl_3$ + 3 H_2O bzw. $Mg(OH)_2$ + 2 HCl → $MgCl_2$ + 2 H_2O). Dann wird in 0,5-mL-Schritten mit 1 mol/L Natronlauge titriert, der pH-Wert gemessen und gegen die NaOH-Menge aufgetragen (Abb. 11.1.18). Aus den Wendepunkten der Titrationskurve kann man die Säurebindekapazität des Antazidums berechnen.
3. *Quantitative Trennung von Eisen und Aluminium.* Eine salzsaure Lösung mit Fe^{3+}- und Al^{3+}-Ionen wird alkalisiert, wobei Eisen als Hydroxid ausfällt (Fe^{3+} + 3 OH^- → $Fe(OH)_3$), während Aluminium aufgrund seines amphoteren Charakters als Tetrahydroxyaluminat in Lösung bleibt (Al^{3+} + 4 OH^- → $[Al(OH)_4]^-$). Das Eisenhydroxid wird abfiltriert, gewaschen, zu Eisen(III)-oxid geglüht und ausgewogen. Das Filtrat wird neutralisiert, wobei Aluminiumhydroxid ausfällt ($[Al(OH)_4]^-$ + H^+ → $Al(OH)_3$ + H_2O). Dieses wird abfiltriert, gewaschen, zu Aluminiumoxid geglüht und ausgewogen.

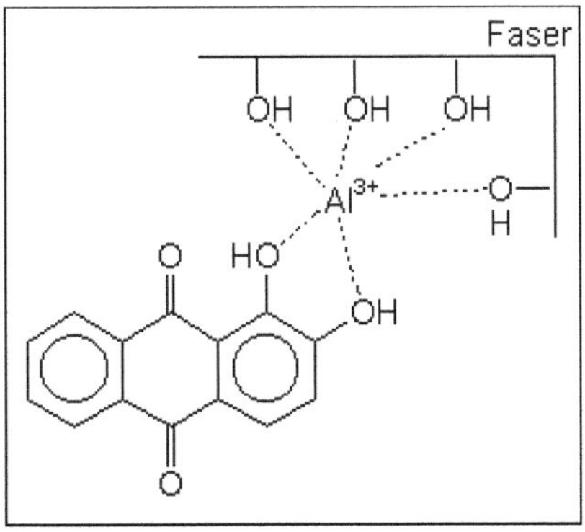

Abbildung 11.1.17: Die Beizenfärbung von Cellulose mit Alizarin verdeutlicht, dass ein Al^{3+}-Ion verschiedene organische Moleküle komplexchemisch vernetzen kann [31].

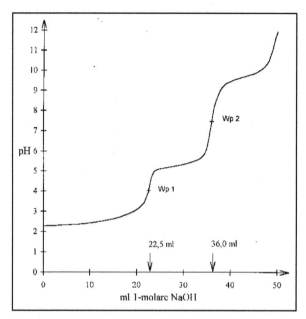

Abbildung 11.1.18: pH-metrische Titration des Antazidums Maaloxan. Antazida sind Substanzen, die zu viel produzierte Magensäure neutralisieren. Eingesetzt werden u.a. aluminium- und magnesiumhaltige Präparate. Ihre Säurebindekapazität ($Al(OH)_3$ + 3 HCl → $AlCl_3$ + 3 H_2O bzw. $Mg(OH)_2$ + 2 HCl → $MgCl_2$ + 2 H_2O) kann bestimmt werden, indem eine Dosiereinheit in einer definierten Menge überschüssiger Salzsäure gelöst und die Lösung mit Natronlauge pH-metrisch titriert wird. Dabei sind mehrere Titrationsphasen unterscheidbar. Zunächst wird die überschüssige Salzsäure neutralisiert. Im pH-Bereich 4-6 wird dann – auch optisch erkennbar – Aluminiumhydroxid ausgefällt. Danach steigt der pH-Wert, bis die Magnesiumhydroxid-Fällung beginnt. Aus dem Wendepunkt 2 der Titrationskurve lässt sich die Gesamtsäurebindekapazität des Antazidums berechnen, aus dem Wendepunkt 1 die nur von der Aluminiumkomponente gebundene Säuremenge [32].

„Die Akte Aluminium" [30] ergänzt unser Wissen über das Element um dessen gesundheitsschädigende Eigenschaften. Der Film beginnt mit einer brustamputierten jungen Frau, die vermutlich aufgrund regelmäßiger Benutzung aluminiumhaltiger Deodorants Brustkrebs bekommen hatte. Warum dieser Zusammenhang angenommen wird, haben wir uns von der Wissenschaftsjournalistin Mai Thy Nguyen Kim mit ihrem Video „Dein Deo macht dich krank?" erklären lassen [33]. In vielen Deos ist Aluminiumchlorid enthalten, das die an der Oberfläche der Haut befindlichen Proteine komplexchemisch vernetzt – ähnlich wie Cellulose und Alizarin bei der Beizenfärbung – und deshalb für Wasser (Schweiß) undurchlässig macht. Dass dies nicht gesund ist, dürfte klar sein, denn austretender und verdunstender Schweiß dient zur erforderlichen Körperkühlung, die hier unterdrückt wird. Jetzt kommt aber noch etwas hinzu: Wegen der räumlichen Nähe von Achselhöhlen und Brust klingt es plausibel, dass Aluminiumionen auch dorthin gelangen und ähnlich und dann krebsfördernd wirken können. Deshalb ist der Verkauf aluminiumchloridhaltiger Deodorants rückläufig. Mai Thy will noch mehr, und zwar, dass man Schweiß (und Schweißflecken) gesellschaftlich endlich als etwas Natürliches akzeptiert und dass Deos dann überflüssig würden – zum Nutzen von Mensch und Umwelt.

Der Film berichtet weiter von Alzheimererkrankten. Es gibt eine leichte Korrelation zwischen der Erkrankung und der Einnahme aluminiumhydroxidhaltiger Antazida, welche die Personen zur Neutralisation ihrer überschüssigen Magensäure regelmäßig benutzt haben. In den Gehirnen von Alzheimerpatienten und in den für die Krankheit typischen Bündeln aus Tau-Proteinen – diese binden an Mikrotuboli und regeln den Zusammenbau des zellulären Zytoskeletts – wurden erhöhte Aluminiumkonzentrationen festgestellt [34]. Aluminiumhydroxidhaltige Antazida sind daher heute bereits weitgehend von Markt verschwunden.

Während der Praktikumsversuch zur quantitativen Eisen/Aluminium-Trennung ästhetisch hübsch und das Abwasser lediglich eine neutrale Kochsalz-Lösung ist, die in den Ausguss geschüttet werden darf, ist diese Chemie im großtechnischen Maße höchst problematisch, wie der Film auf beängstigende Weise zeigt. Rohstoff der Aluminiumgewinnung ist Bauxit, ein Gestein aus Aluminiumoxid, Eisenoxid und Siliziumoxid. Das größte Abbaugebiet liegt in Brasilien, weil dort der Al_2O_3-Gehalt des Bauxits am höchsten ist. Das Land wurde der indigenen Bevölkerung geraubt und der Urwald gerodet. Beim Aufschluss des Erzes mit Natronlauge wird – wie im Praktikumsversuch – das Aluminium als Tetrahydroxyaluminat gelöst. Zurück bleibt der sogenannte Rotschlamm, denn Eisenoxid ist in Natronlauge unlöslich. Dieser wird in einem gigantischen Sammelbecken deponiert. Als verfahrenstechnischer Verlust versickert ein Teil der aluminathaltigen Natronlauge im Boden, verseucht das Grundwasser, sodass Vergiftungen der indigenen Bevölkerung, die noch in der Nähe der Aufbereitungsanlagen lebt, keine Seltenheit sind. In Ungarn ist ein zwar kleineres, aber im Prinzip vergleichbares Sammelbecken gebrochen, und der Rotschlamm ergoss sich in das benachbarte Dorf. Die im Film gezeigten Verätzungen, die sich viele Dorfbewohner beim Kontakt mit dem stark alkalischen Schlamm zugezogen haben, kann man sich nicht lange ansehen. Hier kam die Apokalypse in Form von Natronlauge.

Unser Essen

Abbildung 11.1.19: Genmais et al [35, 36, 38].

Die Filme „Unser Essen" und „Vorsicht Gentechnik?" [35, 36] (Abb. 11.1.19) widmen sich den transgenen Pflanzen. Die wissenschaftlichen Grundlagen werden in der Naturstoffchemie-Vorlesung besprochen und wurden zu Beginn dieses Seminarteils an zwei Beispielen wiederholt:

- Bt-Mais ist eine transgene Maissorte, in die Gene des Bodenbakteriums *Bacillus thuringiensis* eingeschleust worden sind. Damit kann die Pflanze Giftstoffe produzieren, die auf Schädlinge wie den Maiszünsler oder -wurzelbohrer tödlich wirken.
- Roundup Ready-Soja ist eine transgene Sojasorte, die resistent gegen Glyphosat (Handelsname Roundup, Abb. 11.1.20) ist. Dieses Phosphonat blockiert die 5-Enolpyruvylshikimat-3-phosphat-Synthase, die bei der Biosynthese aromatischer Aminosäuren eine zentrale Rolle spielt, und bewirkt deshalb bei den meisten Pflanzen das Absterben, auch bei normalem Mais. Es gibt allerdings Bakterien, die ein leicht modifiziertes Enzym bilden, dass von Glyphosat *nicht* blockiert wird. Durch Einschleusen des dazu gehörenden bakteriellen Gens in die Soja wird diese gegen Glyphosat resistent („ready"). Wenn nun Unkräuter auf einem Feld mit derartig gentechnisch veränderten Sojapflanzen wachsen, wird Glyphosat gesprüht, wonach die Unkräuter eingehen, während die Nutzpflanzen schadlos bleiben.

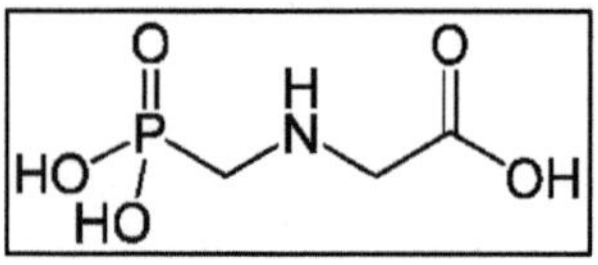

Abbildung 11.1.20: Glyphosat [37].

In beiden Filmen wird dokumentiert, wie sich die Landwirtschaft in den letzten Jahrzehnten gewandelt hat. Gentechnisch veränderte Pflanzen haben in vielen Ländern, insbesondere in den USA und zahlreichen Entwicklungs- und Schwellenländern, die tradierten Pflanzen weitgehend verdrängt. Beispielsweise gab es früher etwa hundert Kartoffelsorten, während es heute nur noch vier sind, die den Markt dominieren und in Monokulturen angebaut werden. Diesem enormen Verlust an Artenvielfalt kann man ökologisch betrachtet nichts Positives abgewinnen. Was geschieht, wenn Unkräuter gegen Glyphosat resistent werden? Erste Anzeichen für „Superunkräuter" gibt es bereits. Bricht dann die Massenproduktion von Nährpflanzen zusammen?

Der Firma Monsanto (heute Bayer) wurde das Patent auf sein Roundup Ready-Saatgut erteilt. Hier stellt sich erstens die ethische Frage, ob Leben – Saatgut ist das – überhaupt patentierbar ist, und zweitens die wirtschafts- und sozialpolitische Frage nach der Monopolstellung der Firma. In dieser Hinsicht hat Monsanto sich nämlich sehr unbeliebt gemacht. Deborah Koons Garcia, die Regisseurin von „Unser Essen", spricht mit Bauern, die bewusst keine gentechnisch veränderten Pflanzen, sondern normale anbauten, allerdings auf Feldern, die unmittelbar neben solchen lagen, auf denen Roundup-Ready-Pflanzen wuchsen. Zwischen den Pflanzen kam es auf natürlichem Wege zu Kreuzungen, sodass sich das Resistenzgen *auch* auf den Feldern der Kleinbauern nachweisen ließ. Daraufhin behauptete Monsanto, die Bauern hätten unerlaubterweise transgene Pflanzen kultiviert und verlangte Schadensersatz. Das wäre wohl juristisch nicht haltbar gewesen, aber einen aufwändigen Rechtsstreit gegen den Riesenkonzern konnten sich die Kleinbauern finanziell nicht leisten und gaben ihre Kleinbetriebe auf. Dafür konnte Monsanto expandieren – eine Form von Landraub.

Der Titel des Films „Vorsicht Gentechnik?" hat ein Fragezeichen am Ende. Obwohl der Regisseur Frédéric Castaignède die Grüne Gentechnik überwiegend negativ bewertet, lobt er eine genveränderte Reissorte ausdrücklich, und zwar den „Golden Rice". Dieser enthält ein zusätzliches Gen zur Produktion von β-Carotin, woher die rötliche Farbe der Reiskörner resultiert. Aus diesem Tetraterpen geht in der Folge Vitamin A hervor, und das ist gut für die vielen Menschen in südasiatischen Ländern, die an chronischem Vitamin A-Mangel leiden.

Große Landwirtschaftsbetriebe mit Güner Gentechnik, industrielle Massentierhalter und Schlachtbetriebe bilden quasi eine „Food Inc." [38] (Abb. 11.1.19). Denn Unmengen Gen-Mais und -Soja landen in den Pansen von Rindern, die auf engstem Raum gemästet werden, um dann in Fleischfabriken zu Steaks und Hackfleisch verarbeitet zu werden. Fast Food und McDonalds Drive In verlangen eben nach billiger Massenproduktion. Mais und Soja bekommen den Grasfressern allerdings nicht immer gut, sodass sich säureresistente E.coli-Bakterien im Verdauungstrakt der Tiere anreichern. Wenn sie nicht mit Antibiotika beseitigt werden, resultiert eventuell kontaminiertes Fleisch. Es musste erst ein zweijähriger Junge aus Colorado sterben, nachdem er einen E.coli-kontaminierten Hamburger gegessen hatte, bevor ein Gesetz in Kraft trat, dass es den Behörden erlaubt, Schlacht- und Fleischbetriebe zu schließen, wenn dort hygienisch nicht einwandfreies Fleisch mehrfach aufgetaucht ist. Der Junge hieß Kevin; als Erinnerung an ihn wurde das Gesetz inoffiziell Kevins Law genannt.

Der Regisseur Robert Kenner zeigt den größten Schweineschlachthof der Welt, in dem stündlich 2000 Schweine getötet werden. Auch die Arbeiter dort sind dem Konzern nicht viel mehr wert als die Tiere. Man vergleiche mit den Zuständen in der Tönnies Holding, die bei einem Corona-Ausbruch im Juni 2020 ans Tageslicht kamen.

Zum Schluss singt Pete Seeger „This Land is my Land …". Das klingt zynisch, denn das Land gehört längst den multinationalen Großkonzernen.

Das Salz der Erde

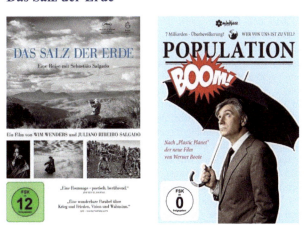

Abbildung 11.1.21: … und es geht vielleicht doch – das Prinzip Hoffnung [40, 39].

Verläuft die Entwicklung der Menschheit nach einer in der Biologie und Mikrobiologie zigmal beschriebenen *Populationsdynamik* mit einer exponentiellen Wachstumsphase, die in eine lineare Wachstumsphase und dann eine stationäre Phase übergeht, auf die eine Absterbephase folgt? Ich habe diese Frage im Seminar gestellt und meine Überzeugung geäußert, dass es grundsätzlich so kommen wird, mit der offenen Frage, wann die Grenze des Wachstums der Erdbevölkerung erreicht ist: Wenn kein Platz mehr für die vielen Menschen da ist? Wenn die lebensnotwendigen Ressourcen verbraucht sind? Oder wenn das Klima zu ungünstig geworden ist? Des Weiteren denke ich nicht, dass die Menschheit ganz aussterben wird, sondern dass wenige Menschen *ökologische Nischen* finden und dort weiterleben werden.

Werner Boote hörte die Rede des UN-Generalsekretärs am 31.10.2011, in der Ban Kimoon die Geburt des 7 Milliardsten Menschen bekannt gab und gleichzeitig Klimawandel, Hunger, Krieg und Überbevölkerung mahnend ansprach. Boote fragte sich, ob sich nicht irgendjemand über den neuen Erdenbürger gefreut habe! So wurde er zu seinem Film „Population Boom" [39] (Abb. 11.1.21) motiviert. Er bereiste verschiedene Erdteile und stellt die Frage, ob die Erde *wirklich* überbevölkert sei. Seine Antwort lautet: Nein. Probleme ergeben sich seiner Meinung nach *nicht* primär aufgrund der Anzahl von Menschen, sondern wegen ungerechter Verteilung der Ressourcen, korrupter Machtstrukturen und ausbeuterischem Neokolonialismus. Warum sind beispielsweise südafrikanische Länder trotz ihrer Lagerstätten für Diamanten, Gold, Kobalt oder Coltan nicht steinreich? Weil die Menschen diese Rohstoffe lediglich in mühsamer Arbeit, teilweise sogar Sklaven- und Kinderarbeit, aus den Minen herausholen, sie ihnen dann aber weggenommen und in den reichen Ländern geldbringend veredelt werden. Die Reichen werden dabei reicher, die Armen ärmer. Eine Frau aus Bangladesh sagt, dass es nur die Reichen sind, die von den „zu vielen Menschen auf der Erde" reden und sich dabei immer auf die anderen, die Armen, beziehen.

Werden nicht eher die ärmeren Menschen überleben können, weil sie genügsam sind, und nicht die reichen Menschen mit ihren teilweise extrem hohen ökologischen Fußabdrücken?

Besonders schön ist die Szene, in welcher der Filmregisseur in Bangladesch mit einem völlig überfüllten Zug reist – auf dem Dach, zusammen mit vielen anderen Menschen. Alle halten sich gegenseitig fest, keiner hat Angst; im Gegenteil, es wird fröhlich gelacht, und keiner fällt runter. Schlusswort von Werner Boote: „Es kommt nicht darauf an, wie viele wir sind, sondern wie wir miteinander umgehen."

Sebastião Salgado erhielt 2019 den Friedenspreis des Deutschen Buchhandels. Wim Wenders hat bereits zuvor einen Dokumentarfilm [40] (Abb. 11.1.21) über den brasilianischen Fotografen und dessen Lebenswerk (Abb. 11.1.22) gedreht und mit dem bekannten Ausspruch von Jesus betitelt, der die Menschen „Das Salz der Erde" nannte. Der Film drückt die große Liebe Salgados zu den Menschen – gerade den armen, ausgebeuteten und notleidenden – aus.

In der Vorlesung lernen wir, wie Erdöl entsteht, gecrackt wird und welche vielseitigen Folgeprodukte daraus gewonnen werden. Salgado zeigt uns ölverschmierte Arbeiter in Kuwait, die versuchen, die Leckage einer Ölpipeline zu schließen, und Feuerwehrleute, die gegen ein brennendes Erdölfeld ankämpfen [41]. In der Vorlesung lernen wir, dass die Erderwärmung die Bildung arider Zonen fördert. Salgado zeigt uns den Exodus der Klimaflüchtlinge, Gewalt, Elend und Tod in den Flüchtlingslagern [42]. In der Vorlesung lernen wir, wie Gold aus einem Gestein mittels Quecksilber unter Amalgambildung herausgelöst werden und das Quecksilber anschließend abdestilliert werden kann, wonach Gold übrigbleibt. Salgado zeigt uns 50.000 Menschen, die in einer über 200 Meter tiefen brasilianischen Goldmine Gestein schürfen, in Säcke packen und mühevoll nach oben schleppen. Diese Menschen sind keine Sklaven, aber arm und vom Leben enttäuscht, sodass ihre einzige Hoffnung darauf beruht, ein paar Gramm Edelmetall aus dem Gestein zu extrahieren [43]. (Vom dabei eingeatmetem giftigem Quecksilberdampf und im Boden versickertem Schwermetall wollen wir hier gar nicht reden.)

Jedes von Salgados Porträtbildern könnte man mit „ecce homo" betiteln, weil es gleichzeitig Leid und Menschenwürde zeigt. Salgado will den Menschen Hoffnung machen. Deshalb hat er ein Großprojekt zur Renaturierung des Urwalds in seinem Heimatort gestartet und erfolgreich zu Ende geführt. Dabei hat er die Wiederbelebung der Natur über die Jahre fotografisch dokumentiert. Der Titel des Bildbandes könnte nicht passender sein: „Genesis" [44]. Alle Fotos sind schwarz/weiß. Dadurch gelingt es Salgado besonders eindrucksvoll, die Schönheit und Einzigartigkeit unserer Erde, aber auch ihre Zerbrechlichkeit zu zeigen und wie schützenswert sie ist.

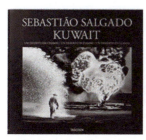 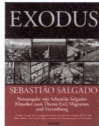  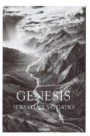

Abbildung 11.1.22: Sebastião Salgado, der Fotograf der Hoffnung [41-44].

Contagion

Abbildung 11.1.23: Viren und Bakterien – Feinde der Menschen [45, 47].

Ein Virus wird von einer Fledermaus auf ein Schwein übertragen, das kurze Zeit später von einem chinesischen Koch in einem Restaurant zubereitet wird. Dort werden erste Gäste und Bedienstete infiziert, die das Virus über den öffentlichen Nah- und den internationalen Flugverkehr weiter – schließlich weltweit – verteilen. Quarantäne-Maßnahmen werden beschlossen, und Social Distance ist angesagt. Die Leute machen Hamsterkäufe. In den Krankenhäusern wird die Bettenkapazität knapp und die medizinische Hilfeleistung priorisiert (Triage). Es fehlt an Särgen für die vielen verstorbenen Menschen. Molekularbiologen analysieren die Gensequenz des Virus und versuchen seine Wirkungsweise über Molecular Modeling zu verstehen. Virologen forschen rund um die Uhr nach einem Impfstoff. Ihr Chef tritt regelmäßig vor die Presse, um die Öffentlichkeit sachlich zu informieren. Ein Scharlatan verspricht Heilung mit einem homöopathischen Mittel. Eine Ärztin testet einen potentiellen Impfstoff erfolgreich im Eigenversuch. Es folgen Streit, Bestechungen und Erpressungen, wer zuerst geimpft wird. Impftermine werden mit einer Tombola verlost ...

Eva Horn nennt den Film „Contagion" [45] (Abb. 11.1.23) eine Experimentalanordnung: Man kann aus der Sicherheit des eigenen Wohnzimmers durchspielen, was gerade passiert – und was noch kommen könnte [1]. Der Regisseur Steven Soderbergh hat mit seinem Film von 2011 hellseherisches Talent bewiesen, denn alles, was im Film gezeigt wird, haben wir in der momentanen Corona-Krise erlebt, sodass der *Spiel*film quasi zu einem *Dokumentar*film geworden ist. Es verwundert nicht, dass „Contagion" zurzeit einer der am meisten gesehenen Filme ist.

Im Seminar wurde er mit einem Fachreferat über Viren, ihre Vermehrung, Verbreitung und Abwehr (auch bakterieller Virenabwehr, die zur Entwicklung der CISPR/Cas-Technologie geführt hat), sowie Schritte zur Entwicklung eines Impfstoffes (Forschung und Screening, präklinische Phase, klinische Phasen 1-3, Zulassung, Überwachung) ergänzt, basierend auf einem Artikel von M. Kässer [46].

Viren waren schon immer Feinde der Menschheit und werden es auch weiterhin sein, gerade weil sie rasch mutieren und sich durch die Globalisierung schnell ausbreiten. Dies gilt genauso für zahlreiche Bakterien. Die Entwicklung von Antibiotika hat vielen bakteriellen Erkrank-ungen ihren Schrecken genommen. In der Vorlesung haben wir die Klassiker Salvarsan, Sulfon-amide und Penicilline mit ihren Wirkungsweisen (Vergiftung der Bakterien mit Arsen, Hem-mung des Bakterienwachstums, Behinderung des Aufbaus der bakteriellen Zellwand) sowie das Problem der Bildung von Resistenzen gegen diese Antibiotika besprochen. Das ist auch das Thema des Films „Resistance Fighters" [47] (Abb. 11.1.23). Der Regisseur Michael Wech malt die Zukunft der Bakterienbekämpfung sehr schwarz. Zu viele Antibiotika sind in den letzten Jahren vor allem in der Massentierhaltung, oftmals prophylaktisch zum Vorbeugen von Infektionen der Tiere, eingesetzt worden, sodass sich die Bakterien erfolgreich gewehrt haben, genetisch mutiert und deshalb resistent gegen eine Vielzahl von Antibiotika – multiresistent – geworden sind. Währenddessen ist die Forschung zur Entwicklung neuer Antibiotika von den Pharmaunternehmen vernachlässigt worden. Im Film prognostiziert ein Wissenschaftler, dass, wenn nicht dringend etwas unternommen werde, Mitte des 21. Jahrhunderts *jährlich* 10 Millionen (!) Menschen an nicht mehr behandelbaren bakteriellen Infekten sterben werden.

Das Problem ist erkannt und steht auf der politischen Agenda vieler Staaten und der Vereinten Nationen. Unbedingt zu vermeiden ist der gleichzeitige Einsatz eines Antibiotikums für Mensch und Tier. In der Tiermedizin werden bereits weniger Antibiotika verwendet. Trotzdem gibt es immer weniger Reserveantibiotika. (Das sind solche Antibiotika, die nur dann zum Einsatz kommen, wenn die zu bekämpfenden Bakterien gegen die Standardmittel bereits resistent sind.) Ist es nur eine Frage der Zeit, wann uns Bakterien begegnen, die gegen alles resistent sind? Diese wären vergleichbar mit den Superunkräutern, die gegen alle Herbizide unempfindlich sind (s.o.).

11.2 Preisverleihung und Zwischenfazit

Verleihung des *Langen Lui*

Hochkarätige Dokumentarfilme und hochbegabte angehende Chemie- und Biotechnologen standen im Darmstädter Öko-Filmfestival – so nannten wir unser Wahlpflichtseminar – im fairen Wettbewerb um die meistbegehrte Trophäe in der Öko-Filmbranche, den *Langen Lui* (Abb. 11.2.1), und zwar in den Kategorien „Bester Film" und „Beste Präsentation".

Als „Bester Film" prämiert wurde ... „Das Salz der Erde" (Jubel und Blitzlichtgewitter). Begründung der Jury: Wenn der Trailer des Films diesen als einen „Dokumentarfilm von legendärer Dimension" ankündigt, ist das keine Werbung, sondern die Wahrheit. Wir halten Salgado für den besten Fotografen aller Zeiten. Sein Fazit, dass die „Zerstörung der Natur umkehrbar" ist, macht Hoffnung, dass die Zukunft *nicht* zur Katastrophe wird. Salgado gebührt der Friedensnobelpreis.

Als „Beste Präsentation" ausgezeichnet wurde die von ... Jannik Wilhelm zum Film „Gasland" (Küsschen und Freudentränen). Begründung der Jury: In der Corona-Zeit ist Herr Wilhelm derjenige, der die Zoom-Präsentationstechnik perfekt beherrscht und die Projektmitwirkenden im Chatroom zum lebendigen Meinungsaustausch über das kontroverse Thema Sinn und Unsinn des Frackings animieren konnte.

Abbildung 11.2.1: Der *Lange Lui* – Wahrzeichen von Darmstadt. Das Denkmal für Ludwig I., den ersten hessischen Großherzog, das auf dem Luisenplatz in Darmstadt steht [48], war als Bastelbogen [49] die Trophäe unseres Darmstädter Öko-Filmfestivals für den Besten Film und die Beste Präsentation – prestigeträchtiger als ein *Oscar*, *Bambi* oder *Golden Globe* ...

Dokumentarfilme – wertvolles ergänzendes Lehrmaterial

Unser Seminar wurde von den Studierenden vor allem dahingehend gewürdigt, dass es ihnen den Blick über ihr Fachgebiet Chemie- und Biotechnologie hinaus geöffnet hat. Der Sprung vom faszinierenden amphoteren Aluminiumhydroxid im Praktikum zur Rotschlammlawine in der Technik war schockierend; nicht minder der Übergang vom Mechanismus der Polyesterbildung zu Millionen PET-Flaschen im Meer. In diesem Sinne können Dokumentarfilme *im Anschluss* an die Vermittlung des klassischen Lernstoffs gezeigt werden. Es geht aber auch andersherum, dass nämlich der Dokumentarfilm *zuerst* geschaut und dann fachspezifisch analysiert wird. Wer explodierendes Leitungswasser gesehen hat, will wissen, wie Fracking funktioniert; wer verfolgt hat, wie ein Virus einen gesunden Menschen in kurzer Zeit umbringen kann, möchte erfahren, wie das Virus seine DNA repliziert und was Antikörper sind. Beide Vorgehensweisen sind empfehlenswert und kamen in unserem Seminar vor.

11.3 Spielfilme

Spielfilme haben eine andere Funktion als Dokumentarfilme. Sie sollen primär unterhalten. Gute Filme erreichen etwas mehr, nämlich die Zuschauer emotional anzusprechen und zum Nachdenken zu bewegen. Und richtig gute Spielfilme tragen zur Bildung bei. Das nennt man dann Edutainment – ein Kofferwort aus Education und Entertainment.

Motiviert durch die Lektüre „Zukunft als Katastrophe" [1], in der die Literaturwissenschaftlerin Eva Horn Klassiker des ökologischen Katastrophenfilm-Genres historisch, sozialkritisch und biopolitisch analysiert, möchten wir im Folgenden acht Filme vorstellen, die den naturwissenschaftlichen Unterricht im Sinne eines guten Edutainments bereichern können. Zum Schluss werden wir Mary Shelly's „Frankenstein" als ein „Muss" für jeden angehenden Naturwissenschaftler und Ingenieur deklarieren.

Deep Impact und 2012

Abbildung 11.3.1: Meteoriteneinschlag, Plattentektonik, Erdbeben und Tsunamis – Naturgewalten und die Suche nach einer ökologischen Nische [50, 51].

Die zunehmende Bedrohung durch schnell mutierende Viren und multiresistente Bakterien ist – wie oben begründet – *teilweise* von uns Menschen selbst verschuldet; Ressourcenknappheit, Erderwärmung und Artensterben sind es *gewiss* und können katastrophale Ausmaße annehmen. Hingegen *nicht verhindern* können wir Einschläge von Meteoriten auf die Erde sowie plattentektonische Verschiebungen der Erdkruste mit der Folge von Erdbeben und Tsunamis. Die sich dadurch anbahnenden Gefahren können von Experten bestenfalls vorausberechnet werden, sodass präventive Schutzmaßnahmen getroffen werden können. Kleinere Meteoriten kann man eventuell mit Raketen abfangen, gegen Tsumanis bieten sich hohe und stabile Deiche an, Bauingenieure sind gefordert, erdbebensichere Häuser zu bauen …

Um einen Meteoriteneinschlag bzw. eine tektonische Erdkrustenverschiebung geht es in den Filmen „Deep Impact" [50] und „2012" [51] (Abb. 11.3.1). Einerseits sekundengenauer Count Down bis zum Einschlag des Himmelskörpers im Atlantik und bis die resultierenden Tsunami-Welle die Küste erreicht, anderseits Aberglaube an die Prophezeiung, dass nach dem Maya-Kalender die Welt 2012 untergeht; Angst, Verdrängung, Horror, kreischende Kinder, sich aufopfernde Helden, durch die Luft fliegende Autos, wie Kartenhäuser zusammenstürzende Wolkenkratzer, kilometertiefe Grabenbrüche und genauso hohe Wellen … Man kann das Ganze im Kinosessel sitzend *ge*spannt/*ent*spannt als Hollywood-Quatsch abtun und mit einer Portion Nachos kompensieren oder sich alternativ die oben angesprochenen Populationsdynamiken ins Gedächtnis rufen, für die eine plötzliche und massive Absterbephase typisch ist

– dann sind die Filme (von ihren Übertreibungen abgesehen) real. Den Dinosauriern ist es so ergangen; nur wenige haben den Meteoriteneinschlag und dessen Folgen auf das Weltklima überlebt und eine ökologische Nische gefunden, woran z.B. die heutigen Krokodile erinnern. Plattentektonische Verschiebungen hat es immer gegeben, sonst wären Amerika und Afrika nicht im Laufe von Jahrmillionen (allerdings nicht in ein paar Filmminuten) auseinandergedriftet; und es gibt sie noch heute, jeden Tag, meistens glücklicherweise von geringem Ausmaß, doch gelegentlich auch dramatisch totbringend. Man denke an das Sumatra-Andamanem-Beben am 26.12.2004, dessen Folgetsumanis 230.000 Menschen in kurzer Zeit das Leben gekostet haben, oder das Tohoku-Beben am 11.3.2011, dessen Tsunami in Kombination mit dem dadurch verursachten Super-Gau im Kernkraftwerk Fukushima über 20.000 Todesopfer forderte. Die Filme machen ihren Zuschauern die ungeheuren zerstörerischen Kräfte der Natur bewusst. Doch leider setzt schon am Ende des Films in den meisten menschlichen Gehirnen ein Verdrängungsprozess (kognitive Dissonanz) ein: Wenn die wenigen Überlebenden der Naturkatastrophen sich in den Armen liegen, sind die vielen Toten bereits vergessen. Nach der tektonischen Verschiebung in „2012" ist der höchste Punkt auf der Erde nicht mehr der Mount Everest, sondern – von Regisseur symbolisch gut gewählt – das Kap der Guten Hoffnung. Emotionaler Kitsch? Wie wäre es mit einer neuen Definition: Ökologische Nische = Happy End?

Soylent Green

Abbildung 11.3.2: Makabre „Weiterentwicklung" von Liebigs Fleischextrakt [52].

Die Erde ist total übervölkert. Es gibt kaum noch Anbauflächen für Lebensmittel, sodass Obst, Gemüse und Fleisch Luxusgüter für eine privilegierte Schicht sind. Die Menschenmassen bekommen ein künstliches Nahrungsmittel: „Soylent Green" [52] (Abb. 11.3.2). Dessen Name suggeriert, dass es aus Soya (engl. soy), Linsen (engl. lentil) und Grünalgen hergestellt und ernährungsphysiologisch gesehen besonders wertvoll ist.

Dahinter verbirgt sich aber ein Geheimnis, welches ein Kriminalpolizist aufklärt. Es gibt eine Einrichtung, in die Menschen sich begeben, um friedlich zu sterben. In einem schön eingerichteten Raum wird ihnen auf einer breiten Leinwand die vergangene paradiesische Welt gezeigt, untermalt mit wunderbarer Musik. Im Laufe einer halben Stunde werden die Menschen von freundlichem Personal liebevoll eingeschläfert. (Hier erleben wir das Nebenthema des Films: aktive Sterbehilfe.) Ihre in weiße Tücher gehüllten Leichen werden mit Müllwagen in eine Fabrik transportiert. Über ein Fließband gelangen sie in einen Rührkessel. Was darin genau passiert, bleibt für die Zuschauer Spekulation. Man sieht lediglich, wie am anderen Ende der Fabrik grüne Plätzchen – Soylent Green – über ein Fließband in eine Verpackungsstation gelangen.

Als Chemiker haben wir eine Vermutung, denn wir kennen Justus von Liebigs Fleischextrakt: Rindfleisch wird mit Salzsäure gekocht, wobei die Proteine sauer katalysiert zu ihren Aminosäure-Bausteinen hydrolysiert werden. Dann wird mit Natronlauge neutralisiert und eingedampft, wonach ein festes, natriumchloridhaltiges Proteinhydrolysat vorliegt. Wenn man nun das Rindfleisch durch Menschenfleisch ersetzt und wegen der Ästhetik noch einen grünen Lebensmittelfarbstoff hinzugibt, hat man (vermutlich) Soylent Green. Im Sinne der Nachhaltigkeit ist die Herstellung von Soylent Green ein effektives Recyclingverfahren und erlaubt die Wiederverwendung der Bausteine des Lebens – so werden Aminosäuren gerne bezeichnet –, chemisch artverwandt mit der Hydolyse von altem Wasserflaschen aus Polyethylenterephthalat zu dessen Bausteinen, woraus dann frisches PET synthetisiert werden kann (vgl. Abb. 11.1.14). Sehr makaber. Droht der Menschheit wirklich eine Absterbephase mit Kannibalismus? Dazu Eva Horn: „Möglicherweise ist dieses Bild des Kannibalismus nicht nur Inbild der ultimativen Depravation des Menschen im Krisenfall. Es ist auch die *Allegorie* eines menschlichen Weltverhältnisses, das wesentlich im Verzehren und Verbrauchen besteht. Wenn die Erde ihn nicht mehr ernährt, wird der Mensch sich selbst zur letzten Ressource, die er verzehrt, nachdem er die Welt aufgezehrt hat [1]."

Krieg der Welten, The Road und Clara Immerwahr

 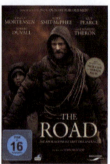  

Abbildung 11.3.3: Krieg – aufgrund von Migration, durch Atomwaffen oder durch Kampfgase [55-58].

Stephen Hawkins meinte, dass die Menschheit verloren sei, wenn sie die Erde nicht verlasse und sich rasch Überlebensräume auf Mond und Mars einrichte [53]. Elon Musk tweetete, dass die Pyramiden von Gizeh unmöglich von Menschenhand geschaffen sein könnten und deshalb ein Werk von Aliens sein müssten [54].

Zwei eindrucksvolle Belege für das Sprichwort, dass Genie und Wahnsinn nahe bei einanderliegen. In beiden Fällen geht es um interplanetarische Migration.

Der Roman „War of the Worlds", geschrieben von Herbert George Wells im Jahre 1898, ist ein Meilenstein der Science Fiction-Literatur. Er wurde mehrfach verfilmt, u.a. von Steven Spielberg [55] (Abb. 11.3.3): Wegen Übervölkerung gehen den Marsmenschen die lebensnotwendigen Ressourcen aus. *(Kommt uns das nicht bekannt vor?)* Sie fliegen zur Erde, um diese zu kolonialisieren und auszubeuten. *(Nennt man das nicht Landraub?)* Die Erdmenschen können sich gegen die Invasoren militärisch nicht wehren; doch dann kommt eine unerwartete

Wende: Die Marsmenschen sterben an einem Virus (*vor Corona*), gegen das die Erdmenschen bereits herdenimmun sind.

Der Film ist eine *Metapher für Lebewesen in fremden Ökosystemen*. Migration kann verschiedene Folgen haben:

1. Sie kann in dem Sinne gelingen, dass sich Einwanderer und Urpopulation vertragen und friedlich koexistieren. Das ist häufig der Fall und führt wegen der erhöhten Artenvielfalt zu einem gesünderen Ökosystem. Fichten wachsen in einem Buchenwald und umgekehrt; der Mischwald ist stabiler als die Monokultur.
2. Die Einwanderer können sich ihrem neuen Lebensraum nicht anpassen und sterben deshalb aus. Viren haben keine Chance, sich zu vermehren, wenn ihre Opfer geimpft sind.
3. Die Einwanderer verdrängen die Einheimischen. Die Azteken sahen eines Tages aus der unendlichen Weite des Ozeans Aliens auf sich zukommen. Das waren Hernán Cortés und seine Soldaten.

Wir dürfen nicht – nie – vergessen, dass Überbevölkerung, Klimawandel, Nahrungs- und Wasserknappheit immer schon die Ursachen für Kriege waren und es heute wieder sind, die lokal beginnen, sich dann aber rasch (global) ausweiten können und das Unheil dramatisch vergrößern.

Hierum geht es in dem Film „The Road" (Abb. 11.3.3) nach dem Roman von Cormac McCarthy: Es hat einen Atomkrieg gegeben, der Tiere, Pflanzen und die meisten Menschen vernichtet hat; die wenigen Überlebenden fliehen vor dem radioaktiven Staub, der die Atmosphäre verdunkelt, in den vermeintlich sicheren Süden (Krieg als Migrationsgrund). So auch ein Vater mit seinem Sohn. Wie verhalten sich die letzten Menschen, wenn sie sich begegnen? Ja, es gibt noch Mitleid und Hilfsbereitschaft, aber es dominiert die Angst voreinander. Die Angst, getötet und *gegessen* zu werden – Kannibalismus. Wir können Eva Horn wie oben zitieren.

Nicht weniger schlimm als der Einsatz von Atomwaffen ist der von Giftgas, den wir vor nicht allzu langer Zeit erneut in dem vom Klimawandel und vom Kampf um den Konfliktrohstoff Erdöl besonders hart getroffenen Nahen Osten erlebt haben. Der Erfinder des Giftgas-Krieges ist Fritz Haber, die wohl zwiespältigste Person der Chemiegeschichte. Einerseits der geniale Forscher, dem der Chemie-Nobelpreis für die Ammoniaksynthese völlig zu Recht verliehen worden ist; andererseits das menschenverachtende A….loch, das sein wissenschaftliches Talent und sein Know-How im Umgang mit gefährlichen Gasen genutzt hat, um mit den von ihm erprobten Kampfgasen sein geliebtes Vaterland im Kampf gegen den französischen Feind zu unterstützen (und der damit auch der Wegbereiter der Vergiftung von Menschen mit Blausäure in Hitlers Konzentrationslagern sowie der ersten Generation hochgiftiger Pflanzenschutzmittel wurde).

Clara Immerwahr war die erste Frau, die einen Doktortitel im Fach Chemie erhalten hat, und die Ehefrau von Fritz Haber. Der Film über sie (Abb. 11.3.3) erzählt auf sehr eindrucksvolle Weise aus dem Blickwinkel dieser hochbegabten Chemikerin die Geschichte von der Entwicklung der Ammoniaksynthese bis zu den ersten chemischen Kampfstoffen und wirft die ethische Frage auf, ob die Wissenschaft sich instrumentalisieren lässt und das tun darf, was sie kann. Nach dem ersten Giftgaseinsatz im Ersten Weltkrieg erschoss sich Clara Immerwahr mit der Dienstpistole ihres Ehemanns.

The Day After Tomorrow

Abbildung 11.3.4: Klimawandel – Eiszeit oder Heißzeit [59]?

Der renommierte Klimaforscher Stefan Rahmstorf hat den Film „The Day After Tomorrow" [58] (Abb. 11.3.4) kommentiert [60]. Er findet sich persönlich in dem Hauptcharakter des Films, dem Paläoklimatologen Jack Hall, widergespiegelt. Dessen Eisbohrungen am Larsen B-Schelfeis und Untersuchungen der Bohrkerne im Labor (u.a. Altersbestimmung des Kohlenstoffdioxids mit der Radiocarbonmethode) entsprächen exakt der wissenschaftlichen Praxis. Auch der im Film gezeigte Abbruch des Shelfs habe tatsächlich stattgefunden. Bekannt kommt Rahmstorf das Nichtwissenwollen, Verdrängen, Verschweigen und Leugnen vor, das Jack Hall im Film von Seiten der Politik und Wirtschaft entgegenschlägt, als er vor einem gefährlichen Klimawandel warnt und dabei das gleiche Diagramm benutzt, das Rahmstorf bei seinen Vorträgen auch verwendet. Rahmstorf bestätigt die Erklärungen im Film, dass sich bei einer globalen Erwärmung trotzdem bestimmte Bereiche der Erde abkühlen können. Wenn nämlich über dem Äquator mehr Wasser verdunstet, regnet es über dem Nordatlantik kräftiger, und da außerdem die Eisberge und das Grönlandeis bei erhöhter Temperatur schmelzen, gelangen riesige Mengen Süßwasser in das salzige Wasser, was dessen Dichte verändert. Die thermohaline Zirkulation kann dadurch so stark gestört werden, dass der Golfstrom zum Erliegen kommt und keine Wärme mehr aus der Äquatorregion in den Norden transportiert, was dann dort eine Abkühlung zur Folge hat. Das ist in der Erdgeschichte schon mehrmals passiert und hat zu Eiszeiten geführt. Dass dies *in Kürze* erneut geschieht, hält Rahmstorf für unwahrscheinlich, in der zweiten Hälfte unseres Jahrhunderts aber für durchaus denkbar. Dass die Gegend um New York in wenigen Stunden im Eis erstarrt, wie es der Film zeigt, ist – so Rahmstorf – mit den Gesetzen der Thermodynamik nicht in Einklang zu bringen. Der Regisseur Roland Emmerich gab diesbezüglich in einem Interview auch zu, dass er den Klimawandel aus rein filmtechnischen Gründen in zwei Stunden geschehen lassen musste.

Das Fazit von Rahmstorf lautet, dass „The Day After Tomorrow" als fiktiver Katastrophenfilm zwar einige wissenschaftliche Fakten verzerrt, aber trotzdem seine Zuschauer für die großen Gefahren eines Klimawandels sensibilisieren kann. In einem Ökologieseminar eignet er sich unserer Meinung nach im Sinne des guten Edutainments zum Einstieg in die Diskussion interessanter geochemischer und geophysikalischer Phänomene.

Das Thema „ökologische Nische" kommt im Film auch vor: Während die meisten Menschen erfrieren, können sich einige in die Bibliothek der New Yorker Universität flüchten und im Lesesaal das wärmende Feuer im Kamin kräftig am Lodern halten, weil nämlich noch reichlich Brennmaterial vorhanden ist – Bücher.

Take Shelter

Abbildung 11.3.5: Sicherheit, scheinbare Sicherheit und Sicherheitswahn [61].

In einem Chemie-Fachbereich sind Sicherheitsvorschriften und eine entsprechende Infrastruktur selbstverständlich. In der Corona-Zeit haben wir noch viele zusätzliche Sicherheitsauflagen, die streng einzuhalten sind. Beim Experimentieren, vor allem im Organisch-Chemischen Praktikum können sich die Studierenden verätzen, vergiften, verbrennen und beim Arbeiten mit explosiven Gasen und hochentzündlichen Lösungsmittel sogar in die Luft sprengen. In meiner über dreißigjährigen Professorentätigkeit ist allerdings *während der Versuchsdurchführungen* noch nie etwas passiert. Bestimmt liegt es daran, dass die Studierenden sich jederzeit einer potenziellen Gefahr bewusst sind und deshalb hoch konzentriert aufpassen, manchmal gewiss auch mit etwas Angst, beispielsweise wenn eine Grignard-Reaktion nicht anspringen will. (Glücklicherweise bislang nur kleinere) Unfälle sind hingegen dann passiert, *wenn der eigentliche Versuch beendet war* und die Apparatur abgebaut und die Geräte gespült wurden. Zu diesem Zeitpunkt fühlten sich die Studierenden nämlich bereits in Sicherheit; doch just in dem Moment fiel ein Glasteil runter und die Scherben führten zu Schnittverletzungen oder die im Kolben befindlichen Substanzreste gelangten beim Spülen doch auf die Hände. Deshalb warne ich die Studierenden z.B. ausdrücklich, die Schutzbrille immer erst abzusetzen, wenn sie das Laber verlassen haben, und vermittle es ihnen – quasi als allgemeine Lebensweisheit –, dass *Gefahren besonders dort lauern, wo und wann man sie nicht erwartet.*

Dieser Gedanke begegnet uns auch in dem Film „Take Shelter" (Abb. 11.3.5). Der Vater einer an sich glücklichen dreiköpfigen Familie in einer amerikanischen Kleinstadt hat wiederholt schreckliche Träume, in denen ein gewaltiger – durch den Klimawandel bedingter? – Wirbelsturm über das Land zieht und alles verwüstet. Diese Vision behält der Mann zunächst für sich und baut unter seinem Garten einen Bunker. Um diesen zu finanzieren, muss er sich hoch verschulden. Misstrauische Nachbarn, die ihn für verrückt erklären, treiben den Mann in eine soziale Isolation. Als es anfängt zu regnen, zieht er sich panikartig mit seiner Frau und Tochter in den Schutzraum zurück. Doch es war nur ein kleiner Herbststurm. Seine Frau bewegt ihn liebevoll dazu, sich in eine psychiatrische Behandlung zu begeben. Der Arzt rät seinem Patienten, zunächst einmal mit der Familie in Urlaub zu fahren und zu entspannen. Am Ferienort, fernab von Bunker, sehen Vater, Mutter und Tochter *gleichzeitig*, wie am Horizont ein Sturm aufzieht … und der Film ist zu Ende.

„Take Shelter" ist eine Metapher: Wir wissen sehr viel über den Klimawandel und die Gefahren, die er mit sich bringt, z.B. gewaltige Umwetter, oder über Viren, die pandemieartige Erkrankungen auslösen können, doch immer wieder verdrängen wir diese unbequemen und angsteinflößenden Gefahren und verhalten uns – völlig verantwortungslos – so, als ob nichts wäre (kognitive Dissonanz).

Eva Horn [1] bietet eine zusätzliche Interpretationsmöglichkeit an. Da am Ende des Filmes nicht klar ist, ob *der Sturm wirklich kommt* oder ob *die ganze Familie es sich einbildet*, ist es deshalb nicht möglich, dass unberechtigte Angst und folgende Panik ansteckend sind?

Mary Shelley's Frankenstein

Abbildung 11.3.6: Wider den Machbarkeitswahn [62].

Im April 1815 brach der Vulkan Tambora im heutigen Indonesien aus, tötete ca. 10.000 Menschen direkt und etwa 60.000 weitere in etwas entfernteren Gebieten infolge des Ascheregens. Eine Naturkatastrophe gigantischen Ausmaßes. Die in große Höhen geschleuderten Aschepartikel verteilten sich in den nächsten Monaten über weite Teile der Welt, reflektierten das Sonnenlicht, sodass das Jahr 1816 als das „Jahr ohne Sommer" in die Annalen der Klima-Anomalien einging. Auch in England war dieser Sommer ausgesprochen dunkel, neblig, regnerisch und irgendwie gruselig. Man wusste nichts von dem Vulkanausbruch als Ursache des merkwürdigen Wetters und glaubte eher an einen Weltuntergang. In dieser Zeit schrieb Mary Shelley an dem zwei Jahre später veröffentlichten und vielleicht berühmtesten Werk der fantastischen Literatur, „Frankenstein *oder* Der moderne Prometheus", das mehrfach verfilmt wurde, u.a. von Kenneth Branagh [62] (Abb. 11.3.6). (Vgl. [1].)

Es geht um den ambitionierten Naturwissenschaftler Viktor Frankenstein, der fasziniert ist von Luigi Galvanis berühmtem Experiment, mit einem Stromstoß den Schenkel eines toten Frosches zum Zucken zu bringen, und deshalb auf die Idee kommt – und von dieser Idee besessen wird –, toten Stoffen Leben einzuhauchen. Er näht Leichenteile zusammen, leitet einen Blitz durch ... Ein lebendes Wesen entsteht. Der Tod ist überwunden; einen Gott als Schöpfer des Lebens braucht man nicht mehr. Doch Frankensteins Geschöpf ist wegen seiner vielen Nähnarben und Unförmigkeiten kein ansehnlicher Mensch, sondern hässlich, wird von der Gesellschaft abgelehnt und gefürchtet. Es wird einsam und nimmt grausame Rache.

Im Seminar haben wir spekuliert, welche Möglichkeiten Viktor Frankenstein heute hätte, um einen Menschen zu erschaffen: Organe, die aus embryonalen Stammzellen gezüchtet sind, mit CRISPR Cas (Chemie-Nobelpreis 2020) modifizierte DNA, Prothesen aus Edelstahl oder Hochleistungskunststoffen, biokompatibel mit Nanomaterialien beschichtete Hüft- und Kniegelenke, Herzschrittmacher, Cochlea-Ohrimplantate, Blutgefäße und Augenlinsen aus Silicon, angeschlossene Künstliche Intelligenz, Nähmaterial aus biologisch abbaubarem Polylactid, sodass keine hässlichen Nähnarben bleiben ...

Nein, die Geschichte von Viktor Frankenstein und seinem Geschöpf ist keine Utopie, sondern eine eindringliche Mahnung, wohin der Machbarkeitswahn des Menschen führen kann, und damit die Grundlage der Wissenschaftsethik: Was denkbar ist, ist machbar; doch darf man es auch tun?

Eine unbeschreibliche schauspielerische Meisterleistung, wie Kenneth Branagh in der Rolle des Viktor Frankenstein bei der ersten Bewegung des Geschöpfes dahinhaucht: „It's alive." Dann wird einem bewusst, dass die Menschheit in ihrer Zukunft nicht primär von der Überbevölkerung der Erde, dem Artensterben, der Ressourcenknappheit oder dem Klimawandel bedroht ist, sondern von ihrem eigenen Größen- und Machbarkeitswahn.

Als Ergänzung ist der Film über das Leben der Roman-Autorin Mary Shelley empfehlenswert [63].

Literatur zum Kapitel 11

[1] E. Horn: Zukunft als Katastrophe. – Fischer-Verlag, Frankfurt 2014
[2] J.-R. Viallet: Die Erdzerstörer. – ARTE, 2019. – Trailer: https://www.facebook.com/artede/videos/2468959726666824/https://www.arte.tv/de/videos/073938-000-A/die-erdzerstoerer/ (2.2.2021);
Ganzer Film: https://www.youtube.com/watch?v=sWlbnNDu6OE (2.2.2021)
[3] F. Stevens, L. Di Caprio: Before the Flood. – National Geographic, 2016. –
Trailer: https://www.youtube.com/watch?v=D9xFFyUOpXo (2.2.2021). –
Ganzer Film: https://vimeo.com/196506747 (2.2.2021) oder
https://www.google.com/search?q=before+the+flood+deutsch&rlz=1C1GCEA_enDE791DE791&oq=Before+The+Flood&aqs=chrome.2.69i57j46j0l6.8431j0j8&sourceid=chrome&ie=UTF-8 (2.2.2021)
[4] A. Gore, D. Guggenheim: Eine unbequeme Wahrheit. – Paramount Classics, 2006. –
Trailer: https://www.youtube.com/watch?v=SlAjwZx_UpU (2.2.2021)
[5] A. Gore, J. Shenk, B. Cohen: Immer noch eine unbequeme Wahrheit – unsere Zeit läuft. –
Paramount Pictures, 2017. – Trailer: https://www.youtube.com/watch?v=49XOJa1Su_E (2.2.2021)
[6] https://www.museodelprado.es/coleccion/obra-de-arte/el-jardin-de-las-delicias/02388242-6d6a-4e9e-a992-e1311eab3609 (2.2.2021)
[7] L. Psihoyos: Racing Extinction. – Discovery, 2015.
Trailer: https://www.youtube.com/watch?v=MwxyrLUdcss (2.2.2021)
[8] M. Gryzmek, B. Gryzmek: Serengeti darf nicht sterben. – 1959. –
Trailer: https://www.youtube.com/watch?v=JLUL6m0pQkE (2.2.2021)
[9] L. Knauer: Jane's Journey – Die Lebensreise der Jane Goodall. – universum film, 2010. –
Trailer: https://www.youtube.com/watch?v=Jdc9lngC5RE (2.2.2021)
[10] M. Imhoof: More than Honey. – Senator, 2012. –
Trailer: https://www.youtube.com/watch?v=tkOXsuqsVQs (2.2.2021)
[11] https://de.wikipedia.org/wiki/Neonicotinoide#:~:text=Als%20Neonicotinoide%20oder%20Neonikotinoide%20wird,die%20Weiterleitung%20von%20Nervenreizen%20st%C3%B6ren. (2.2.2021)
[12] https://de.wikipedia.org/wiki/Varroamilbe (2.2.2021)
[13] A. Pichler: Das System Milch. – Tiberius Film, 2017. –
Trailer: https://www.youtube.com/watch?v=wR4BrE9myAs (2.2.2021)
[14] A. Knechtel: Die Gier nach Lachs. – ARTE, 2020. –
Trailer: https://www.facebook.com/artede/videos/die-gier-nach-lachs-arte/284225739295758/ (2.2.2021).
[15] https://de.wikipedia.org/wiki/Astaxanthin (2.2.2021)
[16] D. Koons Garcia: Symphony of the Soil. – Lily Films, 2013. –
Trailer: https://www.youtube.com/watch?v=K5QYZ-LRXW4 (2.2.2021). –
Ganzer Film: https://www.youtube.com/watch?v=tDZVKMe2FTg (2.2.2021)
[17] S. Zerbe: Renaturierung von Ökosystemen im Spannungsfeld von Mensch und Umwelt. – Springer, Heidelberg 2019
[18] H. Wader: Die Moorsoldaten. – https://www.youtube.com/watch?v=CW15oGWvaDw (2.2.2021)
[19] J. Haft. Die Magie der Moore. – nautilus film, 2015. –
Trailer: https://www.youtube.com/watch?v=nHncr_6M7to (2.2.2021)

[20] https://de.wikipedia.org/wiki/Tollund-Mann (2.2.2021)
[21] https://de.wikipedia.org/wiki/Grauballe-Mann (2.2.2021)
[22] A. von Droste-Hülshoff: Der Knabe im Moor;
https://www.deutschelyrik.de/der-knabe-im-moor.395.html (2.2.2021)
[23] J. Fox: Gasland. – Cinema Management Group, 2010. –
Trailer: https://www.youtube.com/watch?v=dZe1AeH0Qz8 (2.2.2021). –
Ganzer Film: https://www.youtube.com/watch?v=jV-bENteDiE (2.2.2021)
[24] https://de.wikipedia.org/wiki/%C3%96lsand (2.2.2021)
[25] S. Bozzo: Blaues Gold – Der Krieg der Zukunft. – CMV Laservision, 2010. –
Trailer: https://filmsfortheearth.org/de/filme/blaues-gold (2.2.2021)
[26] S. Soechtig: Abgefüllt – Die Wahrheit über Wasser in Flaschen. – Tiberius Film 2012. –
Trailer: https://filmsfortheearth.org/de/filme/abgefullt (2.2.2021)
[27] W. Boote: Plastic Planet; Thimfilm, 2009. Trailer:
https://www.youtube.com/watch?v=mlgmG4OrdyU (2.2.2021)
[28] https://de.wikipedia.org/wiki/Plastikm%C3%BCll_in_den_Ozeanen#/media/Datei:
Beach_in_Sharm_el-Naga03.jpg (2.2.2021)
[29] https://de.wikipedia.org/wiki/Bisphenol_A (2.2.2021)
[30] B. Ehgartner: Die Akte Aluminium. – Langbein & Partner Media Production, 2013. –
Trailer: https://www.youtube.com/watch?v=IDE2INGwge0 (2.2.2021). –
Ganzer Film: https://www.youtube.com/watch?v=PuE9rdSK9Oo (2.2.2021)
[31] Prof. Blumes Medienangebot: https://www.chemieunterricht.de/dc2/farben/farb_05.htm (2.2.2021)
[32] D. Naja, W. Proske, V. Wiskamp: Das erprobte Experiment – Säurebindekapazität von Antacida. –
Chemie in der Schule 45 (1998), Heft 3, S. 169-170
[33] M. T. Nguyen Kim: Dein Deo macht dich krank? –
https://www.youtube.com/watch?v=fTBkfioqFuw (2.2.2021)
[34] L. Muller: Wie gefährlich ist Aluminium? – Spektrum Wissenschaft, 2019. –
https://www.spektrum.de/wissen/wie-gefaehrlich-ist-aluminium-5-fakten/1300812 (2.2.2021)
[35] D. Koons Garcia, C. L. Butler: Unser Essen – The Future of Food. –, Lilly Films, 2004. –
Trailer: https://filmsfortheearth.org/de/filme/unser-essen (2.2.2021)
[36] F. Castaignède: Vorsicht Gentechnik. – ARTE, 2016. – Trailer: https://www.arte-
edition.de/item/4055.html?s=bnkbjcjxtt8dxmnazuktkobkp8s5fzz6r4znnr&v=trailer (2.2.2021). –
Ganzer Film: https://www.arte.tv/de/videos/057483-000-A/vorsicht-gentechnik/ (2.2.2021)
[37] https://de.wikipedia.org/wiki/Glyphosat#:~:text=Glyphosat%20ist%20eine%20chemische%20
Verbindung,Unkrautbek%C3%A4mpfung%20auf%20den%20Markt%20gebracht. (2.2.2021)
[38] R. Kenner: Food, Inc. – Was essen wir wirklich? Riverroad Entertainment, 2008. –
Trailer: https://www.youtube.com/watch?v=16h3V91yNZM (2.2.2021)
[39] W. Boote: Population Boom. – Geyrhalterfilm, 2013. –
Trailer: https://www.youtube.com/watch?v=jsaGyyIGJSI (2.2.2021)
[40] W. Wenders, J. Salgado: Das Salz der Erde. – Decia Films, 2014. –
Trailer: https://www.youtube.com/watch?v=N8FBmtLIKhY (2.2.2021)
[41] S. Saldago: Kuwait. – Taschen Verlag, Köln 2016. –
Fotos: https://www.amazon.de/Fo-Sebastiao-Salgado-Kuwait-Espagnol-
Portugais/dp/3836561263/ref=sr_1_5?dchild=1&hvadid=80195660979232&hvbmt=be&hvdev=c&hvqmt
=e&keywords=sebastiao+salgado+kuwait&qid=1597143406&sr=8-5&tag=hyddemsn-21 (2.2.2021)
[42] S. Salgado: Exodus. – Taschen Verlag, Köln 2016. – Fotos:
https://www.taschen.com/pages/de/catalogue/photography/all/05315/facts.sebastio_salgado_exodus.htm#
images_gallery-9 (2.2.2021)
[43] S. Saldago: Gold. – Taschen Verlag, Köln 2019. – Fotos:
https://www.taschen.com/pages/de/catalogue/photography/all/05348/facts.sebastio_salgado_gold.htm#im
ages_gallery-1 (2.2.2021)
[44] S. Salgado: Genesis. – Taschen Verlag, Köln 2013. – Fotos:
https://www.taschen.com/pages/de/catalogue/photography/all/05767/facts.sebastio_salgado_genesis.htm
(2.2.2021)

[45] S. Soderbergh: Contagion. – Warner Bros. Pictures, 2011. – Trailer: https://www.youtube.com/watch?v=2hirXNs68gU&list=PLgmdcJhFVPM6BQYc-nm-oK_Z4Lvbkc-11&index=11&t=0s (2.2.2021)
[46] M. Kässer: Moderne Impfstoffentwicklung – Für Covid-19-Impfstoffe ziehen Entwickler und Hersteller alle Register. – CLB 71 (2020), Heft 7-8, S. 310-322. –
M. Kässer, J. Kässer: Corona – Die Herausforderung; http://www.vohodi.de/corona.html (2.2.2021)
[47] M. Wech: Resistance Fighters – Die globale Antibiotikakrise. – Broadview Pictures, 2018. – Trailer: https://www.amr-film.com/ (2.2.2021).
Ganzer Film: https://www.youtube.com/watch?v=0o5Y38tOI4k (2.2.2021)
[48] https://de.wikipedia.org/wiki/Ludwigsmonument (2.2.2021)
[49] https://www.google.com/search?rlz=1C1CHBD_deDE864DE864&source=univ&tbm=isch&q=bastelbogen+langer+ludwig&sa=X&ved=2ahUKEwiJnuW_xJPrAhVD6aQKHc3mAaoQsAR6BAgKEAE&biw=1280&bih=610&dpr=1.25#imgrc=wpeqy7C8E6LKQM (2.2.2021)
[50] M. Leder: Deep Impact. – DreamWorks Pictures, 1998. – Trailer: https://www.youtube.com/watch?v=npRUitfhCOk (2.2.2021)
[51] R. Emmerich: 2012 – Das Ende der Welt. – Columbia, 2009. – Trailer: https://www.kino-zeit.de/film-kritiken-trailer-streaming/2012#lg=1&slide=0 (2.2.2021)
[52] R. Fleischer: Soylent Green. – Robinson Movie, 1973. – Trailer: https://www.youtube.com/watch?v=N_jGOKYHxaQ (2.2.2021)
[53] C. K. Hendrich: „Die Menschheit ist verloren, wenn wir nicht die Erde verlassen". – Die WELT, Springer Verlag, 21.6.2017. – https://www.welt.de/wissenschaft/weltraum/article165782800/Die-Menschheit-ist-verloren-wenn-wir-nicht-die-Erde-verlassen.html (2.2.2021)
[54] D. Kampmann: Ein Tweet und viele Folgen. – Frankfurter Allgemeine Zeitung, Nr. 180, 5.8.2020, S. 9 (Feuilleton)
[55] S. Spielberg: Krieg der Welten. – Paramount, 2005 (nach dem Roman „War of the Worlds" von H. G. Wells, 1898). – Trailer: https://www.youtube.com/watch?v=2bPglTFNH3U (2.2.2021)
[56] J. Hollcoat: The Road. – Senator Dimension Films, 2009. – Trailer: https://www.youtube.com/watch?v=9mZOZaCVc1k (2.2.2021)
[57] H. Sicheritz: Clara Immerwahr. – MR Film, 2014. – Trailer: https://www.dailymotion.com/video/x1x9qfh (2.2.2021)
[58] G. von Leitner: Der Fall Clara Immerwahr – Leben für eine humane Wissenschaft. – H. C. Beck Verlag, München, 1993
[59] R. Emmerich: The Day After Tomorrow. – Twenty Century Fox, 2004. – Trailer: https://www.youtube.com/watch?v=6hAv1ttkbFY (2.2.2021).
[60] S. Rahmstorf: The Day After Tomorrow – some comments on the movie: http://www.pik-potsdam.de/~stefan/tdat_review.html (2.2.2021)
[61] J. Nichols: Take Shelter – Ein Sturm zieht auf. – grove hill productions, 2011. – Trailer: https://www.youtube.com/watch?v=GYYAc5pALT0 (2.2.2021)
[62] K. Branagh: Mary Shelley's Frankenstein. – Tristar, 1994. – Trailer: https://www.youtube.com/watch?v=GFaY7r73BIs (2.2.2021)
[63] H. Al-Mansour: Mary Shelley – Die Frau, die Frankenstein erschuf. – Parallel Films (Storm) Ltd, 2017. – Trailer: https://www.amazon.de/Mary-Shelley-Frau-Frankenstein-erschuf/dp/B07LG62Y9N/ref=tmm_aiv_title_0?_encoding=UTF8&qid=&sr (2.2.2021)

Danksagungen zum Kapitel 11

Dank gebührt den Studierenden, die engagiert am Seminar teilgenommen haben: Iveta Gospodinova, Ruhama Hasanov, Franziska Petitjean, Viktoria Schaab, Julie Teumi, Maryia Verashchahina und Jannik Wilhelm.

Ebenso Dank gilt den Studierenden, die ergänzende populärwissenschaftliche Bücher und Filme recherchiert und zusammengefasst haben, die zu den hier beschriebenen Themen passen: Ouiaam Amraoui, Lara Bernhardt, Nicole Brosch, Marcel Clausing, Ivan Dukic, Kai Geßner, Bilal Hajji, Alireza Kaviani, Sahl Alhaj Kheder, David Krauß, Paola Bandeira Marques, Andrej Matic, Lorenz Müller, Adriana Penkaty, Petrit Pepaj, Amal Taouil, Stella Thomas und Eva Wüst.

12 Schreiben von Rezensionen als Lernziel

Im Rahmen ihres Wahlpflichtprogramms haben mehrere Studierende Rezensionen zu aktuellen Sachbüchern, Romanen, Dokumentarfilmen und Ringvorlesungen über diverse ökologische Aspekte geschrieben. Sie mussten sich dabei mit dem jeweiligen Thema auseinandersetzen, Hintergrundliteratur – auch Rezensionen anderer Personen – recherchieren, das jeweilige Werk kurz zusammenfassen und ihre Meinung dazu begründen. An wen richtet sich ein Werk? Die Zielgruppe, an die sich die Rezensionen wenden sollten, waren Studierende der Chemie und Biotechnologie. Deshalb wurden in den Rezensionen vor allem Anknüpfpunkte an Lehrinhalte der Standardvorlesungen aufgezeigt. Von mir redigiert, wurde einige der im Folgenden vorgestellten Rezensionen publiziert.

Das Kapitel 4.3 basiert auf drei weiteren von Studierenden erarbeiteten Buchrezensionen.

Für Waldliebhaber und zur Bereicherung des Chemieunterrichtes

Peter Wohlleben: Das geheime Leben der Bäume. – 224 Seiten, Ludwig-Verlag München, 2015. – ISBN 978-3-453-28067-0. – 19,99 Euro. Auch als Hörbuch-Download erhältlich für 11,95 Euro, z.B. über http://www.thalia.de/shop/home/rubrikartikel/ID44416105.html?ProvID=11000525 (2.2.2021).

Der Förster Peter Wohlleben berichtet über faszinierende Aspekte des Waldes in seinem Revier, die dem Laien weitgehend unbekannt sein dürften. Wer den Wald liebt, wird ihn nach dem Lesen des Buches noch mehr lieben, weil er für viele Geheimnisse der Pflanzen- und Tierwelt sensibilisiert werden wird. Aber auch dem Stadtmenschen, der den Wald kaum kennt, sei die Lektüre von Wohllebens Buch wärmstens empfohlen. Er wird dann neugierig auf ein Wunder der Natur, zum Waldspaziergang motiviert und bestimmt zum Wald-Liebhaber werden.

P. Wohlleben geht bei seinen Schilderungen auch auf zahlreiche chemische Aspekte ein, allerdings ohne einen fachlichen Tiefgang – was für ein populärwissenschaftliches Buch auch gar nicht angebracht wäre. Hier kann man aber im Chemieunterricht ansetzen und einzelne Passagen aus dem Buch (bzw. dem Hörbuch) als motivierenden Einstieg in eine vertiefte fachliche Diskussion in Vorlesungen und Seminaren sowie als Grundlagen für Haus- und Projektarbeiten nutzen. *K. Sawlitsch* hat in ihrer Bachelorarbeit das Buch von Peter Wohlleben auf interessante Anknüpfpunkte in den Vorlesungen über Bio- und Naturstoffchemie hin analysiert. Im Folgenden werden dazu einige Vorschläge gemacht.

P. Wohlleben bezeichnet den Wald als einen Superorganismus. Es bietet sich an, diesen Be-griff, der insbesondere mit Bienen- oder Ameisenvölkern assoziiert wird, zu definieren und gegen die Begriffe Ökosystem und Symbiose abzugrenzen.

Der Wald greift in fast alle Stoffkreisläufe auf der Erde ein. Dies detailliert auszuarbeiten, ist eine lohnende Aufgabe im Unterricht und fördert das ganzheitliche Denken der Studierenden insbesondere in Hinblick auf die dringende Notwendigkeit eines verstärkten Umweltschutzes. Es wird klar, wie unsinnig es ist, Wälder zu roden, weil dann nämlich wegen der unterbleibenden Fotosynthese der wichtigste Kohlenstoffdioxid-Konsument und Sauerstoff-Produzent abgeschnitten wird. Des Weiteren kann das Holz als nachwachsender Rohstoff und anwendungstechnisch gesehen phantastischer Bio-Verbundwerkstoff thematisiert werden. Sehr lehrreich ist es auch die Tatsache, dass Bäume Terpene absondern, die als Aerosole in den Luftschichten über dem Wald als Kondensationskeine für Wasserdampf wirken und auf diese Weise die Wolkenbildung und Niederschläge fördern, sodass dem Wald letztlich die Bedeutung als Wasserspeicher zukommt. Hier kann erneut appelliert werden, den Wald zu schützen, um die Entstehung arider Zonen zu verhindern. Schließlich kann auch betont werden, dass der Wald über einen sehr langen Zeitraum betrachtet – lange nach dem natürlichen Absterben der Bäume – zum Lieferant für fruchtbaren Humusboden, für Torf und letztendlich für den fossilen Rohstoff Kohle wird.

Der Wassertransport von den Wurzeln bis in hohe Baumwipfel ist eine physikalisch-chemische Herausforderung. Wie diese gemeistert wird, kann im Zusammenhang mit den grundlegenden Themen Diffusion, Osmose, Oberflächenspannung, Adhäsion, Kohäsion und Verdampfung erörtert werden.

Mehrere Passagen seines Buches widmet P. Wohlleben den Strategien, die Bäume anwenden, um Fressfeinde abzuwehren. Sei es durch Freisetzung von Salicin, dem biochemischen Vorläufer von Salicylsäure und dem daraus hergestellten, wohl berühmtesten Medikament – und Klassiker im Organischen Praktikum – Aspirin®, oder sei es durch Bildung des Botenstoffes Ethen, über dessen Transport mit dem Wind benachbarte Bäume vor den Feinden gewarnt werden und dann ihrerseits frühzeitig Abwehrmaßnahmen treffen. Fachlich besonders anspruchsvoll ist in diesem Zusammenhang eine Unterrichtseinheit über die Biosynthese von Ethen aus der Aminosäure Methionin. Schließlich kann die Besprechung des von Bäumen produzierten Wundhormons Jasmonsäure sowie des hauptsächlich in der Birkenrinde vorliegenden Betulins das Thema Terpenchemie bereichern. Die antiseptische und antibakterielle Wirkung von Betulin wird in zahlreichen Birkenrindenextrakten ausgenutzt – eine lohnende Exkursion in die Bio-Anwendungstechnik und Selbstmedikation.

Fazit: „Das geheime Leben der Bäume" ist ein faszinierendes Buch und eine Bereicherung für den Chemieunterricht.

Prof. Dr. Volker Wiskamp und Katrin Sawlitsch

Publiziert in: Chemie in Labor und Biotechnik (CLB) 67 (2016), Heft 11-12, S. 542.

Was die Welt im Innersten zusammenhält

Peter Wohlleben: Das geheime Netzwerk der Natur. –
224 Seiten, Ludwig Verlag München, 2017. – ISBN 978-3-453-28096-0. – 19,99 Euro.
Auch als Hörbuch erhältlich, ISBN 978-3-8445-2727-8.

Wie schon sein Bestseller „Das geheime Leben der Bäume" (rezensiert in CLB 67, Heft 11-12, 2016) liefert auch das neue Buch des Försters Wohlleben Anknüpfpunkte für den Chemieunterricht, z.B.:

- *Thema Biodüngung:* Bären fressen Lachse immer nur partiell auf. Die Fischreste verteilen sich über die Nahrungskette, und der Kot der Konsumenten düngt das ufernahe Umfeld ebenso wie die übrig gebliebenen Fischskelette. Bei diesem Nährstoffreichtum gedeihen Pflanzen, insbesondere Bäume in Ufernähe besonders gut – viel besser als ohne „Fischdünger" – und geben auch Insekten und anderen Kleinlebewesen einen besseren Lebensraum. Insgesamt steigt die Artenvielfalt.
- *Thema Doping:* Gülle aus der Tierhaltung und Stickstoffoxide aus dem Autoverkehr sind Doping für Bäume; diese wachsen schneller, als sie es von Natur aus tun würden. Als unliebsame Nebenwirkung befindet sich in ihren Jahresringen dann aber zu viel Luft. Dadurch wiederum werden die Bäume anfälliger für Pilzbefall, faulen schneller und sterben früher. Ist das nicht ähnlich bei einem gedopten Sportler?
- *Thema Indikatoren:* Borkenkäfer sind Schwächeparasiten. In einem gesunden Wald befallen sie höchsten die schwachen und kranken Bäume. Steigende Temperaturen (Klimawandel), Waldrodungen, monokulturelle Plantagen und Verlust von Artenvielfalt führen zur Vermehrung von Borkenkäfern, die dann auch gesunde Bäume angreifen. Sind Borkenkäfer also Indikatoren für Missstände?
- *Thema ätherische Öle:* Der vor allem in Spanien durchgeführte Ersatz von einheimischen Steineichen durch Eukalyptusplantagen unterstützt Waldbrände – die aufgrund des Klimawandels sowieso vermehrt auftreten – durch die starke Freisetzung von ätherischen Ölen. Deshalb bezeichnet man solche Plantagen auch als grüne Wüsten.

Was Chemiker besonders faszinieren wird, ist die Art und Weise, wie Wohlleben verdeutlich, dass in der Natur alles mit allem zusammenhängt, z.B. bei der Rückkehr der Wölfe in den Yellowstone Nationalpark. Die wilden Tiere reduzieren die Hirschpopulation. Dies wiederum führt zu einer Beruhigung der Flussauen, wo Hirsche hauptsächlich weiden und gerne Beeren fressen. Von den Hirschen nicht mehr gestört, bauen die Biber mehr Deiche und verlangsamen dadurch die Fließgeschwindigkeit der Gewässer. Die Konsequenz davon ist, dass sich andere Tiere und Pflanzen im und am Wasser wohler fühlen und ansiedeln und sich schließlich sogar die Lebensbedingungen für Grizzlys verbessern, die jetzt ohne Konkurrenz der Hirsche im Herbst zusätzliche zuckerhaltige Nahrung in Form der in den Flussauen wachsen Beeren zu sich nehmen können. Eine interessante Folge vernetzter Ereignisse. Ein Chemiker fühlt sich bei dieser Geschichte vielleicht an die Optimierung einer Synthese erinnert, wo er an den Parametern Druck, Temperatur, Konzentrationen, Katalysatoreinsatz und Zeit schrauben kann, oder er denkt an die komplexen Stoffströme in der Biochemie, wo beispielsweise der Zitronensäurezyklus, die Glucose-Neogenese, die Fettaufbauspirale und der Mevalonsäureweg zu den Terpenen über die Schaltstelle der Essigsäure miteinander verknüpft sind.

Wohlleben sensibilisiert die Leser auch dafür, wie störanfällig Ökosysteme sind, insbesondere durch menschlichen Einfluss wie Umweltverschmutzung beim Fracking. Er benutzt bei der Erklärung wissenschaftlicher Zusammenhänge kaum Fachausdrücke, sondern eine emotionale Sprache, z.B. „Bäume säugen ihre Kinder" oder „Bäume sprechen miteinander". Das ist besonders schön und erleichtert den Lesern den Zugang zu den Wundern der Natur und motiviert die Chemiker, sie auf molekularer Ebene genauer zu erforschen, um zu erfahren, was die Welt im Innersten zusammenhält.

Prof. Dr. Volker Wiskamp und Valeska Heymann

Publiziert in: Chemie in Labor und Biotechnik (CLB) 68 (2017), Heft 11-12, S. 547-548.

Ökologische Zeitthemen, spannend in Romanform gepackt

Maja Lunde: Die Geschichte der Bienen. –
510 Seiten, Verlagsgruppe Random House, München, 2015. –
ISBN-978-3-442-75684-1. – 20,00 Euro.

Maja Lunde: Die Geschichte des Wassers. –
479 Seiten, Verlagsgruppe Random House, München, 2017. –
ISBN-978-3-442-75774-9. – 20,00 Euro.

Die Romane der norwegischen Schriftstellerin Maja Lunde haben nicht das Weltklasse-Format des Zukunftsromans „Brave New World" (A. Huxley), sind aber interessant und seien insbesondere Oberstufenschülern und Studierenden sehr empfohlen, um über die ökologischen und als Folge davon sozialen Probleme auf der Erde nachzudenken. Wir haben die Bücher in einem Ökologieseminar als Begleitlektüre genutzt und von den Teilnehmern die Rückmeldung erhalten: „Ja, so könnte es in einem halben Jahrhundert aussehen."

Beide Romane sind dadurch spannend, dass drei bzw. zwei Geschichten parallel erzählt werden, bei denen man von Anfang an die Ahnung hat, dass sie zusammengehören, was sich am Ende als richtig erweist. Es geht um das Insektensterben, dem mit zeitlicher Verzögerung ein weitgehendes Aussterben der Menschen folgt, bzw. um die Erwärmung der Erde, das Schmelzen des Gletschereises und die Ausbreitung arider Zonen, mit der Konsequenz von Völkerwanderungen und Flüchtlingselend.

Die Geschichte der Bienen. William lebt in England *im Jahre 1852*, also zu Beginn der Industrialisierung der Landwirtschaft. Er hat einen neuartigen Bienenstock erfunden, der es ermöglicht, die Bienen zu nützlichen Haustieren zu machen und Honig in großen Mengen zu produzieren. George lebt in Ohio *im Jahre 2007*. Die Landwirtschaft ist durch riesige Monokulturen geprägt; der Kapitalismus ist in einer Krise. George betreibt eine Imkerei, die existenziell bedroht ist, weil immer mehr Bienen sterben. Tao arbeitet in China *im Jahre 2098* auf einer Obstplantage, wo sie die Pflanzen per Hand bestäubt; denn Bienen, die das früher getan haben, gibt es nicht mehr. R. Carsons „Stummer Frühling" ist wahr geworden, doch es soll zumindest etwas Obst für die früher so riesige, jetzt aber fast ganz ausgestorbene Bevölkerung bereitgestellt werden. Taos dreijähriger Sohn verläuft sich, erleidet einen mysteriösen Unfall und wird von Unbekannten weggebracht. Seine Mutter macht sich auf die Suche nach ihm, gelangt auf Umwegen durch Geisterstädte, wo nur noch wenige ausgemergelte Alte auf den Tod warten und noch weniger Jugendliche aggressiv und gewaltbereit versuchen zu überleben, zu einem der wenigen noch existierenden Krankenhäuser, wo sie ihren Sohn findet. Er hat einen allergischen Schock erlitten, weil er von einer Biene gestochen wurde. Man hatte nämlich angefangen, Bienen wieder neu zu züchten. Naturwissenschaftlich betrachtet beschreibt der Roman den typischen Verlauf einer Populationsdynamik: Eine Population (hier die Menschheit) erlebt aufgrund guter Lebensbedingungen eine exponentielle Wachstumsphase, die in eine Stagnationsphase übergeht, wenn Roh- und Nährstoffe knapp werden, und schließlich in eine Absterbephase wechselt, wenn die Lebensgrundlagen ausgebeutet und zerstört sind. Die Absterbephase kann zu einem Exitus der Population führen, kann aber auch, wenn eine ausreichend niedrige Populationsdichte erreicht ist, in eine neue Wachstumsphase gleiten. Diese wird im Roman mit der Neuzüchtung der Bienen eingeleitet.

Die Geschichte des Wassers. Die fast 70jährige Umweltaktivistin Signe verpackt *im Jahre 2017* Blöcke von norwegischem Gletschereis in ihr Boot, segelt über die Nordsee und durch Kanäle nach Zentralfrankreich und will dort Magnus das geschmolzene Eis in einer Protestaktion vor die Füße kippen. Der Mann hat nämlich die perverse Geschäftsidee, aus dem Klimawandel Profit zu schlagen und arabischen Scheichs Gletschereis zum Kühlen ihrer Getränke zu liefern, solange der Gletscher noch nicht ganz weggeschmolzen ist. Aus der Aktion wird nichts, denn Magnus ist die Jugendliebe von Signe, und das Boot bleibt verwaist in einem Binnenhafen stehen. *Im Jahre 2041* strömen immer mehr Menschen aus dem wegen der Erderwärmung zur Steppe gewordenen Südeuropa in ein elendiges Flüchtlingslager in Frankreich. Und da es selbst dort schon an Wasser mangelt, ziehen sie weiter nach Norden. Viele sterben unterwegs. Marguerite, David und dessen Tochter Lou finden eine Zuflucht auf einem Boot, das in einem ehemaligen Hafen liegt, der jetzt ausgetrocknet ist. Dort entdecken sie verschlossene Plastikboxen mit – Wasser.

Das chinesische Wort „Tao" heißt übersetzt „Der Weg", und das Boot als Zufluchtsort weckt die Assoziation an die „Arche Noah". Mit diesen Symbolen geben Lundes Romane ein bisschen Hoffnung.

Prof. Dr. Volker Wiskamp und Ankana Thaithae

Publiziert in: Chemie in Labor und Biotechnik (CLB) 69 (2018), Heft 11-12, S. 553-554.

Ergänzung: Maja Lunde arbeitet an einem Klima-Quartett. Der dritte Band „Die letzten ihrer Art" ist 2019 im btb-Verlag erschienen (ISBN-978-3-442-75790-9). Es geht um eine durch den Klimawandel vom Aussterben bedrohte seltene Pferderasse. Der vierte Band wird mit Spannung erwartet.

Wider die anthropozentrische Betrachtung der Pflanzen

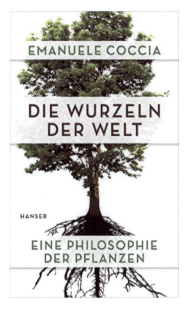

Emanuele Coccia: Die Wurzeln der Erde – Eine Philosophie der Pflanzen. –
186 Seiten, Carl Hanser Verlag, München, 2018. –
ISBN-987-3-446-25834-1. – 20,00 Euro.

Im Chemieunterricht besprechen wir, wie wir Baumwolle mit Indigo färben, aus Kartoffelstärke Presswerkstoffe herstellen oder Palmöl mit Methanol zu Fettsäuremethylestern umestern und als Biodiesel vermarkten können. Fachdidaktisch gesehen ist das ok. Dabei schenken wir aber den Pflanzen selbst, dem Baumwollstrauch, der Indigo-Pflanze, der Kartoffel bzw. der Ölpalme, welche die Rohstoffe liefern, kaum Beachtung, was *nicht* in Ordnung, sondern Ausdruck unserer anthropozentrischen Denkweise ist: Wir Menschen meinen nämlich, die am höchsten entwickelten Lebewesen zu sein und deshalb die Natur beliebig für unsere Zwecke nutzen zu dürfen. Dagegen wendet sich der italienische, in Paris lehrende Philosoph Emaluele Coccia und schreibt eine *Philosophie des Lebens aus dem Blickwinkel der Pflanzen*, die er als die eigentlichen „Macher der Welt" bezeichnet.

Damit hat er recht. Denn die Bruttogleichung der Photosynthese

$$6\ CO_2 + 6\ H_2O \rightarrow C_6H_{12}O_6 + 6\ O_2$$

ist die wichtigste Reaktionsgleichung, die (nicht nur) Chemiestudierende kennen müssen, und Chlorophyll, der grüne Blattfarbstoff, ist der Photokatalysator, der als Vermittler zwischen der kosmischen Energie, dem Sonnenlicht, und dem Leben auf der Erde fungiert. Coccia drückt das poetischer aus: „Die Pflanzen machen das Leben zu einem solaren Faktum. ... Das Geheimnis der Pflanzen zu begreifen heißt, die Blätter zu verstehen". Die Blätter – sie wachsen, sie wechseln ihre Farbe, sie fallen ab, immer wieder im Rhythmus der Jahreszeiten. „Der Ursprung der Welt ist periodisch." Das Leben ist eine Schwingung.

In der Tat sind Pflanzen geheimnisvoll. Sie „scheinen abwesend, wie versunken in einem langen, stummen Drogentraum. Sie haben keine Sinne, aber sie sind alles andere als abgeschottet: Kein anderes Lebewesen ist seiner Umwelt mehr verhaftet als sie. … In allem, was ihnen begegnet, haben sie Anteil an der Welt in ihrer Gesamtheit. … Die Welt verdichtet sich in dem Flecken Boden und Himmel, den sie besetzen."

Wir Menschen müssen, um zu leben, andere Lebewesen vernichten, indem wir sie aufessen (Stoffwechsel – ein zentrales Thema in der Biochemie). Pflanzen hingegen tun das nicht; sie begnügen sich mit anorganischer Materie (Luft, Wasser, Mineralien) und Licht, um daraus erst die Grundlage für das aerobe Leben zu schaffen. Wir atmen Sauerstoff ein und Kohlenstoffdioxid aus; bei den Pflanzen ist es genau umgekehrt. Damit sind Menschen und Pflanzen quasi inverse Lebewesen. Atmen ist „ein Eintauchen in die Welt", in der alles miteinander zusammenhängt. Wir sind abhängig von den Pflanzen, sie aber nicht von uns; sie waren vor uns da, und sie werden uns überleben.

Die Kontaktfreudigkeit der Pflanzen manifestiert sich nach Coccia auch über ihre Wurzeln. Darüber wird die Sonnenenergie ins Erdreich geleitet, wo die Pflanzen mit Pilzen und Milliarden anderer Lebewesen ein hochgradig verflochtenes und interaktives Stoffaustausch- und Kommunikationsnetzwerk aufbauen und „Kultur" schaffen. Im Wortlaut des Philosophen: „Die Wurzeln machen den Boden und die unterirdische Welt zu einer Art spirituellem Kommunikationsraum." Das ist „höchstmögliche Lebensbejahung". Weiterhin kommunizieren die Pflanzen über ihre Blüten, die durch eine Metamorphose aus den Blättern hervorgehen, jedes Jahr neu, und die Coccia als „kosmische Attraktoren" bezeichnet. Das Blühen ist die Sexualität der Pflanzen, ihre vernünftige Weitergabe von Leben, insbesondere mit Hilfe des Windes und der Insekten, denen sie gleichzeitig einen Lebensraum bieten. „In der Welt zu sein heißt, dass es gar nicht möglich ist, den Lebensraum *nicht* mit anderen Lebensformen zu teilen, dem Leben der anderen *nicht* ausgesetzt zu sein." Die ganze Welt ist eine Symbiose sowie *Wahrscheinlichkeit von Beziehungen*. Gerade dieser letzte Gedanke muss uns Chemikern gefallen, wenn wir die Bindungsverhältnisse in Molekülen über Molekülorbitale beschreiben, in denen alle Elektronen mit hoher Wahrscheinlichkeit in Beziehung zueinanderstehen.

Wer den Essay von Coccia gelesen hat, wird nicht mehr *nur* fachspezifisch denken, sondern die Pflanzen vielmehr als ein Wunder der Natur betrachten, mit Dankbarkeit und Demut. Das ist dann gut so.

Prof. Dr. Volker Wiskamp, Mina Azizi und Lea Woldeiesus

Publiziert in: MNU Journal 3 (2019), S. 262.

Die Wiese – Ein Paradies nebenan

Jan Haft: Die Wiese – Ein Paradies nebenan. – Nautilus Film, 2019. – Trailer: https://www.youtube.com/watch?v=cDxpKGfH2JU&ab_channel=kinofilme (2.2.2021)

Der Dokumentarfilm beschreibt sehr eindrücklich den Wandel des Ökosystems Wiese mit den Jahreszeiten, die Wechselwirkungen zwischen Wiese und Wald sowie die Entwicklung von deutschen Wiesen in den letzten Jahrhunderten, insbesondere den Einfluss des Menschen durch die moderne Landwirtschaft, die das Ökosystem und gerade die Artenvielfalt an Tieren und Pflanzen bedroht. Die Analyse des Films passt deshalb gut in ein Ökologie-Seminar. (Vgl. die Besprechung von Jan Hafts Dokumentarfilm „Die Magie der Moore" in Kapitel 11.)

    Zu Beginn der Dokumentation wird die Wiese zwischen den umgebenden Wäldern bei Vogelzwitscher gezeigt. Rehe, Wildschweine, Mäuse, Adler sind in ihrem natürlichen Lebensraum Wald und Wiese zu sehen. Die Wiese bietet im Gegensatz zum Wald das ganze Jahr über Sonnenlicht. Hier wachsen nicht nur im Frühling eine Großzahl von unterschiedlichen Kräutern, die Nahrungsgrundlage und Lebensraum für viele Insekten darstellen. Es wird auf die Rolle des Menschen bei der Erschaffung und Bewirtschaftung der Wiesen eingegangen, die schon seit vielen Jahrhunderten solch einen Lebensraum für mehr als 1000 Pflanzenarten und noch mehr Tierarten schaffen. Weiterhin werden Vögel, Insekten und Säugetiere beim Fressen auf der Wiese gezeigt. Viele Vogelarten, die auf dem Boden brüten, seien auf Feuchtwiesen als Brutplatz angewiesen, deren Pflanzen regelmäßig durch den Menschen gekürzt werden. Durch Entwässerung und Umbruch der Grünflächen in Ackerland seien gerade die Bodenbrüter vor dem Aussterben bedroht, da durch diese Art der Bewirtschaftung die Wiesen und deren Pflanzenvielfalt zerstört würden.

    Das Ökosystem verändert sich mit dem Beginn der wärmeren Jahreszeit. Die Ricke verliert ihren Winterpelz und bringt zwei Jungtiere zur Welt. Die Wiese bietet nun die notwendige Nahrungsgrundlage für die Wildtiere und ihren Nachwuchs. Auch Pflanzen wie der Wiesen-Bocksbart und die Hummel-Ragwurz blühen nun. Hier wird der Unterschied zwischen zwei Pflanzen aufgezeigt, die sich auf verschiedenen Wegen fortpflanzen. Der Wiesen-Bocksbart verbreitet seine Flugsamen mit dem Wind, die Hummel-Ragwurz ist auf die Bestäubung durch männliche Langhornbienen angewiesen. Weitere Insekten werden vorgestellt, die im späten Frühling ihren Platz im Ökosystem Wiese einnehmen. Wichtig seien vor allem die Hummeln, die angelockt durch den Blütennektar den Pollen der angesteuerten Pflanze aufnehmen und bei Kontakt mit der nächsten Pflanze derselben Art deren Bestäubung verursachen.

Am Beispiel der Reh-Familie wird die Bedrohung durch den Menschen aufgezeigt. Durch das Mähen der Wiesen mit schweren landwirtschaftlichen Maschinen würde nicht nur der Lebensraum der Wiesenbewohner zerstört. Gerade Nistplätze von Vögeln und zum Beispiel das junge Rehkitz, das im ersten Monat seines Lebens stets an einem vertrauten Ort bleibt, befänden sich in Gefahr.

Mit dem Wechsel vom Frühling zum Sommer beginnt das Wachstum und die Vermehrung vieler Gräser. Insekten verbreiten sich und verursachen die für Wiesen charakteristische Geräuschkulisse. Dazu gehören vor allem die fast 100 heimischen Heuschreckenarten. Auch Viehweiden mit ihren Zäunen, Pfosten und Sträuchern würden einen Lebensraum für Füchse, Dachse, verschiedenste Vögel und Insekten bieten. Dabei diene nicht nur das dichte Gras als Rückzugsort, viele Lebewesen wie zum Beispiel die Wildbienen würden Abbruchkanten am Rande der Weiden nutzen, um Brutkammern anzulegen.

Vorwiegend im Sommer bietet die Wiese einen Lebensraum für einzigartige Insekten, die teilweise nur im Ökosystem Wiese vorkommen. Dazu gehört ein Drittel der fast 1000 in Deutschland heimischen Wanzenarten und ein Großteil der vielen hundert unterschiedlichen Zikaden. Pflanzen wie die Hundskamille bieten vielen dieser Insekten Nahrung in Form ihres Blütennektars und locken gleichzeitig Jäger wie die Krabbenspinne an. Es wird das sommerliche Leben in der Wiese gezeigt, welches nachts ruht und mit dem Sonnenlicht erwacht.

Dann erklingt Motorengeräusch; ein Traktor mit modernen Mähgerätschaften wird gezeigt. Dies ermögliche das Mähen von mehreren Hektar Wiese an einem Tag zur Gewinnung von Heu. Gleichzeitig würde aber genau das radikale Kürzen der Gräser und Kräuter der Wiese das Leben der vielen Tiere und Pflanzen in diesem Ökosystem ermöglichen. Zunächst bezieht sich die Dokumentation aber auf die Wiesenbewohner, die kurzfristig ihres Lebensraumes beraubt werden und der Maschine zum Opfer fallen. Dies biete auch anderen Tieren, besonders Jägern wie dem Storch oder dem Rotmilan die Chance, Nahrung wie Heuschrecken oder Mäuse zu erbeuten. Zudem hätten die meisten Insekten bereits ihre Eier abgelegt und manche Jungvögel das Nest verlassen, sich somit an das regelmäßige Kürzen der Wiese angepasst und würden so ihr Überleben sichern. Trotz allem sei das Mähen notwendig, denn würde man darauf ver-zichten, dann würden die filigranen Blumen und Gräser in den Wiesen absterben und mit ihnen viele Tierarten verschwinden. Letztendlich habe jedoch der Mensch den größten Einfluss auf das Ökosystem Wiese. Als negative Entwicklungen werden die schnelle Heu-Einfuhr nach dem Mähen, die Düngung, das immer häufigere Bearbeiten mit immer größeren Maschinen und die insgesamt intensivere Bewirtschaftung der Wiesen genannt, mit denen immer weniger Wiesentiere und -pflanzen Schritt halten könnten.

Der Wald sei der Feind der Wiese; er würde ohne die regelmäßige Bewirtschaftung durch den Menschen die Wiesen überwachsen. Hier wird auf die Rolle großer Pflanzenfresser eingegangen, die schon vor der Zeit des Menschen dafür gesorgt hätten, dass im Urwald große Lichtungen und somit Wiesen entstanden seien. Durch das Abfressen von frischen Trieben und kleinen Bäumen würden Pflanzen und Sträucher Dornen bilden, die kleineren Vögeln Schutz zum Brüten am Rande der Wiesen bieten. Durch Ausrottung der meisten großen Pflanzenfresser und der mangelnden Duldung der letzten verbliebenen Vertreter dieser Art wie dem Rothirsch auf den meisten Waldflächen in Deutschland sei diese natürliche Erhaltung von Wiesen nicht mehr möglich.

Als weitere große Bedrohung für das Ökosystem Wiese wird die Umwandlung von Grünflächen in Ackerland und Maisfelder genannt. Durch staatliche Subvention werde der Anbau von Pflanzen zur Produktion von Biogas als alternative, erneuerbare Energiequelle gefördert. Viele Bauern würden dafür ihre Wiesen umbrechen und so Lebensräume für Tiere und Pflanzen vernichten. Der Anbau dieser Energiepflanzen geschehe auf einer Fläche, die halb so groß wie die Fläche der verbliebenen Wiesen sei.

Der Übergang vom Sommer in den Herbst wird mit Bildern von Rehen und Rothirschen während der Paarungszeit und dem Auftreten von Morgentau in der Wiese untermalt. Noch immer sei die dichte Wiese voller Leben. Neben zahlreichen Spinnenarten werden vor allem Saftlinge gezeigt. Diese bunten, wachsartigen Pilze wüchsen vor allem auf mageren Wiesen, seien jedoch aufgrund vermehrter Düngung vom Aussterben bedroht. Im Winter biete die Wiese keine Nahrung für Wildtiere. Hier spiele dann vielmehr der Wald eine große Rolle für das Überleben der Tiere. In der Dokumentation wird ein verendetes Reh gezeigt, das diverse Greifvögel und auch Füchse ernährt, die im Winter auch Aas als Nahrungsquelle nutzen.

Mit dem Frühling beginnt wieder eine üppigere Jahreszeit. Ein Bauer fährt mit einem Gülle-Tank auf sein Feld. Die Düngung diene der intensiveren Bewirtschaftung der Wiesen, die ohne diese nur mageres Heu lieferten. Die enormen Mengen Gülle, die jedes Jahr auf deutschen Wiesen und Feldern landeten, seien jedoch eine Gefahr für Tiere und Pflanzen. Denn mit der ersten Düngung setze ein Massensterben ein, das mit den Oberflächen-Pilzen und unterirdischen Pilzgeflechten beginne und auch die mit diesen in Symbiose lebenden Pflanzen erreiche. In die Luft ausgedunsteter Ammoniak dünge zudem die umliegende Landschaft, belaste Grundwasser, Seen, Flüsse und Bäche. Auch auf den Standpunkt der Landwirte wird in diesem Zusammenhang eingegangen. Die modernen Landwirtschaftstechniken seien für das Überleben notwendig, denn mehr Ertrag brächte auch höhere finanzielle Mittel. Die Düngung vermindere jedoch die Artenvielfalt. Die meisten Pflanzen würden das Überangebot an Nährstoffen nicht vertragen und wichen Pflanzen wie dem Löwenzahn, die den Landwirten zugleich mehr Viehfutter lieferten als die Wiesenkräuter. Der resultierende dichtere Bewuchs der Wiesen verhindere den Zugang für Bodenbrüter und reduziere den Reichtum an Insekten, auf die der Löwenzahn zu seiner Fortpflanzung beispielsweise nicht angewiesen sei.

Am Ende der Dokumentation wird ein Lösungsvorschlag für die Rettung des Ökosystems Wiese geliefert. Die Landwirtschaft müsse unterstützt durch die Bereitschaft der Gesellschaft dafür auch finanziell einzustehen naturfreundlicher gestaltet werden. Zudem müsse die Bewirtschaftung von artenreichen Wiesen mindestens genauso attraktiv gemacht werden wie der Anbau von Pflanzen für die Biogasproduktion. Mit der Artenvielfalt als Produktionsziel solle die Wiese als wichtiger Kohlenstoffspeicher, Heimat von tausenden Tier- und Pflanzenarten und Jahr-tausende altes Kulturgut geschützt werden.

Der Film stellt insbesondere die moderne Landwirtschaft als größten Feind des Ökosystems Wiese sowie seiner Pflanzen- und Tierarten dar. Die Bewirtschaftung von Wiesen durch Landwirte lässt sich jedoch in zwei Arten einteilen.

Eine naturfreundliche Bewirtschaftung der Wiesen bildet die Grundlage zum Erhalt des Ökosystems. Jährliches Mähen der Wiesen im Sommer ist schon seit vielen Jahrhunderten eine durch Bauern angewandte Methode zur Gewinnung von Heu, das als Viehfutter dient. Das radikale Kürzen der Gräser und Blumen ermöglicht anderen Lebewesen das Überleben. Störche, Greifvögel oder Füchse haben nun leichtes Spiel Mäuse und Insekten zu erbeuten. Viele Tiere der Wiese haben sich zudem über Jahrhunderte und Jahrtausende an die Bewirtschaftung durch den Menschen angepasst. Insekten legen frühzeitig ihre Eier ab und schaffen die Grundlage für die nächste Generation, Küken wie die der Braunkehlchen oder Feldlerchen sind frühzeitig flügge und können so den Mähgeräten entkommen. Trotz der Anpassungen ist das Überleben dieser Tiere und Pflanzen immer noch vom Menschen abhängig. Der Zeitpunkt des Mähens entscheidet oft, ob die Jungtiere entkommen oder nicht. Die Abhängigkeit des Ökosystems von der Bewirtschaftung des Menschen wird vom Regisseur genauer betrachtet. Schon vor dem Menschen gab es Wiesen, deren Tier- und Pflanzenwelt unbedroht existierte. Entscheidend dafür waren die großen Pflanzenfresser wie Rothirsch, Wisent oder Auerochse, die mit der wachsenden Zivilisation in Deutschland jedoch fast verschwanden. Eine natürliche

Erhaltung der Wiesen war nicht mehr möglich und wurde im Rahmen der Heugewinnung durch die Landwirtschaft übernommen.

Die naturschädigende, moderne Bewirtschaftung der Wiesen steht dem entgegen. Als Beispiele werden die schnelle Heu-Einfuhr nach dem Mähen, Düngung mit Gülle, ein immer häufigeres Bearbeiten der Flächen mit immer größeren Maschinen genannt. Diese Entwicklungen dienen vor allem dazu, schneller und mit weniger Kosten einen höheren Ertrag zu erzielen, sind zudem essenziell für die Landwirte, die ohnehin schon durch staatliche Subventionen unterstützt werden. Durch die Umwandlung von Wiesen in Ackerland werden Ökosysteme zerstört. Diese Entwicklung wurde ebenfalls staatlich gefördert, indem Landwirte dafür subventioniert wurden, Mais und andere Pflanzen für die Gewinnung von Biogas als alternative Energiequelle zu produzieren.

Noch problematischer ist jedoch die Düngung der Wiesen mit Gülle. Für Landwirte ist dies eine wichtige Möglichkeit, um höhere Erträge zu erzielen und somit mehr Geld zu verdienen. Sie sind geradezu darauf angewiesen, da Lebens- und Futtermittel so günstig wie noch nie geworden sind. Die Düngung der Wiesen mit großen Mengen an Schweine- und Rinderkot schädigt diese jedoch nicht nur durch Abtötung fast der gesamten ursprünglichen Flora, sondern belastet auch die umliegende Natur und Gewässer. Kontaminiertes Grundwasser gefährdet wiederum den Menschen. Mit dem Dünger werden große Mengen an Stickstoffverbindungen in den Boden eingetragen, vor allem Harnstoff und Nitrat. Spezielle Pflanzenarten bilden Symbiosen mit Bodenbakterien, die Stickstoff fixieren und so in Form von Ammonium-Ionen den Pflanzen zur Verfügung stellen können. Die Ammonium-Ionen werden durch Nitrifikation in den Pflanzen über Nitrit in Nitrat umgewandelt. Teile des Nitrats des Düngers und die von den Pflanzen ausgeschiedenen Nitrat-Ionen lösen sich im Bodenwasser und gelangen so in größeren Mengen in das Grundwasser oder Oberflächengewässer. Alternativ kann Nitrat im Boden auch durch Denitrifikation in Lachgas (N_2O) umgewandelt werden, das als Treibhausgas den Klimawandel vorantreibt. Nitrat-Ionen können in größeren Mengen auch die Gesundheit der Menschen gefährden. Die Aufnahme des mit Nitrat belasteten Wassers erfolgt über das Trinkwasser oder Gemüse. Nitrat wird im menschlichen Organismus zu cancerogenem Nitrosamin verstoffwechselt, das lebenswichtige Biomoleküle irreversibel modifizieren kann und somit einen Funktionsverlust verursacht.

Der Film thematisiert außerdem die Verflüchtigung von Ammoniak aus dem auf die Felder getragenen tierischen Dünger. Das Gas wird in der Atmosphäre zu Ammonium-Salzen prozessiert, die wiederum mit Niederschlägen in der Nähe des gedüngten Feldes auf die Erde zurückfallen. Die resultierende Versauerung des Bodens verursacht vor allem Waldschäden oder den verstärkten Stickstoffeintrag in Oberflächengewässer, der wiederum auch diese Ökosysteme bedroht. Ein weiterer Effekt ist, dass Pflanzenarten auf den Wiesen und Äckern vertrieben werden, die an nährstoffärmere Bedingungen angepasst sind. Durch die Düngung mit nährstoffreicher Gülle verschwinden die auf den Wiesen heimischen Kräuter, Pilze, Blumen und Gräser, die allesamt einen niedrigen Nährstoffbedarf haben und durch Pflanzen wie dem Löwenzahn verdrängt werden.

Fazit: In erster Linie die moderne Landwirtschaft und die intensive Düngung bedrohen die Pflanzen- und Tiervielfalt des Ökosystems Wiese. Dabei sorgt der Dünger mit dem Nährstoffüberangebot und den großen Mengen an Stickstoffverbindungen zusätzlich für die Bedrohung von Gewässer-Ökosystemen und einem Beitrag zur Klimaerwärmung. Diese durch Menschenhand erzeugten Gefahren können auch nur durch den Menschen eingedämmt werden (Verursacherprinzip). Eine Lösung wäre ein Ausgleich für sinkende Erträge der Landwirte durch naturfreundliches Wirtschaften. Lebensmittel waren nie so günstig wie heute, steigende Preise als Folge eines effektiven Naturschutzes könnte die Gesellschaft verkraften.

Lorenz Müller

„Klimawandel und Ich" – eine Ringvorlesung der Extraklasse!

Klimawandel und Ich – Ringvorlesung rund um den Klimawandel und seine Folgen. –
Heinrich-Heine-Universität Düsseldorf, 15.10.2019 – 28.1.2020.
Offizielle Medienpartner: scinexx.de und wissenschaft.de:
https://www.scinexx.de/news/geowissen/klimawandel-und-ich/ (2.2.2021)

Corona bedingte präsenzfreie Lehre im Sommersemester 2020 – eine Herausforderung für Lehrende und Lernende gleichermaßen. Dozenten arbeiten fieberhaft daran, ihre Pflichtvorlesungen zu digitalisieren und erstellen im Eiltempo ein Lernvideo nach dem anderen. Das funktioniert auch halbwegs. Den Studierenden muss aber auch ein attraktives *Wahlpflichtprogramm* angeboten werden. Und das geht zumindest für den fächerübergreifenden Themenbereich Ökologie ganz einfach. Man muss nur die im Wintersemester 2019/2020 an der Universität Düsseldorf durchgeführte Ringvorlesung „Klimawandel und Ich" im Internet abrufen. Studierende können sich die zehn gefilmten, jeweils 90minütigen Vorlesungen zuhause anschauen. Ein ergänzendes schriftliches Referat über ein Teilgebiet oder ein abschließendes mündliches Kolloquium dazu – und ein Wahlpflichtmodul mit Note ist fertig.

So vorzugehen ist aber deutlich mehr als eine didaktische Notmaßnahme in Krisenzeiten. Die Ringvorlesung ist auch sonst wärmstens zu empfehlen; sie hat höchstes Niveau und glänzt durch ihre methodisch, didaktisch, wissenschaftlich und inhaltlich spannende Vielseitigkeit:

1. Was ist Klimawandel? Was sind die Ursachen für den Klimawandel?
2. Was sind Auswirkungen des Klimawandels?
3. Geschichte des Klimawandels
4. Klimawandel und Migration
5. Politik und Klimawandel
6. Klimawandel und Mobilität
7. Nachhaltigkeit und Slow Fashion
8. Klimawandel und Energieversorgung
9. Ernährung
10. Alternative Wirtschaftskreisläufe – Wege aus der Petrolchemie

Am Schluss ihrer Vorträge geben die Dozenten den Zuhörern Ratschläge, was jeder einzelne zur Nachhaltigkeit beitragen kann.

Prof. Dr. Michael Schmitt, Physikochemiker an der Heinrich-Heine-Universität Düsseldorf, ist der Initiator der Ringvorlesung. Ihm und den anderen Vortragenden gebührt größter Dank für die Schaffung des exzellenten Lehrmaterials zum vielseitigen Thema Klimawandel, dem Zukunftsthema überhaupt. Möge die Ringvorlesung lange im Internet verfügbar sein!

Im Sommersemester 2020 wurde die Ringvorlesung an der Universität Düsseldorf online unter dem Titel „Klimakrise" weitergeführt: https://www.ak-schmitt.hhu.de/aktuelle-meldungen/news-detailansicht/ringvorlesung-klimakrise-an-der-hhu-im-ss-2020 (2.2.2021)

Prof. Dr. Volker Wiskamp, Florian Fuchs und Valeska Heymann

Eingereicht bei Chemie in Labor und Biotechnik (CLB)

Anhang:
Listen besprochener Bücher, Filme und Bilder

Anstelle eines Glossars sind im Folgenden die im Rahmen der zahlreichen Einzelprojekte besprochenen Sachbücher, Biografien und Romane, Dokumentar- und Spielfilme, Theaterstücke, Hörspiele, Gemälde und Fotografien in alphabetischer Reihenfolge ihrer Titel aufgelistet. Fett gedruckt sind die zentralen Werke.

Besprochene Sachbücher, Biografien und Romane

Animal Liberation – Die Befreiung der Tiere; P. Singer, S. 198
Anständig essen; K. Duve, S. 164
Anthropozän – zur Einführung; E. Horn und H. Bergthaller, S. 188
Auf – Gedeih und Verderb; T. Flannery, S. 116
Befreiung vom Überfluss – Auf dem Weg in die Postwachstumsökonomie; N. Paech, S. 94
CRISPR Cas 9; T. Cathomen und H. Puchta, S. 183
Das Anthropozän; P. J. Crutzen und M. Müller, S. 188
Das geheime Band zwischen Mensch und Natur; P. Wohlleben, S. 188
Das geheime Leben der Bäume; P. Wohlleben, S. 236
Das geheime Netzwerk der Natur; P. Wohlleben, S. 239
Das Leben ist eine Öko-Baustelle; C. Paul, S. 165
Das Supermolekül – Wie wir mit Wassrtstoff die Zukunft erobern; T. Koch, S. 188
Der Fall Clara Immerwahr; G. von Leiter, S. 228
Der geplünderte Planet; U. Bardi, S. 98
Der globale Green New Deal; J. Riffkin, S. 188
Der Mensch erscheint im Holozän; M. Frisch, S. 24
Der stumme Frühling (Silent Spring); R. Carson, S. 97, 130
Der Tanz mit dem Teufel; G. Schwab, S. 125
Die Armut besiegen; M. Yunus, S. 161
Die Erde und ich; J. Lovelock, S. 111
Die Essensfälscher; T. Bode, S. 131
Die geheime Macht der Düfte; R. Müller-Grünow, S. 133
Die Geschichte der Bienen; M. Lunde, S. 241
Die Geschichte des Wassers; M. Lunde, S. 241
Die Grenzen des Wachstums (The Limits to Growth); D. Meadows et al, S. 97
Die Maschine steht still (The Machine Stops); E. M. Forster, S. 23
Die Öko-Lüge; S. Kreuzberger, S. 154
Die Sonne schickt uns keine Rechnung; F. Alt, S. 135
Die Vergiftung der Erde; J. Grossarth, S. 121
Die Wurzeln der Erde – Eine Philosophie der Pflanzen; E. Coccia, S. 243
Eingriff in die Evolution – Die Macht der CRISPR-Technologie;
    J. A. Doudna und S. H. Sternberg, S. 182
Ein Planet wird geplündert; H. Gruhl, S. 134
Ende einer Illusion; A. Grunwald, S. 157
Enzyklika Laudato Si; Papst Franziskus, S. 136
Ernährung und Bewusstsein; W. Tuttle, S. 198

Es reicht – Abrechnung mit dem Wachstumswahn; S. Latouche, S. 94
Eine kurze Geschichte der Menschheit; Y. N. Harari, S. 10
Fair einkaufen – aber wie? M. Hahn und F. Herrmann, S. 160
50 kleine Revolutionen, mit denen du die Welt schöner machst;
    P. Baccalario und F. Taddia, S. 188
Gärtnern, Ackern ohne Gift; A. Seifert, S. 124
Gaia – Die Erde ist ein Lebewesen; J. Lovelock, S. 111
Gaias Rache – Warum die Erde sich rächt; J. Lovelock, S. 111
Handeln statt Hoffen; C. Rackete, S. 188
Innerweltverschmutzung; J. vom Scheidt, S. 133
Klima, Sprache und Moral – Eine philosophische Kritik; J. Müller-Salo, S. 140
Künstliche Intelligenz und der Sinn des Lebens; R. D. Precht, S. 10
Kurze Anleitung zur Rettung der Erde; C. Dion, S. 188
Mit der Wut einer Mutter; P. Omido, S. 188
Mit kühlem Kopf – Über den Nutzen der Philosophie für die Klimadebatte; B. Gesang, S. 58
Novozän – Das kommende Zeitalter der Hyperintelligenz; J. Lovelock, S. 10
Öko-Fimmel; A. Neubauer, S. 151
Sapiens – Der Aufstieg; Y. N. Harari, S. 10
Scheißkultur – die heilige Scheiße; F. Hundertwasser, S. 123
Sind wir noch zu retten – Wie wir mit neuen Technologien die Welt verändern können;
    C. J. Preston, S. 188
Terra Preta – die schwarze Revolution aus dem Regenwald; U. Scheub et al, S. 108
The Story of Stuff – Wie wir unsere Erde zumüllen; A. Leonard, S. 149
Tiere Denken; R. D. Precht, S. 171
Tiere Essen; J. S. Foer, S. 167
Veganismus; C. Leitzmann, S. 183
Veggie-Wahn; U. Neumeister, S. 183
Wann wenn nicht wir* – Ein Extinction Rebellion Handbuch; S. K. Kaufmann et al, S. 199
Warum nur ein Green New Deal unseren Planeten retten kann; N. Klein, S. 188
Wendezeit; F. Capra, S. 136
Wir Klimakiller; T. Flannery, S. 117
Wir konsumieren uns zu Tode; A. Reller und H. Holdinghausen, S. 150
Wir sind das Klima – Wie wir unseren Planeten schon beim Frühstück retten können;
    J. S. Foer, S. 188
Wir Wettermacher; T. Flannery, S. 117, 135
Wohlstand ohne Wachstum; T. Jackson, S. 94
2052 – Eine globale Prognose für die nächsten 40 Jahre; J. Randers, S. 98
Zukunft als Katastrophe; E. Horn, S. 205
Zwischen Bullerbü und Tierfabrik; A. Möller, S. 162

Besprochene Ringvorlesungen

Klimawandel und Ich; M. Schmitt, S. 249
Klimakrise; M. Schmitt, S. 250

Besprochene Dokumentar- und Spielfilme, Theaterstücke und Hörspiele

Abgefüllt; S. Soechtig, S. 214
Before the Flood; L. Di Caprio, S. 205
Blaues Gold – der Krieg dr Zukunft; S. Bozzo, S. 214
Clara Immerwahr; H. Sicheritz, S. 228
Contagion; S. Sodergergh, S. 223
2012 – Das Ende der Welt; R. Emmerich, S. 226
Das Salz der Erde; W. Wenders, S. 221
Das System Milch; A. Pichler, S. 208
Deep Impact; M. Leder, S. 226
Der Mensch erscheint im Holozän; A. Giesche (nach M. Frisch), S. 24
Die Akte Aluminium; E. Ehgartner, S. 216
Die Erdzerstörer; J.-R. Viallet, S. 205
Die Gier nach Lachs; A. Knechtel, S. 208
Die Maschine steht still; F. Kubin (nach E. M. Forster), S. 23
Die Moorsoldaten; S. 212
Die Wiese – Ein Paradies nebenan; J. Haft, S. 245
Eine unbequeme Wahrheit; A. Gore, S. 206
Es soll keiner sagen …; W. Millowitsch, S. 185
Faust; G. Gründgens, 126
Food Inc.; R. Kenner, S. 219
Gasland; J. Fox, S. 212
Immer noch eine unbequeme Wahrheit; A. Gore, S. 206
Jane's Journey – Die Lebensreise der Jane Goodall; L. Knauer, S. 207
Krieg der Welten; S. Spielberg, S. 228
Magie der Moore; J. Haft, S. 210
Mary Shelley – Die Frau, die Frankenstein schuf; H. Al-Mansour, S. 233
Mary Shelley's Frankenstein; K. Branagh, S. 232
Moderne Zeiten (Modern Times); C. Chaplin, S. 23
More than Honey; M. Imhoof, S. 208
Ökozid; A. Veiel, S. 25
Plastic Planet; W. Boote, S. 215
Population Boom; W. Boote, S. 221
Racing Extinction; L. Psihoyos, S. 207
Resistance Fighters; M. Welch, S. 223
Serengeti darf nicht sterben; B. und M. Grzimek, S. 128, 207
Soylent Green; R. Fleischer, S. 227
Symphony of the Soil; D. Koon Garcia, S. 210
Take Shelter; J. Nichols, S. 231
The Day after Tomorrow; R. Emmerich, S. 230
The Road; J. Hollcoat, S. 228
Tomorrow; C. Dion, S. 199
Unser Essen; D. Koon Garcia, S. 219
Vorsicht Gentechnik? F. Castaigmède, S. 219
Wendezeit; F. Capra, S. 136

Besprochene Gemälde und Fotografien

Adam und Eva; L. Cranach, S. 44
Daidalos und Ikarus; P. P. Rubens, S. 44
Der Garten der Lüste; H. Bosch, S. 207
Der Schrei; E. Munch, S. 189
Diogenes und Alexander; N. A. Monsiau, S. 135
Duell mit Knüppeln; F. de Goya, S. 190
Echnaton in Anbetung von Aton; S. 44
Exodus; S. Salgado, S. 223
Genesis; S. Salgado, S. 223
Gold; S. Salgado, S. 223
Kuwait; S. Salgado, S. 223
Turmbau zu Babel; P. Bruegel der Ältere, S. 44

Zum Schluss

„Der Satz von der Erhaltung der Liebe"

And in the end
The love you take
Is equal to the love you make

Paul McCartney